JIŘÍ ŠTAMBERG/VLADIMÍR VALTER

Entfärbungsharze

Anwendungsprinzipien, Charakterisierung und Verwendung

IONENAUSTAUSCHER IN EINZELDARSTELLUNGEN

BEGRÜNDET VON
PROF. DR. ROBERT GRIESSBACH, WOLFEN

HERAUSGEGEBEN VON
DR. HANS REUTER

BAND 7

AKADEMIE-VERLAG · BERLIN

1970

ENTFÄRBUNGSHARZE

Anwendungsprinzipien, Charakterisierung und Verwendung

von

ING. JIŘÍ ŠTAMBERG Sc. C.

und

DOZ. DR.-ING. VLADIMÍR VALTER Sc. C.

PRAHA

Mit 189 Abbildungen und 68 Tabellen

AKADEMIE-VERLAG · BERLIN

1970

„Ionenaustauscher in Einzeldarstellungen" bilden den speziellen Teil des Werkes „Austauschadsorption in Theorie und Praxis" von Prof. Dr. Robert Grießbach, Wolfen, erschienen im Akademie-Verlag Berlin 1957

Erschienen im Akademie-Verlag GmbH, 108 Berlin, Leipziger Straße 3–4

Lizenznummer: 202 · 100/603/70
Gesamtherstellung: VEB Druckhaus „Maxim Gorki", 74 Altenburg
Bestellnummer: 2120/7 · ES 18 C 3/20 M 1

INHALT

Das vorliegende Buch entstand in enger Zusammenarbeit der Autoren mit den Herausgebern der Reihe „Ionenaustauscher in Einzeldarstellungen" und dem Akademie-Verlag. Wir möchten an dieser Stelle nicht versäumen, diese Tatsache zu betonen und allen Mitarbeitern für ihren verständnisvollen Einsatz zu danken. Dabei möchten wir besonders Herrn Dr. K. Häupke danken, der uns mit Fachkenntnis und in uneigenützigger Weise bei der Endfassung dieses Werkes unterstützte.

Prag, Januar 1970

J. Štamberg
V. Valter

1. ZUR EINFÜHRUNG

Ionenaustauscher und ihnen analoge Materialien haben heute nach einer Entwicklung von über hundert Jahren einen festen Platz in der chemischen Technik sowie in vielen Randgebieten. Ihre technische Anwendung begann schon um 1900 mit der Aufnahme der industriellen Herstellung von Ionenaustauschern auf Basis natürlicher und synthetischer Mineralien. Bereits an diesen Produkten wurden zahlreiche interessante Einsatzmöglichkeiten erprobt und in der Folge Anregungen gegeben, die ihre ganze Tragweite erst jetzt erkennen lassen. Zahlreiche Ideen, die damals entwickelt wurden, konnten nämlich nicht verwirklicht werden, weil die Leistungsfähigkeit und Beständigkeit der Zeolithe und aktivierten Grünsande zu gering war und weil sich unerwünschte Nebeneffekte nicht durch Modifikationen der Synthese eliminieren ließen. So geriet unter anderem auch die von GANS angedeutete Möglichkeit, Ionenaustauscher zur Behandlung unreiner Zuckerlösungen einzusetzen, in Vergessenheit. Die Anwendung der Ionenaustauscher schien sich endgültig auf die Enthärtung von Wasser zu beschränken.

Diese Aspekte änderten sich aber schlagartig mit der Erfindung der Ionenaustauscher auf Basis organischer Hochpolymerer durch ADAMS und HOLMES und ihrer technischen Entwicklung durch GRIESSBACH und Mitarbeiter. Diese Austauschertypen sind in der Struktur ihres Grundgerüstes und der Art der funktionellen Gruppen außerordentlich variabel, so daß sie den verschiedensten Zwecken angepaßt werden können. Ihre Leistungsfähigkeit und Resistenz, die im Laufe der weiteren Entwicklung noch wesentlich gesteigert werden konnten, erlaubte es, den Kreis der Anwendung noch über die frühen Vorstellungen hinaus zu erweitern. Mit den differenzierten Ansprüchen der Verwender verfeinerten sich die Methoden der Synthese, so daß in relativ kurzer Zeit neben den universell anwendbaren Standardharzen eine ganze Reihe von Spezialtypen, wie beispielsweise die für bestimmte Metalle selektiven Ionenaustauscher, die Ionenaustauscher-Membranen, Ionenaustauscher mit katalytischen Eigenschaften, Redox-Harze usw. zur Verfügung standen.

Zu diesen Spezialharzen zählen auch alle Ionenaustauscher oder analog gebauten Harze, die zur Entfernung von störenden, namentlich von färbenden, Substanzen aus Wasser oder aus wäßrigen Lösungen dienen. Sie werden unter dem Oberbegriff Entfärbungs-Ionenaustauscher oder Entfärbungsharze zusammengefaßt. Vom heutigen Stand des Wissens aus muß man diese Gruppe unterteilen in die Klärharze und in die Materialien, die in diesem Buch als Entfärbungs-Ionenaustauscher oder Entfärbungsharze im engeren Sinne bezeichnet werden und die vielleicht auch Harzadsorber genannt werden könnten. Wir wollen aber trotzdem die eingeführte Terminologie beibehalten, uns aber immer der Tatsache bewußt bleiben, daß hier nur eine Gruppe der zur Reinigung von Lösungen benutzten Harze behandelt werden soll.

Unter den Harzadsorbern bzw. Entfärbungsharzen im engeren Sinne versteht man demnach Ionenaustauscher, die beim Kontakt mit einer wäßrigen Lösung aus dieser färbende oder anderweitig störende Komponenten aufnehmen, wobei der Mechanismus der Adsorption vorwiegend chemisch ist. Das will nicht besagen, daß es sich um einen Ionenaustausch im normalen Sinne handelt. Dieser einfachen Deutung stehen zahlreiche Beobachtungen entgegen. Die gefundenen Überkapazitäten von Anionenaustauschern, die ausgeprägten spezifischen Wechselwirkungen zwischen Adsorbens und Adsorptiv und die mangelhafte Reversibilität vieler Adsorptionsprozesse lassen auf ein Zusammenwirken von Neutraladsorption, Polaradsorption und Austauschadsorption schließen. Dieser Entfärbungsmechanismus ist charakteristisch für die Anwendung von Anionenaustauschern. Er soll hier in den Vordergrund gestellt werden, weil es unser Anliegen ist, über Versuche und Entwicklungen zu berichten, die vor allem unter den Bedingungen der mitteleuropäischen Zuckerindustrie vor sich gegangen sind. Bekanntlich schließt die Technologie der Gewinnung von Kristallzucker das Arbeiten im sauren Medium weitgehend aus, so daß der Auswahl von Adsorbentien von vornherein gewisse Grenzen gesetzt sind, in denen sich unsere Darlegungen auch bewegen sollen. Technologien, wie sie in Übersee bei der Verarbeitung von Zuckerrohr und bei der Herstellung der dort in großen Mengen verwendeten teilinvertierten Zucker angewendet werden, sollen darum nur andeutungsweise und zu Vergleichszwecken behandelt werden.

Das Problem der Entfärbung von Zuckerlösungen, wie sie in Zuckerfabriken und Raffinerien anfallen, ist so alt wie die industrielle Zuckerherstellung. Eine einwandfreie Raffinade kann unter erträglichem ökonomischen Aufwand nur gewonnen werden, wenn Dünnsaft, Dicksaft oder Kläre mit einem Adsorbens behandelt werden. Die Anzahl derartiger Hilfsmittel ist außerordentlich groß, es hatten sich aber, ehe die Ionenaustauscherharze auf den Plan traten, praktisch nur die schon seit Beginn des 19. Jhd. bekannte Knochenkohle (Spodium) und die moderneren Aktivkohlen durchgesetzt. Die ersten Anhaltspunkte für den Ersatz dieser Hilfsmittel durch Entfärbungsharze erhielt man durch die bei Versuchen zur Entsalzung von Zuckerlösungen beobachteten Entfärbungseffekte. Während der am Kationenaustauscher in der Säureform erzielte Kläreffekt im wesentlichen auf der Agglomerisation und Ausflockung kolloider Fremdstoffe beruht und heute bei den Klärharzen ausgenutzt wird, trat am Anionenaustauscher eine echte Adsorption färbender Verunreinigungen auf. In Verfolgung dieser Beobachtungen führte man Adsorbentien auf Kunstharz-Basis in die Zuckerindustrie ein, wobei, wie bereits betont wurde, für mitteleuropäische Verhältnisse praktisch nur die Anionenaustauscher in Frage kamen. Mit der Perfektionierung der Technologie kam es zu einer Differenzierung und Spezialisierung der Harztypen. Sie wurden den spezifischen Gegebenheiten der Entfärbung von Dünn- bzw. Dicksäften oder Klären angepaßt, so daß bis 1950 fast jeder Hersteller von Austauscherharzen ein oder mehrere Spezialtypen für Entfärbungsoperationen entwickelt hatte. Diese Harze, die meist von den Standard-Anionenaustauschern abgeleitet waren, machten parallel zu diesen auch die allgemeine Entwicklung vom Polykondensat zum Polymerisat und schließlich zum Polymerisat mit makroporöser Struktur mit, wobei aber die Ablösung der alten durch die neueren Typen nicht so vollständig wie beispielsweise in der Wasserchemie vor sich gegangen ist. Das ist verständlich, wenn man bedenkt, daß beim Einsatz von Ionenaustauschern zur Entfärbung viel schwerer übersehbare Verhältnisse als auf anderen Anwendungsgebieten vorliegen. Es ist bisher weder gelungen, die Struktur der zu adsorbierenden Stoffe, noch den Mechanismus des Adsorptionsvorganges völlig zu erfassen. Die bis in die Gegenwart hinein herrschende empirische Arbeitsweise und die Tatsache, daß aus der Rohstoffqualität, der allgemeinen Technologie der jeweiligen Fabrik, den Anforderungen an die Reinheit des Produktes und den technischen und ökonomischen Möglichkeiten zahlreiche Einflußgrößen resultieren, führte zu recht vielen, an sich gleichwertigen Varianten bezüglich Harz und Anwendungsprinzip. Wir können darum auch hier nur einen Überblick geben und erprobte Möglichkeiten zur Diskussion stellen. Wir sind der Meinung, daß es bessere Entfärbungsharze geben kann, so daß Entwicklungsarbeiten auf diesem Gebiet durchaus lohnen. Es wird aber kaum je ein „ideales universelles Entfärbungsharz", sondern vielmehr nur optimale Materialien für einen konkreten Prozeß geben.

Das vorliegende Buch stellt nun einen Versuch dar, das umfangreiche Material, das in diesem Zusammenhang von uns erarbeitet wurde, zu ordnen und dem Leser die bisher begangenen Wege und die offenstehenden Probleme vorzulegen. Es resultiert im wesentlichen aus den Arbeiten einer Gruppe von Fachleuten, die sich 1955 mit dem Ziel konstituierte, in der Zuckerindustrie der ČSSR die für die dortigen Verhältnisse optimale Variante der Entfärbung zu finden. Die dabei durchgeführten synthetischen, analytischen und anwendungstechnischen Arbeiten und der Gang der Realisierung der Verfahren bis zur großtechnischen Anwendung geben unseres Erachtens einen informativen Querschnitt durch das Aufgabengebiet. Wir hoffen, durch diesen aus der Praxis entstandenen Überblick sowohl dem Synthetiker wie auch Anwendungstechnikern, Verfahrenstechnikern, Technologen und vor allem dem leitenden Personal von Zuckerfabriken und Raffinerien Anregungen zu vermitteln, die zur Entfaltung dieses Fachgebietes beitragen.

2. DIE IN DER ZUCKERINDUSTRIE VORKOMMENDEN FARBSTOFFE

Einleitend muß betont werden, daß das Wort „Farbstoffe" in diesem Buch nicht im koloristischen Sinne zu verstehen ist. Wir bezeichnen damit lediglich die in irgendeiner Stufe des Prozesses der industriellen Zuckererzeugung auftretenden färbenden Nichtzuckerstoffe.

Zum Studium der Eigenschaften normaler Austauscherharze bedient man sich meist genau definierter Elektrolytlösungen. Will man dagegen Entfärbungs-Ionenaustauscher untersuchen, so kann man dazu nur ausnahmsweise genau bekannte, beispielsweise synthetische, Farbstoffe verwenden. In den meisten Fällen wird die Wirkung dieser Adsorbentien an den gleichen Farbstoffen geprüft, die mit ihrer Hilfe später auch im betrieblichen Prozeß entfernt werden sollen. Dies beruht auf der Tatsache, daß es sich bei der Entfärbung mit Ionenaustauschern weder um einen reinen Ionenaustausch-Prozeß noch um eine rein physikalische Adsorption handelt. Es treten vielmehr je nach der Beschaffenheit des Harzes sowie nach Art und Charakter der Farbstoffe normalerweise beide Typen von Adsorptionswirkungen nebeneinander oder nacheinander auf. Der Adsorptionsprozeß durch Entfärbungsharze ist ausgesprochen selektiv und sein Effekt hängt weitgehend von den Eigenschaften des Sorptivs ab.

Der Vorgang wird beispielsweise oft durch Kontaktaustausch eingeleitet, der dann von der Entladung und dem Ausflocken kolloider Substanzen oder von deren Bindung an den Adsorber gefolgt ist.

Genauere Angaben über den Mechanismus der Adsorption sollen im Kap. 3. gemacht werden.

2.1. Die Entstehung von Farbstoffen bei der Zuckererzeugung

Alle Farbstoffe im oben definierten Sinn entstehen erst im Laufe des technologischen Prozesses, d. h. während der Isolierung der Saccharose aus dem Rüben- oder Rohrsaft. Die Farbstoffe bilden sich spontan aus den Saftkomponenten, und zwar praktisch in jedem Stadium der Verarbeitung. Als Ausgangsmaterial für die Farbstoffe kommen zahlreiche Saftkomponenten in Frage, wobei auch zahlreiche Reaktionsmöglichkeiten bestehen. Es ist üblich, diese voneinander folgendermaßen zu unterscheiden [1]:

a) Thermischer Abbau von Kohlehydraten bei erhöhter Temperatur. Dabei treten Kondensations-Vorgänge, die sogenannte Karamelisation, ein. Man nennt diese Farbstoffe *Karamelstoffe*,

b) Zersetzung von Zucker bei mäßigen Temperaturen im alkalischen Medium,

c) Reaktion von Carbonyl-Verbindungen, die in allen Zuckern vorkommen, mit Stoffen, die eine freie primäre Amino- oder Imino-Gruppe haben. Dies wird als MAILLARD-Reaktion bezeichnet. Die entstehenden Farbstoffe nennt man *Melanoidine*,

d) Bildung von Komplexverbindungen von Polyphenolen mit Schwermetallionen, vor allem mit Eisen-Ionen. Diese Farbstoffe bezeichnet man als *Polyphenol-Eisen-Komplexe*,

e) enzymatische Oxydation oder nichtenzymatische Autoxydation der Polyphenole. Diese Farbstoffe nennt man *Melanine*,

f) Reaktionen des Hydroxymethylfuraldehyds,

g) Reaktionen von reduzierenden Zuckern mit Hydroxysäuren,

h) Reaktionen von Imidazol- und Indolverbindungen.

Für die Zuckergewinnung sind nur die vier erstgenannten Reaktionstypen wichtig. Melanine werden bei der Epuration, d. h. gleich zu Anfang des Prozesses, praktisch restlos entfernt. Die letztgenannten Möglichkeiten stellen eher Teil- und Folgereaktionen der oben erwähnten dar.

Farbstoffe, die bei der Zuckererzeugung entstehen, nennt man ganz allgemein Zuckerfarbstoffe, ohne Rücksicht darauf, ob sie aus Zuckern oder aus Nichtzuckern hervorgehen. Dabei ist zu bemerken, daß man als Nichtzuckerstoffe alle Komponenten der Lösungen außer Saccharose und Wasser bezeichnet.

Bei den Zuckerfarbstoffen unterscheidet man gewöhnlich folgende Gruppen:

a) Stickstofffreie Farbstoffe, manchmal auch summarisch *Karamelstoffe* genannt,

b) stickstoffhaltige Stoffe, die man zusammengefaßt als *Melanoidine* bezeichnet,

c) *Komplexverbindungen*, d. h. Farbstoffe, die ein komplex gebundenes Metall enthalten.

Stickstofffreie Farbstoffe entstehen entweder durch Karamelisation oder infolge von Zerfallsreaktionen im alkalischen Medium.

Die *Karamele* im engeren Sinne bilden sich beim Erhitzen fester Zucker oder ihrer Lösungen. Feste Saccharose färbt sich beim Erwärmen auf 140 °C gelb, bei längerem Erhitzen oder höherer Temperatur erfolgt Braunfärbung. Ähnliches gilt für Hexosen. Bei 160—190 °C schmelzen diese Zucker und werden rasch braun. Bei Temperaturen um 400 °C bildet sich dann Zuckerkohle mit etwa 80% Kohlenstoff [2].

Bei der Karamelisation werden die Zuckermoleküle gespalten. Dabei wird zuerst Wasser frei, später entstehen flüchtige und nichtflüchtige Verbindungen. Die Reaktionsprodukte reagieren in Wasser gelöst sauer. Ein Teil dieser Abbauprodukte tritt unter Eingehen von Kondensations- oder Polymerisations-Reaktionen zu größeren gefärbten Molekülen, den Karamelstoffen, zusammen. Die Intensität der Verfärbung, der Verlauf der Karamelisation und die Zusammensetzung der Produkte hängen wesentlich von den Reaktionsbedingungen ab.

Wir finden darum zahlreiche Formulierungen und eine Reihe von Namen für die verschiedenen Produkte der Karamelisation, beispielsweise Karamel, Saccharan, Karamelan, Karamelen und Karamelin. All diese Stoffe kann man durch die allgemeine Formel $C_m(H_2O)_n$ erfassen. Wenn das Verhältnis $m:n$ über 1,3 steigt, ist das Reaktionsprodukt gefärbt. Die Karamelstoffe kann man in die Reihe der Huminstoffe eingliedern.

Die Karamelbildung ist von der Zeit linear und von der Temperatur exponentiell abhängig. Die Reaktionsgeschwindigkeit und die Intensität der Verfärbung werden von anwesenden Verunreinigungen stark beeinflußt. Die Verfärbung bei der Karamelisation ist umso stärker, je mehr Säuren sich dabei bilden [2, 3]. Die Karamelisation erfolgt, wie bereits erwähnt wurde, nicht nur beim Erhitzen von festen Zuckern, sondern auch bei thermischer Belastung von Zuckerlösungen, wobei sich die Verhältnisse komplizieren, weil dann auch die Alkalität der Lösung eine Rolle spielt.

Bei Saccharose-Lösungen erfolgt bei Temperaturen unter 100 °C nur langsamer Zerfall. Bei Temperaturen über 110 °C geht er rascher vor sich und Temperaturen über 125 °C bewirken eine sehr schnelle Karamelisation.

In *saurer Lösung* wird Saccharose in eine äquimolekulare Mischung von Glukose und Fruktose zerlegt (invertiert). Diese Zucker sind thermisch weniger beständig und kondensieren oder polymerisieren leicht zu Farbstoffen. Die höchste Beständigkeit zeigt Saccharose darum im neutralen Milieu. Mit steigender Alkalität nimmt sowohl bei der Saccharose wie auch beim Invertzucker der thermische Zerfall zu. Da man bei der Zuckerherstellung immer im alkalischen pH-Bereich arbeitet, kombinieren sich unter Betriebsbedingungen zwei Reaktionsmechanismen:

a) Bei Temperaturen über 120 °C (lokale Überhitzung an den Heizflächen der Verdampferstation) dominiert die *Karamelisation,*

b) bei Temperaturen unter 100 °C herrscht der *alkalische Zuckerzerfall* vor (Scheidung, Saturation und teilweise auch beim Verkochen von Füllmassen).

Durch pH-Erhöhung wird der Saccharose-Zerfall gefördert. Es ist anzunehmen [4], daß es sich dabei um eine autokatalytische Reaktion handelt. Als Katalysator wirkt die beim Zerfall der Hexosen entstehende Milchsäure.

Der *Farbstoffbildung unter alkalischen Bedingungen* unterliegen sowohl Saccharose, wie auch die Hexosen. Die Saccharose zerfällt zu Hexosen, von denen ein Teil bereits im Diffusionssaft anwesend ist. Die Reaktionsprodukte der Hexosen bewirken dann die Saftverfärbung.

Grundsätzliche Reaktionsfolgen, denen Hexosen beim alkalischen Zerfall unterliegen, werden durch das bekannte LOBRY DE BRUYN/VAN EKENSTEINsche Schema angegeben [2]. Diesem Schema nach kommt dem Entstehen von *Endiolen* bzw. *Endiolionen,* besondere Bedeutung zu. Aus diesen entstehen durch Autoxydation oder durch Umlagerung *Säuren* (vor allem Saccharinsäuren), bzw. durch Abbau neutrale Stoffe (vor allem *Triosen*), oder auch saure Verbindungen (vor allem *Milchsäure*).

Einige der Zersetzungsprodukte, die in der Reaktionsmischung neben den Saccharinsäuren entstehen, sind kondensationsfähig. Es verlaufen also alle drei Reaktionstypen nebeneinander. Je nach der Anwesenheit von Fremdstoffen in der Lösung und anderen speziellen Bedingungen werden die einzelnen Reaktionen unterschiedlich bevorzugt. Der Einfluß des pH-Wertes, der Temperatur, der Konzentration und der Art der Verunreinigungen auf die Beschaffenheit der Produkte ist dabei beträchtlich. Alkalisierung mit Kalkmilch fördert z. B. vor allem die Milchsäurebildung. Dabei entstehen nur ca. 30% der Farbstoffe, die bei Anwendung von Natronlauge auftreten würden [2].

Der alkalische Zuckerzerfall verläuft sowohl hinsichtlich der Zuckerkonzentration wie auch der Hydroxylionen-Konzentration als eine Reaktion erster Ordnung [2]. Voraussetzung für die Farbstoffbildung ist die Anwesenheit von Carbonylverbindungen, welche sich folgendermaßen verketten können:

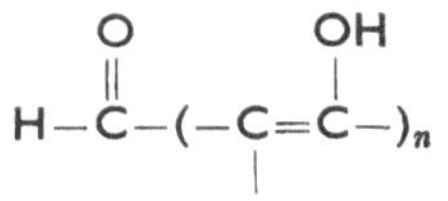

Da Bisulfit-Ionen die Carbonylgruppen blockieren, verhindern sie diese Reaktion. Sie wird dagegen durch pH-Erhöhung, hohe Zuckerkonzentration und Zufuhr von Sauerstoff zum Saft begünstigt.

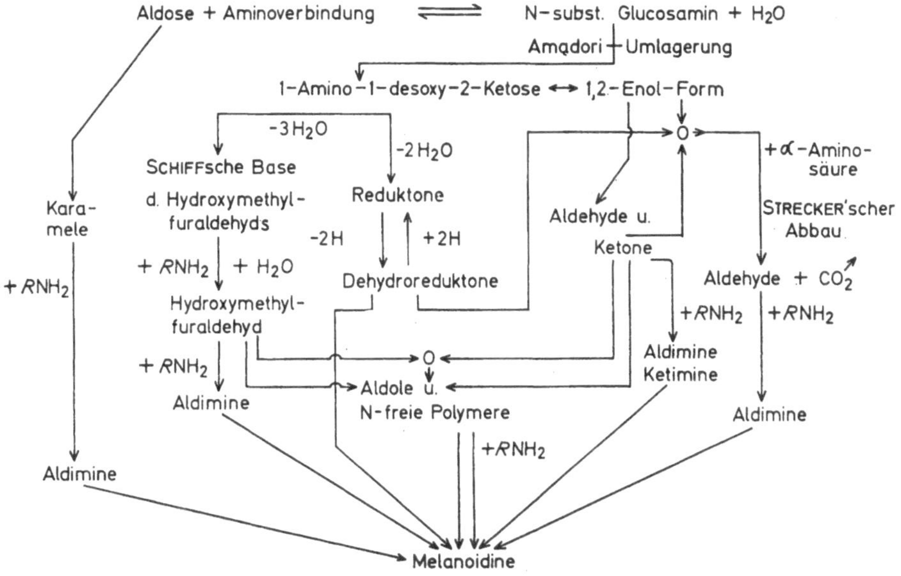

Abb. 2-1: HODGE-Schema

Bemerkung: RNH_2 bedeutet eine Aminokomponente oder Ammoniak.

Die Reaktionsgeschwindigkeit hängt auch hier linear von der Zeit und exponentiell von der Temperatur ab.

Da Glukose thermisch stabiler ist als Fruktose, muß man die *Zersetzung der Fruktose* als die Hauptursache für die Bildung stickstofffreier Farbstoffe ansehen.

Melanoidine entstehen durch Zusammentreten von Stoffen mit einer oder mehreren freien Carbonylgruppen, vor allem von Hexosen aber auch von Triosen und anderen Produkten des thermischen Abbaus von Zuckern (z. B. von Endiolen), mit Stoffen, die freie Aminogruppen enthalten (Peptiden, Aminosäuren, Amiden oder auch Ammoniak). Diese Reaktion, bei der CO_2 frei wird, wird meist nach ihrem Entdecker als MAILLARD-Reaktion bezeichnet [5]. Sie verläuft bei 30 °C mit mäßiger Geschwindigkeit, bei 100 °C schnell und bei 120 °C (wobei auch schon die Saccharose mitreagiert) stürmisch [5, 6].

Die ziemlich verwickelten Reaktionswege, die zur Melanoidin-Bildung führen, sind aus dem HODGE-Schema zu ersehen [7] (s. *Abb. 2–1*).

Die Bildung der Melanoidin-Stoffe erfolgt also in drei Stufen. In der Induktionsperiode bildet sich eine *1-Aminosäure-1-desoxy-2-ketose* (im weiteren als *ADK* bezeichnet) oder ihre 1,2-Enol-Form, die im gesamten Schema eine Schlüsselstellung einnimmt. Dies ist die wichtigste Stufe der Melanoidin-Bildung. PREY, HAMMER und BRAUNSTEINER [8] nehmen an, daß als sehr reaktives Zwischenprodukt zuerst Immonium-Ionen des N-substituierten Glukosamins gebildet werden, aus denen dann durch eine AMADORI-Umlagerung als Stabilisierungsreaktion eine *ADK* entsteht:

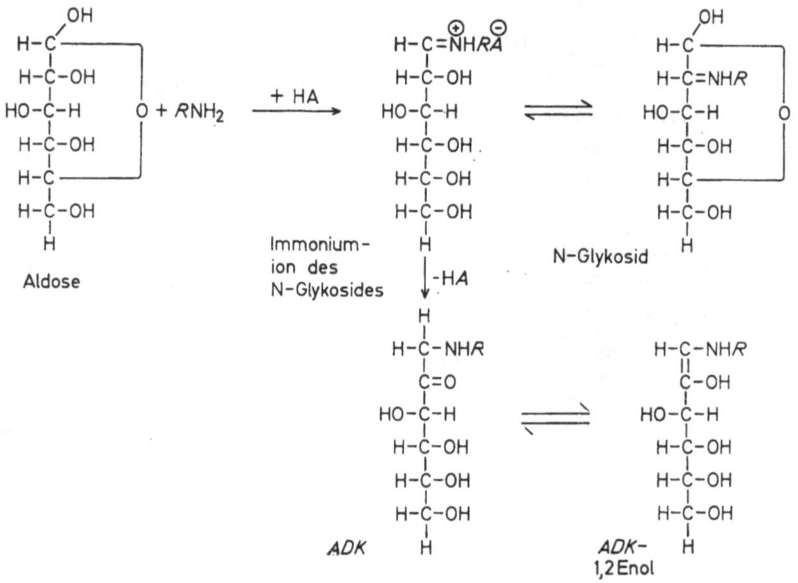

Abb. 2–2

Durch eine Transglykolisation der *ADK* kann man zu der ursprünglichen Hexose zurückgelangen, andererseits können über 3-Desoxyhexoson stickstofffreie Farbstoffe entstehen:

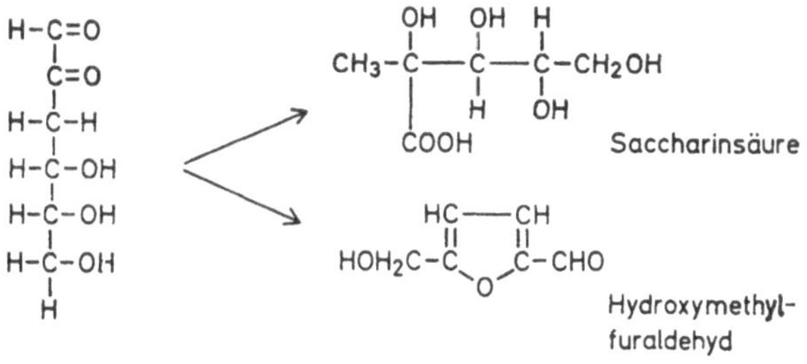

Abb. 2–3

Immoniumion des N-Glykosides → Immoniumion der N,N-di-(1-desoxyketoso)-aminosäure → ihre 1,2-Enol-Form → 3-Desoxyketoson und weiter.

Nach Vorstehendem ist es erklärlich, daß neben stickstoffhaltigen auch stickstofffreie Farbstoffe entstehen können, die dann mit Aminokomponenten weiterreagieren und auf diese Weise in Melanoidine eingebaut werden.

Bei der Zwischenreaktion kommt es zu Dehydratationen, zum Abbau der Kohlenstoffkette und zum Aminosäure-Abbau (nach Strecker). Alle diese Reaktionen verlaufen nebeneinander. Die entstehenden Produkte haben Carbonylgruppen und können daher leicht kondensieren oder polymerisieren. Die Dehydratation führt einerseits zu Schiffschen Basen des Hydroxymethylfuraldehyds nach folgendem Schema:

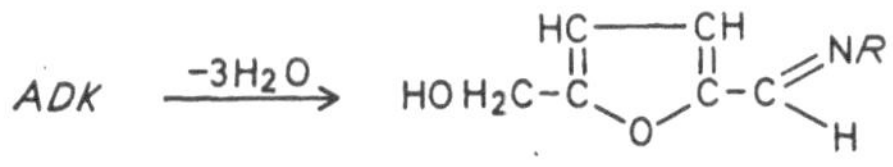

Abb. 2–4

Sie besitzen die Eigenschaft, zu Hydroxymethylfuraldehyd (HMF) zu hydrolysieren. Dieser ist genügend reaktionsfähig, um entweder durch Aldol-Kondensation Aldole oder Polymere zu bilden oder sich durch Reaktion mit Aminokomponenten zu Aldiminen umzusetzen. Schließlich kann er mit den Carbonylverbindungen aus dem *ADK*-Abbau bei thermischen Reaktionen wieder Aldolkondensationen eingehen.

Weiterhin führt die Dehydratation der *ADK* zu einer Gruppe von Stoffen mit reduzierenden Eigenschaften gegenüber 2,6-Dichlorphenol-indophenol. Hierdurch unterscheiden sich diese Stoffe von den reduzierenden Zuckern. Sie werden als *Reduktone* bezeichnet. Es handelt sich um Endiole. Verbindungen dieser Art bilden sich bei der Zuckerfabrikation regelmäßig [9].

Sie haben folgende typische Konfiguration:

$$\underbrace{C(OH){=}C(OH){-}\cdots}_{O}$$

In ihrer oxydierten Form, als sogenannte Dehydroreduktone, schalten sie sich in zweierlei Formen in das Schema ein: Sie können zu Farbstoffen kondensieren oder auch als Oxydationsmittel beim Aminosäure-Abbau nach STRECKER wirken, der nach folgendem, sehr vereinfachten Schema erfolgt:

$$\text{Dehydroredukton} \rightleftharpoons \text{Redukton} + O$$

$$R{-}\underset{\underset{NH_2}{|}}{CH}{-}COOH + O \rightarrow CO_2 + NH_3 + RCHO$$

DUBOURG und DEVILLERS [10] haben folgenden Reaktionsmechanismus vorgeschlagen:

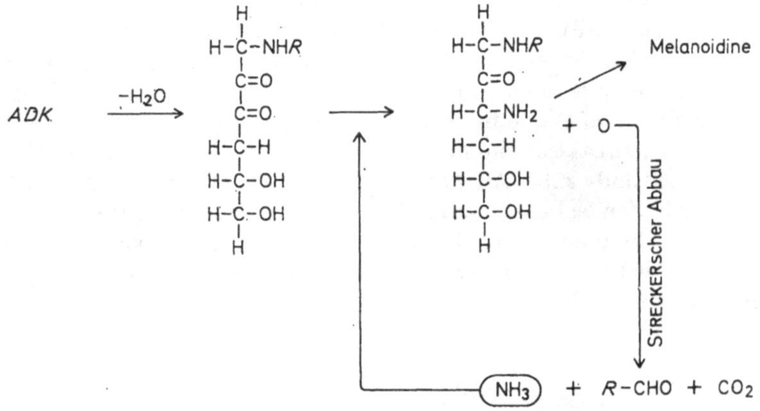

Abb. 2–5

Es handelt sich also um eine autokatalytische Reaktion. Bei diesem Abbau spielen auch Abbauprodukte der *ADK*, wie Aceton, Diacetyl u. a., sowie *ADK* selbst eine Rolle. Die reine *ADK* ist thermisch relativ stabil, bildet aber in Anwesenheit von Aminosäuren sehr schnell Farbstoffe [11].

An diese Zersetzungsreaktionen, bei denen höchstens gelblich gefärbte Produkte entstehen, schließen sich mehrere Aufbaureaktionen, vor allem Aldolkondensationen oder Kondensationen von Aldehyden mit Aminen, an. Es entstehen Stoffe wie Aldimine, Ketimine und Aldole. Diese Kondensationen können bis zur Bildung von Melanoidinen fortschreiten. Die Voraussetzung für diese Reaktion, deren Mechanismus in dem angeführten Schema angegeben ist, dürfte eine Isomerisierung sein, die bei diesen Polyhydroxy-Verbindungen sehr wahrscheinlich ist.

Das Schema nach HODGE und PREY ist z. Z. noch nicht in allen Einzelheiten experimentell gesichert. Einige Übergänge sind noch hypothetisch. Man kann aber auf dieses Schema zurückgreifen, um befriedigende Erklärungen für die zahlreichen möglichen Reaktionsmechanismen, die zur Bildung stickstoffhaltiger Farbstoffe, d. h. Melanoidine, führen, zu geben.

Die am stärksten gefärbten Produkte entstehen aus γ-Aminobuttersäure und den einfachsten Aminosäuren [11, 12, 13]. Amide reagieren leichter als die entsprechenden Aminosäuren. Von den Zuckern können die Pentosen als die reaktivsten gelten [10]. Bei erhöhter Temperatur reagieren aber auch Hexosen gut, bei 120 °C sogar Dextrine [6]. Ein geringer Wassergehalt des Gemisches begünstigt die Reaktion. Das Optimum liegt bei 30% Wasser, bei Wassergehalten über 90% findet keine Reaktion mehr statt [14]. In dem pH-Gebiet von 4—11 verstärkt sich die Farbstoffbildung mit der Erhöhung des pH-Wertes [15].

Die elementare Zusammensetzung der Melanoidine schwankt innerhalb gewisser Grenzen je nach der Art der Melasse, aus der sie isoliert werden, und nach der Methode der Isolierung. Dies ist, wenn wir das HODGE-Schema in Betracht ziehen, leicht verständlich. Auch die große Zahl verschiedener Formulierungen für die Farbstoffe erklärt sich auf diese Art und Weise. Verschiedene Autoren geben für die elementare Zusammensetzung folgende Verhältnisse an [16]: 48—55% C, 5,1—12,5% H, 31—38% O und 4,8—7,7% N. STANĚK [12] isolierte aus Melasse ein Farbstoffkonzentrat, das zum größten Teil aus Melanoidinen bestand. Eine gereinigte Fraktion enthielt 8,5% N [17]. REINEFELD und MUSSAWI-BARAB [18] fanden 56,5% C, 6,0% H, 7,32% N und 0,58% Asche in einem entsprechenden Zuckerfarbstoff. PREY und Mitarbeiter [8] fanden in einem Farbstoff, den sie mittels NaCl-Lösung von einem stark basischen Ionenaustauscher eluierten, 7,35% N.

Die dritte charakteristische Farbstoffgruppe sind die *Komplexverbindungen* der Polyphenole mit Eisenkationen, die sogenannten *Phenolkomplexe*. Eisenionen verstärken normalerweise die Färbung der Säfte und katalysieren gleichzeitig die weitere Farbstoffbildung. Zur Komplexbildung mit ähnlichen Wirkungen neigen noch eine Anzahl anderer Kationen, vor allem die der Elemente aus der Mitte der großen Perioden, ganz besonders Metalle der Nebengruppen. Im technischen Betrieb sind natürlich aus Materialgründen gerade Eisenionen von größter Bedeutung. Für Fe^{3+}-Kationen ist es typisch, daß sie mit komplexbildenden Gruppen (Carbonyl- und Hydroxylgruppen) in ortho-Position am aromatischen Kern in Reaktion treten. Für Fe^{2+}-Kationen ist die Bildung von Chelatverbindungen mit fünfgliedrigen Ringen, in denen das Metall hauptvalenzmäßig an den Sauerstoff der Carbonyl- oder Hydroxylgruppe und durch Nebenvalenzen an ein Stickstoffatom mit einem freien Elektronenpaar gebunden ist, bzw. von Komplexen mit zwei Stickstoffatomen in entsprechender Position (z. B. 1,4), charakteristisch. Meist sind diese Komplexe violett, rot oder rotbraun gefärbt. In Strukturen dieser Art können zusätzlich Karamele und auch Melanoidine eingebaut sein. Die Wirkung der Eisenionen auf die Farbe des Saftes hängt daher nicht nur von der Anwesenheit der o. g. Komponenten ab, sondern wird auch durch die Anwesenheit von Brenzkatechin oder Dihydroxyphenylalanin beeinflußt. Im letzteren Falle haben die Säfte einen charakteristischen violetten Farbton (Amethyst-Farbstoffe) [19, 20].

Der Eisengehalt der Säfte kann erheblich schwanken. Als Beispiel seien die Ergebnisse von KARVÁNEK und BRETSCHNEIDER [21] angeführt, nach denen Dicksaft 1 mg, Schwarzer Sirup 5 mg und Melasse 10 mg Fe in 100 m*l* enthält. Der Eisengehalt ist im Verhältnis zur Farbstoffmenge sehr hoch, wenn wir die Molekülgröße der Farbstoffe und ihren hohen Extinktionskoeffizienten in Betracht ziehen. Aus Durchschnittswerten der wahrscheinlichen Farbstoffkonzentration und der Molekülgröße der Farbstoffe geht hervor, daß auf 1 Farbstoffteilchen im Dicksaft 5—15 Eisenionen entfallen.

Die Zuckerfarbstoffe können also aus einer ganzen Reihe von Komponenten durch eine Vielfalt von Reaktionen entstehen, wobei jede Reaktionsfolge zunächst durch *Abbaureaktionen*, denen dann *Kondensations- oder Polymerisations-Reaktionen* folgen, eingeleitet wird.

Die Farbstoffbildung wird durch folgende Faktoren hervorgerufen oder begünstigt:

a) Steigende Zuckerkonzentration [22] (vor allem hoher Gehalt an reduzierenden Zuckern),

b) hohe Konzentration an Nichtzuckerstoffen (sowohl stickstofffreien Verbindungen mit Carbonylgruppen wie auch stickstoffhaltigen Verbindungen mit Aminogruppen),

c) Anwesenheit von Sauerstoff [2, 23],

d) Anwesenheit von Katalysatoren [24, 25] (vor allem solcher, die Redox-Vorgänge beschleunigen),

e) Anwesenheit einiger Salze [3, 10],

f) steigender pH-Wert [26],

g) verlängerte Einwirkungszeit,

h) erhöhte Temperaturen [23].

In den einzelnen technologischen Stadien der Zuckererzeugung kommen allerdings nicht alle Möglichkeiten in gleicher Weise zur Auswirkung. Im Laufe des Produktionsvorganges ändert sich demzufolge die Zusammensetzung der Farbstoffe. Zu Beginn der Verarbeitung treten vorwiegend stickstofffreie Farbstoffe auf, später wird die Bildung von Melanoidinen immer mehr begünstigt. Darum steigt in den Zwischenprodukten nicht nur die Farbstoffkonzentration, sondern auch der Anteil der Melanoidine. Im Dünnsaft entfällt etwa nur $^1/_3$ der Farbstoffe auf diese Klasse [2]. Aus der Melasse konnten dagegen bisher nur stickstoffhaltige Farbstoffe isoliert werden [8, 18]. Es ist aber anzunehmen, daß auch Karamelstoffe in die Melanoidine eingebaut werden.

Eine der wichtigsten Aufgaben bei der Herstellung von Weißzucker oder Raffinade ist es, einen möglichst hohen Anteil der Farbstoffe in die Melasse zu überführen. In die Zuckerkristalle gerät nur etwa ein Tausendstel der gesamten Farbstoffmenge. Eine verdünnte Melasselösung dient darum auch meist als

Testlösung zum Studium der Eigenschaften von Adsorbentien. Im großen und ganzen bestimmen die *Melassefarbstoffe* den Charakter des gesamten Komplexes der Zuckerfarbstoffe, deren Eigenschaften wir im nächsten Abschnitt näher beschreiben werden.

2.2. Die Eigenschaften der Zuckerfarbstoffe

Wie bereits festgestellt wurde, haben die einzelnen Zuckerfarbstoffe durchaus unterschiedliche Zusammensetzung und damit keine gleichartigen Eigenschaften. Sie unterscheiden sich beispielsweise durch ihre Molekülgröße, den Diffusionskoeffizienten, die Löslichkeit in verschiedenen Lösungsmitteln usw. PREY und

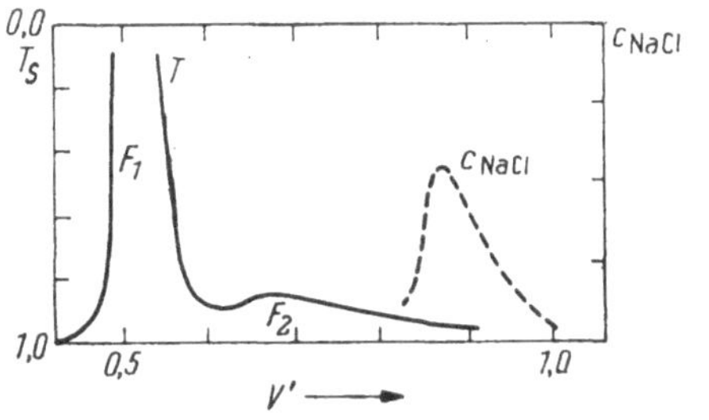

Abb. 2-6: Trennung der Melanoidine vom NaCl mit Hilfe des Ionenverzögererharzes Retardion 11A8 [8]

Spezifische Belastung 0,25 l/h; V' – Volumen des Eluats; T_s – Durchlässigkeit der Lösung; c_{NaCl} – Kochsalzkonzentration; F_1 – schwarze Farbstoffe; F_2 – gelbe Farbstoffe

Mitarbeiter [8] zeigten, daß es möglich ist, den gesamten Farbstoffkomplex, der an dem Anionenaustauscher ASMIT 261 adsorbiert wurde, nach der Desorption mit NaCl-Lösung durch Ionenverzögerung an dem Harz RETARDION 11 A 8 in zwei Hauptfraktionen zu trennen. Man erhält eine stark gefärbte Fraktion, die schwarzbraune Farbstoffe enthält, und eine schwach gefärbte Fraktion mit gelben Farbstoffen (*Abb. 2-6*).

Die Farbstoffe der ersten Gruppe enthalten etwa 3mal soviel Stickstoff wie die der zweiten Gruppe. In der Trockensubstanz einer Rübenmelasse fanden die genannten Autoren etwa 3,45% gelbe und 0,65% schwarzbraune Farbstoffe. Dagegen wurden in der Trockensubstanz eines Dünnsaftes nur etwa 0,1% Farbstoffe gefunden. Die schwarzbraunen Farbstoffe haben ein höheres Molekulargewicht als die gelben, so daß man das Gemisch beispielsweise durch Dialyse trennen kann.

Der aus Melasse isolierte Farbstoff ist ein schwarzbrauner bis schwarzer Staub, der bei 340 °C noch nicht schmilzt.

Die intensiv gefärbten Melanoidine haben sauren Charakter, wie überhaupt der anionische Typ der Farbstoffe vorherrschend ist. STANĚK hat darum den aus der Rübenmelasse isolierten Farbstoff *Fuskazinsäure* genannt [12]. PAVLAS und MELOUNOVÁ [17] erhielten durch Extraktion und Nachreinigung aus einem Farbstoff mit 8,5% N 12 Fraktionen mit 9,8—9,61% N in der Trockensubstanz. Alle Präparate sind nur schwer zu trocknen und von den letzten Ascheresten zu befreien.

Der Farbstoff ist in Laugen leicht löslich und fällt bei Zugaben von Säuren aus. In einer 1%igen Lösung der Farbsäure, die einer Rübenmelasse entstammte, er-

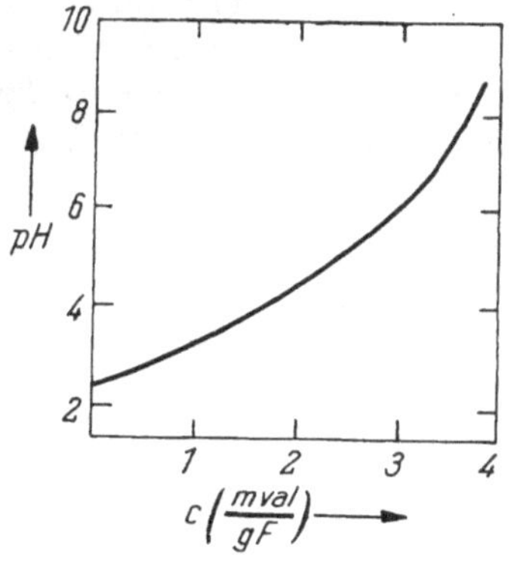

Abb. 2–7: Titrationskurve der Farbstoffsäure (Melanoidine)
c-Zugabe 0,1 n—NaOH (mval/1 g Farbstoff), [27]

mittelte SCHIWECK [27] einen pH-Wert von 2,4. Zur Neutralisation dieser Lösung wurden 3,8 mval NaOH pro g Farbstoff verbraucht, um auf pH 8,8 zu kommen, bis pH 5,5 ungefähr 2,2 mval [18, 27] (*Abb. 2–7*).

Der saure Charakter der Melanoidine äußert sich auch in ihrer Fähigkeit zur Salzbildung: Sie bilden zwei Reihen von Salzen, deren Metallgehalte sich etwa wie 1:2 verhalten, soweit das Salz nicht, wie es bei den Kaliumsalzen der Fall ist, hydrolysiert [17]. Für saure Salze gilt, daß sich an das Metallion um so mehr Farbstoff binden läßt, je größer das Volumen dieses Kations ist. Bei der Salzbildung sind also nicht nur stöchiometrische Verhältnisse, sondern auch sterische Gegebenheiten von Bedeutung.

Melanoidinsalze geben sehr intensiv gefärbte Lösungen, deren Farbtiefe höher ist, als die der freien Säure.

Der elektronegative Charakter der Farbstoffe äußert sich auch bei der Elektrophorese. Sie wandern langsam zur Anode. Die Wanderungsgeschwindigkeit ist vom pH-Wert abhängig, weil dieser den Dissoziationsgrad beeinflußt [28]. Die isoelektrischen Punkte der einzelnen Melanoidin-Fraktionen liegen im sauren Bereich, und zwar bei den Melanoidinen aus Rohrmelasse meist zwischen pH 1,5 und 2. Im Bereich über pH 4,5 nimmt die Elektrophoresegeschwindigkeit rasch zu und erreicht nach GROSS [28] bei pH 7 ihr Maximum.

Melanoidine aus Rohrmelassen enthalten nur etwa die halbe Stickstoffmenge im Vergleich zu solchen aus Rübenmelassen (3—4% N [29, 30] gegenüber 7—9% N [8, 12, 17, 18]).

An der Melanoidinbildung sind alle Aminosäuren der Säfte sowie Polypeptide und einfache Eiweißstoffe beteiligt [17]. Der aus Aminosäuren stammende Stickstoff macht etwa 30% des gesamten im Farbstoff enthaltenen Stickstoffs aus [18]. Als Zuckerkomponenten wurden in den Melanoidinen mit Sicherheit Glukose, Fruktose und Triose nachgewiesen. In den gelben Farbstoffen fand man anstelle der Zucker niedermolekulare Fettsäuren, vor allem Milchsäure [8]. In den Rohrmelassen sind die Verhältnisse prinzipiell ähnlich. BINKLEY [31] fand hier statt der Fruktose einen höheren Anteil an Triosen. Außerdem wurden gebundene Flavonfarbstoffe nachgewiesen [32].

Die Melanoidine wirken ähnlich wie die Karamelstoffe reduzierend. 1 g reduziert ebenso stark wie 73 mg Glukose [18]. Bei den Melanoidinen aus Rohrmelassen entfällt auf die Einheit des Farbstoffpolymeren 1 Carbonylgruppe und 1,7 ungesättigte Gruppen [31]. Außerdem wurden Lakton- und Ester-Bindungen nachgewiesen [27].

Es ist klar, daß angesichts der zahlreichen Reaktionsmöglichkeiten der Farbstoff keine konstante Elementarzusammensetzung haben kann. Rein formal werden folgende Summenformeln angegeben: Für Rüben-Melanoidine [33] ungefähr $(C_{16}H_{20}O_{7-8}N_2)_x$, für Rohr-Melanoidine [30] $(C_{28-29}H_{40-41}O_{28-29}N_2)_y$ oder [29] $(C_{35}H_{54}O_{27}N_2)_z$. SCHIWECK [27] hat außerdem in den Farbstoffen Schwefel nachgewiesen.

Melanoidine werden *kolloid gelöst*. Die Farbe ihrer Lösungen hängt darum auch von der Teilchengröße ab. Die intensiv schwarzen Farbstoffe lassen sich chromatographisch nicht fraktionieren. Sie verbleiben restlos am Startpunkt. Niedermolekulare Farbstoffe lassen dagegen bei der Chromatographie eine gelbliche Spur zurück. Für das Molekulargewicht der Rüben-Melanoidine werden Werte in den Grenzen von 8000—15000 angegeben [18], für dialysierte Rohr-Melanoidine fand man 13000 ± 400 [30]. Auf Grund der niedrigen Viskositätszahl von nur 0,006 halten wir die Melanoidine für Sphärokolloide [18]. Man kann sich für die Gestalt eines durchschnittlichen Teilchens ein Rotationsellipsoid mit Achsen-

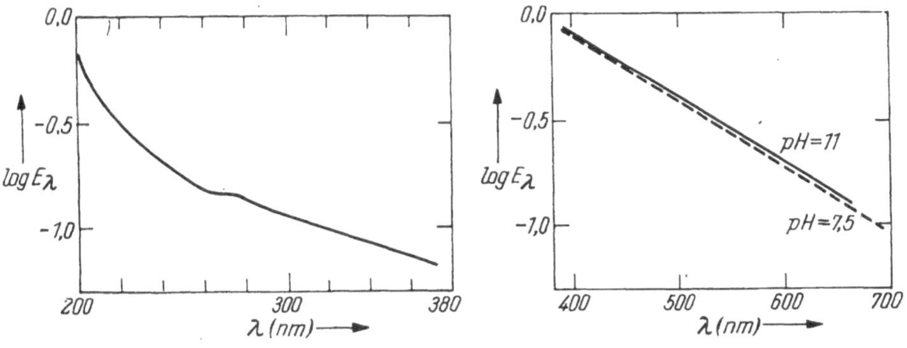

Abb. 2-8: Spektrale Durchlässigkeit der Fuskazinsäure [18]

E_λ — spektrale Extinktion; λ — Wellenlänge (nm)

längen von 4,5 und 1,5 nm vorstellen. Den erheblichen Teilchengrößen entsprechend ist der Wert für den Diffusionskoeffizienten niedrig. Wie viele andere Kolloide, sind auch die Melanoidine grenzflächenaktiv.

Der Aufbau der Farbstoffpartikel ermöglicht verschiedene Elektronenkonfigurationen. Das Molekül enthält viele Gruppen mit beweglichen Elektronen, die als Chromophore oder Auxochrome wirken, es kann sich in zahlreichen energe-

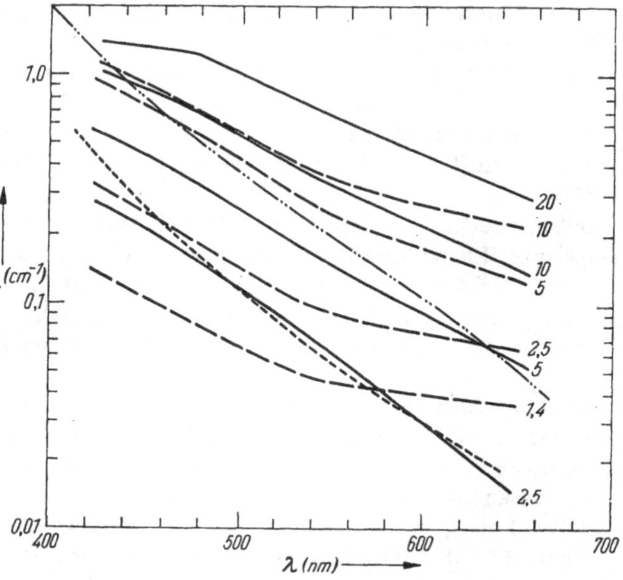

Abb. 2-9: Spektrale Durchlässigkeit des Dünnsaftes (...), Dicksaftes (–..–), eines Sirups aus der 3. Kristallfüllmasse (– – – –) und einer Raffineriemelasse (——)

k_λ – Extinktionsmodul (cm^{-1}); λ – Wellenlänge (nm). Neben den Kurven ist die Farbstoffkonzentration in °St angegeben

tischen Zuständen befinden und darum im gesamten Bereich des sichtbaren Spektrums Strahlungsenergie absorbieren. Dabei sinkt die Absorption vom kurzwelligen zum langwelligen Gebiet hin langsam ab (*Abb. 2-8*, *Abb. 2-9*).

Die spektrale Durchlässigkeit hängt von der Qualität der Zuckerfarbstoffe ab. Die dominante Wellenlänge liegt bei Tageslicht zwischen 570 und 585 nm und beim Licht einer Glühlampe zwischen 580 und 590 nm [34].

Diese Angaben haben Bedeutung für die Erfassung des Farbtones mit Hilfe der dominanten Wellenlänge bei Verwendung des CIE-Systems.

Der Farbton erhöht sich linear mit der Schichtdicke der Lösung und mit ihrer Konzentration (*Abb. 2—10*). Darum erscheinen verdünnte Farbstofflösungen gelb bis rotgelb, konzentriertere braun bis schwarzbraun.

Aus dem Farbstoffkomplex lassen sich einige Fraktionen abtrennen [35], die ein Absorptionsmaximum im nahen Ultraviolett zeigen (z. B. bei 250, 260 und

270 nm). In der $\log E_\lambda(\lambda)$-Kurve von Fuskazinsäurelösung existiert bei 260 und 280 nm ein merklicher Bruch (*Abb. 2–8*, [18]). SCHNEIDER [36] fand in der Extinktionskurve der von einem stark basischen Anionenaustauscher eluierten Farbstoffe ein deutliches Maximum bei 260 nm, wo auch das Adsorptionsmaximum des Chromophors —CH=C(OH)—CHO liegt, und ein weiteres bei 275 nm, das der Anwesenheit von Eisen-Polyphenolkomplexen zugeschrieben wird.

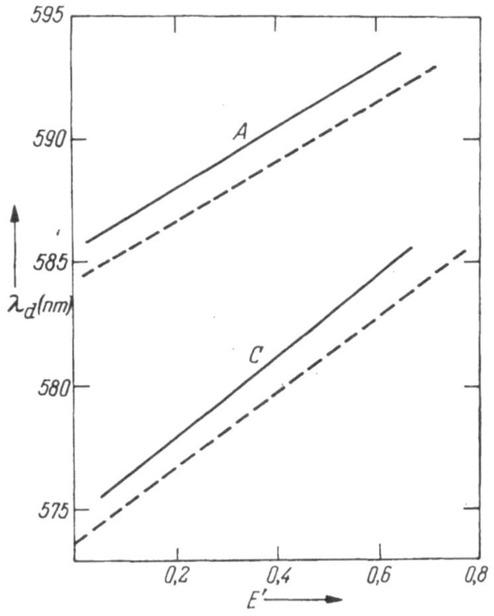

Abb. 2–10: Abhängigkeit der dominanten Wellenlänge λ_d (nm) einer Melasselösung (——) und einer dritten Kläre (- - -) von der Gesamtextinktion (*E'*) und von der Beleuchtungsart

A — Beleuchtung mit Glühlampe; *C* — Beleuchtung durch Tageslicht

Die Zuckerfarbstoffe sind sehr intensiv farbig. Der Extinktionskoeffizient ε_{560} erreicht Werte in der Größenordnung 10^3. Er steigt mit dem Molekulargewicht des Farbstoffes an und hängt auch vom Ursprung der Probe, aus der der Farbstoff isoliert wurde, ab. Der Wert des Extinktionskoeffizienten für eine mit Säure fällbare Farbstofffraktion liegt zwischen 1225 und 1485, für Fuskazinsäure bei 2225—2490 und für die gereinigte Säure bei 2360 [18]. Die extremen Werte weichen nur um etwa $\pm$ 6% vom Durchschnitt ab, so daß wir mit dem Wert $\varepsilon_{560} = 2{,}36 \cdot 10^3$ rechnen können.

Die Extinktion einer Melanoidin-Lösung sinkt mit fallendem *pH-Wert*. Der niedrigste Wert wurde bei pH 2 gefunden, wenn der Farbstoff völlig undissoziiert ist. Eine Erhöhung des pH zwischen pH 4 und pH 6 hat verhältnismäßig geringe Wirkung, während oberhalb pH 10 erheblich höhere Werte für die Extinktion gemessen werden. Bei Säften und Klären ist ein spezifischer Einfluß des pH-Wertes auf die Extinktion zu beobachten. Im allgemeinen sinkt bei pH-Erniedrigung innerhalb des gesamten, bei der Zuckerherstellung in Frage kommenden, pH-Bereiches die Extinktion der Säfte ab.

Die pH-Abhängigkeit beruht auf Strukturveränderungen, wie sie bei Indikatoren bereits lange bekannt sind. Bei Zuckerfarbstoffen sind sie jedoch nicht

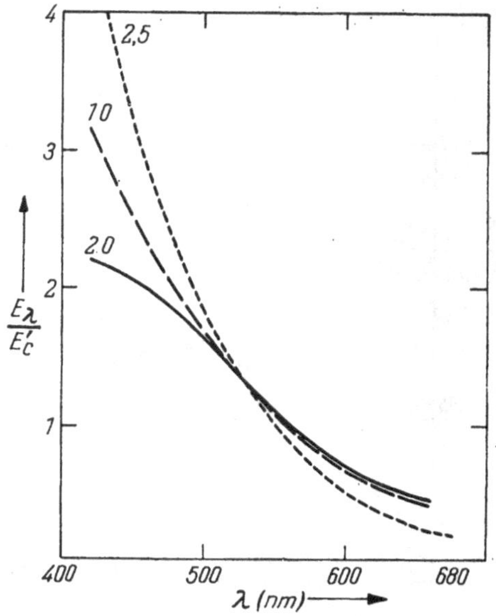

Abb. 2–11: Abhängigkeit des Verhältnisses der spektralen Extinktion E_λ und der Gesamtextinktion E'_C von der Wellenlänge λ bei Raffinerie-Melasse

Neben den Kurven ist die Farbstoffkonzentration in °St angegeben. (Bemerkung: Das Verhältnis $E_\lambda : E'_C$ ist dem Extinktionskoeffizienten proportional.)

immer reversibel [37]. Durch Ansäuern bis zum pH-Wert des isoelektrischen Punktes vermindert sich der Dispersionsgrad so stark, daß bisweilen sogar ein filtrierbarer Niederschlag entsteht. Diese Tatsachen muß man bei der Messung von Farbstoffkonzentrationen beachten.

Bei der Anwendung von Entfärbungs-Ionenaustauschern kommt es normalerweise nur zu geringen Veränderungen des pH-Wertes der Lösungen (maximale Werte der Schwankungen $\pm 0{,}25 \cdots 0{,}30$ pH), so daß es bei der technischen Anwendung der Entfärbung nicht nötig ist, den pH-Wert nachzuregulieren. Der Fehler kann vernachlässigt werden, da der Extinktionsmodul sich nur um maximal $1 \cdot 10^{-3}$ ändert. Bei wissenschaftlichen Arbeiten sollte man dagegen auf eine Kontrolle und Angleichung des pH-Wertes nicht verzichten.

Der Extinktionskoeffizient hängt auch in gewissem Grade von der Art des an den Farbstoff gebundenen *Kations* ab. Der Extinktionskoeffizient der Salze ist immer etwas größer, als der der Farbsäure [17]. Im allgemeinen ist der Extinktionskoeffizient eine Funktion der Wellenlänge. Bei den Zuckerfarbstoffen ist er außerdem von der Farbstoffkonzentration abhängig, wobei dieser Einfluß bei Sirupen und bei Melasse größer ist als bei Dicksaft und bei Klären. Bei letzteren kann er vernachlässigt werden (*Abb. 2–11*), [38].

Infolgedessen hat das LAMBERT-BEERsche Gesetz für Zuckerfarbstofflösungen *keine strenge Gültigkeit*. Die geringsten Abweichungen findet man bei Wellenlängen in der Umgebung von 560 nm [38, 39].

Durch *Reduktionsmittel* werden die Farbstoffe teilweise in die entsprechenden Leukobasen umgewandelt, die Anwendung von SO_2, Sulfiten, Blankit und anderen Stoffen mit ähnlicher Wirkung kann darum zu einer Teilentfärbung der Lösung führen. Auch durch *Oxydationsmittel* werden Zuckerfarbstofflösungen entfärbt, vor allem durch Chlor, Hypochlorite und Peroxyde.

2.3. Die Messung der Farbstoffkonzentration

Die Grundlage jeder Farbbewertung liegt im Wahrnehmungsvermögen des menschlichen Auges [40]. Da aber die Fähigkeit der Farbwahrnehmung für einzelne Beobachter voneinander abweicht, wurden für die Zwecke der Kolorimetrie die Wahrnehmungseigenschaften eines „Normalbeobachters“ aus dem Durchschnitt der Messungen an einer großen Anzahl von Versuchspersonen ermittelt [41]. Von einer korrekten kolorimetrischen Meßmethode muß gefordert werden, daß zwischen der gemessenen oder einer von ihr abgeleiteten Größe und der Wahrnehmung des Normalbeobachters ein eindeutiger Zusammenhang besteht. Bei Messungen an Zuckerfarbstofflösungen setzt man außerdem voraus, daß zwischen der visuellen Wahrnehmung und der Farbstoffkonzentration ein linearer Zusammenhang besteht. Die Einheit der Farbstoffkonzentration ist dann durch eine konventionelle Größe festgelegt und wird in *Farbgraden*, normalerweise durch die STAMMERschen Grade (°St), ausgedrückt.

In der Zuckerindustrie erfolgt die Messung so, daß die zu messende Lösung im Licht mit einem kontinuierlichen Spektrum (Glühlampe) mit einem Standard verglichen wird. Man kann auch den Grad der Lichtdurchlässigkeit bei einer bestimmten Wellenlänge oder in einem definierten möglichst engen Wellenlängenbereich bestimmen. Man arbeitet also mit Methoden der *subjektiven Kolorimetrie*, der *Spektrophotometrie* oder der *Photokolorimetrie*.

Die älteste Methode der Farbstoffmessung ist die subjektiv-kolorimetrische Methode, bei der als Standard ein von STAMMER eingeführtes farbiges Glas, das sog. *STAMMERsche Normalglas*, benutzt wird [42]. Nach der Definition hat eine gegebene Lösung die Farbe von 1 °St, wenn eine 100 mm dicke Schicht der Lösung die gleiche Lichtmenge absorbiert wie das Normalglas. Diese Größe dient als Maß für die Volumenkonzentration der Farbstoffe. Durch Umrechnung auf die Trockensubstanzkonzentration der gleichen Volumeneinheit ergibt sich eine

Größe, die als *Farbe* oder korrekter als *Farbstoffquotient* bezeichnet wird:

$$Q(B) = \frac{10^3}{l \cdot S \cdot \varrho}. \tag{2-1}$$

Dabei bedeutet l die Schichtdicke (cm), S den Trockensubstanzgehalt (g/100 g Lösung, d. h. Grad Brix — °Bx) und ϱ die Dichte der Lösung (g/cm³).

Die auf diese Weise ausgedrückten Farbwerte sind von der Verdünnung der Lösung unabhängig und eignen sich auch in den Fällen zum Vergleich, wenn eine Änderung der Farbstoffkonzentration, z. B. durch Eindickung der Lösung, eingetreten ist. Es ist üblich, die Einheit dieser Größe folgendermaßen zu schreiben:

$$[Q(B)] = \text{°St/100 °Bx oder °St/100 } S.$$

Bei Farbmessungen mit Hilfe eines Photokolorimeters pflegt man die ermittelten Werte mit Hilfe einer Eichkurve in °St zu transponieren oder umzurechnen. Bisweilen rechnet man auch direkt mit der *Extinktion* oder mit dem *Extinktionsmodul.* In solchen Fällen ist gewöhnlich ein bestimmtes Gerät vorgeschrieben, wie beispielsweise das Kolorimeter nach LANGE mit dem GIBBSONschen Filter.

Auf Empfehlung der ICUMSA [40] (International Commission for Uniform Methods of Sugar Analysis) soll der Farbgrad folgendermaßen einheitlich ausgedrückt werden:

Ist I_1 die in die erste Schicht der Lösung einfallende Strahlungsenergie und I_2 die Strahlungsenergie nach Passieren dieser Schicht, d. h. die Strahlung, die in die zweite, zur ersten planparallele Schicht eintritt, dann ist der *Transmissionsgrad* durch folgende Gleichung gegeben:

$$I = T_2/T_1. \tag{2-2}$$

Man vergleicht immer den Transmissionsgrad der farbigen Lösung (T_L) mit dem der gleichen Schicht des Lösungsmittels (T_W), also meist des Wassers. Dann ergibt sich das Verhältnis:

$$T_s = T_L/T_W. \tag{2-3}$$

Dieses Verhältnis nennt man den *Reintransmissionsgrad* des gelösten Stoffes. Seinen negativen Logarithmus bezeichnet man als *Absorbancy* A_s:

$$A_s = -\log T_s. \tag{2-4}$$

In der deutschen Fachliteratur unterscheidet man diese Größe nicht immer von der *Extinktion*, die folgendermaßen definiert ist:

$$E = -\log T_L. \tag{2-5}$$

Bei verdünnten wäßrigen Lösungen von Zuckerfarbstoffen können beide Größen als übereinstimmend angenommen werden:

$$E \doteq A_s. \qquad (2\text{–}6)$$

Als Einheit dient dann der sog. *Farbindex* (absorbancy-index), der nach folgender Formel berechnet wird:

$$a_{560} = 100 \frac{A_{s,560}}{l \cdot S \cdot \varrho}. \qquad (2\text{–}7)$$

Die angegebenen Beziehungen gelten korrekt nur für solche Lösungen, bei denen keine Lichtstreuung stattfindet. Alle Lösungen von Zuckerfarbstoffen zeigen jedoch zumindest einen ganz leichten Tyndall-Effekt. In solchen Fällen empfiehlt es sich, statt von der Extinktion von einer *Lichtschwächung* (attenuancy) zu sprechen und den dazugehörigen Koeffizienten abzuleiten, der als a_c^* bezeichnet wird.

Obwohl das Stammersche System heute im allgemeinen in den Hintergrund tritt, wird es doch in vielen Ländern, namentlich in den sozialistischen Ländern, noch benutzt. Die Gründe dafür sind folgende: Man benötigt keine kostspieligen Apparate, die Meßweise hat sich eingeführt und ist anschaulich, die gemessenen Werte lassen sich sehr einfach formal mit dem Farbstoffgehalt in Beziehung bringen, wobei man annimmt, daß 1 mg Zuckerfarbstoffe in 100 ml Lösung 1 °St entspricht [43]. Sázavský [43] hat die Einheit der Zuckerfarbstoffmenge als *Fuska* (*F*) bezeichnet. Damit werden die Angaben in °St oder in mg Farbstoff pro 100 ml numerisch gleich. Die Berechtigung obiger Annahme ist nach den Aussagen der vorhergehenden Abschnitte offensichtlich. Man könnte die Einheit natürlich auch nur als „Einheit der Farbstoffmenge" bezeichnen. Die Farbstoffkonzentrationsangaben in mg$F$/100 ml haben eine ähnliche Bedeutung wie die konventionellen Härteangaben in mg CaO/100 ml, die in der Wasserchemie heute noch üblich sind, obgleich die Härte durchaus nicht nur durch Calciumsalze verursacht wird.

Mit Hilfe des *Fuska-Systems* können wir leicht die Bewegung der Farbstoffe bilanzieren, die Kapazität der Adsorbentien errechnen und angeben usw. Die Werte für die Sorptionskapazität der Entfärbungs-Ionenaustauscher sind dann von der gleichen Größenordnung, wie die Austauschkapazitäten normaler Ionenaustauscher. Aus diesen Gründen soll das *Fuska-System* auch in diesem Buch benutzt werden.

In dem Lösungsvolumen V_L ml, das die Farbe c_F aufweist, befindet sich also folgende Farbstoffmenge:

$$B = 0{,}01 \cdot c_F \cdot V_L \, (\text{mg}F) \qquad (2\text{–}8)$$

Der Farbgrad, der durch den Extinktionswert E ausgedrückt wird, kann mit Hilfe der spektralen Extinktion des Stammerschen Normalglases $E_{\lambda S}$ in °St umgewandelt werden. Hierfür hat HOFFMANN [44] folgende Werte angegeben:

λ (nm)	480	520	560	600	640
$E_{\lambda S}$	0,630	0,353	0,212	0,177	0,171

Es gilt folgende Formel:

$$Q(B) = \frac{E_{\lambda L}}{E_{\lambda S}} \cdot \frac{10^3}{l \cdot S \cdot \varrho} \qquad (°\text{St}/100\,°\text{Bx}) \tag{2-9}$$

und für die Wellenlänge $\lambda = 560$ nm

$$Q(B) \doteq 47{,}17 \cdot a_{560}. \qquad (°\text{St}/100\,°\text{Bx}) \tag{2-10}$$

Bei den meisten Farbmessungen haben wir mit dem *Photokolorimeter* gearbeitet, das mit dem *Filter BG 7* ausgestattet und nach dem STAMMERschen Kolorimeter des Forschungsinstitutes für die Zuckerindustrie (VÚC) in Prag geeicht war. Diese Meßmethode ist nicht so genau wie die spektrophotometrische, es war aber aus praktischen Gründen notwendig, sie zu benutzen, weil die Mehrzahl der Zuckerfabriken keine Spektrophotometer besitzt. Da nun viele Messungen in Betriebslaboratorien vorgenommen wurden, war es notwendig, die Meßtechnik dieser Tatsache anzupassen und die in der ČSSR üblichen analytischen Vorschriften zu benutzen. Diese Meßmethodik hat sich in Verbindung mit dem *Fuska-System* sehr gut bewährt.

Für eine erste Orientierung genügt oft schon eine Berechnung der *Extinktion*, ohne daß eine Umwandlung in Stammergrade erforderlich ist. Auf diese Weise haben wir vorwiegend die relativen Entfärbungsgrade bei statischen Prüfungen ausgewertet. Die so errechneten *Entfärbungsgrade* oder *Kapazitäten* unterscheiden wir durch den Index E von den Werten, die auf der Basis von Stammergraden oder Farbstoffkonzentrationen errechnet wurden. Wir schreiben also

$$D_E = \frac{E_1 - E_2}{E_1}\,100, \tag{2-11}$$

$$D = \frac{c_{F1} - c_{F2}}{c_{F1}}\,100. \tag{2-12}$$

Dabei bezieht sich der Index 1 auf die ursprüngliche Lösung, der Index 2 auf die entfärbte Lösung.

Literatur

[1] PIECK, R.: Sucr. belge **83**, 16 (1963/64)
[2] KOL.: „*Comptes Rendus de la 10e Assemblée Générale de la CITS*", London 1957
[3] PUCHERNA, J.: Listy cukr. **49**, 13 (1930/31)
[4] WEIDENHAGEN, R., und C. STELZIG: Zucker **12**, 244 (1959)

[5] MAILLARD, L. C.: Comptes Rendus de l'Acad. des Sci. **154**, 66 (1911); Ann. Chim. **5**, 258 (1916)
[6] ZABRODSKIJ, A. G., und V. VITKOVSKAJA: Biochimija **19**, 738 (1954)
[7] HODGE, J. E.: Agric. Food. Chem. **1**, 928 (1953)
[8] PREY, V., E. HAMMER und W. BRAUNSTEINER: Zeit. Zuckerind. **13** (88), 371 (1963)
[9] ZUMAN, P.: Listy cukr. **62**, 81, 89, 97 (1945/46); MAREŠ, L.: Listy cukr. **65**, 12 (1948)
[10] DUBOURG, J., und F. DEVILLERS: Ind. aliment. et agric. **79**, 625 (1962)
[11] CARRUTHERS, A., J. V. DUTTON und J. F. T. OLDFIELD: Int. Sugar J. **65**, 330 (1963)
[12] STANĚK, V.: Listy cukr. **35**, 209, 351, 489, 503 (1916/1917)
[13] RIPP, B.: Zeit. Ver. D. Zuckerind. **76**, 627 (1926)
[14] WOLFROM, M. L., und C. S. ROONEY: J. Amer. Chem. Soc. **75**, 5435 (1953)
[15] KRETOVIČ, V., und R. TOKAREVA: Biochimija **12**, 508 (1948)
[16] WOHRYZEK, O.: *„Chemie der Zuckerindustrie"*, J. Springer, Berlin, 1928
[17] PAVLAS, P., und O. MELOUNOVÁ: Listy cukr. **73**, 177 (1957)
[18] REINEFELD, E., und M. H. MUSSAWI-BARAB: Zucker **16**, 322 (1963)
[19] LUNDÉN, H.: Zeit. Ver. D. Zuckerind. **76**, 780 (1926)
[20] HENRY, J., O. LAZAR und R. PIECK: Sucr. belge **83**, 185, 225 (1963/64)
[21] KARVÁNEK, M., und R. BRETSCHNEIDER: Listy cukr. **78**, 226 (1962)
[22] SPENGLER, O., E. LANDT und J. OST: Z. Ver. D. Zuckerind. **85**, 487 (1935)
[23] SPENGLER, O., und A. PFANNENSTIEL: Z. Ver. D. Zuckerind. **85**, 547 (1935)
[24] SPENGLER, O., und F. TÖDT: Z. Ver. D. Zuckerind. **80**, 673 (1930); **85**, 551 (1935)
[25] STANĚK, V., und P. PAVLAS: Listy cukr. **50**, 368 (1931/32)
[26] SPENGLER, O., S. BÖTTGER und B. SEELIGER: Z. Wirtschaftsgruppe Zuckerind. **86**, 193 (1936)
[27] SCHIWECK, H.: Zucker **16**, 555 (1963)
[28] GROSS, D.: Int. Sugar J. **59**, 339 (1957)
[29] YAMANE, T., und F. ONDA: Proc. Res. Soc. Japan Sugar Ref. Technol. 8, 116 (1959); Sug. Ind. Abstr. **23**, **493** (1960)
[30] BINKLEY, W. W.: Int. Sugar J. **62**, 36, 187 (1960)
[31] BINKLEY, W. W.: Int. Sugar. J. **59**, 64, 178 (1957); **60**, 62, 165, 322 (1958); **61**, 173, 364 (1959); **63**, 112 (1961); **64**, 39 (1962)
[32] ANON.: *„Hawaiian Sugar Planters Assoc. Exper. Sta. Comm. Rept."*, S. 26 (1957)
[33] YAMANE, T., und K. SUZUKI: Z. Zuckerind. **13**, 629 (1963)
[34] KADLECOVÁ, M., und V. VALTER: Listy cukr. **80**, 51 (1964)
[35] SAKAI, S., und T. SHIMIZU: Sci. Repts. Hyogo Univ. Agric. Ser. Agric. Chem. **2**, 107 (1954/55); Sug. Ind. Abstr. **19**, 600 (1957)
[36] SCHNEIDER, F.: Zucker **17**, 144 (1964)
[37] SPENGLER, O., F. TÖDT und S. BÖTTGER: Z. Ver. D. Zuckerind. **84**, 265 (1934)
[38] VALTER, V.: Listy cukr. **80**, 319 (1964)
[39] PETERS, H. H., und F. P. PHELPS: Tech. Pap. Bur. Stand. **21**, 261, T338 (1927)
ZERBAN, F. W., L. SATTLER und J. MARTIN: Anal. Chem. **23**, 308 (1951)
[40] ICUMSA: *„Report of the Procceding of the 12th Session"*, Washington 1958; *„Report of the Procceding of the 13th Session"*, Hamburg 1962
[41] JUDD, D. B.: J. Opt. Soc. Amer. **23**, 359 (1933)
[42] STAMMER, K.: Z. Ver. D. Zuckerind. **11**, 41 (1861)
[43] SÁZAVSKÝ, V.: Listy cukr. **39**, 209 (1920/21)
[44] HOFFMANN, T.: Z. Ver. D. Zuckerind. **76**, 153 (1926); SPENGLER, O., und E. LANDT: Z. Ver. D. Zuckerind. **83**, 223 (1933).

3. STRUKTUR UND EIGENSCHAFTEN VON ENTFÄRBUNGS-IONENAUSTAUSCHERN

Zur Entfärbung von Zuckerlösungen bestimmte synthetische Harze sind auch unter den Bezeichnungen ,,*Entfärbungsharze*", ,,*Harzadsorber*" oder ,,*Adsorptionsharze*" bekannt. Letztere Bezeichnung dürfte dabei vorwiegend für die älteren Typen zutreffen, bei denen man sich vorwiegend auf eine physikalische Adsorption orientierte, um die an altbekannten Hilfsstoffen, wie Knochen- oder Aktivkohle, beobachteten Effekte nachzuahmen. Der von uns verwendete Terminus ,,*Entfärbungs-Ionenaustauscher*" soll andeuten, daß hier die *chemische Wirkung* des innendispersen Gels mit funktionellen Gruppen in den Vordergrund gestellt ist. Damit ist wohl auch dem Wirkungsmechanismus der moderneren Harztypen, soweit er zur Zeit aufgeklärt ist, am besten Rechnung getragen.

Den in diesem Sinne definierten ,,Entfärbungsharzen im engeren Sinn" steht die Gruppe der sog. ,,*Klärharze*" gegenüber, die ursprünglich für Zwecke der Wasser- und Abwasserbehandlung entwickelt wurden, in letzter Zeit aber auch in der Zuckerindustrie Eingang finden. Sie werden dabei zur unmittelbaren Reinigung von Rohsäften eingesetzt, während mit den von uns beschriebenen Harzen nur vorgereinigte Dünn- und Dicksäfte sowie Klären behandelt werden können.

Die *Klärharze*, deren Wirkung wesentlich auf der Agglomerisation von kolloidal gelösten Nichtzuckerstoffen beruht, sind meist Kationenaustauscher. Da sie in der Säureform zum Einsatz kommen, wirken sie gegen Saccharose immer mehr oder weniger invertierend. Sie können also nur zur Verwendung kommen, wenn man dem Konsum invertzuckerhaltige Lösungen zuführen kann. Bei der Herstellung von flüssigen Zuckern und Zuckerlösungen, die von der Getränkeindustrie weiterverarbeitet werden, ist diese Technologie recht bedeutungsvoll. Man legt dann nämlich besonderen Wert auf die hochgradige Klarheit der Lösungen und will die Ausscheidung von Zucker in kristallisierter Form vermeiden. Hierfür ist eine Klärung unter Teilinvertierung des Zuckers die gegebene Technologie.

Die hier beschriebenen Varianten der Entfärbung haben aber alle das Ziel, aus Rüben- oder Rohrsäften Zuckerlösungen herzustellen, die sich mit maximalem Effekt zu einwandfreiem *Kristallzucker* verarbeiten lassen. Dazu müssen die durch Saturation, Sulfitierung usw. vorbehandelten Säfte unter Bedingungen entfärbt werden, die eine Invertierung ausschließen. Man ist also darauf angewiesen, als Entfärbungsharze Anionenaustauscher zu wählen.

Bei der Wahl geeigneter Entfärbungs-Ionenaustauscher sind primär die betrieblichen Arbeitsbedingungen zu berücksichtigen. Besondere Aufmerksamkeit muß man dem Sorptiv, den Melassefarbstoffen, zuwenden. Im vorhergehenden Kapitel wurde die Bildung von Farbstoffen bei der Zuckerfabrikation und ihre chemische Zusammensetzung eingehend behandelt. Man kann zusammenfassend sagen, daß die Stoffe, die die Färbung von Zuckerlösungen verursachen, *schwach sauren* oder *neutralen* Charakter haben. Für ihre Bindung kommt daher sowohl die Allgemeinadsorption durch VAN DER WAALSsche Kräfte als auch der Ionenaustausch in Frage, bei dem bekanntlich COULOMBsche Kräfte wirksam werden. Mit Rücksicht auf die Gefahr der Saccharoseinversion werden in der Praxis die Zuckerlösungen normalerweise auf einen schwach alkalischen pH-Wert eingestellt.

Manche der zur Entfärbung bestimmten Lösungen, beispielsweise Klären und Dicksäfte, enthalten 50—65% Saccharose, so daß sie nicht mehr als wäßrige Lösungen im üblichen Sinne betrachtet werden können. Die Zuckerlösungen haben meist eine hohe Viskosität. Ihre Temperatur beträgt im Betrieb etwa 80 °C.

Die Grundeigenschaften der *Entfärbungs-Ionenaustauscher* sind:

Die *Porosität* (also der Grad der Zugänglichkeit der inneren Bezirke des Harzkornes),

die *Art der sorptionsaktiven Gruppen* und

die *Fähigkeit zur Erhaltung des Sorptionsvermögens* über eine längere Betriebszeit, wobei der Natur der Farbstoffe und den Betriebsbedingungen Rechnung getragen werden muß.

Die *Porosität* der Entfärbungs-Ionenaustauscher erlaubt den Zutritt der Melasse-Farbstoffe zu den sorptionsaktiven Gruppen. Zu diesem Zweck strebt man meist ein genügend weitmaschiges dreidimensionales Netzwerk an, das im gequollenen Zustand eine möglichst freie Bewegung der Farbstoffmoleküle durch die ganze Austauschermasse ermöglicht (Latente Porosität oder Quellungsporosität). Der Zutritt von Farbstoffen zu den sorptionsaktiven Gruppen kann außerdem durch eine Vergrößerung der Kontaktfläche zwischen Harz und Lösung, also der Harzoberfläche, begünstigt werden. Zur Darstellung derartiger Ionenaustauscher werden bisweilen heterogene, schwammartige Polymersysteme angewendet. In einem solchen Fall vermitteln submikroskopische Poren einen raschen Kontakt der Lösung mit der ausgedehnten inneren Harzoberfläche (Makroporosität oder wahre Porosität). Die besonderen Merkmale der *makroporösen Harze* sowie ihre Unterschiede und Beziehungen zu den *Gel-Harzen* mit latenter Porosität sollen später eingehend behandelt werden.

Der *Typ der sorptionsaktiven Gruppen* ist für die Natur des Entfärbungsvorganges maßgebend. Die Farbstoffaufnahme kann sowohl durch Adsorption, wie auch durch Ionenaustausch erfolgen.

Im ersten Falle, in dem die *Allgemeinadsorption* im Vordergrund steht, werden schwach saure Kationenaustauscher, amphotere Ionenaustauscher mit schwach sauren und schwach basischen Gruppen und schwach basische Anionenaustauscher angewendet.

Im zweiten Falle, wenn also schwach saure Farbstoffe durch *Ionenaustausch* aufgenommen werden sollen, verwendet man mittelstark basische oder stark basische Anionenaustauscher, die unter den Bedingungen der Entfärbung im dissoziierten Zustand vorliegen.

Bei der Entfärbung mit Hilfe von Ionenaustauschern kann man neben der Sorption auch von der *Oxydation* oder *Reduktion* der Farbstoffe zu farblosen Produkten Gebrauch machen. Hierzu benutzt man entweder einen Anionenaustauscher in der SO_3^{--}-Form [1] oder einen mit $Ce(NO_3)_4$ bzw. $Ce(SO_4)_2$ behandelten Kationenaustauscher [2].

Die Fähigkeit, das *Sorptionsvermögen* unter Betriebsbedingungen *für längere Zeit zu erhalten*, wird durch verschiedene Struktureigenschaften des Harzes bestimmt. Bedeutungsvoll ist zunächst die mechanische Widerstandsfähigkeit der einzelnen Harzpartikel bei gegenseitiger mechanischer Berührung (Abriebfestigkeit), sowie die Beständigkeit gegenüber Spannungen, die bei Volumenänderungen entstehen. Besonders wichtig sind diejenigen Eigenschaften, die die Erhaltung der Entfärbungsfähigkeit unter Betriebsbedingungen sicherstellen, weil das Absinken der Sorptionskapazität bei der Entfärbung wesentlich größer ist, als bei normaler Beanspruchung durch Ionenaustausch. Diese *Entwertung* des Harzes kann die gesamte Ökonomie des Verfahrens entscheidend beeinflussen. Die Herabsetzung des Entfärbungsvermögens kann durch *irreversible Veränderungen der Porenstruktur*, durch *chemischen Abbau* der sorptionsaktiven Gruppen oder durch eine physikalische oder chemische *Blockierung der Harzstruktur* durch die Melassefarbstoffe verursacht worden sein.

Die z. Zt. angewendeten Entfärbungs-Ionenaustauscher gehören nach ihrer chemischen Struktur meist zu einer der folgenden Gruppen:

a) Adsorptionsharze, Polykondensate aromatischer Amine (evtl. mit Phenolen) mit Formaldehyd,

b) mittelstark basische Anionenaustauscher, hergestellt aus aliphatischen Aminen,

c) stark basische Anionenaustauscher, hergestellt auf Basis vernetzten Polystyrols.

Die übrigen Typen von Entfärbungs-Ionenaustauschern haben für das hier beschriebene Gebiet geringere Bedeutung.

3.1. Die Herstellung von Entfärbungs-Ionenaustauschern

3.1.1. Entfärbungsharze auf Basis von Polykondensaten aromatischer Verbindungen mit Formaldehyd

Die Entfärbungsharze der ersten Gruppe werden durch *Polykondensation* von *Phenolen* und *aromatischen Aminen* mit *Formaldehyd* hergestellt. Bei Verwendung von Phenolen kann man die Polykondensations-Reaktion durch folgendes Schema darstellen:

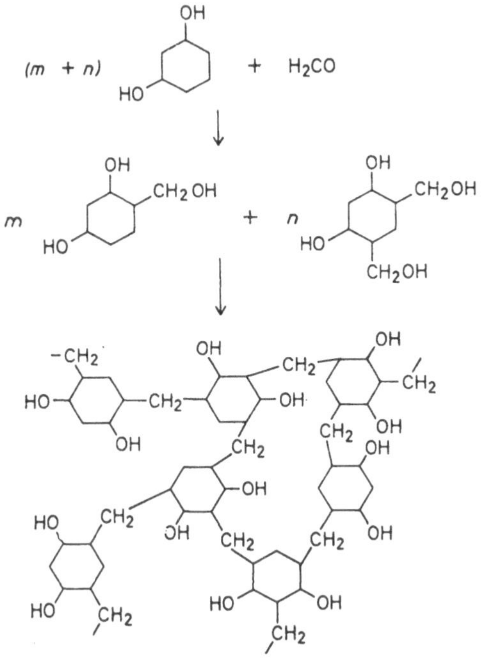

(3-1)

Die Polykondensation von Phenolen mit Formaldehyd [3] ist stark vom pH-Wert abhängig. Im *sauren Medium* werden die Polyreaktionen durch Bildung von Methylen-Brücken in einem frühen Stadium abgebrochen. Dabei scheiden sich Polymere mit niedrigem Molekulargewicht als unlösliche Niederschläge ab. Ein *alkalisches Medium* begünstigt dagegen die Einführung von Methylol-Gruppen in den aromatischen Ring. Dabei werden stufenweise Polymere mit hohem Molekulargewicht gebildet, die sich zu *dreidimensionalen Makromolekülen* vernetzen. Das alkalische bzw. zumindest neutrale Gebiet ist deshalb für die Darstellung von Ionenaustauschern auf Phenol-Basis besser geeignet. Die Polykondensation der Phenole mit Formaldehyd wird durch Substituenten am aromatischen Ring stark beeinflußt. So ist beispielsweise Resorcin wegen der günstigeren gegenseitigen Lage der beiden Hydroxylgruppen reaktiver als Phenol oder Hydrochinon. Andere Gruppen können den Verlauf der Polykondensation ähnlich beeinflussen [4].

Die Polykondensation *aromatischer Amine* mit Formaldehyd verläuft ganz anders [5]. Im alkalischen Milieu entstehen niedermolekulare Polymere vom Typ der SCHIFFschen Basen, die sich als helle Niederschläge aus dem Reaktionsgemisch abscheiden. Für die Darstellung derartiger Harze bevorzugt man darum normalerweise das schwach saure Medium. Dabei verläuft die Reaktion folgendermaßen:

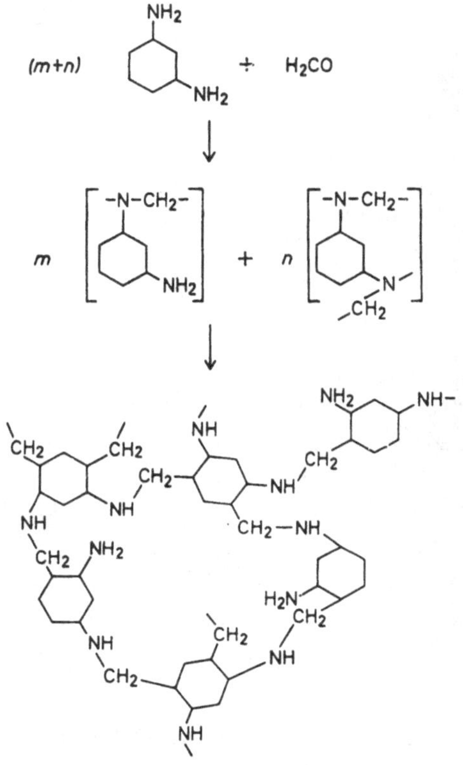

(3-2)

Die Polyreaktion greift also, ähnlich wie im alkalischen Medium, zunächst am Stickstoffatom an, es findet jedoch bald eine Umlagerung in die o- oder p-Stellung statt. Sehr günstig sind die Substituenten beispielsweise beim *m-Phenylendiamin* angeordnet, welches ein 4—5-funktionelles Monomeres darstellt.

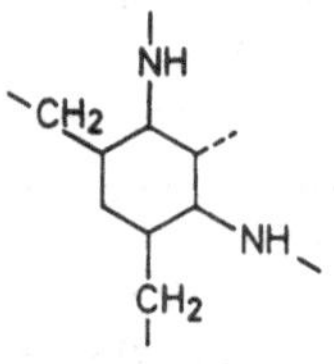

(3-3)

Aus diesen strukturellen Eigenschaften kann man die ausgeprägte Neigung des m-Phenylendiamins zur Bildung hochvernetzter Harze erklären.

Hinsichtlich der Natur der Hauptreaktion bei der Bildung von Polykondensatharzen kann man folgende Regeln ableiten: Bei der Polykondensation von Phenolen und von aromatischen Aminen ist der Reaktionsverlauf kompliziert, besteht aber aus einigen einfacheren Teilvorgängen. Die Struktur der Endprodukte hängt darum weitgehend von den Reaktionsbedingungen ab. Das Phenol- oder Aminmolekül hat normalerweise eine größere Anzahl reaktionsfähiger Stellen, als zur Bildung des Raumnetzes nötig sind. Jedes monomere Molekül kann als Vernetzer wirken, wodurch sich bei hohen Umsätzen schließlich sehr stark vernetzte, unporöse und nichtquellbare Polymere (Resite) bilden. Wenn man den Reaktionsverlauf zur Regulierung der Porosität begrenzt, bleiben noch reaktionsfähige Positionen unbesetzt und können unter geeigneten Bedingungen weiterreagieren so daß durch nachträgliche Vernetzung die Porosität erniedrigt wird. In jedem Falle kann man die Vernetzungsreaktionen bei der Polykondensation und damit auch die Porosität nur schwer steuern.

In der Patentliteratur werden zahlreiche Verfahren zur Darstellung von Entfärbungs-Ionenaustauschern auf Polykondensat-Basis beschrieben [6—8]. Dabei werden nur ausnahmsweise Entfärbungsharze genannt, die nur aus Phenolen und Formaldehyd hergestellt sind. Zu diesen wenigen Produkten gehört das amerikanische Duolite S 30 [9, 10].

Die meisten Arbeiten beziehen sich auf die Polykondensation von *aromatischen Aminen*, allein oder im Gemisch mit Phenolen, mit Formaldehyd. Als Ausgangsstoffe werden am häufigsten Resorcin und m-Phenylendiamin genannt. Nach der Literatur ist besonders die Einstellung der für die Diffusion von Farbstoffen erforderlichen Porosität zu beachten. Lediglich ein holländisches Patent aus dem Jahre 1949 [11, 12] stellt hier eine Ausnahme dar. Nach diesem Verfahren werden ausgehärtete, auf Teilchengrößen unter 5 μm pulverisierte Polykondensate aus m-Phenylendiamin und Formaldehyd zur Entfärbung empfohlen. Es handelt sich also um einen wenig porösen schwach basischen Anionenaustauscher, bei dem der Entfärbungsprozeß praktisch nur an der Oberfläche verläuft. Entfärbungsharze dieser Art können nicht regeneriert werden und sind darum im betrieblichen Einsatz kostspieliger als Aktivkohlen. Bedeutungsvoll sind gewisse belgische Patentschriften [13—17], in denen die Darstellung von unvollkommen ausgehärteten Harzgelen auf Basis vom m-Phenylendiamin und Formaldehyd bzw. auf Basis von Mischpolykondensaten aus m-Phenylendiamin und Resorcin mit Formaldehyd beschrieben wird.

Die *Polykondensation* des m-Phenylendiamins und auch die *Mischpolykondensation* von m-Phenylendiamin und Resorcin mit Formaldehyd verläuft in wäßriger Lösung bei Zimmertemperatur spontan. Innerhalb weniger Minuten entstehen Harzgallerten, die durch Mahlen und Naßsieben auf die erforderliche Korngröße (z. B. 0,3—1,5 mm) gebracht werden können. Bei der Mischpolykondensation von m-Phenylendiamin und Resorcin kann das gegenseitige Molverhältnis ohne Gefahr für den Erfolg der Reaktion über einen ziemlich breiten Bereich variiert werden. Mit Rücksicht auf den verschiedenartigen Charakter der Ausgangsstoffe muß man dabei aber die Säuremenge, die zur Reaktionsmischung gegeben wird, dem Verhältnis beider Ausgangskomponenten anpassen. Wenn die Salzsäuremenge beispielsweise einem Molverhältnis von HCl zu m-Phenylendiamin von 1 : 1 entspricht, so kann man bis zu 70 Mol. % des m-Phenylendiamins durch

Resorcin ersetzen, ohne den glatten Verlauf der Mischpolykondensation zu gefährden. Mit wachsender Resorcinmenge wird die Reaktionsgeschwindigkeit allerdings geringer und die Wärmetönung der Reaktion kleiner. *Abb. 3–1* zeigt diese Verhältnisse.

Bei einer Erhöhung der Resorcinmenge über 70 Mol.-% entsteht ein gelbes brüchiges Harz mit schlechten mechanischen Eigenschaften.

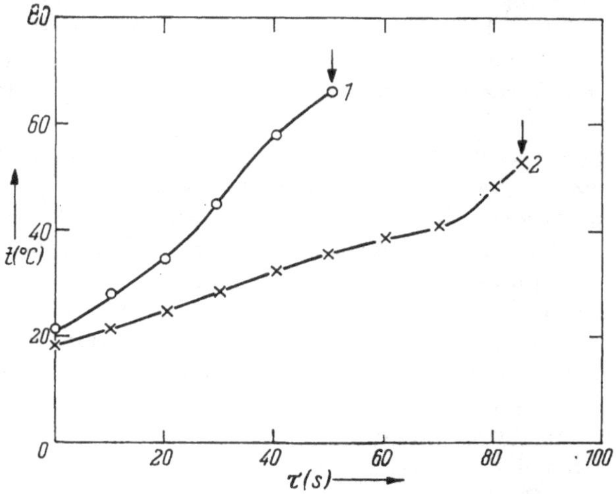

Abb. 3–1: Temperaturverlauf bei der spontanen Blockpolykondensation [18]

Kurve *1* – m-Phenylendiamin: 1; Formaldehyd: 2,24; Chlorwasserstoff: 0,97; Wasser: 18. Kurve *2*: m-Phenylendiamin: 0,4; Resorcin: 0,6; Formaldehyd: 1,56; Chlorwasserstoff: 0,38; Wasser: 18 (Pfeile geben Gelbildung an.)

Zusammensetzung des Polyreaktionsgemisches in Molprozenten

Die gleichzeitige Anwesenheit von *sauren und basischen funktionellen Gruppen* in Entfärbungs-Ionenaustauschern begünstigt die Erhaltung der porösen Struktur bei verschiedenen pH-Werten. Im sauren Gebiet wird durch Dissoziation der basischen Gruppen die Quellungsfähigkeit erhöht, während im alkalischen Gebiet die sauren Gruppen entsprechend wirken. Der Einfluß des gegenseitigen Verhältnisses von sauren und basischen Gruppen in den Mischpolykondensaten von m-Phenylendiamin und Resorcin mit Formaldehyd wird in der *Abb. 3–2* dargestellt.

Diese Abbildung gibt Werte für die Gewichtsquellung bei mit verschiedenen Molverhältnissen der Ausgangskomponenten hergestellten Harzproben nach der alkalischen, neutralen und sauren Regeneration wieder. Die Kurven für alkalische und saure Regeneration schneiden sich, während die Kurve für die neutrale Regeneration etwa mit dem unteren Teil dieser beiden Kurven zusammenfällt. Dieser Kurvenverlauf entspricht sowohl den Vorstellungen über die Abhängigkeit der Quellung, W^0, von der Dissoziation der funktionellen Gruppen, als auch den Vorstellungen, die man sich über die gegenseitige Beeinflussung von sauren und basischen Gruppen im Harz macht.

Der gemeinsame Punkt aller drei Kurven entspricht dem Zustand der *inneren Neutralität* des Harzes (F_R'). Bei niedrigeren F_R-Werten ($F_R < F_R'$) überwiegt die Dissoziation der anionenaustauschenden Gruppen. Darum werden dann höhere Quellwerte für die saure als für die alkalische Regeneration gemessen. Bei $F_R > F_R'$ verursacht die Dissoziation der überschüssigen kationenaustauschenden Gruppen umgekehrt eine höhere Quellung nach der alkalischen Re-

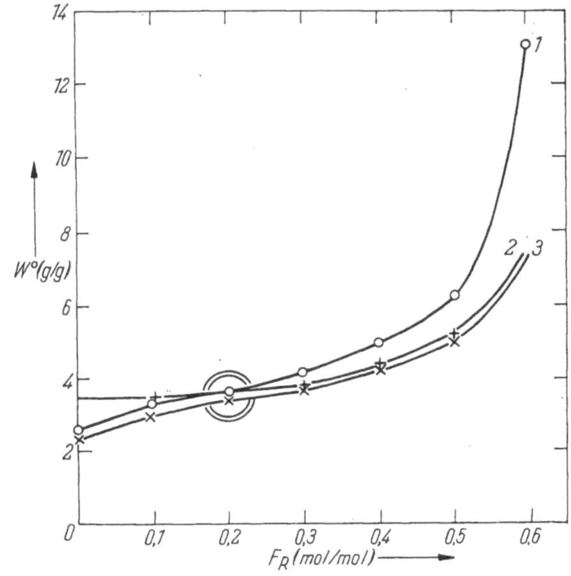

Abb. 3-2: Gewichtsquellung der Formaldehyd-Mischpolykondensate von m-Phenylendiamin und Resorcin [8]

F_R – Anteil des Resorcins an der Summe m-Phenylendiamin und Resorcin: *1* – alkalische, *2* – saure, *3* – neutrale Regenerierung (s. S. 164)

generation. Bei neutraler Regeneration, bei der praktisch weder die sauren noch die basischen Gruppen dissoziieren, verläuft die Kurve längs der Teile der zwei oben erwähnten Kurven, die jeweils dem undissoziierten Zustand entsprechen.

Das Verhältnis zwischen sauren und basischen Gruppen kann aus den entsprechenden Austauschkapazitäten abgeleitet werden [19, 20]. Die Versuchsbedingungen hierfür werden auf Seite 153 und 155 angegeben. Der von der Harzdarstellung her bekannte F_R-Wert stimmt meist nicht mit dem bei Kapazitätsbestimmungen ermittelten Gehalt an kationenaustauschenden Gruppen überein. Bei Dekolorex A1 ist beispielsweise $F_R = 0$, der Gehalt an sauren Gruppen beträgt aber 4,4%. Ähnlich ist für Dekolorex AK-731 $F_R = 0{,}3$ und der bestimmte Gehalt an sauren Gruppen nur 23,7%. Diese Unterschiede werden einerseits durch den schwach sauren Charakter der dem aromatischen Ring naheliegenden Iminogruppen bedingt. Andererseits werden durch während der Kapazitätsbestimmung stattfindende Hydrolysevorgänge an den phenolischen Gruppen die Verhältnisse verändert. Dennoch zeigen die in der *Tab. 3–1* zusammengestellten Werte, daß einige der handelsüblichen *amphoteren Entfärbungsharze* sich in ihrem Gehalt an sauren und basischen Gruppen dem *innenneutralen* Harz nähern.

Tabelle 3–1: Gehalt an kationenaustauschenden und anionenaustauschenden Gruppen bei einzelnen Entfärbungsharzen [20]

Harztyp	Kationenaustauschende Gruppen (%)	Anionenaustauschende Gruppen (%)
Dekolorex A2	5,0	95,0
Dekolorex AK 731	23,7	76,3
Wofatit E	26,2	73,8
Decolorite	22,0	78,0
Dekolorex A4	0,4	99,6
Asmit 224	1,0	99,0
Asmit 259	~ 4,0	~ 96,0
stark basische Styrol-Anionenaustauscher	0,0	100,0

Zur Entfärbung eignen sich nach unseren Ergebnissen besonders die Mischpolykondensate mit einem Gehalt von 10–30 Mol.-% Resorcin. Die Zusammenhänge zwischen chemischer Struktur und Entfärbungsfähigkeit werden später noch ausführlicher behandelt.

Die *Netzwerkdichte* eines Geles hängt ganz allgemein vom Vernetzungsgrad ab. Bei Polymerisationsharzen kann man diesen ziemlich leicht durch Einhaltung eines gewissen Verhältnisses zwischen bifunktionellen und polyfunktionellen Monomeren regulieren. Bei der Polykondensation liegen die Verhältnisse nicht so einfach, weil schon das Grundmonomere (z. B. m-Phenylendiamin) meist polyfunktionell ist. Die Einstellung der gewünschten Dichte der Polymernetze kann dann nur durch Beschränkung des Umsatzes bei der Polykondensation erreicht werden.

Die Porositätsregelung durch Variation der Formaldehydmenge ist wenig wirksam. Man sollte glauben, daß bei einem niedrigen Molverhältnis von Formaldehyd zu m-Phenylendiamin lineare Strukturen begünstigt werden, während eine Erhöhung der relativen Formaldehydmenge die Vernetzung heraufsetzt. Erfahrungsgemäß bilden sich jedoch schon bei Molverhältnissen von Formaldehyd zu m-Phenylendiamin unter 1 Gallerten. Es bleibt dann allerdings überschüssiges m-Phenylendiamin im Reaktionsgemisch zurück. Infolge seiner hohen Reaktivität bindet nämlich m-Phenylendiamin in einem breiten Bereich des gegenseitigen Verhältnisses unter Gelbildung mehr als die äquimolare Menge an Formaldehyd.

Wirksamer ist eine Porositätsregelung durch *Verdünnung des Reaktionssystems mit Wasser.* Dabei kann man auch bei einem Formaldehyd-Überschuß die Porosität des Polymeren durch Vergrößerung des gegenseitigen Abstandes der Monomer-Einheiten bei der Polykondensation in weiten Grenzen regeln. Diese Maßnahme wirkt sich hauptsächlich in der zweiten Stufe der Polyreaktion aus, bei der aus primären Reaktionsprodukten von m-Phenylendiamin und Formaldehyd die eigentlichen Polymerketten entstehen. Bei der Polykondensation von m-Phenylendiamin mit Formaldehyd kann man das Reaktionsgemisch mit ziemlich großen

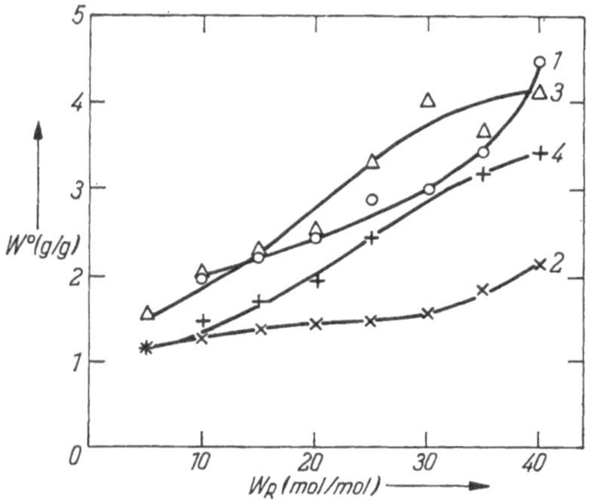

Abb. 3–3: Abhängigkeit von W° der aus m-Phenylendiamin bzw. m-Phenylendiamin und Resorcin dargestellten Entfärbungs-Ionenaustauscher von der Verdünnung des Polykondensationsgemisches mit Wasser [8, 18]

1,3 – anionenaustauschende und amphoteres Harz, *2,4* – das gleiche Harz, stabilisiert mit überschüssiger verdünnter NaOH-Lösung (1,5% NaOH, 5 h, 80 °C)

Wassermengen verdünnen. Wir haben den Einfluß der Verdünnung bei zwei Typen von Harzen verfolgt.

Es handelt sich dabei erstens um ein Polykondensat aus m-Phenylendiamin und Formaldehyd (Anionenaustauscher-Typ) und zweitens um ein Mischpolykondensat aus 70% m-Phenylendiamin und 30 Mol.% Resorcin mit Formaldehyd (amphoterer Typ). Die Ergebnisse dieser Versuchsreihen sind in der *Abb. 3–3* dargestellt.

Die Werte für die Gewichtsquellung zeigen den entscheidenden Einfluß der Verdünnung auf die Porosität der Entfärbungsharze. Beim Anionenaustauscher-Typ erhöht sich mit steigender Verdünnung die Quellung sehr schnell. Beim amphoteren Typ findet dagegen im selben Gebiet nur eine begrenzte Quellungszunahme statt. Das unterschiedliche Verhalten beider Typen deutet auf eine größere Strukturstabilität der amphoteren Harze hin.

Wasserzugabe zum Reaktionsgemisch verursacht zwar eine Verzögerung der Polykondensation, sie verläuft jedoch selbst bei beträchtlicher Verdünnung noch spontan (s. *Abb. 3-4*).

Zu einem Mol m-Phenylendiamin kann man bis zu 70 Mol Wasser zugeben, ohne die Erstarrung des Reaktionsgemisches zu verhindern. Nach holländischen Patentschriften [21] soll man das Polyreaktionsgemisch so stark verdünnen, daß 1 *l* Schüttvolumen des erhaltenen Harzes höchstens 400 g Trockensubstanz enthält.

Bei einer Porositätsregelung durch Verdünnung während der Polykondensation besteht jedoch die Gefahr einer *nachträglichen Vernetzung*. Auch ein fertiges Ent-

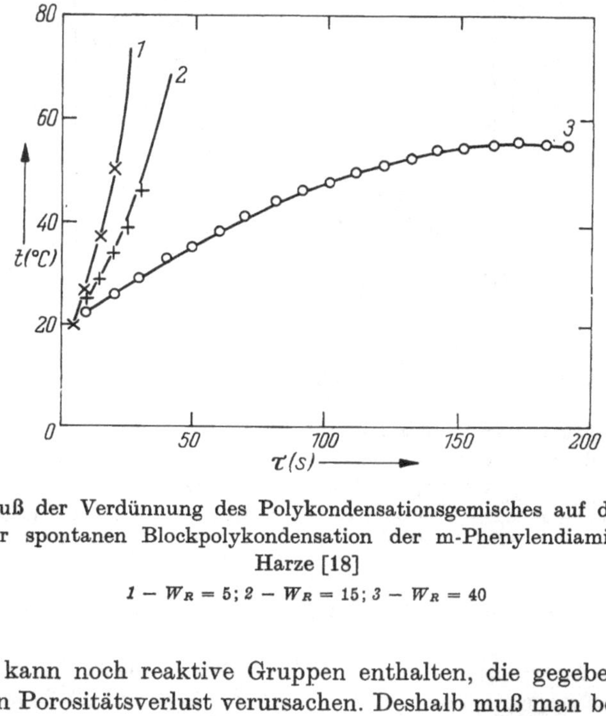

Abb. 3–4: Einfluß der Verdünnung des Polykondensationsgemisches auf den Temperaturverlauf bei der spontanen Blockpolykondensation der m-Phenylendiamin-Formaldehyd-Harze [18]

1 – W_R = 5; 2 – W_R = 15; 3 – W_R = 40

färbungsharz kann noch reaktive Gruppen enthalten, die gegebenenfalls einen nachträglichen Porositätsverlust verursachen. Deshalb muß man bei der Herstellung des Harzes die *Härtung* sehr sorgfältig durchführen, damit aus dem Reaktionssystem kein Quellwasser entweicht. Eine kurzfristige Wärmebehandlung des kompakten Gels (z. B. für 1 Std.) beeinflußt die Porosität des Harzes praktisch nicht [8].

Zur *Nachkondensation* werden in der Patentliteratur verschiedene Verfahren empfohlen. Wir haben in einer Versuchsreihe diese Verhältnisse bei der Polykondensation von m-Phenylendiamin mit Formaldehyd und bei der Mischpolykondensation von 70 Mol.% m-Phenylendiamin und 30 Mol.% Resorcin mit Formaldehyd nachgeprüft. Die Versuchsbedingungen und die Eigenschaften der Harze sind in der *Tab. 3–2*, S. 35 zusammengestellt [8, 22–24]. Der kleinste Abriebswert wurde bei beiden Harztypen nach einer Behandlung im Autoklaven [23] bei 180 °C gefunden. Annähernd der gleiche Effekt wurde durch Einwirkung von Wasserdampf [24, 25] erreicht, während sich eine Nachhärtung in wäßriger Suspension [22] nicht gut bewährt hat. Eine Behandlung der Harze mit alkalischen Lösungen [18] hatte keine merkliche Erniedrigung des Abriebes zur Folge. Die nachträgliche Behandlung zur Beeinflussung von Porosität und Quellung war beim Anionenaustauscher-Typ wirksamer, als beim amphoteren Typ. In beiden Fällen wurden die kleinsten Quellungswerte nach einer Behandlung im Autoklaven bei 180 °C gefunden. Die mit Dampf gehärteten Harze zeigen hohe Quellungen bei niedrigem Abrieb. Die Entfärbungsfähigkeit verläuft etwa parallel zur Quellung.

In der erwähnten Versuchsreihe brachte die *Dampfhärtung* die besten Ergebnisse. Die Härtungsvorgänge verliefen am aufgequollenen Harz, wodurch die Porosität nicht erniedrigt wurde. Es wurden vielmehr niedermolekulare Nebenbestandteile und nichtumgesetzte Monomere extrahiert und das Harz für die eigentliche Farbstoffaufnahme aktiviert. Ein wesentlicher Unterschied zwischen den Quellungswerten von mit Dampf gehärteten und überhaupt nicht gehärteten Harzproben besteht nach den in *Abb. 3–3* und *Abb. 3–6* zusammengestellten Versuchsergebnissen nicht

Nach *Abb. 3–6* ist die Abhängigkeit der Quellung, W^0, von der Verdünnung sowohl bei den anionenaustauschenden wie auch bei den amphoteren Harztypen annähernd linear.

Der Zusammenhang zwischen der Entfärbungsfähigkeit und der Verdünnung des Polyreaktionsgemisches bei dampfgehärteten und nichtgehärteten Polykondensat-Harzen soll an anderer Stelle (s. Seite 82) ausführlicher behandelt werden. Hier sei nur bemerkt, daß aus den Versuchsergebnissen hervorgeht, daß die maximale Entfärbungsfähigkeit bei einer Verdünnung des Polykondensationsgemisches mit 20—30 Mol Wasser auf 1 Mol m-Phenylendiamin erreicht wird.

Tabelle 3–2: Vergleich verschiedener Nachkondensationsverfahren [8]

Behandlungsweise	Anionenaustauschendes Harz				Amphoteres Harz			
	D_G (%)	D_V (%)	Abrieb (%)	W^0	D_G (%)	D_V (%)	Abrieb (%)	W^0
Härtung in wäßriger Suspension [22]	82,5	76,8	126,4	2,08	91,6	77,0	95,8	2,90
Härtung im Autoklaven [23] bis 150 °C	57,0	76,8	103,6	1,40	86,6	78,1	90,6	2,32
Härtung im Autoklaven bis 180 °C	37,1	58,45	64,8	1,15	85,7	78,55	49,2	2,08
Härtung durch Wasserdampfdestillation	93,8	91,7	80,3	2,37	86,6	89,55	51,8	3,18
Dampfhärtung im Filtergefäß (s. *Abb. 3–5*)	92,3	84,5	67,4	2,41	86,4	88,0	88,0	2,65
Alkalische Stabilisierung	54,9	79,1	220,2	1,285	69,05	46,25	178,7	2,78
Blindversuch (ohne nachträgliche Behandlung)	92,1	87,1	222,2	2,50	88,9	77,5	170,9	3,17

Zur Erhöhung der Porosität wird auch die Behandlung von Polykondensationsharzen mit *Oxydationsmitteln* vorgeschlagen [26, 27]. Bei diesem Verfahren werden Entfärbungs-Ionenaustauscher entweder unter Zusatz von Salpetersäure zum Reaktionsgemisch hergestellt, oder sie werden nachträglich mit Salpetersäure bzw.

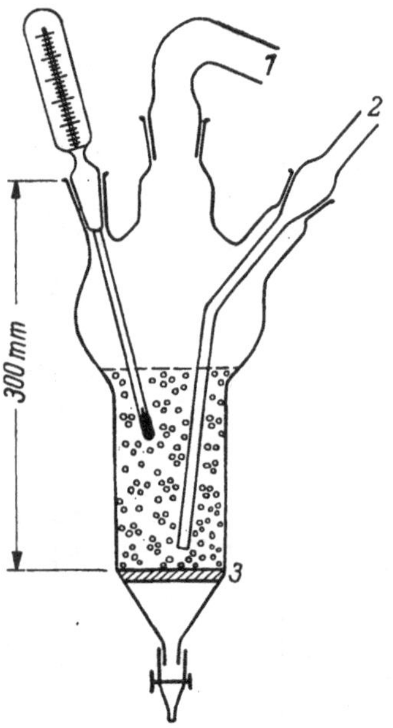

Abb. 3–5

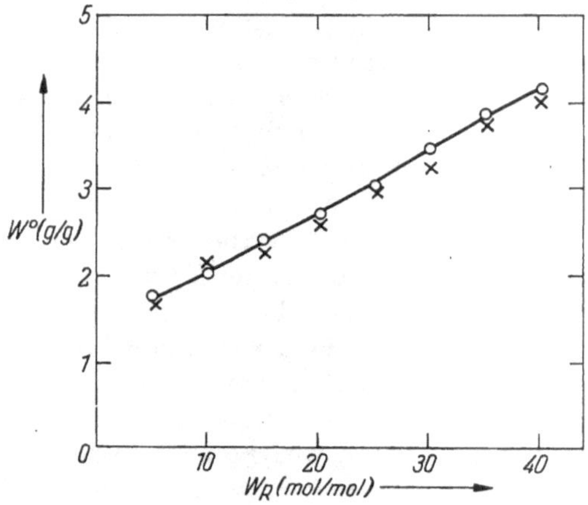

Abb. 3–6

Abb. 3–5: Apparatur zur laboratoriumsmäßigen Dampfhärtung der Entfärbungsharze [8].
1 – zum Wasserkühler; *2* – Dampfeintritt; *3* – Glasfritte

Abb. 3–6: Abhängigkeit von W^0 von der Verdünnung des Polykondensationsgemisches durch Wasser bei dampfgehärteten Harzen [18]
○ – anionenaustauschender, × – amphoterer Harztyp

anderen Oxydationsmitteln behandelt. Entfärbungsharze dieses Typs sollen ihre Entfärbungsfähigkeit auch nach dem Austrocknen behalten. Eine unerfreuliche Begleiterscheinung ist aber die niedrige Beständigkeit dieser Harze in alkalischen Medien, wodurch ihre Anwendung bei der Zuckerfabrikation wesentlich begrenzt wird.

Einige weitere Patentschriften behandeln verschiedene Modifikationen der Polykondensationsharze auf m-Phenylendiamin-Basis bzw. der Mischpolykondensate aus m-Phenylendiamin und Resorcin:

Die Polykondensation kann durch Zugabe von Metallsalzen reguliert werden [30].

In deutschen Patenten [25, 28] wird zur Erhaltung der Porosität das Einkondensieren sperriger Moleküle (z. B. Diphenylen-dichlorhydrat) empfohlen.

Nach einer anderen Erfindung [24] kann man die Entfärbungsfähigkeit gegenüber Melasse-Farbstoffen mit Hilfe des partiellen Ersatzes des m-Phenylendiamins durch m-Aminophenol, β-Naphthylamin oder andere Amine steigern. Diese Stoffe besitzen gegenüber Formaldehyd eine geringere Reaktivität als m-Phenylendiamin. Der erhöhte Entfärbungseffekt kann also auf einen verringerten Abfall der Porosität bei der Polykondensation zurückgeführt werden. Ein ähnlicher Gedanke liegt einer tschechoslowakischen Patentschrift [29] über die Herstellung von Adsorptionsharzen zugrunde. Nach einer anderen tschechoslowakischen Patentschrift [31] soll das Entfärbungsvermögen eines Polykondensatharzes auf Basis m-Phenylendiamin durch Zugabe von Melasse zum Polykondensationsgemisch gesteigert werden. Der höhere Entfärbungseffekt wird auf die Strukturähnlichkeit von Sorptiv und Sorbens zurückgeführt.

Amphotere Entfärbungsharze werden, wie bereits erwähnt wurde, normalerweise durch Mischpolykondensation von m-Phenylendiamin und Resorcin mit Formaldehyd hergestellt. Nach einem anderen Vorschlag [22] kann der amphotere Charakter auch durch Zugabe von feingemahlenem Kationenaustauschermaterial zum Polykondensationsgemisch erreicht werden.

Nach einer holländischen Patentschrift [32] kann die Polykondensation von m-Phenylendiamin mit Formaldehyd auch so durchgeführt werden, daß ein Austauscherharz mit wahrer Porosität entsteht. Dazu wird dem Reaktionsgemisch ein neutrales Salz (NaCl, $CaCl_2$ oder ähnliches) zugesetzt. Es bildet sich dann statt eines homogenen Gels ein heterogenes gelbbraunes Harz mit genügender mechanischer Festigkeit, aus dem man zur Erzeugung der Makroporen das Neutralsalz auslaugt. Das Porenvolumen beträgt bei derartigen Harzen etwa 30% des gesamten Harzvolumens. Der durchschnittliche Porendurchmesser beträgt mindestens 1000 Å.

3.1.2. Entfärbungs-Ionenaustauscher auf Basis aliphatischer Polyamine

Die Entfärbungsharze dieser zweiten Gruppe sind mittelstark basische Anionenaustauscher, die die Struktureinheit $(-NH-CH_2-CH_2-)_n$ enthalten. Sie haben eine hohe Austauschkapazität und eine entsprechende Sorptionsfähigkeit gegenüber Melasse-Farbstoffen. Sie stellen eine bedeutende Gruppe der neueren Entfärbungsharze dar.

3.1.2.1. Zur Darstellung von Polyaminharzen führende Polyreaktionen

Zur Darstellung der Harze auf Basis aliphatischer Polyamine kann man Polyreaktionen verschiedenen Typs anwenden.

Die *Polykondensation mit Formaldehyd* wird bei diesen Harzen nur in beschränktem Maße angewendet. Formaldehyd reagiert zwar sehr leicht mit primären und sekundären aber nicht mit tertiären Aminen. Anfangs bilden sich Derivate mit Methylolgruppen [33], im weiteren Verlauf der Reaktion entstehen dann Methylenbrücken. Aus primären Aminen bilden sich zyklische Trimethylentriamine und aus sekundären Aminen Tetraalkyldiaminomethane. Bei der Reaktion von Formaldehyd mit Äthylendiamin oder mit Polyäthylenpolyamin bildet sich im sauren Medium eine viskose Flüssigkeit, bei erhöhter Temperatur eine Harzgallerte, die jedoch hygroskopisch und in Wasser löslich ist. Man bevorzugt darum zur Darstellung von Anionenaustauschern die Mischkondensation aliphatischer Amine mit Phenolen, Kohlenhydraten oder anderen mit Formaldehyd polykondensierbaren Stoffen [34—36].

Bessere Resultate als mit Formaldehyd erhält man durch die Polykondensation aliphatischer Amine mit *Dichloräthan* [37] oder *anderen chlorierten Kohlenwasserstoffen* [38].

Die Aminierung von Dichloräthan wird bekanntlich zur Herstellung des technischen Polyäthylenpolyamins angewendet [39]. Nach einem einfachen Reaktionsschema sollte aus Ammoniak und Dichloräthan Äthylendiamin entstehen. Stattdessen wird jedoch je nach den Reaktionsbedingungen neben Äthylendiamin durch Kondensation des entstehenden Äthylendiamins mit Dichloräthan ein veränderlicher Anteil von höheren Polyalkylenpolyaminen gebildet:

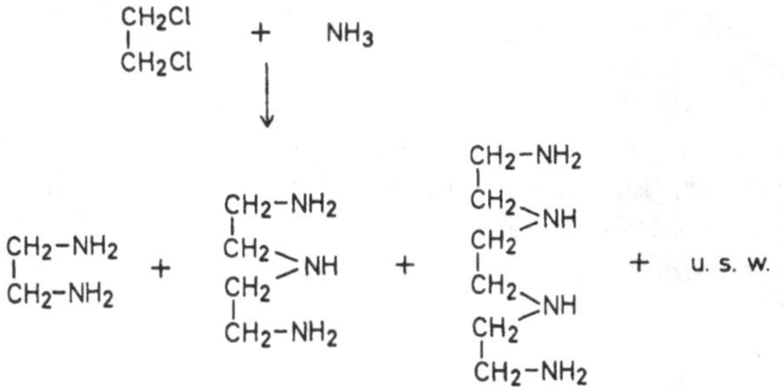

(3-4)

Technisches Polyäthylenpolyamin ist unter mildem Erwärmen in jedem Verhältnis mit Dichloräthan mischbar. Wenn man das Gemisch auf etwa 50° erwärmt, tritt exotherme Reaktion ein. Die Zeitabhängigkeit der Cl^--Konzentration im Reaktionsgemisch bei 55 °C wird in der *Abb. 3–7* dargestellt.

Die Reaktion schreitet ziemlich rasch fort, kommt aber vor dem Erreichen des vollen Umsatzes zum Stillstand. Nach den in *Abb. 3–8* angegebenen Versuchsdaten verläuft die Reaktion bei geringeren Mengen von Dichloräthan bis zu höheren Umsätzen. Erhöht man das Gewichtsverhältnis von Dichloräthan zu Polyäthylenpolyamin über 0,8, so entmischt sich das Reaktionsgemisch unter Trübung. Die Temperaturabhängigkeit der Reaktion ist in der *Abb. 3–9* dargestellt.

Bei allen diesen Versuchen verläuft die Reaktion zwischen Dichloräthan und Polyäthylenpolyamin zu Beginn zwar ziemlich glatt, kommt jedoch zum Stillstand, ehe ein Gel mit dreidimensionaler Polymerstruktur entsteht. Dieses

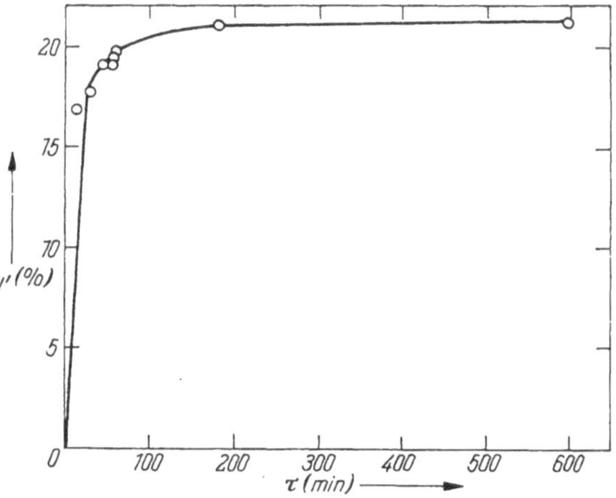

Abb. 3–7: Zeitverlauf der Polyreaktion zwischen Polyäthylenpolyamin und Dichloräthan [18], (Gewichtsverhältnis beider Komponenten 2 : 1, 55 °C)

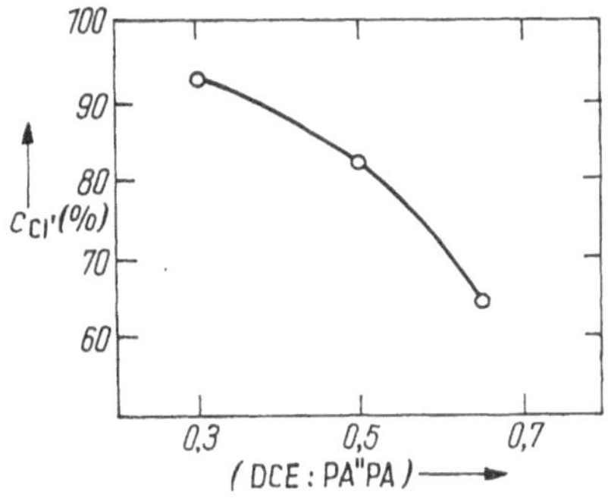

Abb. 3–8

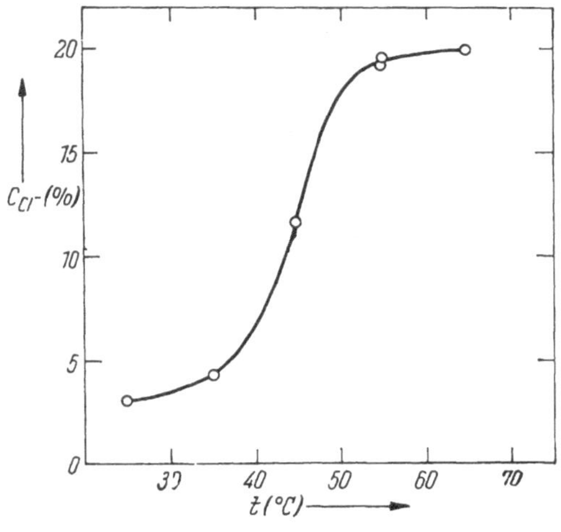

Abb. 3–9

Abb. 3–8: Umsatz bei der Polyreaktion zwischen Dichloräthan und Polyäthylenpolyamin bei verschiedenen Gewichtsverhältnissen beider Komponenten [18] (Reaktionszeit, 60 min.; Reaktionstemperatur, 55 °C)

Abb. 3–9: Abhängigkeit des Umsatzes bei der Polyreaktion zwischen Dichloräthan und Polyäthylenpolyamin von der Temperatur [18] (Gewichtsverhältnis der Komponenten: 0,5; Reaktionszeit, 60 min)

Stocken der Reaktion wird durch die Bildung von Chlorwasserstoff verursacht, der die freien Elektronenpaare der Stickstoffatome, die für den weiteren Reaktionsverlauf notwendig sind, blockiert.

Wenn die Polyreaktion zwischen Dichloräthan und Polyäthylenpolyamin zur Bildung polymerer Gele führen soll, benutzt man als Ausgangsstoff ein hochmolekulares Polyamin, fängt den entstehenden Chlorwasserstoff durch Zugabe einer Base (z. B. Alkalihydroxyd) ab oder kombiniert diese Polyreaktion mit anderen Polyreaktionstypen.

In der Patentliteratur wird die Darstellung von Anionenaustauschern auch durch *Kombination* der Polyreaktion von aliphatischen Polyaminen mit Dichloräthan und der Formaldehyd-Kondensation beschrieben [37, 41].

Das *hochmolekulare Polyäthylenpolyamin* kann durch Polymerisation von Äthylenimin hergestellt werden:

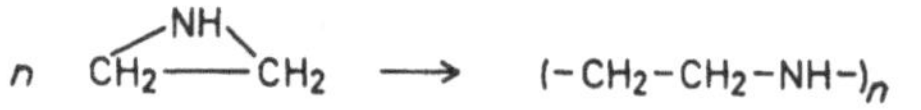

(3-5)

Diese Reaktion führt zu löslichen Polymeren. Zur Darstellung von Anionenaustauschern kann man sie beispielsweise mit der Polykondensation mit Dichloräthan kombinieren [41], wodurch Vernetzung und Bildung einer Raumstruktur bewirkt wird. Man kann auch gleichzeitig alle drei bisher erwähnten Polyreaktionen, die Formaldehyd-, die Dichloräthanpolykondensation und die Äthylenimin-Polymerisation, anwenden [41].

Soweit diese Ergebnisse sich auf eigene Versuche beziehen, wurde ein Polyäthylenpolyamin verwendet, das nach den Ergebnissen der Probedestillation aus 45% Diäthylentriamin, 27% Triäthylentetramin, 11% Tetraäthylenpentamin und 17% höher siedenden Aminen bestand.

Der einfachste Weg zur Herstellung von Polyalkylenpolyamin-Harzen ist die *Polyreaktion mit Epichlorhydrin* oder einem seiner Derivate [21, 42—54]. Die holländische Firma Activit n. v. ließ sich diese Polyreaktion für die Herstellung von Entfärbungs-Ionenaustauschern patentieren [21, 55]. Ein ähnliches Verfahren war jedoch bereits früher bekannt und wurde sogar schon zur Erzeugung normaler Anionenaustauscher angewendet [42]. Bei der Polyreaktion zwischen Polyäthylenpolyamin und Epichlorhydrin verlaufen verschiedene Teilreaktionen nacheinander. Während der Zugabe des Epichlorhydrins zu der wäßrigen Polyäthylenpolyamin-Lösung wird zunächst der Äthylenoxyd-Ring geöffnet, und es bildet sich gemäß folgendem Reaktionsschema eine Verbindung mit polarer Struktur:

(3-6)

An das Kohlenstoffatom mit der Elektronenlücke addiert sich eine Aminogruppe mit ihrem freien Elektronenpaar:

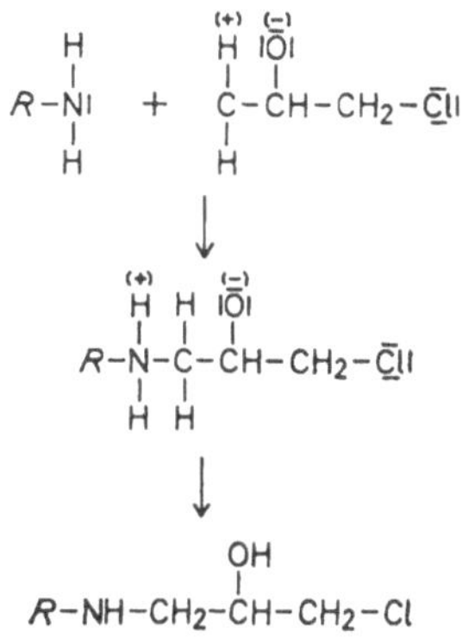

(3-7)

Die entstandene Chlorhydrin-Gruppe tendiert im alkalischen Medium zu folgender polarer Grenzstruktur:

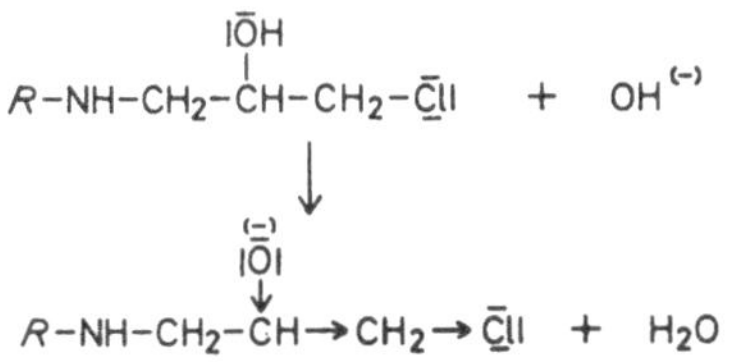

(3-8)

Diese Zwischenverbindung geht nach dem Ablösen des Cl^--Anions entweder direkt durch Addition einer Aminogruppe an das freie Elektronenpaar

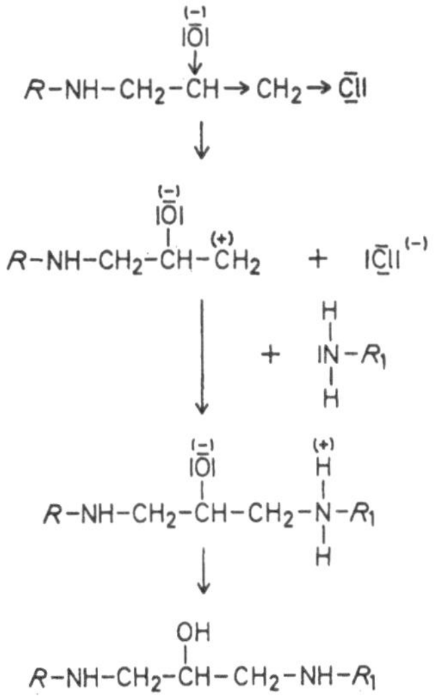

(3-9)

oder durch Addition einer Aminogruppe nach vorläufiger Bildung eines Äthylenoxydringes in eine stabile Form über.

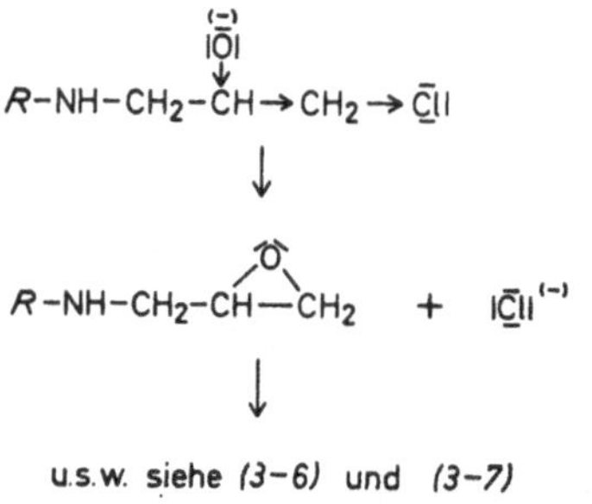

(3-10)

Die erste Additionsreaktion verläuft sehr schnell und exotherm. Die zweite Reaktionsstufe dagegen ist endotherm. Sie wird von HCl-Abspaltung begleitet und kommt mit steigender Konzentration der Cl^--Ionen im Reaktionsgemisch langsam zum Stillstand. Im Gegensatz zur Dichloräthan-Polykondensation ent-

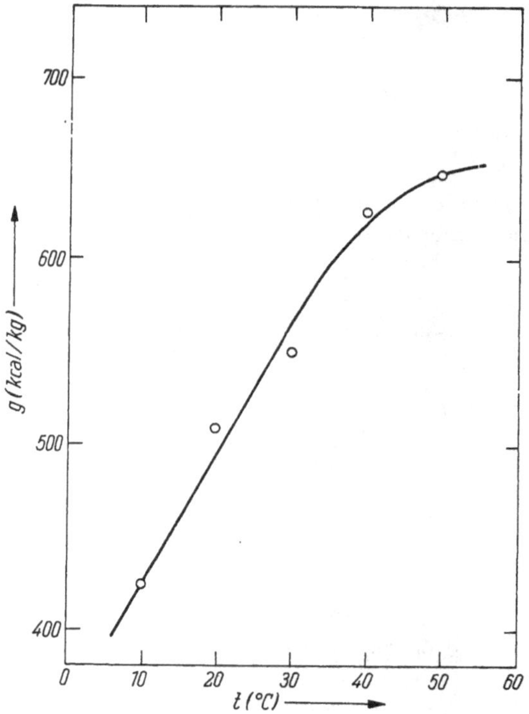

Abb. 3–10: Abhängigkeit der Polyreaktionswärme von der Reaktionstemperatur [18]

Zusammensetzung des Polyreaktionsgemisches: Polyäthylenpolyamin (Vulkazit TR): 2 g; Epichlorhydrin: 3,4 g; destilliertes Wasser: 4 g

steht jedoch hierbei nur die halbe Menge an HCl, die Reaktion wird also weniger stark gehemmt. Es gelingt beispielsweise auf diese Art auch unter Verwendung des niedrigsten Polyamingliedes, d. h. von Äthylendiamin ohne irgendeine Basenzugabe, ein polymeres Gel herzustellen.

Die Polyreaktion zwischen Polyäthylenpolyamin und Epichlorhydrin verläuft zu Anfang zwar spontan und unter Wärmeentwicklung, um sie jedoch zu beenden und eine genügend dichte Polymerstruktur herzustellen, muß später Wärme zugeführt werden. Das Ausmaß der Wärmeabgabe während der spontan ablaufenden Reaktionsphase hängt von der Temperatur der Ausgangskomponenten ab (s. *Abb. 3–10*).

Von Lundberg und Dudley [43] wurde das Polyreaktionsschema zwischen Epichlorhydrin und Tetraäthylenpentamin in folgender Weise dargestellt:

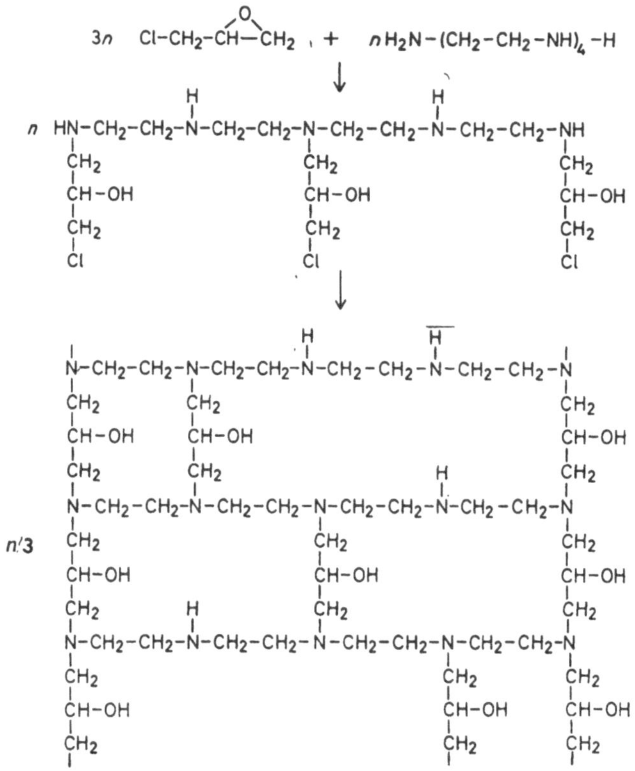

(3-11)

3.1.2.2. Die Darstellung von Entfärbungs-Ionenaustauschern aus Polyäthylenpolyamin und Epichlorhydrin

Zur Darstellung von Polyamin-Ionenaustauschern wird meist Polyäthylenpolyamin der allgemeinen Formel

$$H_2N-CH_2-CH_2-NH-(CH_2-CH_2-NH)_n-CH_2-CH_2-NH_2 \qquad (3\text{-}12)$$

angewendet, das aus Dichloräthan und Ammoniak technisch hergestellt wird. Die Handelsprodukte enthalten vorwiegend die Glieder mit $n = 0$ bis 2.

Die eigentliche Herstellung des Entfärbungs-Ionenaustauschers beinhaltet *drei Phasen.* Zunächst wird ein flüssiges Polyreaktions-Gemisch vorbereitet, in der zweiten Phase wird dann die Harzgallerte in Block- oder Perlenform hergestellt und in der dritten Phase das Gel ausgehärtet.

Bei der *Herstellung des Polyreaktions-Gemisches* geht man von drei Komponenten aus: den beiden Reaktionspartnern und Wasser. Zuerst werden Polyäthylenpolyamin und Wasser gemischt und danach das Epichlorhydrin zugegeben. Jede kleine Zugabe an Epichlorhydrin löst sich in der überschüssigen Polyaminlösung unter Bildung wasserlöslicher Reaktionsprodukte. Die umgekehrte Reihenfolge, also die Zugabe des Polyäthylenpolyamins zum Epichlorhydrin, wäre auf Grund der Unmischbarkeit beider Flüssigkeiten ausgeschlossen.

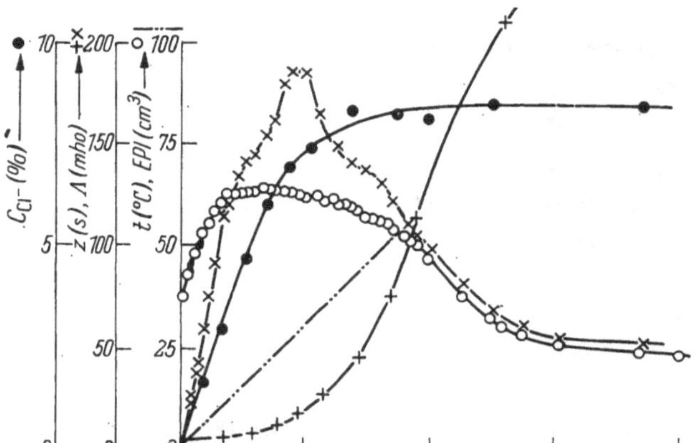

Abb. 3-11: Verlauf der Polyreaktion zwischen Polyäthylenpolyamin und Epichlorhydrin bei adiabatischer Anordnung [18]

Zusammensetzung des Polyreaktionsgemisches: Polyäthylenpolyamin (Vulkazit TR): 40 g; Wasser: 80 g; Epichlorhydrin wurde mit einer in der Abb. dargestellten Geschwindigkeit zugegeben: Gesamtmenge 68 g; Eigenschaften des Polyreaktionsgemisches: × – elektrische Leitfähigkeit, ● – Cl^--Ionen-Konzentration, ○ – Temperatur, + – Viskosität, – · · – Epichlorhydrin-Zugabe

Die Polyreaktion kann prinzipiell nach zwei verschiedenen Verfahrensweisen durchgeführt werden: Im ersten Falle [43—46] werden beide Teilreaktionen getrennt durchgeführt. Man schafft zunächst durch Kühlen des Reaktionsgemisches die für die Addition der Aminogruppen an die Epoxy-Ringe günstigsten Bedingungen und begünstigt späterhin durch Erwärmen und eventuell durch Zugabe einer starken Base die zweite, von HCl-Abspaltung begleitete, Teilreaktion.

Im zweiten Falle werden Epichlorhydrin und Polyäthylenpolyamin von vornherein bei erhöhter Temperatur gemischt, so daß beide Teilreaktionen gleichzeitig ablaufen [47—49].

In der *Abb. 3—11* wird der Verlauf der Polyreaktion unter adiabatischen Bedingungen wiedergegeben.

Bei der Zugabe der ersten Hälfte des Epichlorhydrins kommt es zu einer exothermen Addition. Infolge der anschließenden Temperaturerhöhung wird dann auch die zweite endotherme Teilreaktion begünstigt, so daß bei gleichzeitigem Ablauf beider Vorgänge alle notwendigen Voraussetzungen für die Bildung von Polymerketten erfüllt sind. Die Molekulargewichtszunahme ist aus der in der zweiten Hälfte der Epichlorhydrinzugabe ablaufenden Viskositätserhöhung

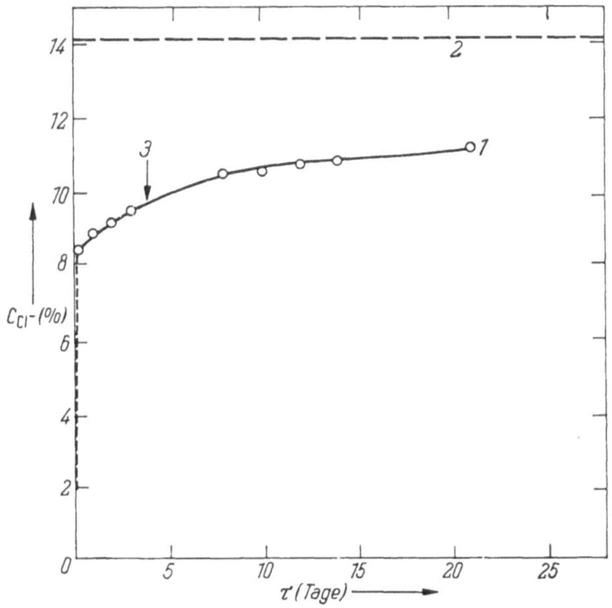

Abb. 3-12: Spontane Cl^--Ionen-Zunahme im Polyäthylenpolyamin-Epichlorhydrin-Polyreaktionsgemisch bei Zimmertemperatur [18]

Zusammensetzung des Polyreaktionsgemisches s. *Abb. 3-11*. *1* — Cl^--Ionen-Gehalt; *2* — gesamter Chlorgehalt; *3* — Gelbildung

(s. *Abb. 3—11*) erkennbar. Der *Verlauf der Cl^--Ionen-Konzentration* im Polyreaktionsgemisch ist ein direktes Maß für das Fortschreiten der zweiten Reaktionsstufe. Die maximale Zunahme der Konzentration von Cl^--Ionen tritt nach *Abb. 3—11* am Anfang der Reaktion ein, mit fortschreitender Epichlorhydrin-Zugabe wird sie geringer. Am Ende der Epichlorhydrin-Zugabe enthält das Gemisch etwa 8,5% Cl^--Ionen. Im weiteren Reaktionsverlauf nimmt der Cl^--Gehalt bis zur Bildung dér Gallerte noch um etwa 1% zu und steigt dann sehr langsam weiter (s. *Abb. 3—12*).

Das Verhältnis der Chloridionen zum gesamten im Reaktionsgemisch befindlichen Chlor während der Epichlorhydrinzugabe ist in *Abb. 3—13* dargestellt.

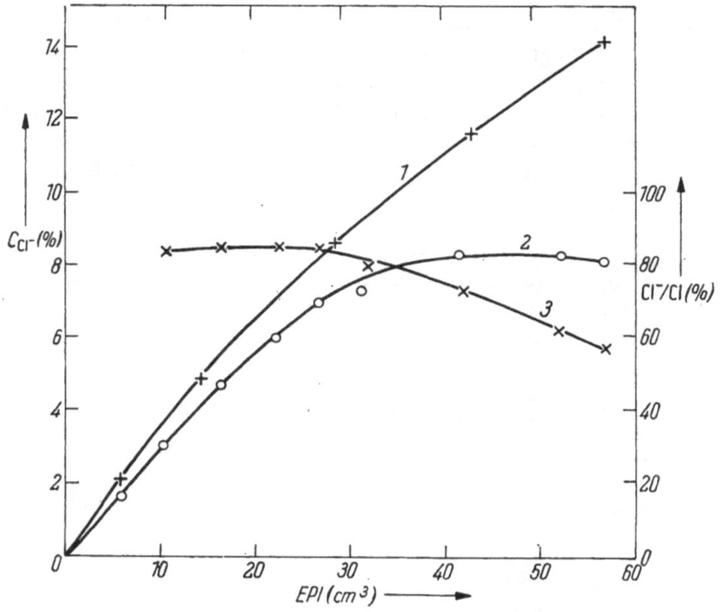

Abb. 3-13: Abhängigkeit des Chlorgehaltes im Polyäthylenpolyamin-Epichlorhydrin-Polyreaktionsgemisch von der Epichlorhydrinzugabe [18]

1 – gesamter Chlorgehalt; *2* – Cl^--Ionen-Gehalt; *3* – Anteil von Cl^--Ionen am gesamten Chlorgehalt (%)

Aus den einzelnen Diagrammen (*Abb. 3—11* bis *Abb. 3-13*) geht hervor, daß der Gehalt an Chloridionen im Reaktionsgemisch verhältnismäßig schnell einem bestimmten Grenzwert zustrebt, nach dessen Erreichung er sich nur noch langsam erhöht. Diese Verzögerung wird durch eine fortschreitende Neutralisierung des Polyäthylenpolyamins durch HCl, also durch die Blockierung der freien Elektronenpaare an den Stickstoffatomen der Aminogruppen verursacht.

Der Verlauf der Polyreaktion ist stark temperaturabhängig (s. *Tab. 3-3*).

Tabelle 3–3: Einfluß der Temperatur auf die Polyreaktion von Epichlorhydrin mit Polyäthylenpolyamin [40]

Reaktions-temperatur (°C)	Cl^--Gehalt im Reaktions-gemisch (%)	Polyreaktionswärme (bezogen auf PÄPA) (cal/g)	Reaktionsdauer (min)
10	1,43	424,3	65
20	1,84	508,8	42
30	3,80	549,8	9,5
40	6,55	626,5	6,5
50	8,44	646,5	5,0

Man mischt die Komponenten vorzugsweise bei 50—55 °C. In diesem Temperaturbereich verläuft dann die zweite Reaktionsphase in einem mit Rücksicht auf die weitere Verarbeitung eben noch zulässigen Umfang.

Hinsichtlich der Natur der zwischen Epichlorhydrin und Polyäthylenpolyamin ablaufenden Polyreaktion ist der Einfluß von Säure- oder Basenzugaben gut zu verstehen: In einem einfachen, nur die beiden Ausgangskomponenten enthaltenden Gemisch wird der Polyreaktionsverlauf durch den abgespaltenen Chlorwasserstoff begrenzt. Gibt man nun weitere Mengen HCl hinzu, so kann man die Reaktion völlig zum Stillstand bringen. In einem Versuch wurde beispielsweise zu einem Gemisch von Polyäthylenpolyamin und Wasser eine Menge an Chlorwasserstoff gegeben, die der später zugegebenen Epichlorhydrinmenge äquivalent war. Während der Epichlorhydrinzugabe geht die Cl^--Konzentration dann durch ein Minimum und stellt sich auf einen Wert von 8—10% ein (s. *Abb. 3–14*).

Dieselben Werte werden erreicht, wenn man von vornherein kein HCl zugibt. Offensichtlich wurde der Chlorwasserstoff durch Addition von HCl an den Epoxyd-Ring unter Bildung von Glycerindichlorhydrin aus dem Reaktionsgemisch entfernt. Gemäß dem in *Abb. 3–14* dargestellten Temperaturverlauf wird die Reaktion erst nach der Entfernung des überschüssigen Chlorwasserstoffs deutlich exotherm. Aus der niedrigen Viskosität des Gemisches kann man schließen, daß die der zweiten Reaktionsphase entsprechende Polymerbildung nur im geringen Umfang eingetreten ist. Durch Zugabe von Lauge kann man die Behinderung der Reaktion durch den Chlorwasserstoff kompensieren und kommt so zu einer Harzgallerte.

Falls die Reaktion so geführt wird, daß man das Gemisch sukzessive zubereitet und das Epichlorhydrin teilweise oder ganz durch Chlorhydrine ersetzt bzw. das Verhältnis von Epichlorhydrin zu Polyäthylenpolyamin von vornherein zu hoch wählt, soll nach Angaben der Patentliteratur eine Laugenzugabe den Reaktionsverlauf beschleunigen. Die Wirkung eines solchen Zusatzes auf die Polyreaktion kann durch folgendes Beispiel deutlich gemacht werden:

Man führt die Reaktion zwischen Polyäthylenpolyamin und Epichlorhydrin unter den in *Abb. 3–13* angegebenen Bedingungen durch, fügt aber zu dem Ge-

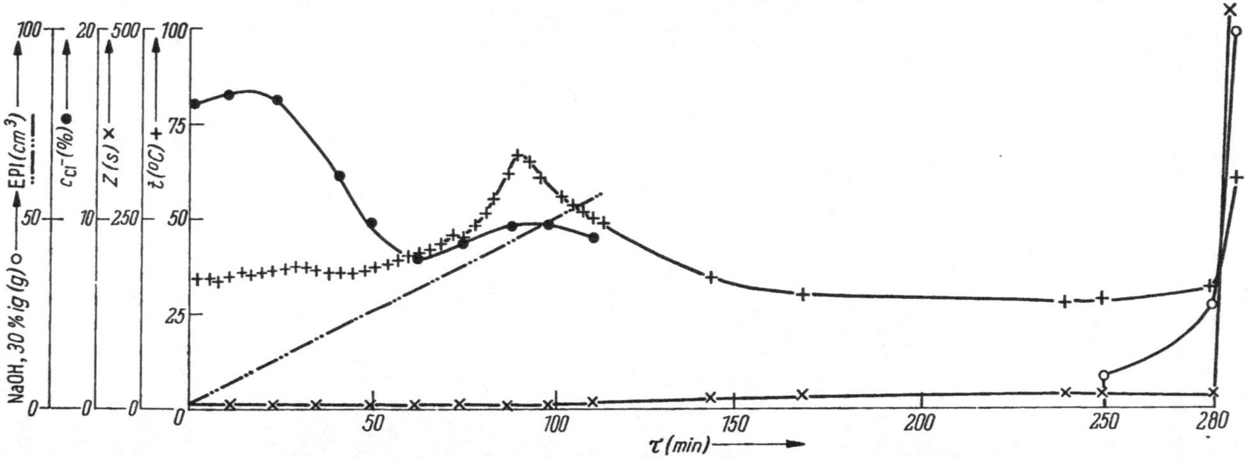

Abb. 3–14: Einfluß der Säure- bzw. Laugezugabe auf die Polyreaktion zwischen Polyäthylenpolyamin und Epichlorhydrin [18]

Zusammensetzung des Polyreaktionsgemisches s. *Abb. 3–11.* Anfangs wurde die äquimolare Menge HCl auf Epichlorhydrin bezogen zugegeben, nach 250 min. wurde mit der Zugabe von 29,4 g NaOH als 30%ige Lösung begonnen

—·· — Epichlorhydrinzugabe; ○ — NaOH-Zugabe; + — Reaktionstemperatur; × — Viskosität; ● — Cl^--Ionen-Konzentration

misch bereits am Anfang die zur Neutralisation von 17% des zugeführten Chlorids notwendige Menge an Alkalilauge hinzu. Die Polyreaktion wird dadurch beträchtlich beschleunigt und die Harzgallerte bildet sich bereits vor der Zugabe des letzten Epichlorhydrins. Der Konzentrationsanstieg der Cl^--Ionen erfolgt sehr rasch und führt bereits vor der Gelbildung zu einem Wert von 9,7%. Auch der Temperaturanstieg ist unter diesen Bedingungen viel steiler, als bei dem Versuch ohne Laugenzugabe. Die Viskosität nimmt in der zweiten Hälfte des Versuches bedeutend schneller zu, als beim Referenzversuch ohne Zugabe von Lauge.

In der *zweiten Phase* der Darstellung des Polyaminharzes bildet sich aus dem viskosen Polyreaktionsgemisch ein unlösliches quellbares Gel. Es handelt sich

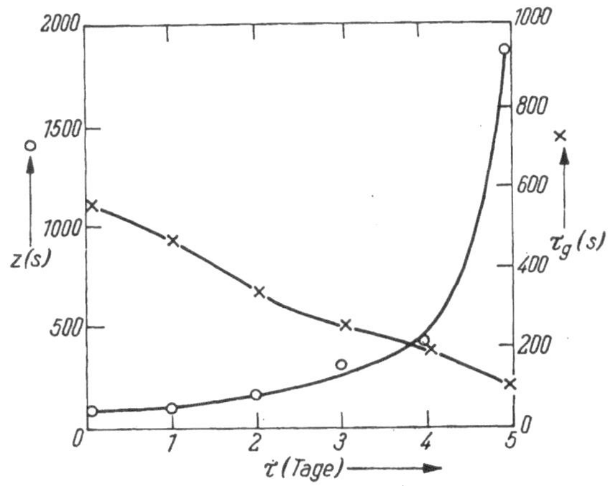

Abb. 3–15: Alterung des Polyäthylenpolyamin-Epichlorhydrin-Polyreaktionsgemisches bei 25 °C [18]

(Zusammensetzung des Polyreaktionsgemisches s. *Abb. 3–11.*)

dabei um die Endstufe der bereits früher beschriebenen Reaktionsfolge, in der eine räumliche Vernetzung stattfindet. Das unlösliche Harz kann entweder in Block- oder in Perlenform [51–53] erhalten werden. Im ersten Falle ist eine mechanische Zerkleinerung auf die geeignete Korngröße notwendig, im zweiten Falle gewinnt man direkt ein einsatzfähiges Produkt.

In dem flüssigen Reaktionsgemisch gehen auch bei Zimmertemperatur die chemischen Vorgänge weiter. Die Konzentration an Cl^--Ionen nimmt zwar nur unbedeutend zu (s. *Abb. 3–12*), die Viskosität ändert sich jedoch relativ schnell (s. *Abb. 3–15*).

Normalerweise stellt man die Harzgallerte bei einer Temperatur von 60 °C her.

Bei der Herstellung von Ionenaustauschern durch eine *Polyreaktion in Suspension* wird das Reaktionsgemisch in einem geeigneten Dispersionsmedium verteilt, die gewünschte Teilchengröße eingestellt und der erreichte Zustand durch Gelbildung fixiert. Ein geeignetes Dispersionsmedium darf mit dem Polyreaktionsgemisch nicht mischbar sein und muß, wenn es möglich ist, ein ähnliches spezifisches Gewicht sowie eine ähnliche Viskosität haben. Einen guten Verlauf der Perlpolyreaktion kann man beispielsweise im Laboratoriumsmaßstab durch Verwendung eines Mineralöles (Transformatorenöl) erreichen, wenn man ein Gemisch aus drei Teilen Öl und einem Teil Reaktionsgemisch bei 95 °C mit Hilfe eines Schaufelrührers in einem geeigneten Apparat verteilt. Nachteilig wirkt sich dabei allerdings die geringe Flüchtigkeit des Mineralöls aus, die seine völlige Abtrennung von den Harzteilchen erschwert. Leicht siedende Flüssigkeiten können dagegen sehr bequem durch Azeotropdestillation abgetrennt und für einen erneuten Einsatz gereinigt werden. Bei ihrer Anwendung ist jedoch die Einstellung der gewünschten Korngröße schwieriger. Als niedrig siedende Dispersionsmedien kommen beispielsweise Chlorbenzol, Dichlorbenzol, Xylol und deren Gemische in Frage. Der Verlauf der Reaktion kann durch Zugabe verschiedener Stoffe verbessert werden. Zur Stabilisierung eines Dispersionssystems verwendet man meist grenzflächenaktive Stoffe [51—53, 56, 57]. Daneben werden auch Zusätze empfohlen, die die Viskosität des Dispersionsmediums erhöhen (z. B. Polystyrol), [58].

Der Verlauf einer Polyreaktion in Suspension hängt auch stark von gewissen Eigenschaften des Polyreaktionsgemisches selbst, besonders von dem während der Polyreaktion erreichten Umsetzungsgrad, ab. Hohe Viskosität des Polyreaktionsgemisches erschwert seine Verarbeitbarkeit, weil sich dann leicht größere Teilchen und Klumpen bilden und das ganze System dazu neigt, zu einem einzigen Block zusammenzulaufen.

Die letzte Phase der Herstellung von Polyamin-Anionenaustauschern ist die *Aushärtung* des gewonnenen Gels. Die Polyreaktion wird dabei beendet und das Polymernetz bis zum Endwert verdichtet. Das Austauscherharz gewinnt also in dieser Phase die zu seiner Anwendung erforderlichen Eigenschaften. Bei der Herstellung des Harzes durch Polyreaktion im Block genügt eine einfache thermische Behandlung der gebrochenen Harzgallerte, beispielsweise über Nacht im Trockenschrank bei 100 °C.

Perlförmige Produkte können auf verschiedene Arten behandelt werden. Wurde das Harz in Mineralöl hergestellt, so kann die Härtung unmittelbar nach Abtrennen des überschüssigen Öls in einem Trockenschrank bei 95°—100 °C durchgeführt werden. Die den Austauscherteilchen noch anhaftenden Ölreste beseitigt man am besten durch Extraktion mit einem leicht flüchtigen Lösungsmittel. Hat man ein niedrig siedendes Lösungsmittel, beispielsweise Chlorbenzol, als Dispersionsmedium angewendet, so kann dessen Entfernung mit der Aushärtung des Harzes kombiniert werden. Während des Aushärtungsvorganges im Trockenschrank bei 105 °C zeigten periodisch genommene Proben, daß nach 24 Stunden keine Veränderungen der Quellung mehr auftreten. Unter diesen Bedingungen waren offenbar zusammen mit dem Wasser auch die letzten Reste des Dispersionsmediums beseitigt. Nach einem anderen Verfahren wird die Härtung des durch Suspensionspolyreaktion in Chlorbenzol hergestellten Produktes durch Temperierung im Dispersionsmedium selbst vorgenommen. Dabei destilliert Wasser in Form eines Azeotropes mit Chlorbenzol ab. Das überschüssige

Dispersionsmittel kann dann größtenteils vom Produkt abgesaugt werden. Die letzten Reste entfernt man durch Wasserdampfdestillation. Dabei darf man allerdings nur vollständig ausgehärtete Harze einsetzen, weil die letzte Stufe der Polyreaktion durch Wasserdampf ungünstig beeinflußt würde. *Abb. 3–16* zeigt diese Verhältnisse.

Die Einstellung einer bestimmten *Porosität* ist bei den Polyaminharzen von geringerer Bedeutung als bei den durch Polykondensation hergestellten Materia-

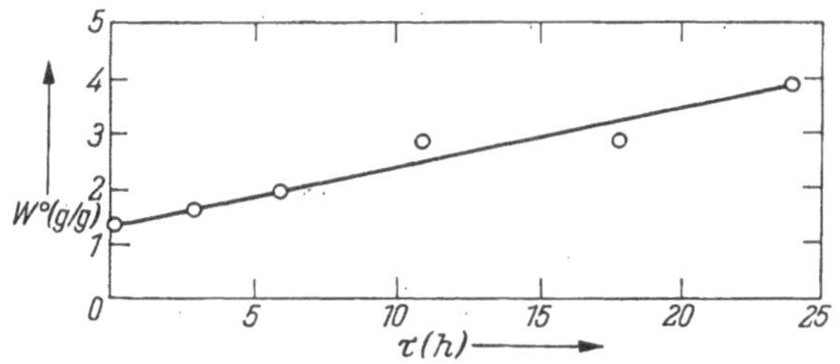

Abb. 3–16: Einfluß der Einwirkungszeit von Wasserdampf auf das nichtgehärtete Perlprodukt aus Polyäthylenpolyamin und Epichlorhydrin bei der Abtrennung des Dispersionsmediums durch Wasserdampfdestillation auf W^0 des Endproduktes [18]

lien. Die bei der Polyreaktion in Frage kommenden Komponenten besitzen keine derart ausgeprägte Neigung zur Ausbildung nichtporöser Harzstrukturen, wie das beispielsweise bei dem System m-Phenylendiamin/Formaldehyd der Fall ist. Selbst Polyamin-Anionenaustauscher, die für Anwendungszwecke allgemeiner Art, wie die Wasseraufbereitung, hergestellt werden, besitzen eine ausreichende Entfärbungsfähigkeit gegenüber Melassefarbstoffen.

Tabelle 3–4: Gewichtsquellung der aus verschiedenen Polyäthylenpolyaminsorten hergestellten Harze [18]

Polyäthylenpolyaminsorte	W^0
Technisches Polyäthylenpolyamin, „Vulkazit TR"	2,07
Fraktion I: Siedeintervall 58–106 °C (16 mmHg)	5,78
Fraktion II: Siedeintervall 106–122 °C (16 mmHg)	7,50
Fraktion III: Siedeintervall 122–170 °C (16 mmHg)	1,70
Fraktion IV: Siedeintervall 170–200 °C (16 mmHg)	1,46
Destillationsrückstand: Siedeintervall > 200 °C (16 mmHg)	1,82

Die *Gewichtsquellung* von Polyaminharzen aus Polyäthylenpolyamin und Epichlorhydrin hängt bei Konstanz aller anderen Bedingungen auch von der Aminzusammensetzung ab. Nach den in *Tab. 3–4* zusammengestellten Angaben sinkt die Gewichtsquellung mit steigendem Molekulargewicht des Amins. Ebenso wie bei den Harzen auf Polykondensat-Basis kann man auch hier die Gewichtsquellung durch Verdünnung des Reaktionsgemisches (s. *Abb. 3–17*) oder durch entsprechende Dosierung des Epichlorhydrins (s. *Abb. 3–18*) beeinflussen.

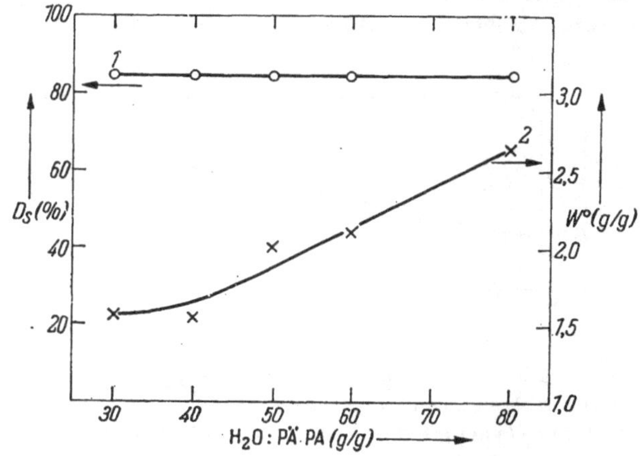

Abb. 3–17: Einfluß der Verdünnung des Reaktionsgemisches bei der Darstellung von Polyaminharzen [18]

1 – Entfärbungsfähigkeit; *2* – Quellungsfähigkeit

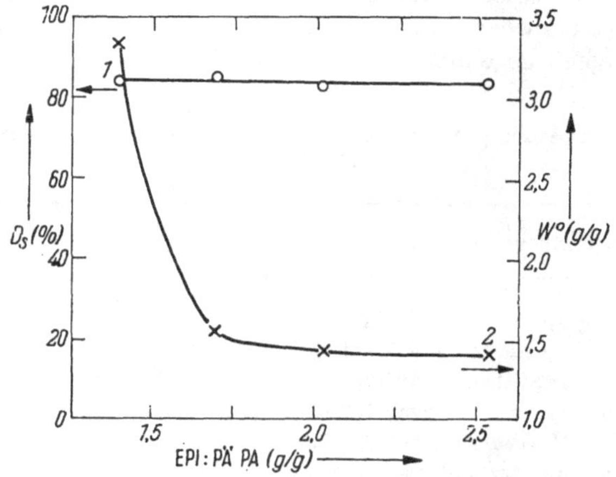

Abb. 3–18: Einfluß der Menge des Vernetzungsmittels auf die Eigenschaften von Polyaminharzen [18]

3.1.3. Die Herstellung stark basischer Anionenaustauscher auf Polymerisat-Basis

Für die Darstellung der stark basischen Anionenaustauscher auf Polymerisat-Basis gibt es z. Z. nur ein in vielen Varianten durchgeführtes technisches Verfahren, das drei klar voneinander getrennte Stufen hat:

1. Die Herstellung eines Copolymerisates aus Styrol und einem Vernetzer (meist Divinylbenzol). Im Folgenden kurz *Polymerisation* genannt.
2. Die Einführung von Chlormethylgruppen in die aromatischen Kerne des Copolymerisates. Im Folgenden kurz *Chlormethylierung* genannt.
3. Die Umsetzung der Chlormethylgruppen mit einem tertiären Amin unter Ausbildung quaternärer Ammoniumstrukturen. Im Folgenden kurz *Aminierung* genannt.

Alle drei Stufen sind für den Erfolg der Synthese wichtig und jede erfordert spezielle Maßnahmen, damit ein für den jeweiligen Zweck optimales Harz hergestellt werden kann [214].

3.1.3.1. Die Polymerisation

Die prinzipielle Verfahrensweise bei der Polymerisation ergibt sich bereits vollständig aus folgender Definition:

„*Radikalisch initiierte binäre Copolymerisation von Styrol und Divinylbenzol (oder in einigen Fällen einer anderen Substanz mit 2 oder mehr polymerisierbaren Doppelbindungen), die in Suspension durchgeführt wird*".

Die Grundsubstanz der Austauscherharze auf Polymerisat-Basis ist also das von STAUDINGER [59] gefundene und als „unlösliches Polystyrol" bezeichnete Material. Es handelt sich um ein dreidimensional vernetztes Polymerisat, das ohne Bruch von Hauptvalenzbindungen weder löslich noch schmelzbar ist. Es ist jedoch in einer ganzen Reihe geeigneter Lösungsmittel *begrenzt quellbar*, wobei gewissermaßen eine „umgekehrte gesättigte Lösung" entsteht. Das will besagen: Im Gegensatz zur normalen gesättigten Lösung, bei der der zu lösende Stoff bis zu einer Grenzkonzentration vom Lösungsmittel aufgenommen wird und sein Überschuß als Bodenkörper zurückbleibt, wird hier eine von der Struktur des Polymerisates abhängige Lösungsmittelmenge vom „zu lösenden Stoff" (Polymerisat) aufgenommen, während der Überschuß des Lösungsmittels unverändert mit der Phase des gequollenen Polymerisates koexistiert.

Der Lösungsmittelgehalt des bis zur Sättigung gequollenen Polymerisates ist dabei in erster Näherung von der Dichte der Vernetzungsstellen, also der Verbindungen zwischen zwei Polymer-Ketten, abhängig [62]. Man kann dann die *Gleichgewichtsquellung* als Maß für die Vernetzungsdichte benutzen, wobei man bei Styrol-Divinylbenzol-Polymeren z. B. folgendermaßen vorgeht: Eine gewogene Menge Polymerisat wird in einem Meßzylinder mit überschüssigem Toluol übergossen und nach sorgfältiger Entfernung von eventuellen Luftblasen 24 Stunden stehengelassen. Dann wird der Meßzylinder gerüttelt, bis das Volumen des gequollenen Polymerisates konstant ist. Angegeben wird das so gemessene Volumen in m*l* bezogen auf 100 g Polymerisat.

Die Vernetzung wird primär durch die zur Copolymerisation eingesetzte Menge an *polyfunktionellem Monomeren* (Vernetzer) bestimmt. Die Abhängigkeit ist aber nicht eindeutig, weil man damit rechnen muß, daß nur ein bestimmter Prozentsatz des Vernetzers wirklich zur Verbindung zweier Ketten ausgenutzt

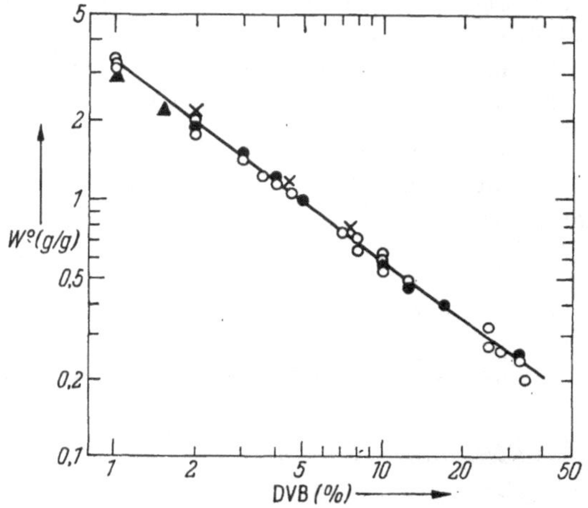

Abb. 3–19: Abhängigkeit der Gewichtsquellung von Styrol-Divinylbenzol-Copolymerisaten in Toluol vom Nominalgehalt des Vernetzungsmittels [62]

● – nach PEPPER [205]; × – nach PEPPER, PAISLEY, YOUNG [206]; ▲ – nach BOYER, SPENCER [207]; ○ – nach KRESSMAN, MILLAR [62]

wird. Ein Teil der zweiten (dritten) Doppelbindungen der Vernetzermoleküle bleibt unumgesetzt, ein Teil wird bei der Bildung intramolekularer Ringe verbraucht. Andererseits findet neben der hauptvalenzmäßigen chemischen Vernetzung eine mechanische Verschlingung und Verknotung von Polymer-Ketten statt, durch die zusätzliche Vernetzungsstellen entstehen.

Auch die Anzahl der freien Kettenenden, also gewissermaßen der Polymerisationsgrad der linearen Kette ohne Rücksicht auf die Art und Anzahl ihrer Bindungen an andere Ketten, hat Bedeutung für die Netzwerksdichte. Da die Bedingungen der Polymerisation jedoch bei allen Herstellungsverfahren für Ionenaustauscher-Polymerisate sehr ähnlich sein dürften, kann man eine einigermaßen korrekte Abhängigkeit der Vernetzungsdichte vom Divinylbenzolgehalt (Divinylbenzol ist der meistbenutzte Vernetzer) postulieren. KRESSMAN und MILLAR veröffentlichten Angaben über den Zusammenhang von Vernetzung und Toluolquellung [62], denen auch die *Abb. 3–19* entnommen ist.

Die dreidimensionale Netzwerkstruktur eines Styrol-Divinylbenzol-Copolymerisates ist in (*3–13*) wiedergegeben.

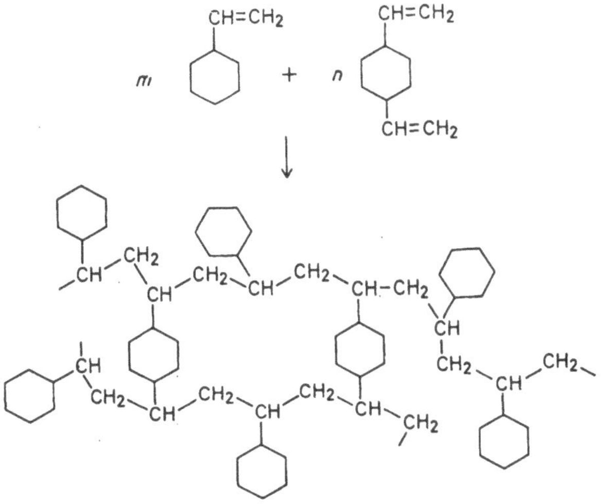

(3–13)

Auf Grund der unterschiedlichen Copolymerisations-Parameter der Vinylgruppe des Styrols und der ersten Vinylgruppe des Divinylbenzols wird das vernetzende Monomere nicht gleichmäßig in die primär entstehenden Ketten eingebaut. Die Vernetzung erfolgt dann durch verzögerte Reaktion der zweiten Doppelbindung mit einem anderen Copolymerisations-Parameter [61]. Die beiden Monomeren sind in jedem Verhältnis copolymerisierbar. Für die Herstellung von Ionenaustauschern kommen Divinylbenzol-Gehalte von 0,5—10 (in Extremfällen bis 25) % in Frage. Gehalte über 4% dürften aber zu einem Netzwerk führen, das für Entfärbungsharze zu engmaschig ist. Der für die Entfärbung von Zuckerlösungen empfohlene Amberlite IRA 401 wird beispielsweise aus einem 0,5% Divinylbenzol enthaltenden Copolymerisat hergestellt [63]. Aus unseren früher veröffentlichten Mitteilungen geht hervor, daß man wirksame Entfärbungsharze auch aus Copolymerisaten, die 2% Divinylbenzol enthalten, herstellen kann [64, 64a, b]. Der Einfluß des Divinylbenzolgehaltes auf die Gewichtsquellung und auf die Entfärbungsfähigkeit von Anionenaustauschern wird ausführlich auf Seite 88 behandelt und in der *Abb. 3–34* dargestellt.

Die Perlform dieser Austauscherharze läßt erkennen, daß die entsprechenden Polymerisate sämtlich nach der Methode der *Suspensionspolymerisation* hergestellt sind [65]. Diese Arbeitsweise, die man als eine „wassergekühlte Blockpolymerisation" bezeichnen kann, ist für die Herstellung von Ionenaustauschern sehr gut geeignet, weil sie unter relativ geringen Materialverlusten zu kugelförmigen, also mechanisch und hydrodynamisch günstigen Teilchen führt, die bei richtiger Lenkung der Polymerisation gleich in der erwünschten Korngröße anfallen. Als Nachteil wäre höchstens die Tatsache zu nennen, daß kugelförmige Teilchen bei gegebenem Volumen eine minimale Oberfläche haben.

Technisch wird die Suspensionspolymerisation folgendermaßen durchgeführt: Das Monomerengemisch (z. B. Styrol und Divinylbenzol) wird mit einem darin, aber nicht in der wäßrigen Phase löslichen *Initiator* versetzt. Als Initiatoren kommen alle Verbindungen in Frage, die sich bei mäßigen Temperaturen (etwa zwischen 50 und 100 °C) unter Bildung freier Radikale zersetzen. Es sind dies eine Reihe organischer Peroxyde und Azoverbindungen. Als Beispiel sei nur Benzoylperoxyd genannt.

Dieses Gemisch wird in Wasser suspendiert, wobei man normalerweise 1—4 Teile Wasser auf ein Teil Monomerengemisch anwendet. Um ein Zusammenlaufen der beim Verrühren der Phasen entstehenden Öltröpfchen (namentlich bei fortschreitender Polymerisation) zu vermeiden, setzt man der wäßrigen Phase einen sogenannten *Stabilisator* zu. Dazu sind zwei Gruppen von Stoffen geeignet:

1. Feinverteilte, schwerlösliche anorganische Substanzen, vorzüglich frisch gefällte Niederschläge. Beispiele sind Calciumphosphat, Bariumsulfat, Magnesiumhydroxyd und Kieselgur.
2. Wasserlösliche polymere Substanzen, sogenannte Eukolloide. Als Beispiel seien lösliche Stärke, Polyvinylalkohol, Eiweißstoffe wie Gelatine und Leim, wasserlösliche Cellulosederivate und Polyacrylverbindungen genannt.

Alle diese Stoffe haben die Eigenschaft, sich an der Grenzfläche zwischen der Ölphase (Monomerengemisch) und der wäßrigen Phase anzureichern und an der Oberfläche der Öltröpfchen eine gegen Vereinigung und Stoffaustausch schützende Schicht (Schutzkolloid) zu bilden.

Weitere Zusätze zum Polymerisations-System werden in großer Zahl beschrieben, sind jedoch prinzipiell nicht notwendig und sollen darum nicht erwähnt werden.

Unter sorgfältig regulierter Rührung, die ja für die Größenverteilung der Partikel bestimmend ist, wird das System bei Temperaturen zwischen 60 und 100 °C normalerweise ohne Anwendung erhöhter Drucke zur Polymerisation gebracht, die sehr glatt verläuft, weil die meist erhebliche Polymerisationswärme weitgehend von der wäßrigen Phase aufgenommen wird. Die Ölphase wird dabei zunächst viskos und geht bei etwa 10—20%igem Umsatz in den gelartigen (elastisch-formbeständigen) Zustand über. Nach Umsatz von etwa 70—80% wird das Polymerisat glasartig. Die Reaktion verläuft dann schnell praktisch quantitativ zu Ende.

Durch die *Mikrostruktur der vernetzten Polymerisate* werden die polymeranalogen Reaktionen, die vom Polymerisat zum Austauscherharz führen, sowie das Verhalten des schließlich daraus hergestellten Austauscherharzes bezüglich Art, Geschwindigkeit und Selektivität der Sorptionsprozesse weitgehend beeinflußt. Der gesamte Komplex von Eigenschaften, der als Porosität bezeichnet wird, ist in hohem Maße von der Netzwerksdichte abhängig. Es ist also völlig verständlich, daß bei zu hohem Vernetzungsgrad das Harz für den Einsatz zur Zuckerentfärbung unbrauchbar ist, weil die Poren zu eng sind.

Im Interesse einer guten Sorptionskinetik soll das Harz nicht zu grob sein. Es ist also, mit Rücksicht auf die Volumenzunahme des Korns auf etwa 500–800% bei der Verarbeitung zum Anionenaustauscher, bei der Polymerisation eine maximale mittlere Korngröße vorgegeben. Zu feine Harze lassen sich aber andererseits schlecht handhaben. Besonders beim Rückspülen sind dann Verluste zu erwarten.

Das als Zwischenprodukt hergestellte Polymerisat wird durch polymeranaloge Reaktionen in den Anionenaustauscher überführt. Dabei erfolgt zunächst die Chlormethylierung.

3.1.3.2. Die Chlormethylierung

Es handelt sich dabei um die polymeranaloge Variante einer in der organischen Chemie bekannten, wenn auch technisch wenig üblichen Reaktion. Der normale Weg der Einführung von $-CH_2Cl$-Gruppen in den Benzolkern ist die Umsetzung des Polymerisates mit *Monochlordimethyläther* CH_3-O-CH_2-Cl [60, 66, 67, 67a]. Die Reaktion verläuft nach folgendem Schema:

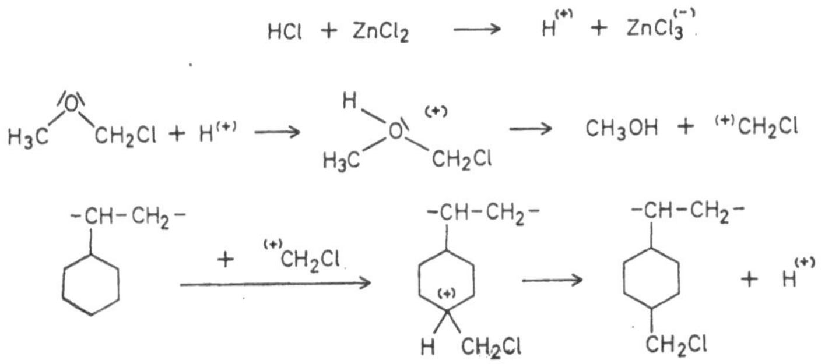

(3-14)

Das Polymerisat kann zu dieser Reaktion vorgequollen eingesetzt werden, um die Diffusion des Monochlordimethyläthers in das Innere des Netzwerkes zu erleichtern. Wir halten diese Maßnahme jedoch für unnötig, weil Monochlordimethyläther selbst ein gutes Quellmittel ist und schnell genug in das Polymerisat eindringen kann, um eine durchgehende Umsetzung zu gewährleisten. Die Reaktion geht bei Temperaturen kurz unterhalb des Siedepunktes des Monochlordimethyläthers in Gegenwart von Friedel-Crafts-Katalysatoren vor sich. In der Literatur werden vorwiegend $ZnCl_2$, $SnCl_4$ und $FeCl_3$ empfohlen. Art und Menge des Katalysators haben einen wesentlichen Einfluß auf den Reaktionsverlauf. Man kann sagen, daß der Grad der Umsetzung mit steigender Katalysatormenge und steigender Temperatur sowie innerhalb der o. a. Reihenfolge der Katalysatoren wächst [68, 68a]. Gleichzeitig wird aber auch eine an sich unerwünschte Nebenreaktion, die durch eine innerpolymere Friedel-Crafts-Umsetzung zu einer Erhöhung des Vernetzungsgrades führt [60, 69], begünstigt.

Dabei werden also reaktionsfähige Chloratome abgespalten und zusätzliche

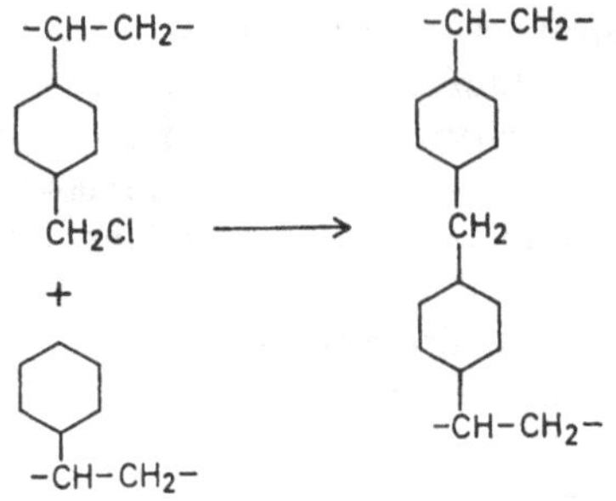

(3-15)

Vernetzungsstellen geschaffen. Auch eine Herabsetzung der Konzentration an Monochlordimethyläther und übermäßig lange Reaktionszeiten begünstigen diese Nachvernetzung. Manchmal macht man von dieser Reaktion aber auch bewußt Gebrauch, indem man von einem extrem niedrig vernetzten Polymerisat ausgeht und die erwünschte Netzwerksdichte erst bei der Chlormethylierung einstellt. Dieses Verfahren ist aber schlecht reproduzierbar, so daß man normalerweise die Nachvernetzung zu vermeiden sucht.

Möglichkeiten zur Kontrolle der Chlormethylierung und der Nachvernetzung durch Variation der Reaktionsbedingungen ergeben sich aus den in *Tab. 3–5* zusammengestellten Werten.

Tabelle 3–5: Einfluß der Katalysatormenge bei der Chlormethylierung auf die Eigenschaften der Anionenaustauscher [18]

Katalysatormenge, Molverhältnis $FeCl_3$: Struktureinheit des Copolymeren	Eigenschaften des Anionenaustauschers W^0 (g/g)	C_{GG} (mval/g)	C_{GV} (mval/cm³)
0,200	0,85	4,48	1,54
0,075	1,15	4,39	1,23
0,025	1,25	3,04	0,69

Das Grundcopolymere enthielt 4% Divinylbenzol

Die Chlormethylierung kann bis über die Monosubstitution aller Benzolkerne hinaus getrieben werden. Normalerweise muß man sich jedoch mit einem geringeren Umsetzungsgrad zufriedengeben. Allgemein läßt sich sagen, daß die Chlormethylierung um so leichter und vollständiger verläuft, je niedriger die Vernetzung des Polymerisates ist.

Meist ist man bestrebt, im Interesse eines hohen Chlormethylierungsgrades einen möglichst reinen Monochlordimethyläther anzuwenden, bei dem milde Reaktionsbedingungen eingehalten werden können, wodurch sich die Nachvernetzung weitgehend vermeiden läßt. Bei der Synthese des Monochlordimethyläthers entsteht jedoch als Nebenprodukt Methylal, durch dessen Anwesenheit die Intensität der Chlormethylierungsreaktion herabgesetzt wird. Von diesem verzögernden Effekt macht man in einigen Fällen bewußt Gebrauch. Es wurde nämlich beobachtet, daß in diesem Falle die Chlormethylgruppen gleichmäßiger im Harz verteilt werden, wodurch die Entfärbungsfähigkeit und andere Anwendungseigenschaften verbessert werden sollen. Man verdünnt dann sogar den Chloräther bewußt mit Methylal [71]. S. Iwashina gibt an, daß beispielsweise bei der Herstellung von Duolite A 101 D eine inhibierte Chlormethylierung angewendet wird, um die irreversible Farbstoffadsorption zu verringern [215].

Andere Wege für die Einführung der Chlormethylgruppen in das Polymerisat sind die polymeranaloge Variante der Blanc-Reaktion (Umsetzung mit CH_2O und HCl) [70, 70a, 71, 71a], die Umsetzung von Polymerisaten mit CH_2O oder Methylal bzw. Gemischen beider Verbindungen in Gegenwart von Friedel-Crafts-Katalysatoren (vorzüglich $FeCl_3$) [72, 73], die Chlorierung von Polymerisaten aus kernmethyliertem Styrol [80] und die Umsetzung des Polymerisates mit Dichloraliphaten in Gegenwart von Friedel-Crafts-Katalysatoren [74].

Schließlich kann man auch Chlormethylstyrol mit Divinylbenzol copolymerisieren [75, 75a], wobei jedoch die Synthese des Grundmonomeren schwierig ist [75b].

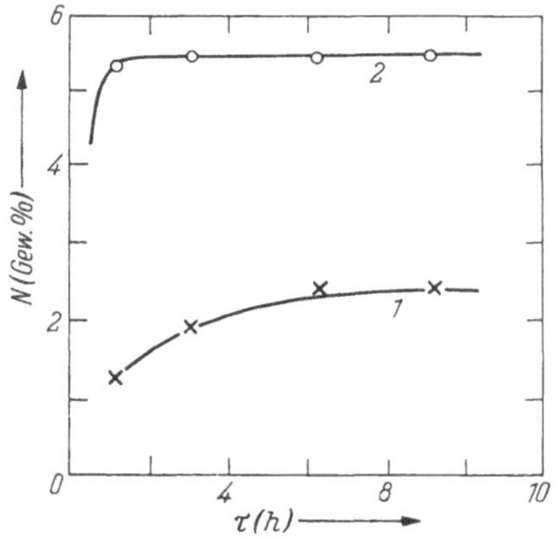

Abb. 3–20: Zeitverlauf der Aminierung von chlormethyliertem Styrol-Divinylbenzol-Copolymerisat mittels Trimethylamin [214]

Das chlormethylierte Mischpolymerisat wurde entweder (1) mit Aceton und Wasser oder (2) mit Aceton und Benzol vorbehandelt

Unter speziellen Reaktionsbedingungen führt die Chlormethylierung auch bei unvernetzten Polymerisaten zu einer Gelbildung durch Nachvernetzung, so daß brauchbare Anionenaustauscher aus linearem Polystyrol hergestellt werden können. Die Erhaltung der Kugelform des Korns dürfte dabei aber nur bei Anwendung von Methylal und Chlorsulfonsäure als Chlormethylierungsmittel einigermaßen garantiert sein [76, 76a, 77, 77a].

Nach der Chlormethylierung empfiehlt es sich, den Chloräther, bzw. den Monochlordimethyläther-Katalysator-Komplex, durch Behandlung des chlormethylierten Polymerisates mit einem Lösungsmittel, das gut in dieses eindringt, zu zersetzen [214]. Zu diesem Zweck wird beispielsweise Aceton oder Dioxan empfohlen. *Abb. 3–20* veranschaulicht die Anwendung einer Lösungsmittelwäsche vor der Aminierung und ihre Wirkung.

3.1.3.3. Die Aminierung

Das chlormethylierte Polymerisat wird zwecks Einführung der funktionellen Gruppen mit einem *tertiären Amin* umgesetzt, wobei ein polymeres Benzyltrialkylammoniumchlorid entsteht. Zur Herstellung stark basischer Austauscherharze kommen praktisch nur Trimethylamin und Dimethyläthanolamin in Frage. In der angelsächsischen Literatur werden die durch Umsetzung mit Trimethylamin hergestellten Harze als Typ *I*, die mit Dimethyläthanolamin hergestellten als Typ *II* bezeichnet. Grundsätzlich könnte man natürlich auch jedes andere tertiäre Amin verwenden, sofern es in das Netzwerk eindiffundieren kann. Interessant ist diese Möglichkeit jedoch nur in Hinsicht auf den „Seitenketteneffekt" [78]. Durch längere Seitenketten am Amin werden nämlich die Harzporen in definierter Weise verengt, wodurch sich die Selektivität des Anionenaustauschers verändert.

Die Aminierung verläuft meist sehr glatt und mit sehr guten Umsätzen, zumal, wenn der Vernetzungsgrad des Harzes gering ist. Elementaranalytisch lassen sich im aminierten Produkt bestenfalls 0,5% Chlor, das sind ca. 3% des bei der Chlormethylierung eingeführten, nachweisen.

Die Aminierung verläuft bei mäßig erhöhter Temperatur (30—70 °C) innerhalb weniger Stunden.

Schwierigkeiten können dadurch auftreten, daß die Quellung des chlormethylierten Polymerisates im Aminiermittel nicht glatt und vollständig vor sich geht. Grundsätzlich kann eine wäßrige Aminlösung (10—25%ig) angewendet werden. Um dabei aber ein Zerfallen der Partikel zu verhindern, muß das Material vor der Aminierung mit einem Lösungsmittel (z. B. Methanol) behandelt werden, das evtl. noch durch ein Quellmittel verdrängt wird [214], (vgl. *Abb. 3-20*). Es ist überhaupt günstig, ein Reaktionsmedium zu wählen, in dem das Material gut quillt. Trimethylamin kann in aromatischen Kohlenwasserstoffen, Dimethyläthanolamin in chlorierten Kohlenwasserstoffen angewendet werden. Auch methanolische Aminlösungen werden oft benutzt. Auch Vorquellmittel wie Tetrahydrofuran, Butanon und Dioxan werden verwendet, um die Aminierung zu erleichtern [66]. Nach der Aminierung muß zunächst ein evtl. gebrauchtes organisches Lösungsmittel auf irgendeine Weise durch Wasser verdrängt werden. Auf jeden Fall wird mit verdünnter Salzsäure gewaschen, um die Aminreste zu beseitigen. Anschließend wird das Harz mit viel Wasser gewaschen, wobei auch niedermolekulare Anteile entfernt werden.

Bei und nach der Aminierung hat man Sorge zu tragen, daß die osmotischen Belastungen des Materials gering bleiben, daß also keine krassen und plötzlichen Volumenänderungen vorkommen, die zum Zerfall der Partikel führen könnten.

Die Eigenschaften eines stark basischen Anionenaustauschers auf Basis vernetzten Polystyrols können also durch die Reaktionsbedingungen bei der Polymerisation, vorzüglich durch Art und Grad der Vernetzung und durch die Führung der Chlormethylierungsreaktion abgewandelt werden [66]. Art und Menge des

Chlormethylierungsmittels, der Katalysator und die Reaktionsbedingungen bestimmen die Dichte der funktionellen Gruppen und den Grad der Nachvernetzung. So kann man aus einem Polymerisat Anionenaustauscher verschiedener Eigenschaften und aus unterschiedlichen Polymerisaten Austauscherharze mit sehr ähnlichen Eigenschaften herstellen.

Eine sehr instruktive Übersicht über diese Verhältnisse hat ANDERSON gegeben [201], der an etwa 300 Anionenaustauscher-Mustern den Einfluß des Divinyl-

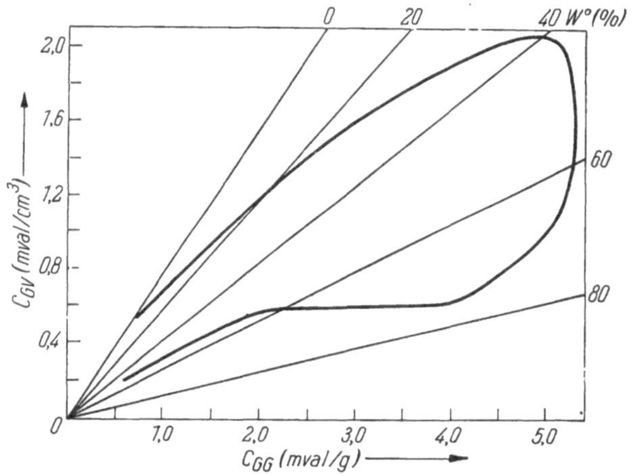

Abb. 3–21: Streuung von Austauscheigenschaften der aus einem Copolymerisat mit 2% DVB dargestellten stark basischen Anionenaustauscher [201]

benzolgehaltes, der Dauer der Chlormethylierung, der Chlormethylierungstemperatur, der Art und Menge des Katalysators, der Menge und Reinheit des Monochlordimethyläthers und der Anwesenheit von Lösungsmitteln bei der Chlormethylierung auf die Eigenschaften des Endproduktes studierte. In der *Abb. 3–21* sind die wichtigsten seiner Ergebnisse zusammengefaßt.

Neben Kapazität und Quellung des Harzes werden auch für den Einsatz im Betrieb wichtige Parameter, wie Entfärbungsfähigkeit und Lebensdauer durch die Bedingungen der Synthese beeinflußt.

Das Schema (*3–16*) zeigt noch einmal den Verlauf der polymeranalogen Reaktionen, die zur Umwandlung des Styrol-Divinylbenzol-Copolymerisates in einen stark basischen Anionenaustauscher durchgeführt werden.

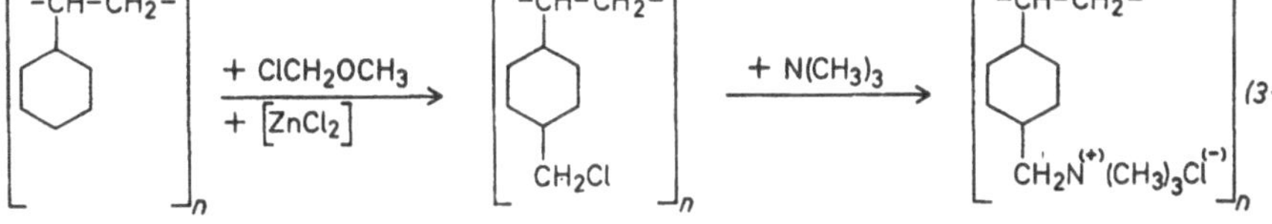

(3–16)

3.1.4. Makroporöse Austauscherharze

3.1.4.1. Grundsätzliches über makroporöse Harze

Für die Adsorption oder Chemisorption eines Farbstoffes ist es Voraussetzung, daß das Farbstoffmolekül zunächst einmal an den Ort gelangt, wo es gebunden werden kann. Dazu muß es in das Innere des Ionenaustauscherkorns hineindiffundieren. Die *Partikeldiffusion* ist aber bekanntlich bei Ionenaustausch- und Adsorptionsprozessen an gelartigen innendispersen Adsorbentien in vielen Fällen der zeitbestimmende Vorgang. Das will sagen, daß die Geschwindigkeit der Farbstoffaufnahme und damit die höchstzulässige Belastung eines Filters direkt von der Geschwindigkeit der Diffusion des Farbstoffes in die Austauscherkörner abhängig sein kann. Diese Tatsache macht sich bei den Zuckerfarbstoffen mit ihrem hohen Molekulargewicht oft dadurch störend bemerkbar, daß eine relativ lange Verweilzeit der Lösung im Filter und damit eine große Dimensionierung der Apparate notwendig ist. Das gleiche gilt sinngemäß auch für die Desorption der Farbstoffe, die ebenfalls durch den Zeitbedarf der Diffusion aus dem Innern des Kornes in die Regenerierlösung stark beeinflußt wird. Man muß außerdem damit rechnen, daß ein erheblicher Anteil der Farbstoffe irreversibel bzw. schwer auswaschbar gebunden wird. Die Folge ist eine kontinuierliche Abnahme der Adsorptions- und Austauschkapazität durch Blockierung der aktiven Zentren. Intensive Regenerierung mit alkalischen Lösungen ziemlich hoher Konzentration oder mit Hypochloritlösungen kann zur Ablösung eines Teils der mit normalen Regeneriermitteln (neutrale oder schwach alkalische Salzlösungen) nicht auswaschbaren Farbstoffen gute Dienste leisten. Der Kapazitätsabfall wird so aber nur verlangsamt und außerdem das Harz starken chemischen Belastungen ausgesetzt, die zu einem Abbau der aktiven Gruppen und einem vorzeitigen Zerfall der Harzpartikel führen. In jedem Fall wird ein normales Austauscherharz, das mit einer Lösung von Farbstoffen hohen Molekulargewichtes belastet wird, dem in der angelsächsischen Literatur als "fouling" bezeichneten Prozeß unterliegen: Die Harzpartikel verfärben sich, und es kommt durch Blockierung aktiver Zentren sowie durch chemischen Abbau der austauschfähigen Gruppen zu erheblichen Verlusten an Kapazität und Lebensdauer [81].

Man hat schon seit langem versucht, diesen Nachteilen dadurch entgegenzuwirken, daß man die entsprechenden Harze, meist stark basische Anionenaustauscher auf Basis vernetzten Polystyrols, mit geringeren Vernetzergehalten im Polymerisat herstellte, ihnen also ein weitmaschiges, elastisches Gerüst gab. Auf diese Weise sind die Mikroporen im Austauscherharz recht weit (in Extremfällen mehrere 100 Å) und Adsorption und Desorption der Farbstoffe vollziehen sich einigermaßen reibungslos. Schwerwiegende Nachteile dieser Harztypen sind aber der hohe Wassergehalt und damit eine geringe Volumenkapazität, die mangelhafte mechanische Festigkeit (die Harze haben eine weiche gelartige Konsistenz, so daß sie bereits unter dem Druck einer hohen Filtersäule verformt und zerdrückt werden), die mangelhafte Beständigkeit gegen osmotische Schocks (also gegen erhebliche Unterschiede des osmotischen Druckes im Inneren des Harzes und in der umgebenden Lösung) sowie die geringe Dichte. Letztgenannte Eigenschaft führt zum Aufschwimmen des Harzes in Lösungen erhöhter Dichte. Namentlich das Rückspülen eines Filters ist unter solchen Bedingungen schwierig.

Die Notwendigkeit, Austauscherharze zu schaffen, die durch gute Diffusionsmöglichkeit auch hochmolekulare Farbstoffe schnell und reversibel adsorbieren können und gleichzeitig gute osmotische und mechanische Festigkeit zeigen, führte zur Entwicklung der sog. *makroporösen Austauscherharze* [9, 81–94, 216].

Synonyma für diese Harztypen sind: Echt poröse, makroretikulare (abgekürzt MR-Harze), Harze mit Kanalstruktur, schwammartige Harze, Harze mit wahrer Porosität (true porosity).

Das verbindende Merkmal dieser Typen, die zur Zeit schon von allen großen Firmen, die Ionenaustauscher herstellen, angeboten werden, ist eine auch im trockenen Zustand meßbare innere Oberfläche. Dieses Phänomen kann auch als *Definition für die Makroporosität* herangezogen werden:

> *Als makroporös sind Austauscherharze zu bezeichnen, die auch im völlig trockenen Zustand eine durch eine beliebige geeignete Methode meßbare innere Oberfläche besitzen, die durch Poren von > 50 Å Durchmesser repräsentiert wird.*

Durch diese Definition kann der Begriff der echten Makroporosität klar von dem Begriff der allgemein bekannten (Mikro-)Porosität normaler (gelartiger) Austauscherharze abgegrenzt werden. Selbst wenn letztere durch geringe Vernetzung im gequollenen Zustand zahlreiche und weite Poren aufweisen, erscheinen sie jedoch bei der Untersuchung im trockenen Zustand als kompakt.

Die Struktur eines makroporösen Austauscherharzes läßt sich anschaulich mit der eines Schwammes oder eines anderen porösen Materials mit offenen Poren vergleichen. Das Harzkorn ist von einem vielfach verzweigten System feiner *Poren und Kanäle* durchzogen, die an der Oberfläche des Harzkorns offen sind und so den Inhaltsstoffen der umgebenden Lösung einen leichten Zutritt in das Innere des Korns ermöglichen.

Das Gesamtvolumen der Poren macht ca. 20–70% des Volumens des Harzkornes aus. Die Poren, deren Weite und Häufigkeit in später zu beschreibender Weise von den Synthesebedingungen abhängen, haben Durchmesser in der Größenordnung von 100–1000 Å. Selbst größere Moleküle können sich in ihnen also relativ unbehindert bewegen. Die Matrix des Austauschers ist somit sehr diffus verteilt. Bereits in der 10–300 m^2/g betragenden inneren Oberfläche liegen austauschaktive Gruppen. Die weiteren ionogenen Gruppen, die im Inneren der kompakten Matrix liegen, sind von den Kanälen aus leichter zugänglich, weil nur Strecken von maximal einigen 100 Å innerhalb der Matrix zurückzulegen sind. Es ist also ohne weiteres einzusehen, daß derartige Harze eine bessere Austauschbzw. Adsorptionskinetik für Stoffe hohen Molekulargewichts haben müssen und auch eine leichtere Desorption der praktisch nur an den Wandungen der Makroporen gebundenen Farbstoffe gewährleisten [83, 85, 89, 90, 94—101].

Weitere Vorteile der makroporösen Austauscherharze basieren auf ihrer *erhöhten Festigkeit gegen osmotische Belastungen.* Die in kleine Segmente aufgespaltene eigentliche Matrix kann den durch osmotische Kräfte erzwungenen Volumenänderungen viel schneller folgen, als die durchgehend kompakte Matrix normaler Austauscherharze, wodurch im Harzkorn geringere Spannungen entstehen. Außerdem ist die Matrix meist relativ hoch vernetzt, so daß das Volumen des Korns (damit natürlich auch das Volumen der Filtersäule) sich relativ wenig ändert.

Die erhöhte osmotische Festigkeit äußert sich beispielsweise darin, daß ein häufiger und krasser Wechsel der Beladungsform oder des osmotischen Druckes der umgebenden Lösung von makroporösen Harzen viel besser vertragen wird, als von normalen. Selbst wiederholtes Trocknen und Wiedereinquellen oder Einfrieren des Harzes führt kaum zum Zerfall der Körner.

Außerdem haben derartige Harze vielfach eine normalen Harzen gegenüber erheblich *erhöhte Oxydationsbeständigkeit,* so daß Regenerier- oder Wiederbelebungslösungen falls notwendig auch oxydierenden Charakter haben können [81].

Die Resistenz gegen oxydative Zerstörung kann auf die Tatsache zurückgeführt werden, daß die kompakte Matrix der makroporösen Harze meist hoch vernetzt ist, so daß der Abbau des Gerüstes erschwert wird.

Äußeres Kennzeichen dieser neuartigen Harztypen ist ihr von dem der üblichen Austauscherharze abweichendes *Aussehen.* Beschränken wir uns auf die heute praktisch ausschließlich verwendeten Typen auf Polymerisat-Basis, so manifestieren sie sich als undurchsichtige oder bestenfalls eben noch durchscheinende Kugeln, deren Körnung etwa der der bekannten Polymerisatharze entspricht. Ursache der Undurchsichtigkeit ist die Lichtstreuung an den Inhomogenitäten (Poren) des Harzkornes. Die Oberfläche des Korns erscheint im mikroskopischen Bild matt oder schwach glänzend. Im Farbton sind sie meist heller, als normale Austauscherharze vergleichbaren chemischen Aufbaus.

Der nach üblichen Methoden bestimmte *Wassergehalt* der makroporösen Austauscherharze ist meist höher als der der nichtmakroporösen Paralleltypen, weil zumindest ein Teil des in den Poren befindlichen Wassers bei der Bestimmung mit erfaßt wird. Die *Austauschkapazität* ist der der vergleichbaren Paralleltypen gegenüber gleich oder etwas erniedrigt.

Bemerkenswert ist das Verhalten dieser Harze bei *mechanischer Belastung.* Während die Partikel normaler Polymerisationsharze sich bei Belastung deformieren und dann in zwei oder wenig mehr Bruchstücke zerfallen, bricht ein über eine gewisse Grenze hinaus belastetes makroporöses Harzkorn zu feinem Staub zusammen, wobei meist keine wesentliche Formveränderung vorausgeht. Die mittels herkömmlicher Methoden zur Bestimmung der mechanischen Festigkeit festgestellten Werte täuschen darum bei makroporösen Typen vielfach eine ziemlich geringe Festigkeit vor. Beim praktischen Betrieb im Filter liegt dagegen der Bruchanteil nach einer gewissen Anzahl von Zyklen immer niedriger als bei dem evtl. scheinbar festeren Harz herkömmlicher Struktur.

3.1.4.2. Das Syntheseprinzip makroporöser Austauscherharze

Bei der Beschreibung der Synthese makroporöser Austauscherharze soll bewußt nur das zur Zeit als einziges angewendete Herstellungsprinzip berücksichtigt werden. Vorformen und abseitige Verfahren, die nicht bis zur technischen Herstellung von Austauscherharzen entwickelt wurden, werden nicht behandelt.

Die praktisch angewendeten makroporösen Austauscherharze werden ausschließlich auf dem Wege der Suspensionspolymerisation als dreidimensional vernetzte Copolymerisate von Monomeren mit einer und mit mehreren Vinylgruppen (z. B. Styrol und Divinylbenzol) hergestellt, in die später die ionogenen Gruppen eingeführt werden. Die Herstellungsmethode hat also viele Ähnlichkeiten mit der üblicher moderner Austauscherharze auf Polymerisat-Basis, mit denen sie auch rein chemisch identisch sind, sofern gleichartige aktive Gruppen vorliegen.

Die Porosität des Gerüstes wird durch einen Kunstgriff hervorgerufen, der darin besteht, daß dem Monomerengemisch eine Substanz (im weiteren *Inertstoff* genannt) zugesetzt wird, die mit dem Monomeren gut mischbar ist, das Polymerisat aber weder löst noch wesentlich quillt. Dieser Stoff darf auch mit keiner Komponente des Polymerisationssystems reagieren und darf in der wäßrigen Phase bei der Suspensionspolymerisation nicht löslich sein. Während der Polymerisation findet dann eine *Phasentrennung* statt. Unter günstigen Bedingungen trennt sich bei fortschreitender Polymerisation der Monomeren etwa beim Übergang vom hochviskosen in den elastischen Zustand das Polymer vom Inertstoff und kondensiert sich dabei allmählich zu feinen Tröpfchen, die später miteinander verwachsen, wodurch die bereits beschriebenen Poren und Kanäle entstehen [102]. Nachdem das Polymerisat ausgehärtet ist, wird das Inertmittel durch geeignete Maßnahmen entfernt. An diesem Polymerisat kann man auf Grund der identischen chemischen Zusammensetzung die gleichen polymeranalogen Umsetzungen zur Einführung ionogener Gruppen vornehmen, wie an normalen (glasartigen) Copolymerisaten. Die technologischen Varianten bei der Aufarbeitung makroporöser Harze den normalen gegenüber sind so gering, daß ihre Beschreibung sich hier erübrigt.

Die *Abb. 3–22*, die die elektronenmikroskopische Aufnahme eines makroporösen Ionenaustauscherharzes wiedergibt, vermittelt einen Begriff von der so erhaltenen Struktur [218].

Von großer Bedeutung bei der Synthese makroporöser Harze ist die Wahl und die richtige Dosierung des Inertstoffes, weil von diesen Faktoren weitgehend die Porenstruktur des fertigen Harzes abhängt. Grundsätzlich kommen zwei

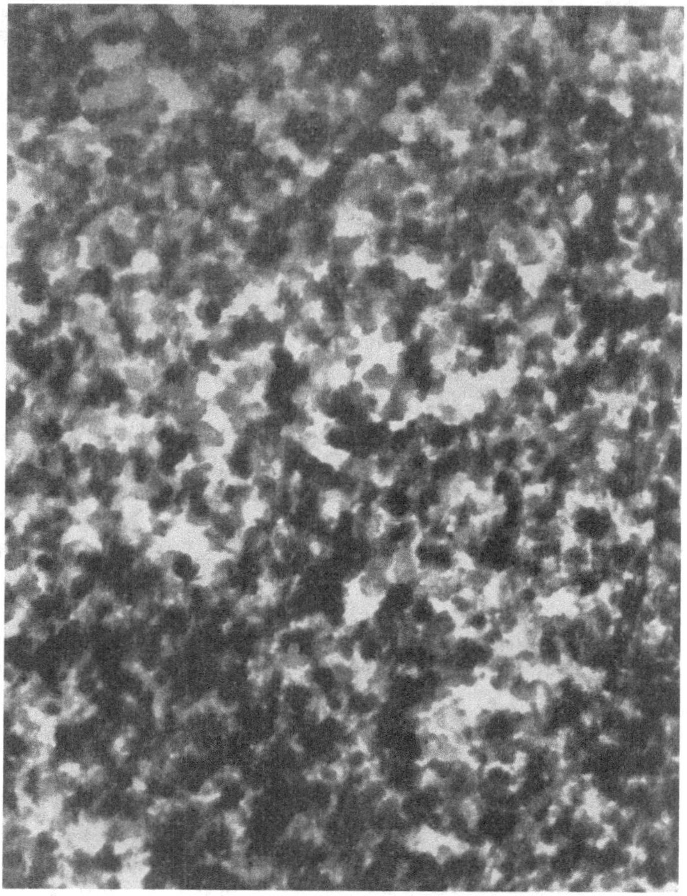

Abb. 3–22: Elektronenmikroskopische Aufnahme der Struktur eines makroporösen Styrol-Divinylbenzol-Ionenaustauschers, Vergrößerung 11200× [218]

Gruppen von Stoffen in Frage, welche die bei der Definition des Inertstoffes geforderten Eigenschaften besitzen:

1. *Lösungsmittel,* wie beispielsweise aliphatische Kohlenwasserstoffe, Alkohole, Nitroaliphaten, Ester und Ketone mit höherem Molekulargewicht [84, 88, 103–113, 216].

Neben der Mischbarkeit mit dem Monomeren und der Unmischbarkeit mit dem Polymeren ist für diese Stoffe eine geringe Flüchtigkeit unter den Bedingungen der Polymerisation notwendig. Sie werden nach beendeter Polymerisation meist mit Wasserdampf aus dem Polymerisat ausgetrieben. Die Entfernung durch einfache thermische Behandlung ist zwar möglich, erfordert aber entweder viel

Zeit oder wegen der Bedingung der geringen Flüchtigkeit bei der Polymerisation hohe Temperaturen, die das Polymerisat schädigen können. Extraktion des flüssigen Inertstoffes mit einem leichter flüchtigen Lösungsmittel ist ebenfalls durchführbar, aber nicht üblich.

2. *Lineare Polymere*, wobei hauptsächlich Polystyrol angewendet wird [88, 113—117, 216].

Hier ist das Molekulargewicht des Polymeren, das als Inertstoff angewendet wird, bedeutungsvoll. Nach beendeter Polymerisation extrahiert man normalerweise diese linearen Polymeren mit einem geeigneten Lösungsmittel.

Man kann auch, was weniger gebräuchlich ist, den Inertstoff während der Einführung der ionogenen Gruppen im vernetzten Polymerisat belassen. Er wird dabei wasserlöslich und kann, soweit er nicht schon bei diesen Reaktionen herausgelöst ist, mit warmem Wasser ausgelaugt werden [118.]

Auch die Anwendung von Gemischen hochmolekularer und niedermolekularer Inertstoffe ist möglich [217].

3.1.4.3. Die Zusammenhänge zwischen Synthesebedingungen und Porenstruktur

Wie bereits festgestellt wurde, ist die Voraussetzung für das Zustandekommen einer makroporösen Struktur eine während der Polymerisation eintretende Phasentrennung, und zwar unter Ausbildung zusammenhängender Bezirke des ausgeschlossenen Inertstoffes in einer ebenfalls zusammenhängenden vernetzten Matrix. Bedingung für die Erscheinung ist, daß die drei bei der Polymerisation eingesetzten Grundkomponenten, bifunktionelles Monomeres, polyfunktionelles Monomeres (Vernetzer) und Inertstoff im richtigen gegenseitigen Verhältnis stehen [119, 216]. Selbstverständlich spielt außerdem die Art der Monomeren und des Inertstoffes eine Rolle. Die Bedingungen der Polymerisation (Initiatorkonzentration, Temperaturführung usw.) haben ebenfalls einen gewissen Einfluß, der aber in erster Näherung vernachlässigt werden kann.

Für jedes System der drei oben genannten Grundkomponenten gibt es eine untere *kritische Konzentration* des Vernetzers und eine untere sowie eine obere kritische Inertstoffkonzentration. Erst von einem gewissen Vernetzergehalt an kann man (konstanten Gehalt an Inertstoffen vorausgesetzt) mit einer Phasentrennung rechnen [88, 216]. Dieser Vernetzergehalt liegt in den üblichen Systemen (z. B. Styrol-Divinylbenzol) relativ hoch. Beispielsweise muß man bei der Copolymerisation von Styrol mit Divinylbenzol in Gegenwart der üblichen Inertstoffe mindestens etwa 8 Gew.-% Divinylbenzol anwenden. Bei geringerem Gehalt wird das Polymerisat nicht definitionsgemäß makroporös. Mit zunehmendem Vernetzergehalt steigt die *Porosität*, ausgewiesen durch die innere Oberfläche und durch das relative Porenvolumen (s. unter Kap. 3.2.) stark an und erreicht bisweilen konstante Werte. Der *durchschnittliche Porendurchmesser* zeigt bei Verwendung von niedermolekularen Inertstoffen, die das Polymerisat nicht quellen, ein scharfes Maximum kurz oberhalb der kritischen Vernetzerkonzentration und fällt mit Zunahme des Vernetzungsgrades zunächst schnell, dann langsamer ab.

Man muß also zur Erreichung einer makroporösen Struktur Vernetzergehalte anwenden, die über denen liegen, die bei der Synthese normaler Ionenaustauscherharze mit homogener Struktur üblicherweise angewendet werden. Die kompakte Matrix ist dadurch relativ hoch vernetzt. Infolgedessen sind die Harze recht starr und quellen nicht sehr stark. Die verlangsamte Diffusion in den kompakten Bezirken wird aber durch den schnellen Antransport der zu adsorbierenden Ionen oder Moleküle in den Makroporen meist überkompensiert.

Auch der *Inertstoff* muß in einem von seiner Mischbarkeit mit dem Polymerisat abhängigen Mengenverhältnis zu den Monomeren angewendet werden. Damit überhaupt eine makroporöse Struktur ausgebildet wird, muß eine minimale Inertstoffmenge anwesend sein [216]. Neben dieser unteren kritischen Inertstoffkonzentration gibt es noch eine obere kritische Konzentrationsgrenze.

Oberhalb derselben entstehen sehr voluminöse schaumartige Produkte ohne meßbare innere Oberfläche. Man kann annehmen, daß bei diesen Polymerisaten der Inertstoff in relativ großen diskreten Aggregaten ausgeschieden wird, die durch dünne Polymermembranen voneinander getrennt sind. Die sehr geringe mechanische Widerstandsfähigkeit dieser Materialien läßt ihre Aufarbeitung zu Ionenaustauscherharzen unzweckmäßig erscheinen. Bei noch höheren Inertstoffgehalten fällt das Polymerisat staubförmig an und kann dann ebenfalls nicht mehr für die Synthese normaler Austauscherharze benutzt werden.

Bei den definitionsgemäß makroporösen Polymerisaten steigt die *innere Oberfläche* mit zunehmendem Inertstoffgehalt und geht dann in den meisten Fällen durch ein Maximum. Das Porenvolumen nimmt naturgemäß mit steigendem

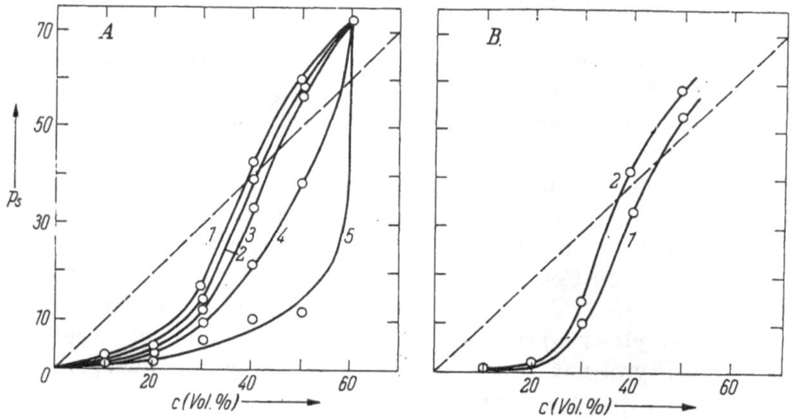

Abb. 3–23: Abhängigkeit des Gesamtporenvolumens p_s (%) von makroporösen Styrol-Divinylbenzol-Copolymerisaten von der Konzentration der Inertkomponente im Copolymerisationsgemisch [88a]

A – Inertkomponente: Isooktan; Divinylbenzolgehalt: *1* – 30%, *2* – 25%, *3* – 20%, *4* – 15% *5* – 10%; *B* – 20% DVB; Inertkomponente: *1* – Isooktan, *2* – n-Butanol

relativen Inertstoffgehalt zu, ebenso die mittlere Weite der Poren. Bei niedermolekularen Inertstoffen ist der chemische Charakter für die Möglichkeit der Ausbildung poröser Strukturen bestimmend. Hochmolekulare Inertstoffe, wie z. B. Polystyrol müssen ein bestimmtes minimales Molekulargewicht haben, um bei der Polymerisation auszufallen [88a, 216]. Mit steigendem Molekulargewicht des Inertstoffes nimmt dann der poröse Charakter zu, wobei hohe Polymerisationsgrade des inerten Polymeren natürlich dessen Entfernung nach der Polymerisation erschweren.

Die *Abb. 3–23* zeigt die Abhängigkeit des Porenvolumens von der Konzentration niedermolekularer Inertstoffe (Isooktan bzw. n-Butanol).

Angaben über die Wirkung der Inertstoffkonzentration bei verschiedenen Vernetzergehalten auf die Porositäts-Kennwerte sind in den *Tab. 3–6* und *3–7* zusammengefaßt [88a].

Tabelle 3–6: Abhängigkeit des mittleren Porenradius von der Isooktan-Konzentration und vom Vernetzungsgrad (nach SEIDL [88a])

Divinylbenzol-Gehalt (Gew.-%)	Porenradius (Å) bei Isooktan-Konzentration 30 (Vol.-%)	40	50	60
10	0	170	186	5555
20	0	110	109	1452
30	37	75	84	682

Tabelle 3–7: Porosität der mittels Polystyrol modifizierten makroporösen Copolymeren nach SEIDL [88a]

Polystyrol (Mol.-Gew.)	(Gew.-%)	Porenvolumen (Vol.-%)	Spez. Oberfläche (m^2/g)	Mittl. Porenradius (Å)
$57 \cdot 10^3$	10	3,90	0,9	817
	15	5,87	1,5	780
	20	19,54	6,1	754
	25	25,43	6,6	970
	30	31,07	4,9	1753
	40	32,36	3,1	2869
$87 \cdot 10^3$	10	2,96	0,7	649
	15	8,37	2,1	837
	20	22,67	4,6	1193
	25	28,40	3,8	1706
	30	29,36	3,0	2570
	40	27,76	2,9	2503

Wie oben dargelegt wurde, bestehen zwischen Vernetzer- und Inertstoffgehalt und den die Porenstruktur bestimmenden Parametern ganz bestimmte Zusammenhänge. Darum ist es nicht möglich, gewisse Kombinationen von Vernetzungsdichte, relativem Porenvolumen, Porendurchmesser und innerer Oberfläche zu verifizieren, wenn der chemische Charakter der Komponenten vorgegeben ist. Beispielsweise sind hohe relative Porenvolumina immer mit hohen Vernetzungsgraden und geringen Porenweiten kombiniert. Eine vorgegebene mittlere Porenweite ist dann von einer bestimmten Beziehung zwischen Vernetzung und relativer Porosität abhängig. Bei dem meist zwangsläufig vorgegebenen Polymergerüst kann man allerdings weitere Variationen der Porenstruktur durch Verwendung unterschiedlicher Inertstoffe erreichen. So erhält man beispielsweise bei gleicher Vernetzungsdichte in einem auf Styrol-Divinylbenzol-Copolymerisat basierenden Austauscherharz durch Verwendung eines aliphatischen Kohlenwasserstoffes als Inertstoff eine hohe durch zahlreiche enge Poren manifestierte innere Oberfläche. Ein unter Verwendung von Polystyrol hergestelltes Harz hat dagegen bei vergleichbarer relativer Porosität eine geringere innere Oberfläche und wenige Poren großen Durchmessers. Die ganze Breite der möglichen Variationen kann hier auch nicht andeutungsweise abgehandelt werden, zumal selbst für die wichtigsten Monomeren/Inertstoff-Systeme diese Zusammenhänge erst in groben Zügen bekannt sind.

3.1.4.4. Grenzgebiete zwischen makroporösen und normalen Ionenaustauschern

Außerhalb der oben angegebenen Definition für makroporöse Harze gibt es auch Typen, die zum Teil auch bis zur großindustriellen Produktion und Anwendung gediehen sind, deren Syntheseprinzip ähnlich ist und die in ihren Eigenschaften einen fließenden Übergang zu den normalen Austauscherharzen darstellen. Am nächsten stehen letzteren Harze, bei deren Polymerisation Inertstoffe verwendet wurden, die das Polymerisat quellen. Für das System Styrol-Divinylbenzol sind dies beispielsweise alkylierte und halogenierte Aromaten, Halogenaliphaten und gewisse Ester [88a, 120—124]. Bei Anwendung extrem hoher Mengen dieser Stoffe, die erheblich über die vom Vernetzergehalt bestimmte maximal durch Quellung aufnehmbare Menge hinausgehen, kann sogar bisweilen eine echte Makroporosität erreicht werden [125]. Verwendet man geringere Mengen solcher Inertstoffe, so entstehen Polymerisate mit erniedrigter Vernetzungsdichte, die eine auch bei dieser effektiven Netzwerkdichte auf normalem Wege nicht erreichbare latente Porosität haben, also im gequollenen Zustand sehr weitmaschig sind (vgl. *Abb. 3–24*). Polymeranaloge Reaktionen sowie Austausch-, Adsorptions- und Desorptionsprozesse an daraus hergestellten Austauscherharzen sind erleichtert. Dafür sind Harze dieser Art aber weich und unterliegen z. B. beim Umladen großen Volumenschwankungen.

Ähnliche Harze erhält man, wenn man hochpolymere Inertstoffe anwendet, deren Polymerisationsgrad nicht zur Entstehung einer echten Makroporosität ausreicht. In beiden Fällen, sowie in allen weiteren hier beschriebenen muß der Inertstoff natürlich auch vor oder während der zum Austauscherharz führenden polymeranalogen Umsetzungen entfernt werden.

Harze mit besseren mechanischen Eigenschaften erhält man bei Verwendung von Mengen nicht quellender Lösungsmittel oder an sich mit dem Polymerisat

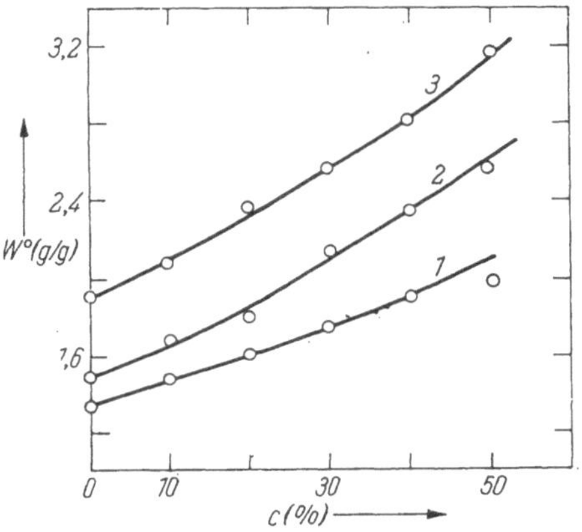

Abb. 3–24: Abhängigkeit der Gewichtsquellung von Styrol-Divinylbenzol-Kopolymerisaten in Toluol von der Äthylbenzol-Konzentration im Kopolymerisationsgemisch bei verschiedenem Divinylbenzolgehalt [88a]

1 – 15 Gew.-% DVB; *2* – 10 Gew.-% DVB; *3* – 6 Gew.-% DVB

unverträglicher Polymerer als Inertstoff, die erheblich unterhalb der unteren kritischen Konzentration liegen [126]. Diese Harze sind noch optisch klar und äußerlich nicht von den normalen Austauscherharzen zu unterscheiden.

Nähert man sich mit der Inertstoffmenge der unteren kritischen Konzentration oder verwendet Vernetzermengen, die noch nicht zur Ausbildung einer echten Makroporosität ausreichen, so entstehen milchig trübe bis opake Harze, die keine im trockenen Zustand meßbare innere Oberflächen haben. Die Anwendungseigenschaften dieser Harze nähern sich bereits denen der makroporösen Typen. Es ist anzunehmen, daß in den Polymerisaten zwar eine Phasentrennung stattgefunden hat, wobei aber kein zusammenhängendes mit der Kornoberfläche in Verbindung stehendes Porensystem entstanden ist.

In einigen Fällen wird die Heterogenität der Struktur erst beim Quellen des im trockenen Zustand völlig klaren Harzes sichtbar. Elektronenmikroskopische Untersuchungen haben ergeben, daß sich dann tatsächlich erst in Gegenwart des Quellmittels die poröse Struktur ausbildet [79].

Diese Harze, die von den Produzenten auf Grund der analogen Herstellungsbedingungen meist mit den gleichen Termini bezeichnet werden, wie die tatsächlich makroporösen, haben bereits recht wertvolle Eigenschaften. Sie sind osmotisch erheblich stabiler als normale Harze ähnlichen Wassergehaltes und zeigen bessere kinetische Eigenschaften. Die Adsorption und Desorption großer Moleküle ist erleichtert und die Gesamtkapazität der Farbstoffaufnahme erhöht. Das Korn ist nicht wie bei den makroporösen Harzen hart und starr, sondern weich und elastisch.

Zum besseren Verständnis wäre vorzuschlagen, diese Harztypen, also Austauscherharze, deren inhomogene Struktur aus ihrem Aussehen und aus ihren Anwendungseigenschaften erkennbar ist, die aber in trockenem Zustand keine meßbare innere Oberfläche aufweisen, als *halbporös* zu bezeichnen.

Eine andere Gruppe von Austauscherharzen mit ähnlichen Eigenschaften läßt sich herstellen, indem man als Inertstoff ein Gemisch quellender und nicht quellender Lösungsmittel verwendet [127, 128]. Je nach dem Mischungsverhältnis und der Einsatzmenge dieses Inertstoffgemisches entstehen Polymerisate, aus denen sich Austauscherharze mit sehr variabler Porenstruktur erzeugen lassen.

Sowohl Harze ohne sichtbare Trübung, wie auch halbporöse und makroporöse Typen können so in den verschiedensten Variationen hergestellt werden.

Auf dieser Basis werden auch Adsorptionsmittel ohne Austauschercharakter hergestellt. Man benutzt das Polymerisat in wasserfeuchtem Zustand direkt als Adsorber oder als stationäre Phase bei der Chromatographie [128—130]. Entsprechend können auch normale makroporöse Polymerisate eingesetzt werden. In der Zuckeraufbereitung werden solche Adsorberpolymerisate jedoch unseres Wissens z. Z. kaum verwendet, obwohl ihr Einsatz durchaus zu erwägen wäre. Uns ist bisher nur ein entsprechender Versuch bekannt geworden [131].

Zusammenfassend kann also gesagt werden, daß durch Variation der Synthesebedingungen, Austauscherharze verschiedener Struktur vom homogenen Gelharz bis zu Typen mit einem hohen Volumenanteil definierter und in jedem Quellungszustand nachweisbarer offener Poren hergestellt werden können.

Eine besondere Gruppe von Austauscherharzen mit Porenstruktur stellen die sogenannten *isoporösen* Typen der Zerolit Ltd. dar [132—135]. Der Hersteller gibt an, daß hier Poren nahezu konstanter Weite vorliegen, die dem Harz vor allem eine hohe Resistenz gegenüber organischen Verunreinigungen im Wasser und andere gute Eigenschaften verleihen. Über das Syntheseprinzip dieser Harze ist noch nichts endgültiges bekannt. Ihr Aussehen und ihre sonstigen Eigenschaften sind denen der oben definierten halbporösen Typen ähnlich. Der Effekt soll primär auf einem neuen Vernetzungsprinzip beruhen.

Der Vollständigkeit halber soll an dieser Stelle noch über einen weiteren Versuch, Austauscherharze mit meßbarer innerer Oberfläche herzustellen, berichtet werden, der aber unseres Wissens nicht bis zur industriellen Ausnutzung durchgeführt werden konnte. Man geht dabei von den sogenannten *„pop-corn"-Polymerisaten* aus. Diese Polymerisate, die von Breitenbach auch als inhomogene Polymere bezeichnet werden, haben einen eigentümlichen schwammigen Aufbau. In ihren Strukturprinzipien sind sie bisher nicht hinlänglich erforscht. Sie werden z. B. aus Vinylanisol und einem Hilfsmonomeren, Butadien oder Divinylbenzol, hergestellt, wobei eine kleine Menge des bei einer vorhergehenden Polymerisation erhaltenen pop-corn-Polymerisates als Keim zugegeben wird [212, 213]. Sie lassen sich jedoch bei gewissen Vernetzergehalten auch in dem System Styrol/Divinylbenzol herstellen. Während des Ablaufes der Polymerisation scheiden sich dann von einem gewissen Stadium an inhomogene Polymerisate aus, ein Vorgang, der rein äußerlich mit dem Wachstum von Kristallen in einer gesättigten Lösung vergleichbar ist. Das schwammartige Polymerisat ist unlöslich, hat eine meßbare innere Oberfläche und läßt sich prinzipiell nach bekannten Methoden zu Ionenaustauschern aufarbeiten. Die schlechten mechanischen Eigenschaften dieser Austauscherharze, die schlechte Reproduzierbarkeit der Synthese und die Tatsache, daß das Harz nicht in Kugelform hergestellt werden kann, dürften aber die Einführung in die Technik sehr problematisch machen.

Alle hier beschriebenen Harztypen haben also spezifische Eigenschaften, die ihren Einsatz als Adsorberharze interessant erscheinen lassen. Aus schon angegebenen Gründen sind es speziell die Anionenaustauscher, die für eine Verwendung in der Zuckerindustrie in Frage kommen. Es ist bemerkenswert, daß sich bereits sehr frühe Veröffentlichungen über makroporöse Austauscherharze mit diesem Anwendungsgebiet beschäftigten [90, 118, 137—139]. Auf Grund der außerordentlich hohen Anzahl der möglichen Varianten — zusätzlich zum Vernetzungsgrad und der Qualität der funktionellen Gruppen hat man ja hier bei einem gegebenen Monomerensystem noch Art und Menge des Inertstoffes als variierbare Parameter — dürfte noch einige Zeit vergehen, bis sich die für die Zwecke der Zuckerentfärbung optimalen Typen herauskristallisiert haben. An dieser Stelle soll darum nur auf diese Harze aufmerksam gemacht werden, um eventuell ihre Entwicklung und Einführung in den technischen Betrieb zu fördern.

3.1.5. Sonstige Typen von Entfärbungs-Ionenaustauschern

Außer den drei oben erwähnten Grundtypen von Entfärbungs-Ionenaustauschern, Harzen auf Polykondensat-Basis, Polyaminharzen und Harzen auf Polymerisat-Basis, wurden noch einige andere Strukturen beschrieben.

Ein Vorschlag deutscher Autoren [140] betrifft *amphotere Entfärbungsharze auf Polymerisat-Basis*, die hergestellt werden, indem ein ternäres Copolymeres aus Styrol, Divinylbenzol und einer anderen polymerisationsfähigen Komponente, die eine der Gruppen-CN, -COOR, -COOH, -SO_3R oder -SO_3H trägt, bereitet wird. Nachdem das Polymerisat gegebenenfalls verseift wurde, wird es chlormethyliert und anschließend aminiert. Das Endprodukt enthält dann saure und stark basische Gruppen im Molverhältnis 0,02—0,3.

Gute Entfärbungseigenschaften besitzen auch die schwach basischen *Dialkylaminoalkylamide der Acryl- bzw. Methacrylsäure-Copolymeren* z. B. AMBERLITE IRA 68 (früher XE 168, Dimethylaminopropylamid der mit Divinylbenzol vernetzten Polyacrylsäure), [141]. Ähnliche Typen werden auch durch Reaktion von Acrylsäureester-Divinylbenzol-Mischpolymerisaten mit Polyäthylenpolyamin hergestellt. Dabei verläuft eine Aminolyse der Estergruppen und es werden sorptionsaktive Gruppen durch amidische Bindung des Polyäthylenpolyamins gebildet.

Amberlite IRA 68 besitzt im Vergleich zu anderen Typen eine relativ hohe Beständigkeit gegen die Blockierung durch Melassefarbstoffe im Dauereinsatz (vgl. S. 104, 107 u. 108).

Ein anderes Verfahren [142] strebt die Synthese von Entfärbungsharzen an, die eine den Melassefarbstoffen ähnliche Struktur aufweisen. Man geht zu diesem Zweck beispielsweise von einem Styrol-Divinylbenzol-Mischpolymerisat aus, das zuerst chlormethyliert und dann mit *N-Methyl-glukamin* umgesetzt wird [143]. Das dargestellte Harz besitzt dann folgende aktiven Gruppen:

$$-CH_2-\underset{|}{\overset{CH_3}{N}}-C_6H_8(OH)_5 \qquad (3-17)$$

Einzelheiten über die Entfärbungseigenschaften von Harzen dieses Typs wurden bisher noch nicht veröffentlicht. Diese Synthese eröffnet jedoch einen neuen Weg zur Herstellung „maßgerechter Entfärbungs-Ionenaustauscher" [144].

Zur Entfärbung von Zuckerlösungen wurden auch stark basische Anionenaustauscher empfohlen, die *tertiäre Sulfoniumgruppen* enthalten [21, 55]. Harze dieses Typs können beispielsweise aus Trianisylsulfoniumchlorid und Paraformaldehyd in Gegenwart konzentrierter Schwefelsäure hergestellt werden. Einer allgemeinen praktischen Anwendung solcher Harze steht jedoch die geringe chemische Beständigkeit der tertiären Sulfoniumgruppen bei erhöhten Temperaturen entgegen. Nach einem anderen Vorschlag [145, 146] werden derartige stark basische Sulfoniumharze der Einwirkung von Alkalilauge ausgesetzt. Dadurch entstehen schwach basische Harze mit sekundären Sulfoniumgruppen, die dann erfolgreich zur Reinigung von Zuckerlösungen angewendet wurden.

Es werden auch Anionenaustauscher mit *Fadenstruktur* [147] zur Behandlung von Zuckerlösungen vorgeschlagen, die man beispielsweise durch Einwirkung von Chloräthyldiäthylamin auf Cellulose herstellen kann.

Erwähnt werden sollen auch Produkte, die durch *Verkokung von Sulfongruppen tragenden Abfallteeren* der Erdölraffinerien gewonnen werden. Sie enthalten im wesentlichen Carboxylgruppen, sind also schwach sauer. Bei den hier beschriebenen Reinigungsoperationen sind sie darum nur beschränkt einsetzbar.

3.2. Die poröse Struktur der Entfärbungs-Ionenaustauscher

Die Entfärbungsfähigkeit eines Ionenaustauschers hängt prinzipiell weitgehend von der porösen Struktur seines Skelettes ab. Die Porosität entscheidet letztlich über den Zutritt von Farbstoffen in die inneren Bereiche des Harzteilchens [165], über die Lebensdauer, über die mechanische Beständigkeit und über eine ganze Reihe weiterer wichtiger Eigenschaften der Entfärbungsharze.

Ein gequollenes Austauscherharz kann man als ein aus zwei in getrennten Phasen vorliegenden Komponenten bestehendes Dispersionssystem betrachten.

Die eigentliche Masse des Harzes bildet den dispersen Anteil und die Quellungsflüssigkeit das Dispersionsmedium. Nach der kolloidchemischen Systematik gehören die Ionenaustauscher zu den Gelen. Die Verteilung des dispersen Anteils (Austauschermasse) im Dispersionsmedium (Quellungsflüssigkeit) charakterisiert die Porosität des Austauscherharzes. Demzufolge sind die folgenden zwei Typen von Ionenaustauscherstrukturen zu unterscheiden:

Molekularporosität: Die meisten Ionenaustauscherharze sind, wenn man diesen Terminus gebrauchen darf, makromolekulardispers, d. h. die Polymerketten sind von der zusammenhängenden Phase des Quellwassers umgeben. Unter dem Begriff „Poren" sind dann die Maschen des Polymernetzes zu verstehen. Eine regelmäßige Molekularporosität kommt nur bei den älteren anorganischen Ionenaustauschern auf Basis von Aluminosilikaten vor, deren Grundskelett ein lockeres Kristallgitter ist. Ionenaustauscher auf Basis synthetischer Harze haben dagegen eine unregelmäßige Molekularporosität. Der Begriff „Molekularporosität" entspricht dann der „Quellungsporosität" (latente Porosität). Die Bezeichnungen Quellungsporosität und latente Porosität werden aus der Tatsache abgeleitet, daß die Molekularporosität bei den Kunstharz-Ionenaustauschern nur im gequollenen Zustand besteht, nachdem die Polymerketten also durch die Moleküle der Quellflüssigkeit voneinander getrennt worden sind. Beim Austrocknen des Austauscherharzes verschwindet seine Porosität, das Harzgerüst wird wieder kompakt und undurchlässig.

Kapillarporosität: Bei den makroporösen Ionenaustauscherharzen ist der disperse Anteil im Dispersionsmedium ähnlich wie bei den kolloiden Lösungen oder bei den groben Dispersionen verteilt. Die Poren werden als Kapillarräume in der Austauschermasse ausgebildet und ihr Durchmesser variiert je nach den Synthesebedingungen von unter 10 nm bis in die Größenordnung lichtmikroskopisch sichtbarer Dimensionen. Die Kapillarporosität ist, wie bereits festgestellt wurde, auch nach dem Austrocknen des Austauscherharzes nachweisbar. Bei den makroporösen Harzen ist zu beachten, daß die kompakte Matrix ja wiederum ein molekulardisperses System darstellt, also ihrerseits Molekularporosität (Mikroporosität) besitzt. Systeme dieser Art weisen darum gleichzeitig beide Arten der Porosität auf, wobei die Porengrößen in Grenzfällen ähnliche Werte annehmen können.

Zur näheren *Untersuchung der Mikroporosität* werden eine Reihe von Methoden angewendet. Häufig benutzt man Ionen mit unterschiedlicher bekannter Größe zum Austesten der Porenbereiche (Ausnutzung des Siebeffektes), [42, 148—152]. Die Anwendbarkeit dieses Verfahrens wurde von Griessbach [42] und einigen anderen Autoren [149, 150] untersucht.

Zur Ausmessung von Porenweiten wurde auch das Elektronen-Mikroskop angewendet. Espig und Griessbach [153] haben 1953 als erste elektronenmikroskopische Aufnahmen von Ionenaustauscherstrukturen veröffentlicht. Sie haben innerhalb der Ionenaustauschergerüste geeignete Schwermetallverbindungen zur Kristallisation gebracht, wodurch die Poren markiert wurden und direkt ausgemessen werden konnten. Grubhofer [149] hat die Austauscherharze mit Schwermetallionen beladen, um kontrastreiche Aufnahmen zu erhalten. Zur Beobachtung werden entweder Abdrücke oder mittels eines Ultramikrotoms hergestellte Schnitte verwendet. Mit Hilfe der elektronenmikroskopischen Methode wurden in den letzten Jahren eine ganze Reihe von Harzen sowohl mit latenter, wie auch mit wahrer Porosität untersucht.

Blasius und Mitarbeiter haben ihre Aufmerksamkeit besonders dem Problem der Wasseraufnahme gewidmet [150, 154]. Von den Grundbeziehungen für die Kapillaradsorption ausgehend haben diese Autoren aus Sorptions- und Desorptionsisothermen Maßzahlen für Porengrößen und die Porengrößenverteilung gewonnen. Auf diese Weise wurden verschiedene Ionenaustauschertypen, u. a. auch Austauscher auf Basis vernetzten Polystyrols, untersucht und charakterisiert.

Eine interessante Methode für die Untersuchung der latenten Porosität beschrieben Schurig und Schlögl [155]. Sie gingen ähnlich wie Kuhn und Mitarbeiter [156] bei der Untersuchung nichtionogener Gele von der bekannten Beziehung zwischen dem Erstarrungspunkt einer Flüssigkeit und der Größe der entstehenden Kristalle aus. Je kleiner diese sind, desto mehr wird der Erstarrungspunkt herabgesetzt. Schurig und Schlögl haben das gequollene Ionenaustauscherharz allmählich unter den Erstarrungspunkt des Wassers abgekühlt und gleichzeitig den Anteil an flüssigem Wasser in der Harzgallerte mittels einer Diffusionsmessung festgestellt. Die Polymerketten des Ionenaustauschergerüstes begrenzen dabei das Wachstum der Kristalle, wodurch der Erstarrungspunkt des Quellwassers herabgesetzt wird. Damit ist die Möglichkeit gegeben, die Porengröße und auch ihre Verteilung abzuschätzen.

Die zur Zeit verwendeten Austauscherharze gehören meist zu den homogenen Gelen mit latenter Porosität (Quellungsporosität). Unseren Erfahrungen nach erzielt man gute Entfärbungseffekte bei den Harzen, deren latente Porosität einer Gewichtsquellung, W^0, von etwa 2 entspricht. Als Minimalwert, bei dem eine periodische Wiederholung von Zyklen überhaupt noch möglich ist, kann $W^0 = 1{,}2$ bis 1,5 angesehen werden. Holländische Autoren [21] geben sowohl für die aus aromatischen Aminen und Formaldehyd, wie auch für die aus aliphatischen Polyaminen hergestellten Entfärbungs-Ionenaustauscher einen Maximalwert von 400 g Trockensubstanz/l Schichtvolumen an. Ähnliche Porositäten findet man bei den makroporösen Austauscherharzen und bei den zur Wasseraufbereitung angewendeten Adsorptionsharzen.

In einer früher veröffentlichten Mitteilung [151] befaßten wir uns mit der Bestimmung der durchschnittlichen Porenweite des Entfärbungsharzes Dekolorex A 2 (Polykondensat aus m-Phenylendiamin und Formaldehyd). Unter Gleichgewichtsbedingungen nahm 1 g (Trockensubstanz) dieses Harzes nur 0,2 mmol Kongorot, aber 2,5 mmol Methylrot aus wäßriger Lösung auf. Auf Grund einer empirischen Beziehung zwischen den geometrischen Moleküldimensionen und dem Molekulargewicht dieser Farbstoffe ist für das Methylrot ein Moleküldurchmesser von 1,2—1,3 nm und für Kongorot von ca. 2,2 nm anzunehmen. Das Maximum der Kurve, die die Abhängigkeit der Häufigkeit der Poren von ihrem Durchmesser angibt, sollte dann bei dem untersuchten Harz bei einem kleineren Wert als 2,2 nm liegen.

GRIESSBACH [42] gibt für ähnliche Adsorptionsharze Porendurchmesser von 0,8–3,5 nm an. BLASIUS und Mitarbeiter [154] haben die Porenweite verschieden vernetzter Austauscherharze auf Polymerisat-Basis untersucht. Bei dem zur Entfärbung von Zuckerlösungen geeigneten PERMUTIT ES (Divinylbenzolgehalt 2%) fanden sie mit 13 nm einen relativ hohen Porendurchmesser. Sie stellten aber auch bei anderen Harzen größere Porenweiten fest, als sie andere Autoren mittels anderer Methoden gemessen hatten. In einer späteren Mitteilung [150] führten sie dann korrigierte Werte an, die mit denen anderer Arbeitsgruppen übereinstimmten (s. *Tab. 3–8*). Der mit 2% Divinylbenzol vernetzte Anionenaustauscher wurde bei diesen korrigierten Werten zwar nicht angeführt, aus einem einfachen Vergleich mit den übrigen Befunden läßt sich aber ableiten, daß die Porendurchmesser bei den zur Entfärbung geeigneten Polymerisat-Harzen denen der Polykondensat-Harze sehr ähnlich sind.

Tabelle 3-8: Porosität von Polymerisat-Anionenaustauschern nach BLASIUS u. a. [150, 154]

Harztyp	Porendiameter (Å) ursprüngliche Werte	korrigierte Werte
Permutit ES 2% DVB	130	–
8% DVB	51	12,5
15% DVB	36	7,5

Auf Grund der statistischen Ausbildung des Polymer-Skelettes kommen in der Austauschermasse latente Poren verschiedener Größe vor. GLUECKAUF und WATTS [157, 158] untersuchten die HCl-Sorption an Polymerisations-Kationenaustauschern in der H^+-Form und kamen zu der Schlußfolgerung, daß in den einzelnen Bezirken der Matrix beträchtliche Abweichungen vom durchschnittlichen Vernetzungsgrad vorliegen. Die durch die statistische Ausbildung des Austauscherskeletts bedingte Porenverteilung sollte einen einfachen Verlauf mit nur einem Häufigkeitsmaximum haben. Bei einigen Austauschertypen wurden jedoch weniger einfache Porenverteilungen gefunden, die auf kompliziertere poröse Strukturen schließen lassen.

SCHLÖGL und Mitarbeiter [159, 160] stellten fest, daß ein aus Phenolsulfonsäure hergestellter Kationenaustauscher eine Porenverteilung mit 2 Häufigkeitsmaxima hat. Sie schlossen daraus, daß in dem Austauscherharz Anhäufungen von Polymerketten vorkommen, die untereinander durch ein weitmaschiges Polymernetz verbunden sind. Die Entstehung solcher Strukturen läßt sich folgendermaßen erklären: Phenolsulfonsäure kann eine erheblich größere Formaldehyd-Menge binden, als diejenige, die im Polyreaktionsgemisch zur Verfügung steht. Deshalb tritt anfangs eine relativ größere Menge von Formaldehyd in Reaktion, wobei isolierte Bezirke hoher Vernetzung gebildet werden. Im weiteren Verlauf der Reaktion werden diese Bezirke durch eine weniger vernetzte Matrix miteinander verbunden, deren Struktur durch die Verarmung an Formaldehyd im Reaktionsgemisch bedingt ist. SCHURIG und SCHLÖGL fanden bei dem untersuchten Kationenaustauscher Maxima der Porenhäufigkeit bei 2,8 nm und bei 6 nm. Bei den aus m-Phenylendiamin und Formaldehyd hergestellten Entfärbungs-Ionenaustauschern kann man mit ähnlichen Erscheinungen rechnen. Experimentelle Beweise sind jedoch bisher noch nicht veröffentlicht.

Bei eigenen Versuchen [64, 64a] fanden wir beträchtliche Strukturunterschiede zwischen den oberflächlichen und den inneren Bezirken der einzelnen Teilchen eines kugelförmigen aus m-Phenylendiamin und Formaldehyd hergestellten Entfärbungs-Ionenaustauschers. Anfangs stellten wir erhebliche Unterschiede zwischen den Entfärbungseffekten kugelförmiger und unregelmäßig geformter Harze des gleichen Typs fest, wobei das kugelförmige Harz schlechter entfärbte, als das unregelmäßig geformte (vgl. S. 86). Wir schlugen für dieses Phänomen folgende Erklärung vor: Die Struktur in den Oberflächenbezirken der kugelförmigen Teilchen ist offenbar anders als im Harzinneren. Sie ist dichter, wodurch bei unversehrter Oberfläche der Zutritt zu den sorptionsaktiven Gruppen im Inneren des Harzkornes erschwert wird. Die Ausbildung unterschiedlicher Strukturen in der Oberfläche und im Inneren des Korns kann durch bekannte physikalisch-chemische Gesetze erklärt werden. Die Oberflächenschale entsteht nämlich durch Fixierung der sich bei der Suspensions-Polykondensation ausbildenden Phasengrenze. Wenn irgendeine Reaktionskomponente die Grenzflächenspannung an der Phasengrenze erniedrigt, so muß sie sich nach dem GIBBSschen Adsorptionsgesetz in der Phasengrenze anreichern. Die Anhäufung von Polyreaktionskomponenten in der Oberfläche des flüssigen Tropfens kann dann die Ausbildung einer dichteren Struktur in der Oberfläche des festen Teilchens zur Folge haben. Man muß außerdem mit der Ausrichtung von Molekülen in der Grenzfläche zwischen dem Polyreaktionsgemisch und dem unpolaren bzw. nur schwach polaren Dispersionsmedium rechnen. Durch die Polykondensation kann dieser Zustand dann fixiert werden.

Zum Beweis unserer Hypothese führten wir folgenden Versuch durch: Durch sorgfältig ausgeführte Suspensionspolykondensation wurde eine Harzprobe mit weitgehend unversehrter Teilchenoberfläche hergestellt. Eine ausgewählte einheitliche Kornfraktion wurde durch ein geeignetes Prüfsieb gedrückt, um die Oberflächenschale zu zerstören, ohne daß sich die Teilchengröße wesentlich veränderte. Es zeigte sich, daß die so beschädigten Perlen einen ähnlichen guten Entfärbungseffekt hatten, wie ein durch Polykondensation im Block erzeugtes unregelmäßig geformtes Produkt, während die unbeschädigten Perlen eine sehr niedrige Entfärbungsfähigkeit aufwiesen (s. *Tab. 3–9*).

Zur weiteren Sicherung unserer Annahme über den Einfluß der Oberflächenstruktur auf die Entfärbungsfähigkeit kugelförmiger Polykondensat-Harze wurde die Grenzflächenspannung in dem System Lösung der Reaktionskomponenten/Dispersionsmedium untersucht [161]. Dabei wurde festgestellt, daß die Reaktions-

Tabelle 3–9: Vergleich der Eigenschaften von gebrochenen und kugelförmigen Polykondensatharzen [18]

Teilchenform	Anionenaustauscher-Typ			Amphoterer-Typ		
	D_G	D_V	W^0	D_G	D_V	W^0
gebrochen	94,7	87,1	4,07	91,7	85,1	3,05
kugelförmig	51,4	33,5	3,33	25,4	14,1	2,82
zerbrochene Kugeln	93,1	81,9	—	81,5	75,5	—

komponenten die Grenzflächenspannung erniedrigen, so daß sie in Übereinstimmung mit der Hypothese tatsächlich in der Phasengrenze angereichert werden dürften.

Die Darstellung von Ionenaustauschern auf Polymerisat-Basis mit wahrer Porosität wurde schon im vorhergehenden Kapitel behandelt. Dabei wurde auch darauf hingewiesen, daß die Porenweite und die Porengrößenverteilung durch die Wahl geeigneter Reaktionsbedingungen weitgehend variiert werden können (durchschnittlicher Porendurchmesser von 10—10000 nm). Die Porengestalt bei den makroporösen Ionenaustauschern ist aus der *Abb. 3–22* (S. 66) ersichtlich: Die Austauschermasse ist in den zusammengewachsenen Aggregaten, angehäuft und die freigebliebenen Kapillarräume stellen die echten Poren dar [218].

Zur *Charakterisierung der Porenstruktur* eines makroporösen Harzes sind eine ganze Reihe zum Teil komplizierter Messungen erforderlich, deren Ablauf weitgehend von den benutzten Instrumenten abhängt. Einige Arbeitsvorschriften werden im Kap. 4.3.2. gegeben.

Folgende Meßwerte charakterisieren die makroporöse Struktur eines Austauscherharzes vollständig:

relatives Porenvolumen,
innere Oberfläche,
Verteilung der Porendurchmesser.

Die einzelnen Werte können prinzipiell nach folgenden Methoden gemessen werden:

Man bestimmt zunächst die *scheinbare* und die *wahre Dichte* des trockenen Harzes. Die wahre Dichte kann im Pyknometer unter Anwendung einer Meßflüssigkeit, die in die Makroporen eindringt, bestimmt werden. Hierfür wird beispielsweise Hexan empfohlen [113]. Eine bessere Methode dürfte die Messung der Helium-Verdrängung bei Raumtemperatur in einer BET-Apparatur sein. Die scheinbare Dichte wird ebenfalls pyknometrisch bestimmt, wobei man eine nicht in die Poren eindringende Meßflüssigkeit wählt. Normalerweise benutzt man hierfür Quecksilber.

Das Verhältnis zwischen wahrer und scheinbarer Dichte, korrekt gesagt, das Verhältnis der wahren und der scheinbaren spezifischen Volumina, gibt den Volumenanteil des Harzkornes, der von den Makroporen eingenommen wird, an. Diese Meßzahl wird als *relative Porosität* bezeichnet. Die Messung der wahren und der scheinbaren Dichte, die mit recht geringem Aufwand eine gute Abschätzung des makroporösen Charakters ermöglicht, wird unter 4.3.2. genau beschrieben.

Die Messung der *inneren Oberfläche* erfolgt normalerweise nach der BET-Methode oder einer vereinfachten Variante derselben. In jedem Falle wird die Adsorption eines Meßgases an dem bis zum Taupunkt des Gases gekühlten Harz gemessen.

Aus dem relativen Porenvolumen, der wahren Dichte und der inneren Oberfläche läßt sich bei Annahme zylindrischer Poren ein *mittlerer Porendurchmesser* nach folgender Formel berechnen:

$$d = \frac{4 \cdot 10^4 \cdot P}{P_b \cdot S(1 - P)} \text{ [Å]}$$

Dabei bedeutet: P das relative Porenvolumen, P_b die wahre Dichte, S die innere Oberfläche in m^2/g.

Die *Verteilung der Porenradien* kann man mit Hilfe eines Quecksilber-Druckporosimeters bei Drücken bis zu 2000 at messen [136] oder aus BET-Messungen berechnen.

Bei diesen Messungen ist es Voraussetzung, daß das eingesetzte Harz völlig wasserfrei ist. Diese Forderung läßt sich bei den meist stark hygroskopischen Austauscherharzen nur durch ein mindestens fünfstündiges Behandeln des vorgetrockneten Harzes bei 80 °C im Hochvakuum erfüllen (vgl. S. 151).

Da die Ionenaustauscher fast ausschließlich in gequollenem Zustand angewendet werden, wird in letzter Zeit auch das Verhalten der makroporösen Struktur während der Quellung studiert. Kun und Kunin [208] veröffentlichten die Ergebnisse von Messungen an teilweise hydratisierten makroporösen Ionenaustauschern, die sie mit einem Quecksilber-Druckporosimeter durchgeführt hatten. Diese Methode eignet sich aber nur für relativ geringe Wassergehalte, bei denen die Makroporen noch nicht mit Wasser gefüllt sind. Die makroporösen Harze wurden später auch elektronenmikroskopisch untersucht [79]. Dabei wurden die einzelnen Harzteilchen in Äthylenglykolmonomethacrylat gequollen (bis zu etwa 60% des Quellwertes in Wasser) und durch Polymerisation des Quellmittels eingebettet. So wurde der gequollene Zustand fixiert. Es zeigte sich, daß bei der Quellung zwar die Struktur der Matrix teilweise verändert wird, die Dimensionen der Makroporen sich jedoch nur wenig verändern. Parrish [209] bestimmte das Gesamtvolumen der wahren Poren aus der Aufnahme von Detergentien, die mit Rücksicht auf ihre Moleküldimensionen nur in die Kapillarräume, nicht aber in die kompakte Matrix eindringen können. Attridge und Millar [210] beschrieben die makroporöse Struktur im wassergequollenen Zustand durch Messung der Elektrolytaufnahme, die nach Glueckauf [157, 158] interpretiert wurde. Krška [211] benutzte die genannten und einige weitere Methoden zur näheren Beschreibung von morphologischen Veränderungen, die bei der Quellung makroporöser Ionenaustauscher stattfinden.

Einige echt poröse Ionenaustauscher wurden auch auf Polykondensat-Basis hergestellt [32, 162, 163], s. S. 37.

3.3. Zusammenhänge zwischen der Struktur von Ionenaustauschern und ihrer Entfärbungsfähigkeit

3.3.1. Porosität und Entfärbungsfähigkeit

Den Einfluß der Porosität auf die Farbstoffaufnahme studierten wir besonders bei der Untersuchung von Entfärbungsharzen auf Basis m-Phenylendiamin bzw. m-Phenylendiamin/Resorcin. Die zur Regulierung der latenten Porosität an-

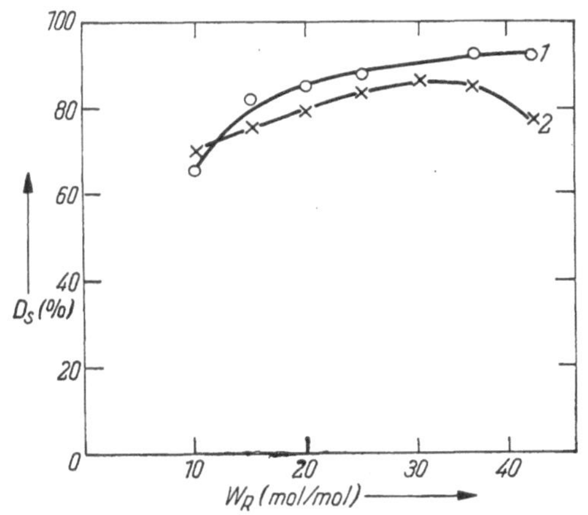

Abb. 3–25: Abhängigkeit von D_S von der Verdünnung des Reaktionsgemisches bei der Darstellung von Harzen auf Basis m-Phenylendiamin [8]

1 – D_S, bezogen auf die Gewichtseinheit der Trockensubstanz; 2 – D_S, bezogen auf die Schüttvolumen-Einheit des gequollenen Harzes

gewendete Verfahrensweise wurde schon in einem vorangehenden Kapitel (s. S. 32 bis 37) angedeutet. An dieser Stelle soll besonders der Einfluß derartiger Strukturveränderungen auf die Entfärbungseigenschaften der Harze berücksichtigt werden.

Wenig wirksam ist die Regulierung der Porosität durch die Dosierung des als Vernetzungsmittel benutzten Formaldehyds. Besser bewährt sich die *Verdünnung des Polyreaktionsansatzes.* Der Einfluß der Verdünnung des Polyreaktionsgemisches auf die Entfärbungsfähigkeit von Polykondensat-Harzen wird in *Abb. 3–25* und *3–26* gezeigt.

Zur Darstellung der Harzproben wurden 2,24 Mol Formaldehyd, 5—40 Mol Wasser, beim Anionenaustauscher-Typ 1 Mol m-Phenylendiamin und beim amphoteren Typ 0,7 Mol m-Phenylendiamin und 0,3 Mol Resorcin verwendet. Bei beiden Typen wurde dem Polykondensationsgemisch eine dem m-Phenylendiamin äquimolare Menge Chlorwasserstoff in Form konzentrierter Salzsäure zugesetzt. Die Polykondensation verlief bei Zimmertemperatur spontan. 15 min nach dem Erstarren der Harzgallerte wurde das Produkt aus dem Reaktionsgefäß entfernt und zur Bestimmung der Entfärbungsfähigkeit durch Mahlen und Sieben auf die Korngröße 0,5—1,5 mm gebracht.

Die ansteigenden Kurvenabschnitte in den *Abb. 3–25* und *3–26* entsprechen einer *Erhöhung der Porosität.* Wenn ein Porositätswert erreicht wird, bei dem die sorptionsaktiven Gruppen für praktisch alle Farbstoffe zugänglich sind, stellt sich der maximale Entfärbungswert ein. Bei einer weiteren Porositätserhöhung

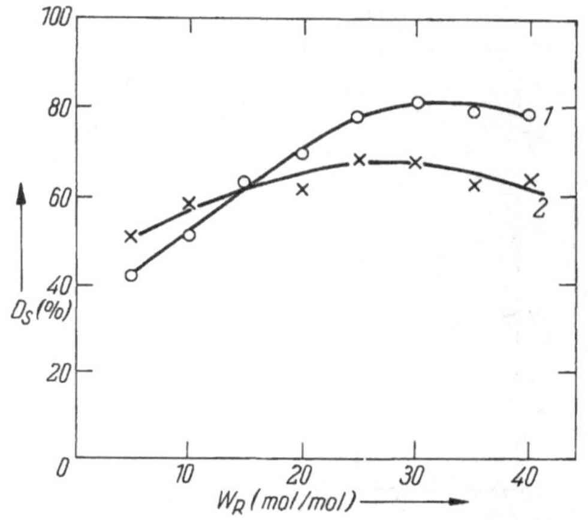

Abb. 3–26: Abhängigkeit von D_S von der Verdünnung des Reaktionsgemisches bei der Darstellung von Harzen [8], auf Basis von Formaldehyd-Mischpolykondensaten des m-Phenylendiamins und Resorcins

1 — D_S, bezogen auf die Gewichtseinheit der Trockensubstanz; 2 — D_S, bezogen auf die Schüttvolumen-Einheit des gequollenen Harzes

bleibt dann D_G unverändert, während D_V absinkt, weil die Anzahl der aktiven Gruppen in der Volumeneinheit sich vermindert.

Wie schon früher erwähnt wurde, wird die Porosität von Polykondensat-Harzen geringer, wenn diese einer mit dem Austrocknen des Harzes verbundenen Nachbehandlung, beispielsweise einer Temperierung im Trockenschrank, unterworfen werden. Als eine geeignetere Methode zur Nachhärtung der Harzgallerte kann dagegen die *Dampfbehandlung* empfohlen werden. In diesem Falle kommt es zu einer Nachkondensation und außerdem zu einer Extraktion niedermolekularer Anteile, wobei sich die Porosität noch erhöhen kann. Die *Abb. 3—27* und *3—28* zeigen den Einfluß der Verdünnung des Polykondensationsgemisches auf die Entfärbungsfähigkeit bei dampfgehärteten Harzproben.

Die Gestalt und die gegenseitige Lage der Kurven sind denen der nichtbehandelten Harzproben sehr ähnlich. Die Unterschiede zwischen den D_S-Werten für einzelne Verdünnungen sind zwar kleiner, was auf eine durch die Extraktion bewirkte Porositätsänderung hinweist, die Maxima werden jedoch bei den gleichen Wassermengen wie bei den unbehandelten Harzen erreicht. Der Einfluß anderer Nachkondensationsverfahren auf die Porosität und damit auch auf die Entfärbungsfähigkeit wurde schon früher beschrieben (s. S. 35). Bei Austauscherharzen auf Polykondensat-Basis kann ein nachträglicher Porositätsverlust auch während

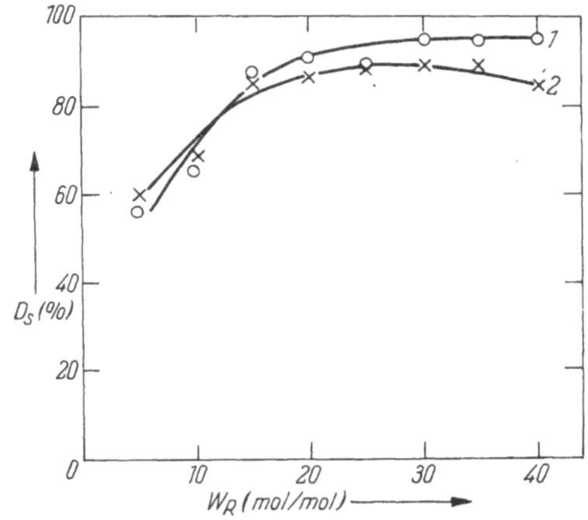

Abb. 3-27: Abhängigkeit von D_S von der Verdünnung des Reaktionsgemisches bei dampfgehärteten Harzen [8] auf Basis von Formaldehydpolykondensaten des m-Phenylendiamins

1 – D_S, bezogen auf die Gewichtseinheit der Trockensubstanz; 2 – D_S, bezogen auf die Schüttvolumen-Einheit des gequollenen Harzes

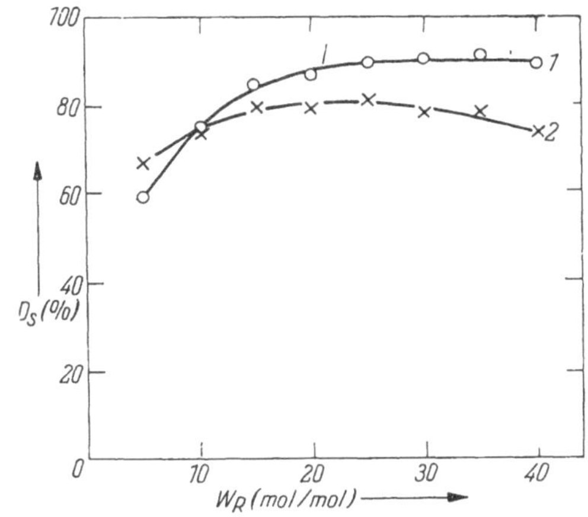

Abb. 3-28: Abhängigkeit von D_S von der Verdünnung des Reaktionsgemisches bei den dampfgehärteten Harzen [8], Formaldehyd-Mischpolykondensat aus m-Phenylendiamin und Resorcin

1 – D_S, bezogen auf die Gewichtseinheit der Trockensubstanz; 2 – D_S, bezogen auf die Schüttvolumen-Einheit des gequollenen Harzes

der Lagerung eintreten. Sobald das Harz nicht in überschüssigem Wasser oder zumindest in mit Wasserdampf gesättigter Atmosphäre aufbewahrt wird, erfolgt eine allmähliche Austrocknung, die von einer irreversiblen Schrumpfung begleitet wird. In der *Abb. 3–29* ist die Abhängigkeit der Entfärbungsfähigkeit von der Feuchtigkeit der Umgebung dargestellt, in der die Harzproben bis zum Einsatz untergebracht waren.

Interessante Erscheinungen findet man bei der Untersuchung der Abhängigkeit der relativen Entfärbung, D_S, von der Gewichtsquellung, W^0.

Es zeigt sich, daß die Gewichtsquellung, welche in einem engen Zusammenhang mit der Porosität steht, oft ganz eindeutig mit dem D_S-Wert parallel ver-

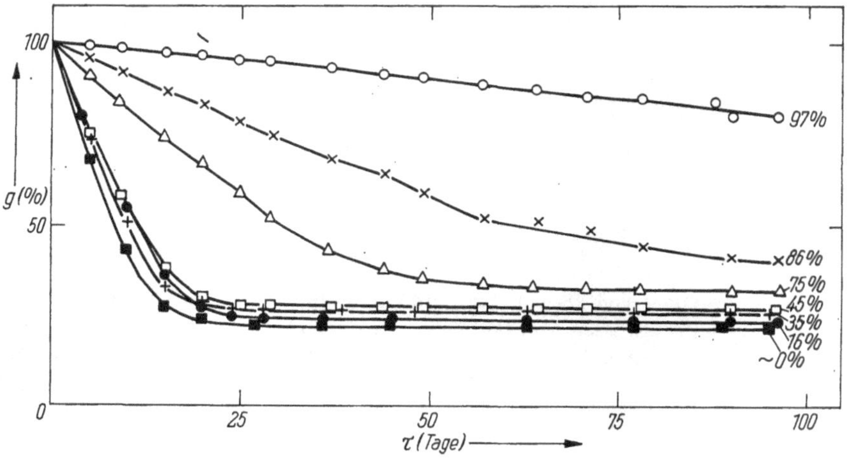

Abb. 3–29: Gewichtsveränderung von zentrifugiertem Dekolorex A2-Proben in Medien mit verschiedenen relativen Feuchtigkeiten [18]

läuft. Diese Schlußfolgerungen gelten beispielsweise für aus m-Phenylendiamin und Formaldehyd hergestellte Entfärbungsharze, wie in der *Abb. 3–30* gezeigt wird.

Unter den untersuchten Entfärbungsharzen befinden sich Proben, die mit Dampf gehärtet oder durch andere Methoden nachbehandelt wurden, solche, die zur Nachkondensation bei 80 °C mit verdünnter Natronlauge behandelt wurden und auch Proben, die mit verschiedenen Formaldehyd-Mengen hergestellt wurden. Aus der eindeutigen Abhängigkeit der D_S-Werte von der Gleichgewichtsquellung kann abgeleitet werden, daß bei den m-Phenylendiamin-Harzen verschiedenster Herkunft nur die Reaktionsbedingungen bei der Polykondensation die Ausbildung des Netzwerkes und damit die Porosität beeinflussen, während offensichtlich nicht einmal durch die Einwirkung von heißer Natronlauge wesentliche chemische Veränderungen der aktiven Gruppen eintreten.

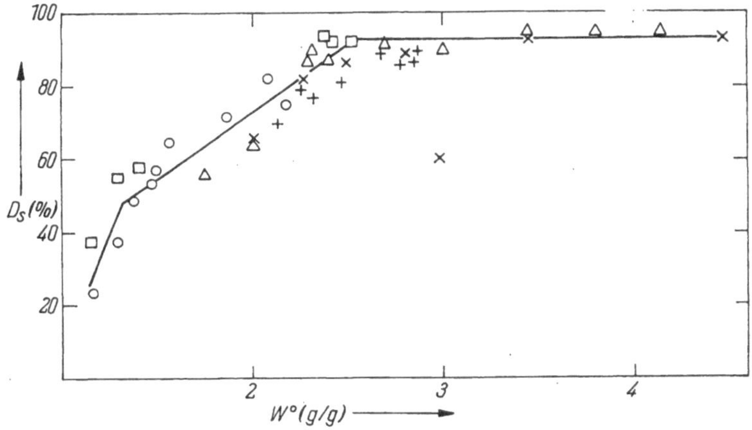

Abb. 3–30: Abhängigkeit von D_S (bezogen auf die Gewichtseinheit der Trockensubstanz) von W^0 der Entfärbungs-Ionenaustauscher aus m-Phenylendiamin und Formaldehyd verschiedener Herkunft [8]

Harzproben wurden dargestellt: × – unter verschiedener Verdünnung des Polykondensationsgemisches mit Wasser (s. *Abb. 3–3* und *Abb. 3–25*), ○ – unter verschiedener Verdünnung und nachfolgender Stabilisierung mittels verdünnter NaOH-Lösung (s. *Abb. 3–3*); △ – unter verschiedener Verdünnung und nachfolgender Dampfhärtung (s. *Abb. 3–6* und *Abb. 3–27*); □ – mit verschiedenen nachträglichen Behandlungen (s. *Tab. 3–2*); + – im Rahmen eines statistischen Versuches (veränderliche Faktoren: Verdünnung des Polykondensationsgemisches mit Wasser, Formaldehydmenge, Temperaturverhältnisse bei der Nachbehandlung)

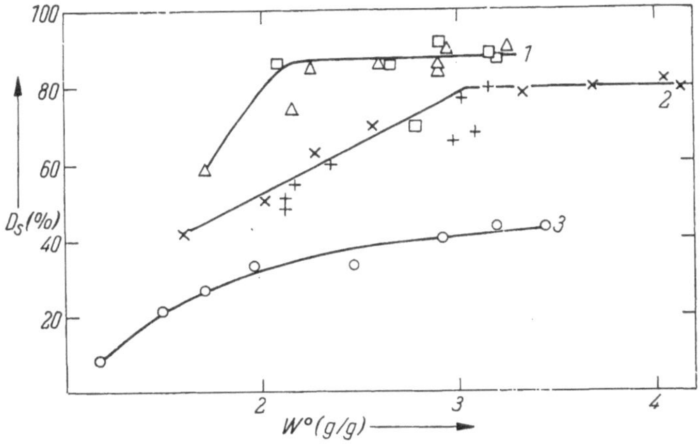

Abb. 3–31: Abhängigkeit von D_S (bezogen auf die Gewichtseinheit der Trockensubstanz) von W^0 der Entfärbungs-Ionenaustauscher aus m-Phenylendiamin, Resorcin und Formaldehyd verschiedener Herkunft [8]

Harzproben wurden dargestellt: × – unter verschiedener Verdünnung des Polykondensationsgemisches durch Wasser (s. *Abb. 3–3* und *Abb. 3–26*); ○ – unter verschiedener Verdünnung und nachfolgender Stabilisierung mittels verdünnter NaOH-Lösung (s. *Abb. 3–3*); △ – unter verschiedener Verdünnung und nachfolgender Dampfhärtung (s. *Abb. 3–6* und *Abb. 3–28*); □ – mit verschiedenen nachträglichen Behandlungen (s. *Tab. 3–2*); + – im Rahmen eines statistischen Versuches (veränderliche Faktoren: s. *Abb. 3–30*)

Bei den *amphoteren Austauscherharzen* konnte dagegen keine eindeutige Abhängigkeit der Entfärbungsfähigkeit von der Quellung gefunden werden (siehe *Abb. 3–31*).

Die gewonnenen Versuchsdaten können in drei verschiedenen Kurven dargestellt werden: die erste entspricht den thermisch nachbehandelten (Dampfhärtung und andere Methoden) Harzproben, die zweite den unbehandelten Harzen und die dritte den bei 80 °C mit verdünnter Natronlauge nachbehandelten Proben.

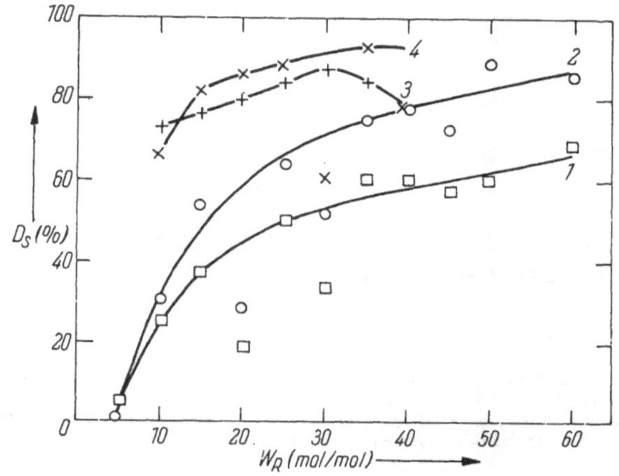

Abb. 3–32: Abhängigkeit von D_S der m-Phenylendiamin-Formaldehyd-Harze von der Verdünnung des Reaktionsgemisches bei ihrer Darstellung [18]; dargestellt für Perlen (*1, 2*) und für unregelmäßige Kornform (*3, 4*)

1,3 — D_S, bezogen auf die Schüttvolumen-Einheit des gequollenen Harzes; *2,4* — D_S, bezogen auf die Gewichtseinheit der Trockensubstanz

Aus den Versuchsergebnissen kann auf Strukturveränderungen, die beim Nachhärten von amphoteren Harzen eintreten, geschlossen werden. Durch die Einwirkung verdünnter Natronlauge werden z. B. die phenolischen Harzkomponenten abgebaut, wodurch die chemische Struktur des Harzes weitgehend geändert wird.

Die Entfärbungsfähigkeit von Austauscherharzen auf Polykondensat-Basis hängt, wie bereits im vorigen Kapitel erwähnt wurde, auch von der Teilchengestalt ab. Nach unseren Vorstellungen (s. S. 77f.) bildet sich bei der Polykondensation in Suspension eine kleinporige Oberflächenschale aus, die den Zutritt von Farbstoffen zu den aktiven Gruppen erschwert. In der *Abb. 3–32* wird die Abhängigkeit der Entfärbungsfähigkeit von der Verdünnung des Polyreaktionsgemisches für m-Phenylendiamin-Harze in kugeliger und unregelmäßiger Form verglichen. In der *Abb. 3–33* sind die entsprechenden Ergebnisse für aus Resorcin und m-Phenylendiamin hergestellte Harze angegeben.

Praktisch brauchbare Entfärbungswerte werden bei den in Suspension hergestellten Produkten erst bei hohen Verdünnungen erreicht. Die Gewichtsquellung ist dann aber sehr hoch und die mechanische Festigkeit ungenügend.

Entfärbungs-Ionenaustauscher auf Basis *aliphatischer Polyamine* besitzen meist eine für die Aufnahme von Melassefarbstoffen genügende Porosität, ohne daß bei der Darstellung besondere Bedingungen eingehalten werden müßten. Aus der *Tab. 3–10* und den *Abb. 3–17* und *3–18* geht hervor, daß weder das Molekulargewicht des Polyalkylenpolyamins, noch die Menge des Vernetzungsmittels oder die Verdünnung des Polyreaktions-Systems mit Wasser einen ausgeprägten Einfluß auf die Entfärbungsfähigkeit haben. Selbst einige normale

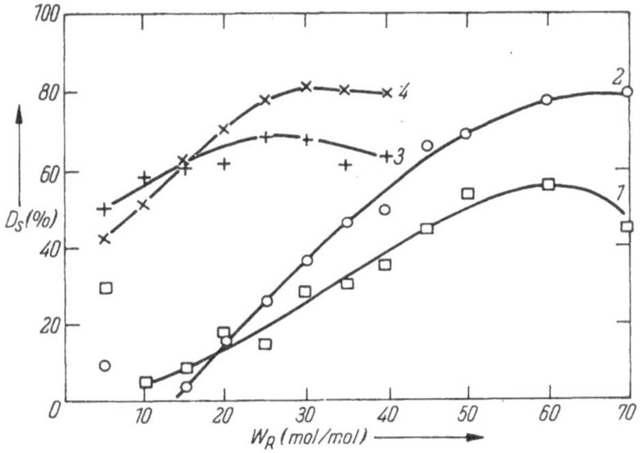

Abb. 3–33: Abhängigkeit von D_S der m-Phenylendiamin-Resorcin-Formaldehydharze von der Verdünnung des Reaktionsgemisches bei ihrer Darstellung; dargestellt für Perlen (*1, 2*) und für unregelmäßige Kornform (*3, 4*), [64]

1,3 – D_S, bezogen auf die Schüttvolumen-Einheit des gequollenen Harzes; *2,4* – D_S, bezogen auf die Gewichtseinheit der Trockensubstanz

Typen handelsüblicher Ionenaustauscher auf Basis von aliphatischen Polyaminen, z. B. Wofatit L 150 oder der sowjetische Anionenaustauscher EDE 10 P, besitzen eine genügende Porosität gegenüber Melassefarbstoffen. Diese Porosität bleibt auch unter Bedingungen erhalten, die sich auf die Struktur von Polykondensat-Ionenaustauscher aus m-Phenylendiamin bzw. Resorcin und Formaldehyd ungünstig auswirken. Polyamin-Ionenaustauscher können völlig ausgetrocknet

Tabelle 3–10: Einfluß der Polyamin-Zusammensetzung auf die Entfärbungseigenschaften [18]

Polyamin	D_G	D_V	W^0
Technisches Polyäthylenpolyamin, Vulkazit TR	84,68	85,36	1,56
Vulkazit TR nach Abdestillieren der Diäthylentriamin-Fraktion	82,04	83,75	1,24
Vulkazit TR nach Abdestillieren der Diäthylentriamin und Triäthylentetramin-Fraktion	81,69	83,57	1,17

werden (sogar bei erhöhter Temperatur) oder können durch Suspensions-Polykondensation in Kugelform hergestellt werden, ohne daß die Entfärbungsfähigkeit sich verändert.

Bei Entfärbungsharzen vom Typ der ***stark basischen Anionenaustauscher*** auf Basis vernetzten Polystyrols wird die Quellungsporosität durch die relative Divinylbenzol-Menge bei der Polymerisation bestimmt. Da jedoch bei der Einführung der ionenaustauschenden Gruppen in das Copolymerisat eine nachträgliche Vernetzung eintritt, wird die Porosität besser durch die Gewichtsquellung

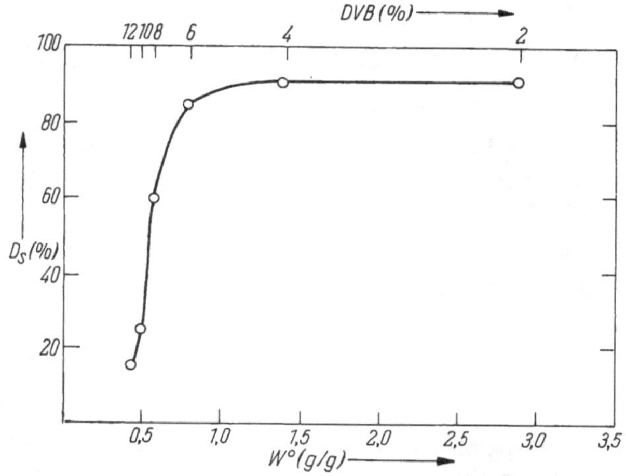

Abb. 3–34: Abhängigkeit von D_S der stark basischen Polymerisat-Anionenaustauscher von deren W^0 und Vernetzungsgrad (% DVB), [64]

des fertigen Harzes als durch den Divinylbenzolgehalt angegeben. *Abb. 3–34* zeigt die Abhängigkeit der relativen Entfärbung von der Porosität.

Es ist klar, daß zur Entfärbung vorwiegend Anionenaustauscher mit einem Divinylbenzolgehalt unter 6–8% angewendet werden [166]. Mit Rücksicht auf eine genügende Beständigkeit des Harzes in wiederholten Zyklen werden Austauscherharze für den Dauerbetrieb vorteilhaft mit einer lockeren und weitmaschigen Struktur hergestellt. In der Literatur [63] werden als obere Grenze z. B. 4% DVB und als günstigster Wert 0,5–2% Divinylbenzol empfohlen.

3.3.2. Chemische Struktur und Entfärbungsfähigkeit

Soweit die Grundbedingung, eine genügende Porosität, erfüllt ist, hängt die Entfärbungsfähigkeit eines Austauscherharzes von seinem chemischen Aufbau ab, d. h. besonders von der Art und der Konzentration der sorptionsaktiven Gruppen. Für die Farbstoffaufnahme sind besonders folgende Gruppen günstig:

1. *Schwach saure* kationenaustauschende Gruppen — die Farbstoffe werden nach dem Weiss-Effekt aufgenommen [167].
2. *Schwach basische* anionenaustauschende Gruppen — je nach dem pH-Wert der zur Entfärbung eingesetzten Lösung kann entweder physikalische Adsorption oder Ionenaustausch stattfinden [151, 168].
3. *Mittelstark und stark basische* anionenaustauschende Gruppen, die Farbstoffe werden meist durch Ionenaustausch gebunden [169].

Die einzelnen Typen sorptionsaktiver Gruppen werden mit Hilfe der pH-Titrationskurven (s. *Abb. 3–35*) charakterisiert.

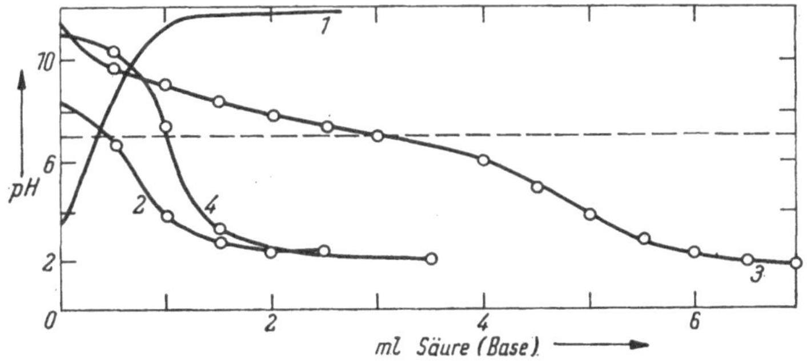

Abb. 3–35: pH-Titrationskurven verschiedener Ionenaustauschertypen [42]

1 — schwach saurer Kationenaustauscher mit phenolischen Ankergruppen; *2* — schwach basischer Anionenaustauscher aus aromatischen Aminen; *3* — mittelstark basischer Anionenaustauscher aus aliphatischem Polyamin; *4* — stark basischer Polymerisat-Anionenaustauscher

Nach Helfferich [170] entsprechen den einzelnen Gruppen folgende scheinbare pK-Werte:

phenolische OH-Gruppe	9—10
primäre Aminogruppe	6— 9
quaternäre Ammoniumgruppe	1

Schwach saure kationenaustauschende Gruppen allein kommen in Entfärbungsharzen nur sehr selten vor [168, 171, 172]. Zu den wenigen Vertretern dieses Harztyps gehört Duolite S 30 [9, 10, 173], das nur phenolische Hydroxylgruppen als sorptionsaktive Gruppen enthält. Abrams [9] beschreibt in einer der ältesten Mitteilungen über unser Arbeitsgebiet die Entfärbung von Zuckerlösungen mit diesem Harz. Es wird als poröses phenolisches Adsorbens bezeichnet, wobei wahrscheinlich wahre Porosität vorliegt. Die Farbstoffaufnahme wird als „nicht ionische Adsorption" charakterisiert. Duolite S 30 entfärbt am besten im sauren pH-Bereich, während es im alkalischen Gebiet ebenso wie normale Kationenaustauscher fast wirkungslos bleibt. Damit wird allerdings seine praktische Anwendung in der Zuckerfabrikation mit Rücksicht auf die Saccharose-Inversion stark eingeschränkt.

Vorteilhafter kann eine *Kombination von schwach sauren (phenolischen) und schwach basischen funktionellen Gruppen* sein, die z. B. bei den Mischpolykondensaten von m-Phenylendiamin und Resorcin mit Formaldehyd vorkommt.

Wir haben den Einfluß des gegenseitigen Verhältnisses der kationenaustauschenden und anionenaustauschenden Gruppen auf die Entfärbungsfähigkeit von aus m-Phenylendiamin, Resorcin und Formaldehyd hergestellten Mischpolykondensaten verfolgt. Die in der *Abb. 3–36* angeführten Versuchsergebnisse zeigen, daß die optimale Entfärbungsfähigkeit bei den Harzen mit etwa 10% Resorcin im Polyreaktionsgemisch liegt, d. h. beim Vorhandensein von über-

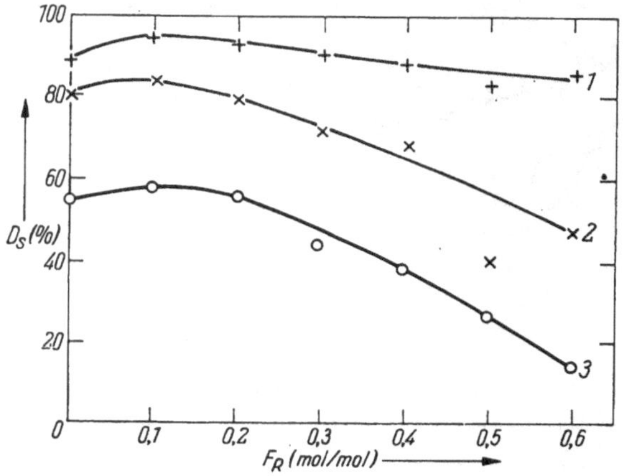

Abb. 3–36: Abhängigkeit von D_S von dem Verhältnis der basischen und sauren Gruppen im Ionenaustauscher [8], Mischpolykondensat aus m-Phenylendiamin, Resorcin und Formaldehyd (s. *Abb. 3–2*)

1 – saure, *2* – neutrale und *3* – alkalische Regenerierung (s. S. 164)

schüssigen anionenaustauschenden Gruppen. Dieser Überschuß der anionenaustauschenden Gruppen bezieht sich sowohl auf den Nominalgehalt an Amin im Polyreaktions-Gemisch, wie auch auf die innere Neutralität, was aus den Quellungswerten von Proben in verschiedener Beladungsform abgeleitet werden kann (s. S. 31). Die Entfärbungsfähigkeit hängt weitgehend von der vorhergehenden chemischen Behandlung der Harze mittels Regenerierlösung ab. Höchste D_S-Werte werden nach einer Säurebehandlung erreicht, wobei die Farbstoffe sowohl von den anionenaustauschenden Gruppen, als auch von den kationenaustauschenden Gruppen nach dem Weiss-Effekt aufgenommen werden. Dementsprechend findet man auch nur einen geringen Rückgang der Entfärbung nach saurer Regeneration bei Harzproben, die überschüssige saure Gruppen enthalten.

Die meisten Entfärbungs-Ionenaustauscher enthalten nur *anionenaustauschende Gruppen*. Bei den schwach basischen Harzen [174, 175] ist der Sorptionsvorgang kompliziert, weil offenbar die Adsorption dem Ionenaustausch gegenüber dominiert. Bei den mittelstark und stark basischen Entfärbungs-Ionenaustauschern sind die sorptionsaktiven Gruppen unter Arbeitsbedingungen stärker dissoziiert, wodurch bessere Voraussetzungen für den Ionenaustausch gegeben werden. Erfahrungsgemäß gilt oft: Je mehr austauschfähige Gruppen sich unter den gegebenen Bedingungen in dissoziiertem Zustand befinden, desto größer ist der Entfärbungseffekt.

Die *mittelstark basischen* Anionenaustauscher besitzen eine ziemlich hohe Konzentration an austauschfähigen Gruppen (auf das Quellungswasser bezogen

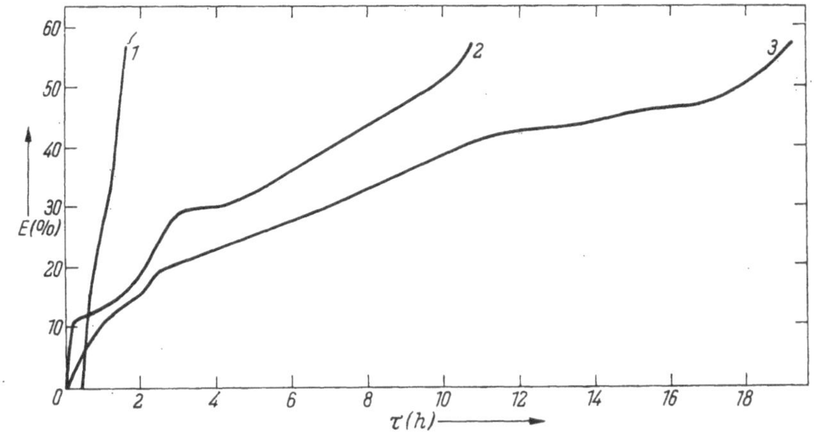

Abb. 3–37: Entfärbungskurven bei dynamischer Arbeitsweise [64]

Anfangskonzentration der Melasselösung entsprach 30 °St, Harzschichtvolumen 15 cm^3, spezifische Belastung 40 h^{-1}, Versuchstemperatur 80 °C; Farbstoffkonzentration wurde kontinuierlich mittels Visomat-Colorimeter bestimmt).
1 – Dekolorex A 2; *2* – Dekolorex A 4; *3* – Dekolorex A 5

4–8 mmol/g) und sind bei der Entfärbung wesentlich stärker dissoziiert, als die Polykondensat-Entfärbungsharze. Die mittelstark basischen Polyalkylen-Polyamin-Austauscherharze sind polyfunktionell, und der Anteil des Ionenaustausches beim Entfärbungsvorgang wächst mit dem Gehalt an stark basischen Gruppen. Unter Gleichgewichtsbedingungen werden mit derartigen Harzen kaum höhere Entfärbungswerte erreicht als mit Ionenaustauschern auf Polykondensat-Basis. Unter dynamischen Bedingungen zeigt sich jedoch eine bedeutend höhere Kapazität der Polyamin-Harze. Entsprechende Versuchsergebnisse sind in den *Abb. 3–37* bis *3–40* zusammengestellt.

Als Ionenaustauscher vom Polykondensat-Typ wurde hier Dekolorex A 2 und als Polyalkylenpolyamin-Harz Dekolorex A 4 verwendet. Es zeigt sich, daß der Polyalkylenpolyamin-Typ den Polykondensat-Typ zwar in seiner Sorptionskapazität übertrifft, daß er jedoch eine geringere Selektivität gegenüber Melassefarbstoffen besitzt. Im dynamischen Versuch (*Abb. 3–37*) sind die ersten Filtratanteile z. B. bei DEKOLOREX A2 völlig farblos, während bei DEKOLOREX A4 schon ein merklicher Schlupf eintritt. Entsprechende Ergebnisse wurden auch bei statischen Versuchen erhalten (*Abb. 3–38*). Während man im Bereich niedriger Probeeinwaagen bei DEKOLOREX A4 auf Grund seiner höheren Austauschkapazität eine bessere Entfärbung findet, ist im Bereich höherer Einwaagen die Reihenfolge beider Typen vertauscht, weil dann die bessere Selektivität des Polykondensat-Typs überwiegt. Die Polyalkylenpolyamin-Harze unterscheiden sich von den

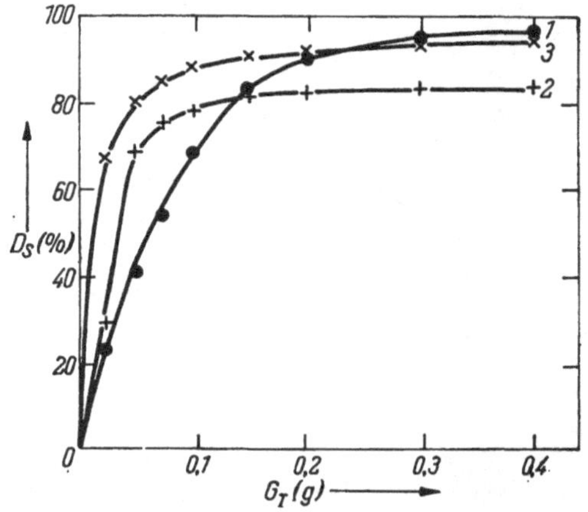

Abb. 3–38: Abhängigkeit von D_S von der Harzeinwaage bei statischer Arbeitsweise [64]
1 – Dekolorex A 2; *2* – Dekolorex A 4; *3* – Dekolorex A 5

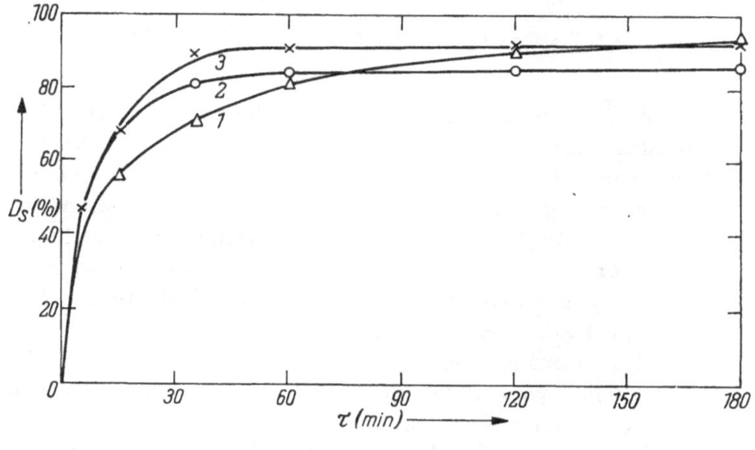

Abb. 3–39: Zeitabhängigkeit der relativen Entfärbung in einer statischen Versuchsreihe bei 40 °C [176]
1 – Dekolorex A 2; *2* – Dekolorex A 4; *3* – Dekolorex A 5

Polykondensat-Harzen auch durch eine höhere Sorptionsgeschwindigkeit bei der Farbstoffaufnahme (s. *Abb. 3–39* und *3–40*).

Diesen Laborergebnissen entsprechen auch die in Zuckerfabriken erhaltenen Betriebsresultate. Bei den Polykondensat-Harzen wurden beispielsweise in den ersten Zyklen hohe Entfärbungseffekte festgestellt, wobei die ersten Filtratanteile völlig farblos abliefen. Bei den Polyalkylenpolyamin-Harzen wurde dagegen eine viel höhere Kapazität für Melassefarbstoffe gefunden. Die aktive Phase dauerte beim DEKOLOREX A4 z. B. fünf- bis zehnmal länger als beim DEKOLOREX A2. Bei den Polyalkylenpolyamin-Harzen waren aber schon die ersten Filtratanteile des ersten Zyklus schwach gefärbt.

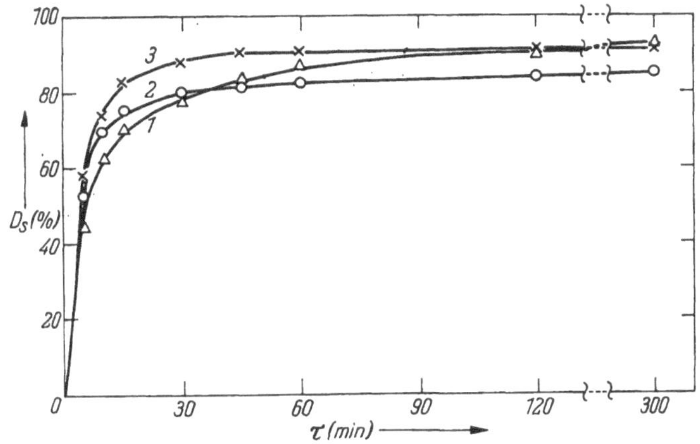

Abb. 3–40: Zeitabhängigkeit der relativen Entfärbung in einer statischen Versuchsreihe bei 80 C° [176]

1 – Dekolorex A2; 2 – Dekolorex A4; 3 – Dekolorex A5

Bei den *stark basischen Ionenaustauschern* [177], die meistens auf Basis von Styrol-Divinylbenzol-Copolymerisaten hergestellt werden, überwiegt der Ionenaustausch völlig. In den *Abb. 3–37* bis *3–40* ist die Arbeitsweise des Polymerisat-Ionenaustauschers DEKOLOREX A5 gezeigt. Man sieht, daß dieses Harz die Harze des Polykondensat- und auch des Polyalkylenpolyamin-Typs übertrifft. DEKOLOREX A5 besitzt unter dynamischen Bedingungen eine höhere Kapazität (*Abb. 3–37*) und zeichnet sich außerdem durch eine hohe Selektivität für Melassefarbstoffe aus (*Abb. 3–37* und *Abb. 3–38*). Die Einstellung des Gleichgewichtes bei der Entfärbung erfolgt mit größerer Geschwindigkeit als bei allen anderen untersuchten Harztypen (*Abb. 3–39* und *Abb. 3–40*).

Mit dem Vergleich eines stark basischen Polymerisat-Anionenaustauschers (AMBERLITE IRA 401 S) mit mittelstark basischen Anionenaustauschern unter statischen und dynamischen Bedingungen haben sich auch S. FUMASONI, E. MARIANI und G. C. MAURA [202, 203] befaßt. Sie arbeiteten mit hochkonzentrierten

Lösungen und fanden unter den gegebenen Versuchsbedingungen nur relativ kleine Unterschiede.

Die Entfärbungsfähigkeit eines Anionenaustauschers auf Basis vernetzten Polystyrols hängt nach S. IWASHINA [178] beträchtlich von der Beladungsform ab. Anionenaustauscher in der Chloridform entfärben besser als solche in der Sulfat- oder Phosphat-Form.

Bei den bisher beschriebenen Entfärbungsharzen beruhte die Farbstoffaufnahme auf *nicht spezifischen Sorptionsvorgängen*, wie Allgemeinadsorption und Ionenaustausch. Die Mehrzahl der Entfärbungs-Ionenaustauscher kann deshalb auch zur adsorptiven Entfernung anderer Moleküle und Ionen verwendet werden. In Übereinstimmung mit der Entwicklung auf anderen Gebieten des Ionenaustausches könnte man aber auch sorptionsaktive Gruppen suchen, die *spezifisch zur Bindung von Melassefarbstoffen* befähigt sind. Entsprechend wurden ja bereits verschiedene selektive Ionenaustauscher [144] zur Bindung bestimmter Metallionen entwickelt, deren sorptionsaktive Gruppen Komplexe mit bestimmten Metallen bilden. Bei den Entfärbungsharzen könnte eine Strukturanalogie zwischen dem Sorbens und dem Sorptiv die Farbstoffaufnahme begünstigen. Wir haben z. B. festgestellt, daß die Entfärbungsfähigkeit von aus m-Phenylendiamin und Formaldehyd hergestellten Harzen unter gewissen Umständen durch Zugabe von Melasse zum Polyreaktionsgemisch gesteigert werden kann [31]. Dabei wird offenbar ein großer Anteil der Melassefarbstoffe chemisch an das Harz gebunden und kann weder ausgewaschen noch bei der Dampfhärtung oder bei alkalischer Regenerierung freigesetzt werden. Über einige andere Vorschläge zur Synthese spezifisch wirkender Entfärbungsharze, wurde schon früher (s. S. 73) berichtet. Nähere Einzelheiten über die Eigenschaften dieser Harze sind bis jetzt jedoch noch nicht bekannt geworden.

3.4. Die Veränderung der Entfärbungsfähigkeit bei der Anwendung in wiederholten Zyklen

Bei der langfristigen Anwendung von Entfärbungs-Ionenaustauschern tritt eine allmähliche Abnahme der Entfärbungsfähigkeit ein. Die Beständigkeit gegenüber der Alterung spielt bei den Entfärbungsharzen eine besonders wichtige Rolle, weil ihre durchschnittliche Lebensdauer kleiner ist als die anderer Austauscherharze. Dadurch kann die gesamte Ökonomie der Entfärbung in Zuckerfabriken stark beeinflußt werden. Je nach dem betreffenden Harztyp und den Arbeitsbedingungen, unter denen die Entfärbung verläuft, ist die Alterungsgeschwindigkeit unterschiedlich. Die Alterung beruht wesentlich auf drei Erscheinungen:

1. Einige Typen von Austauscherharzen verlieren auf Grund einer Kontraktion des Grundskeletts allmählich irreversibel ihre *Porosität*. Es handelt sich dabei besonders um solche Austauscherharze, bei denen unter Betriebsbedingungen Nachvernetzungsreaktionen ab-

laufen können. Als Beispiel können die Polykondensate aromatischer Amine angeführt werden, die noch reaktive Gruppen enthalten (s. S. 29).

2. Die Alterung von Entfärbungs-Ionenaustauschern kann auch auf *chemischen Veränderungen* an den sorptionsaktiven Gruppen beruhen, wobei entweder ihr Sorptionsvermögen vermindert wird oder durch völligen Abbau gänzlich verlorengeht.

Entfärbungs-Ionenaustauscher, die aus *Phenolen* hergestellt werden, verlieren ihre Entfärbungsfähigkeit oft auf Grund der geringen Beständigkeit der phenolischen Hydroxylgruppen gegenüber alkalischen Lösungen [179]. Bei der Entfärbung von alkalischen Zuckerlösungen oder während der alkalischen Regenerierung tritt Oxydation unter Bildung von Chinon-Strukturen ein. Dieser folgen weitere Abbaureaktionen, die die Entfärbungsfähigkeit zusätzlich herabsetzen.

Entfärbungs-Ionenaustauscher mit *primären oder sekundären Aminogruppen* reagieren nach de JONG [180] mit reduzierenden Zuckern, wodurch die sorptionsaktiven Gruppen blockiert werden:

$$\mathit{Harz}\text{-}NH_2 + O{=}CH\text{-}(CHOH)_4\,CH_2OH$$

$$\downarrow \qquad\qquad (3\text{-}18)$$

$$\mathit{Harz}\text{-}NH\text{-}\underset{}{\overset{OH}{\overset{|}{C}}}H\text{-}(CHOH)_4CH_2OH\,.$$

Stark basische Entfärbungs-Ionenaustauscher mit quaternären Ammoniumgruppen verlieren namentlich bei erhöhter Temperatur und im alkalischen Medium an Basizität und Gesamtaustauschkapazität. Ihre anionenaustauschenden Gruppen gehen dabei nach dem HOFMANN'schen Abbau in tertiäre Aminogruppen geringerer Basizität über oder werden völlig abgespalten.

Die drei oben erwähnten Fälle chemischer Veränderungen an den sorptionsaktiven Gruppen dienen nur als Beispiele. Auch das Grundskelett kann bei der Alterung chemisch abgebaut werden, wodurch sich die mechanischen Eigenschaften verschlechtern. Die chemische Beständigkeit einzelner Typen von Entfärbungs-Ionenaustauschern zeigt die *Tab. 3–11*, in der die maximal zulässigen Betriebstemperaturen angegeben sind.

3. Bei der Entfärbung werden die Melassefarbstoffe teilweise *irreversibel an das Austauscherharz gebunden.* Sie können darum bei den Regenerierungs- oder Reaktivierungsvorgängen nicht vollkommen desorbiert werden.

Die Gründe sind komplizierter Natur und z. Z. noch nicht genügend geklärt. Die Anhäufung von Farbstoffen im Austauscherharz verursacht einerseits eine Verringerung der Porosität, andererseits werden sorptionsaktive Gruppen blokkiert.

Das Alterungsverhalten hängt also weitgehend von der Struktur des Austauscherharzes ab, so daß für jeden praktischen Fall durch die richtige Wahl des Harztyps die optimale Lösung erst gesucht werden muß.

Tabelle 3–11: Die Temperaturbeständigkeit der Haupttypen von Entfärbungsharzen

Harztyp	Arbeitsbedingungen	Maximal zulässige Arbeitstemperatur (°C)
Polykondensat aus Phenol u. Formaldehyd	neutrales bzw. saures nichtoxydierendes Medium	80
	schwach alkalisches Medium	40—45
Polykondensat aus aromatischen Aminen u. Formaldehyd	—	100
Anionenaustauscher aus aliphatischen Polyaminen	pH $>$ 7	100
	pH $<$ 5	30
Stark basischer Polymerisat-Anionenaustauscher Typ I	Salzform	82—120
	OH^--Form	50—60
Stark basischer Polymerisat-Anionenaustauscher Typ II	Salzform	100
	OH^--Form	40

Nach Angaben der Hersteller: Industrielle Maatschappij Activit n. v., Amsterdam; Chemical Process Co., Redwood City, California; Rohm a. Haas Co., Philadelphia, Pa.

3.4.1. Die Prüfung des Alterungsverhaltens im Laboratorium

Das Absinken der Entfärbungsfähigkeit bei Polykondensat-Entfärbungsharzen wurde sowohl im Labor als auch unter Betriebsbedingungen untersucht.

Die Entfärbungsharze DEKOLOREX A1, DEKOLOREX AK 731 und WOFATIT E wurden unter Laboratoriumsbedingungen folgendermaßen geprüft [181]:

Die Harze wurden in Laborkolonnen mit einer Melasselösung von 22,5—23,0 °St bei 80 °C beaufschlagt. Innerhalb eines Zyklus floß die Melasselösung 5 Std. lang bei einer spezifischen Belastung $a = 4$ durch die Austauschersäule. Dann wurde zweistufig regeneriert: 1%ige Natronlauge, Wasser, 1,5%ige Ammoniumchloridlösung (mit NH_3 auf pH 7 eingestellt), Wasser. Während des ersten und des fünften Zyklus wurde die Farbstoffkonzentration der ablaufenden Lösung bestimmt und aus der Sorptionsisoplane die Farbstoffaufnahme festgestellt. Gleichzeitig wurde sowohl bei der frischen Austauscherprobe wie auch bei dem fünf Zyklen unterworfenen Harz die Entfärbungsfähigkeit nach der statischen Methode gemessen.

Die unter dynamischen Bedingungen gewonnenen Ergebnisse sind in *Abb. 3–41* dargestellt.

Die Entfärbungsfähigkeit anionenaustauschender Harze war kleiner als die amphoterer Harze und ging auch während der wiederholten Zyklen schneller zurück. DEKOLOREX AK 731 erwies sich als etwas beständiger als WOFATIT E. Auch die statischen Versuche zeigten einen deutlichen Rückgang der Entfärbungsfähigkeit (s. *Abb. 3–42*).

Die unter dynamischen und auch unter statischen Bedingungen gewonnenen Versuchsergebnisse zeigen prinzipiell die gleiche Reihenfolge steigender Beständigkeit: DEKOLOREX A1, WOFATIT E, DEKOLOREX AK 731.

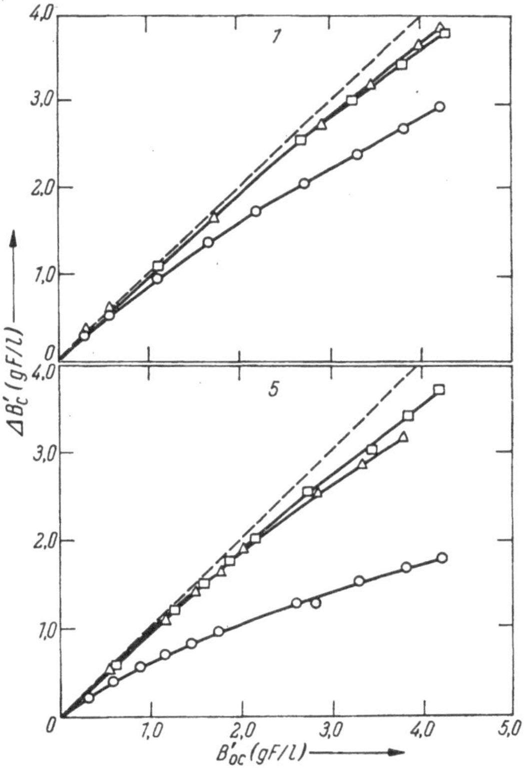

Abb. 3-41: Abnahme der Entfärbungsfähigkeit von Polykondensatharzen unter dynamischen Bedingungen in einer Zyklenfolge [181]

1 – erster Zyklus; *5* – fünfter Zyklus; △ – Wofatit E; □ – Dekolorex AK-731; ○ – Dekolorex A1

Bei Entfärbungsharzen auf Polykondensat-Basis sind die wichtigsten Faktoren, welche die Alterung beeinflussen, folgende:

1. Wiederholte Sorption und Desorption von Melassefarbstoffen. 2. Einwirkung alkalischer Lösungen. Bei einer Untersuchung über die Alterung von Entfärbungs-Ionenaustauschern [182] stellten wir fest, daß durch die Einwirkung von Lauge auf Polykondensat-Harze vom amphoteren Typ eine Volumenverminderung eintritt. Bei Harzen des Anionenaustauscher-Typs ist die Kontraktion noch stärker. Beispielsweise sank unter der Einwirkung von 1,5%iger Natronlauge bei 80 °C nach 1 Std. das Volumen auf 70% des Ursprungswertes ab. Beim ampho-

teren Typ hatte sich das Volumen unter den gleichen Bedingungen nur auf 90% vermindert (*Abb. 3-43*).

Ähnliche Volumenkontraktionen wurden auch bei halbtechnischen Versuchen in Zuckerfabriken beobachtet. Dabei trat gleichzeitig eine Verminderung der Quellung und damit eine Abnahme der Porosität auf.

Der Einfluß der Lauge läßt sich, je nachdem, ob es sich um ein anionenaustauschendes oder um ein amphoteres Harz handelt, verschieden erklären. Beim

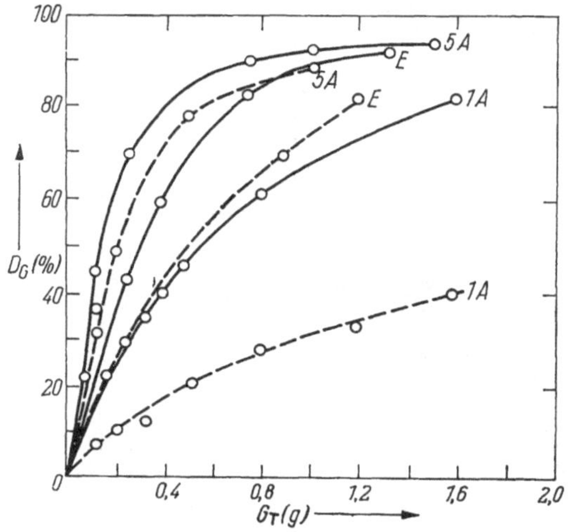

Abb. 3-42

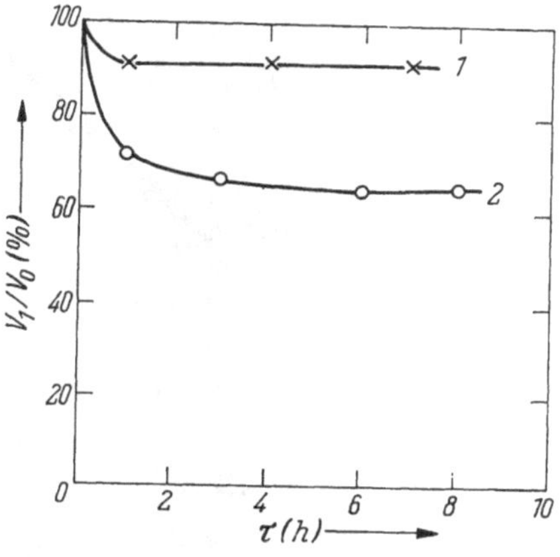

Abb. 3-43

Abb. 3-42: Abnahme der Entfärbungsfähigkeit von Polykondensatharzen in einer Zyklenfolge (s. *Abb. 3-41*), bestimmt durch Änderung der relativen Entfärbung unter statischen Bedingungen [181]

——— frische Harze; ------ nach 5 Zyklen; *1A* – Dekolorex A1; *5A* – Dekolorex AK-731; *E* – Wofatit E.

Abb. 3-43: Zeitverlauf der Volumenkontraktion von Polykondensatharzen in Anwesenheit von überschüssiger 1,5%iger NaOH-Lösung bei 80 °C [182]

1 – Dekolorex AK-731; *2* – Dekolorex A1

Anionenaustauscher-Typ findet durch die Laugeeinwirkung wohl eine Herabsetzung der Entfärbungsfähigkeit statt, doch bleibt die Abhängigkeit des D_S-Wertes von der Quellung (s. *Abb. 3-30*) erhalten. Beim amphoteren Typ wird die Quellung weniger herabgesetzt, D_S jedoch stärker vermindert, so daß die für frische Harze aufgestellte Abhängigkeit zwischen D_S und W^0 (s. *Abb. 3-31*) nicht mehr zutrifft. Die Tatsache, daß bei amphoteren Harzen unterschiedliche Abhängigkeiten zwischen D_S und W^0 beobachtet werden, je nachdem ob es sich um frische oder um mit Lauge behandelte Harze handelt, weist auf Strukturveränderungen hin, die über eine bloße Schrumpfung des Skeletts hinausgehen. Diese Beobachtung bestätigt frühere Untersuchungen, die eine niedrigere chemische

Beständigkeit der phenolischen Gruppen im alkalischen Medium annehmen ließen.

Um den Einfluß der Alkalität auf die Entfärbungsfähigkeit zu prüfen, wendeten wir im Labor Arbeitsbedingungen an, die den Betriebsbedingungen in Zuckerfabriken möglichst ähnlich waren:

Als verdünnte Lauge wurde 1%ige NaOH benutzt, wie sie auch im Betrieb bei der Farbstoffdesorption Anwendung findet. Damit während des Versuches die Laugekonzentration konstant blieb, wurde das Harz vor Versuchsbeginn mit überschüssiger 1%iger NaOH bei Zimmertemperatur behandelt. Der eigentliche Versuch erfolgte unter statischen Bedingungen, indem die Harzprobe 5 Std. lang mit überschüssiger NaOH bei 80 °C durchmischt wurde. Vor Beginn und nach Beendigung des Versuches wurden das Rüttelvolumen, die Gewichtsquellung, D_G und D_V bestimmt.

Die Versuchsergebnisse sind in der *Tab. 3–12* wiedergegeben.

Tabelle 3–12: Einfluß der Alkalität auf die Eigenschaften von Polykondensatharzen [182]

Harzprobe*)	Meßwert	Anfangswert	Endwert	Abnahme in %
A – 2	V_H (cm³)	10	8,2	18,0
	W^0 (g/g)	4,1	2,8	30,6
	D_G (%)	94,7	88,1	7,0
	D_V (%)	87,1	79,6	8,7
A – 3	V_H (cm³)	10	6,8	32,0
	W^0 (g/g)	4,8	3,6	24,0
	D_G (%)	88,1	71,4	19,0
	D_V (%)	73,2	61,3	16,2
AK – 912	V_H (cm³)	10	8,8	12,0
	W^0 (g/g)	3,1	2,5	18,7
	D_G (%)	91,7	72,3	21,2
	D_V (%)	85,1	67,2	21,0
AK – 913	V_H (cm³)	10	7,2	28,0
	W^0 (g/g)	7,1	4,3	38,8
	D_G (%)	84,7	66,6	21,4
	D_V (%)	53,6	50,0	6,7
Wofatit E	V_H (cm³)	10	9,5	5,0
	W^0 (g/g)	3,1	2,8	10,1
	D_G (%)	82,8	69,6	15,8
	D_V (%)	70,6	60,8	13,9

*) A–2, Dekolorex A2, Polykondensat von m-Phenylendiamin mit Formaldehyd, unregelmäßige Form; A–3, Dekolorex A3, Polykondensat aus m-Phenylendiamin und Formaldehyd Perlform; AK–912, Dekolorex AK–912, Polykondensat aus m-Phenylendiamin und Resorcin mit Formaldehyd, unregelmäßige Form; AK–913, Dekolorex AK–913, Polykondensat aus m-Phenylendiamin und Resorcin mit Formaldehyd, Perlform..

Die geringste Volumenkontraktion fanden wir bei WOFATIT E. Ebenso zeigten amphotere Harze geringere Kontraktionen, während einige anionenaustauschende Typen ihr Volumen stark verminderten. Die Entfärbungsfähigkeit ging bei den amphoteren Harzen stärker zurück als bei den anionenaustauschenden.

Die *Polykondensat-Entfärbungs-Ionenaustauscher* zeigen während des ersten Zyklus sehr gute Entfärbungseffekte, die Regenerierung ist jedoch schwierig, so daß die ursprüngliche Entfärbungsfähigkeit nur teilweise wiederhergestellt werden kann. Zur möglichst vollständigen Regenerierung wendet man das zweistufige Verfahren an. Dabei desorbiert man zunächst mit Lauge, wobei die schwach

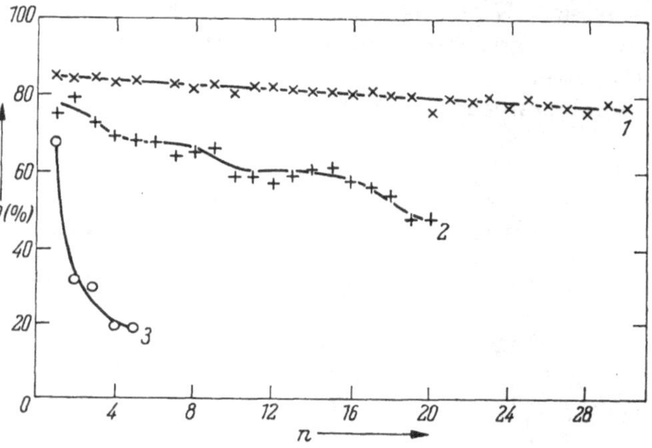

Abb. 3–44: Abnahme der Entfärbungsfähigkeit in einer Zyklenfolge [64]
1 — Dekolorex A 5; *2* — Dekolorex A 4; *3* — Dekolorex A 2

sauren Farbstoffe in die dissoziierte Form überführt und ausgewaschen werden. In der zweiten Stufe wird das Harz mit einer Pufferlösung aktiviert, wobei die letzten Laugereste ausgewaschen werden und das Harz auf einen für weitere Entfärbungsvorgänge geeigneten pH-Wert eingestellt wird (s. auch S. 139).

Die Wiederbelebung von Austauscherharzen auf *Polyalkylenpolyamin-Basis* ist einfacher. In den ersten Zyklen genügt bereits Kochsalzlösung, jedoch werden mit verdünnter Natronlauge oder mit alkalisierten Neutralsalz-Lösungen bessere Ergebnisse erzielt. In den ersten Zyklen brauchen diese Harze auch nicht reaktiviert zu werden, während nach längerem Einsatz eine derartige Behandlung empfehlenswert ist. Offenbar nimmt die Entfärbungsfähigkeit dieser Harze viel langsamer ab, als die der Polykondensat-Harze (*Abb. 3–44*).

Der Einfluß der einzelnen Regeneriermittel wird in der *Abb. 3–45* gezeigt.

Die Versuchsergebnisse lassen erkennen, daß in den ersten Zyklen tatsächlich Kochsalzlösung ohne weiteres ausreicht. Günstiger ist es allerdings, von vornherein Natronlauge oder alkalisierte Kochsalzlösung anzuwenden, weil dadurch die Entfärbungsfähigkeit länger erhalten bleibt.

Noch leichter verläuft die Regenerierung bei *stark basischen Entfärbungsharzen* auf Basis vernetzten Polystyrols. Hier genügt meist die Anwendung von Kochsalzlösung. Die Erhaltung der Entfärbungsfähigkeit in wiederholten Zyklen hängt weitgehend von der Porosität und von der Konzentration der funktionellen Gruppen ab. *Abb. 3–46* zeigt das Verhalten derartiger Harze verschiedener Porosität bei der Rezyklisierung.

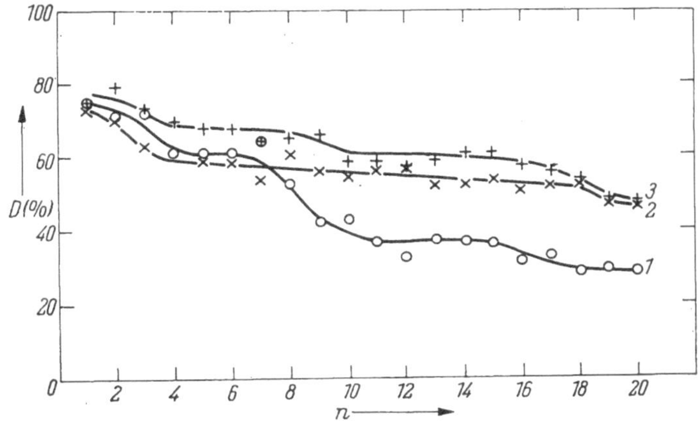

Abb. 3–45: Abnahme der Entfärbungsfähigkeit in einer Zyklenfolge [64]

Vergleich verschiedener Regeneriermittel bei Dekolorex A4: *1* – 10% NaCl; *2* – 1% NaOH; *3* – 10% NaCl + 1% NaOH

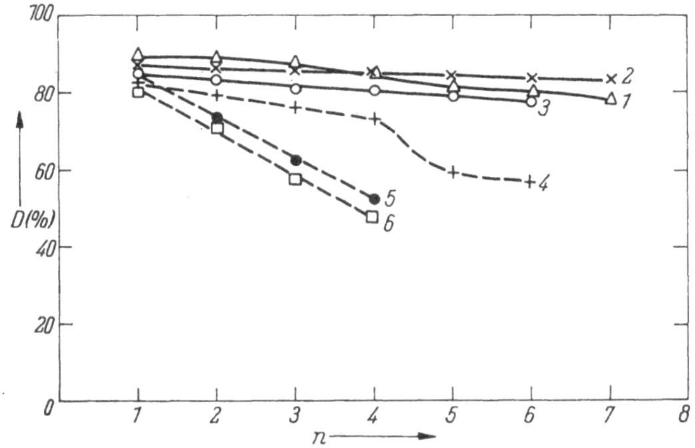

Abb. 3–46: Abnahme der Entfärbungsfähigkeit in einer Zyklenfolge bei Styrolharzen mit verschiedenem W^0 und C_{GG} [64]

1 – Amberlite IRA 401 S, $W^\circ = 1{,}58$; $C_{GG} = 3{,}45$; *2* – Dekolorex A5 (2% DVB), $W^\circ = 1{,}53$; $C_{GG} = 4{,}67$; *3* – Styrolharz mit 1% DVB, $W^\circ = 2{,}20$; $C_{GG} = 4{,}90$; *4* – Styrolharz mit 4% DVB, $W^\circ = 0{,}85$, $C_{GG} = 4{,}48$; *5* – Styrolharz mit 8% DVB, $W^\circ = 0{,}67$, $C_{GG} = 4{,}05$; *6* – Amberlite IRA 401, $W^\circ = 1{,}06$, $C_{GG} = 3{,}65$

Die besten Ergebnisse zeigt ein unter Verwendung von 2% Divinylbenzol hergestelltes Harz. Ein Harz mit 1% Divinylbenzol verhielt sich ähnlich. Die geringe Entfärbungsfähigkeit des mit 0,5% Divinylbenzol hergestellten Harzes wird durch die übermäßige Quellung und die dementsprechend niedrige Konzentration an funktionellen Gruppen bedingt. Bei einem mit 4% Divinylbenzol vernetzten Harz macht sich schon der Siebeffekt gegenüber Melassefarbstoffen spürbar, der in einer Reihe von Zyklen zur fortschreitenden Blockierung der aktiven Gruppen mit Farbstoffen und zur Herabsetzung der Porosität führt.

S. Iwashina untersuchte unter Laborbedingungen das Verhalten stark basischer Entfärbungsharze auf Polymerisat-Basis in zahlreichen Zyklen [183–185, 204]. Besonders interessant sind die Ergebnisse, die er beim Vergleich von Austauscherharzen mit *latenter* und mit *wahrer Porosität* erzielte [93, 186]. Er stellte fest, daß die makroporösen Harze leichter regenerierbar sind und nach der Regenerierung geringere Mengen von Farbstoffen zurückhalten, als die Gelharze. In der *Tab. 3–13*, sind einige seiner Versuchsergebnisse zusammengestellt, die

Tabelle 3–13: Vergleich des makroporösen Duolite A 102 mit einem schwach vernetzten stark basischen Polymerisat-Anionenaustauscher (nach S. Iwashina [93])

Vergleichsparameter		Schwach vernetzter Anionenaustauscher	makroporöser Anionenaustauscher (Duolite A 102)
Entfärbung	nach gewöhnlicher Regeneration	90%	89%
	nach vollständiger Regeneration	89%	90%
Beseitigung von N-Substanzen aus der entfärbten Lösung	nach gewöhnlicher Regeneration	37,77%	73,33%
	nach vollständiger Regeneration	40,75%	76,29%
Ablösung der N-Substanzen von dem Harz	nach gewöhnlicher Regeneration	50,25%	33,32%
	nach vollständiger Regeneration	62,76%	99,50%
Erniedrigung der stark basischen Kapazität nach 50 Zyklen	vor Reaktivation mittels NaClO	33,17%	26,57%
	nach Reaktivation mittels NaClO	17,13%	27,31%
Herabsetzung der Gesamtkapazität durch Einwirkung von NaClO		1,45%	11,93%
Festigkeitsfaktor	des frischen Harzes	92,0%	94,4%
	nach NaClO-Einwirkung	89,8%	91,3%

bei der Untersuchung des makroporösen DUOLITE A 102 und schwach vernetzter latent poröser Anionenaustauscher erzielt wurden.

Wir selbst führten einen Vergleich verschiedener Handelstypen von Entfärbungs-Ionenaustauschern in wiederholten Zyklen durch. Dabei prüften wir die holländischen Harze ASMIT 224 und 259 (*Abb. 3-47*).

Diese Harze lagen in ihren Eigenschaften etwa zwischen DEKOLOREX A2 und A4. Die Alterung von ASMIT 259 und anderen Harzen wurde unter Labor-

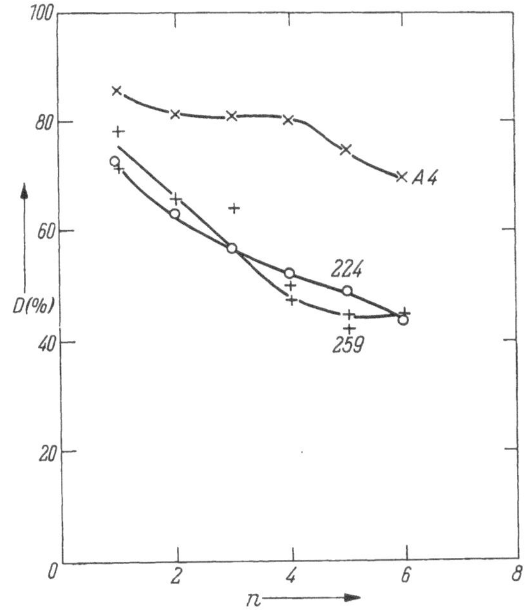

Abb. 3-47: Abnahme der Entfärbungsfähigkeit von Asmit 224, Asmit 259 und Dekolorex A4 in einer Zyklenfolge [64b], Regenerierung mit 10% NaCl

bedingungen auch von T. I. RABEK und D. ZUCHOVSKA [187] untersucht. A. K. KHASANOV und I. F. ZELIKMAN [188] sowie V. P. MELESCHKO und I. M. VOJTOVIČ [189] prüften die Entfärbung von Zuckerlösungen mit sowjetischen Austauscherharzen. *Abb. 3-48* zeigt die Ergebnisse einer Untersuchung der amerikanischen Anionenaustauscher AMBERLITE IRA 401, 401 S und XE-168. Der zum Einsatz in Zuckerfabriken bestimmte Anionenaustauscher IRA 401 S wies dabei bessere Eigenschaften auf als das vorwiegend in der Wasseraufbereitung benutzte Universalharz IRA 401. Beim Vergleich des AMBERLITE IRA 401 S mit DEKOLOREX A5 (vgl. *Abb. 3-46*) zeigte sich, daß man mit IRA 401 S zwar zunächst höhere Entfärbungseffekte erzielt, seine Entfärbungsfähigkeit aber im Verlauf weiterer Zyklen schneller sinkt, als die des DEKOLOREX A5. Auch unter Betriebsbedingungen zeigen diese Anionenaustauscher auf Polymerisat-Basis ein ähnliches Verhalten [190].

Im Zusammenhang mit dem anwendungstechnischen Verhalten dieser Harze müssen deren Strukturcharakteristiken berücksichtigt werden (vgl. *Abb. 3–46*). Die Werte der Gewichtsquellung weisen sowohl bei AMBERLITE IRA 401 S wie auch bei DEKOLOREX A5 auf eine ausreichende Porosität hin. Die Austausch-

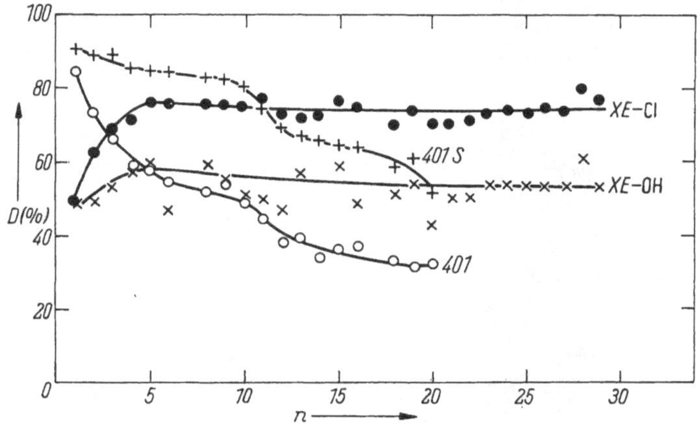

Abb. 3–48: Abnahme der Entfärbungsfähigkeit von Amberlite-Harzen, IRA-401, IRA 401 S und XE 168 (in Cl^-- und OH^--Form) in einer Zyklenfolge [64b]
Regenerierung mit 10% NaCl, bei einer XE-168-Probe auch mit 1% NaOH

kapazität des IRA 401 S ist aber viel geringer. Wir nehmen an, daß bei der Entfärbung eine niedrige Konzentration dissoziierter funktioneller Gruppen die Allgemeinadsorption dominieren läßt. Das Austauscherharz wird dann schneller durch Blockierung mit Farbstoffen entwertet.

Sehr gute Entfärbungseffekte wurden bei AMBERLITE XE-168 gefunden [64b]. Erstaunlicherweise nahm die Entfärbungsfähigkeit während der ersten Zyklen zu und stabilisierte sich dann bei einem ziemlich hohen Wert, der in den weiteren Zyklen kaum abfiel. Bei Verwendung von Kochsalzlösung als Regeneriermittel wurden bessere Ergebnisse erzielt, als bei Verwendung von Natronlauge.

3.4.2. *Der automatische Rezyklisator*

Zur Untersuchung der Alterung von Austauscherharzen unter Laborbedingungen wurde ein selbsttätiges Gerät entwickelt, dessen ausführliche Beschreibung im Kap. 4.3.6.2. gegeben wird. Dieser automatische Rezyklisator kann komplette Arbeitszyklen unter vorgegebenen Bedingungen selbsttätig ausführen. Bei der Aufstellung geeigneter Arbeitsbedingungen für den Rezyklisator bemühten wir uns, die Bedingungen des praktischen Betriebes möglichst gut nachzuahmen.

Bei der Rezyklisation von Entfärbungs-Ionenaustauschern auf *Polykondensat-Basis* [182] wurden die Austauschermenge, die Konzentration der Melasselösung, die spezifische Belastung und die Sorptionsdauer empirisch so eingestellt, daß die Austauscherprobe eine ähnliche Farbstoffmenge wie unter Betriebsbedingungen aufnahm. In Betriebsfiltern war z. B. eine Sorptionskapazität von 1,6—3,6 gF/*l* gefunden worden und bei einem Rezyklisatorversuch mit WOFATIT E wurde

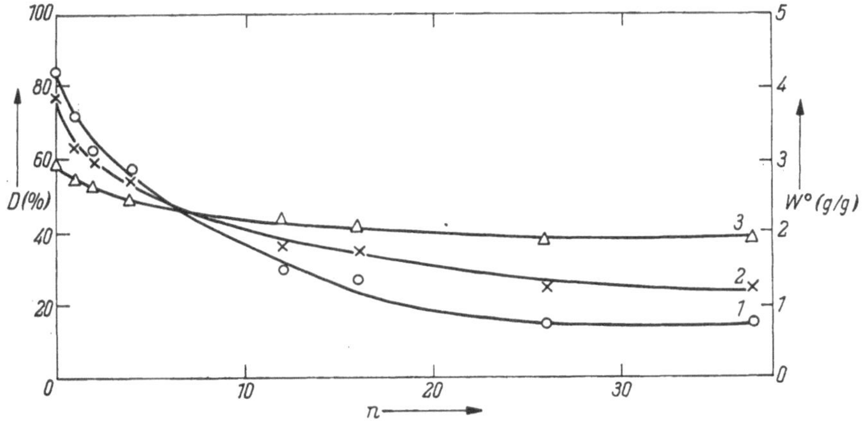

Abb. 3–49: Änderung der Eigenschaften von Wofatit E im automatischen Rezyklisator [182]
n — Zyklenzahl; *1* — *D*, bezogen auf die Gewichtseinheit der Trockensubstanz, *2* — *D*, bezogen auf die Schüttvolumen-Einheit des gequollenen Harzes; *3* — W^0

dementsprechend eine Kapazität von 3,66 gF/*l* eingestellt. Mit dem Ziel einer erhöhten Beanspruchung des Harzgerüstes folgte auf die alkalische Desorption mit 2%iger Natronlauge unmittelbar eine saure Aktivierung mit 1,5%iger Salzsäure, damit die Austauscherprobe aus dem undissoziierten Zustand (niedrige Quellung) sofort in den dissoziierten Zustand (hohe Quellung) überging. Die untersuchten Austauscherproben wurden einer bestimmten Zyklenzahl ausgesetzt und danach die Entfärbungsfähigkeit, D_S, die Gewichtsquellung, W^0, sowie der Abrieb bestimmt. Die Ergebnisse für WOFATIT E in Abhängigkeit von der Zyklenzahl sind in *Abb. 3–49* dargestellt.

Zuerst kam es zu relativ großen Veränderungen, nach etwa 25 Zyklen stellten sich die Werte dann aber auf ein nahezu konstantes Niveau ein. Zum Vergleich wurden einige weitere Typen von Polykondensat-Harzen in je 30 Zyklen geprüft. Die erzielten Ergebnisse sind in der *Tab. 3–14*, zusammengestellt.

Wir versuchten bei der Untersuchung der Alterung von Entfärbungs-Ionenaustauschern die Rezyklisator-Ergebnisse zu den Erfahrungen über das Verhalten der Harze unter Betriebsbedingungen in Beziehung zu setzen [182]. Dies stellt eine ziemlich komplizierte Aufgabe dar, und die erhaltenen Ergebnisse können darum vorläufig nur als Informationen für eine grobe Orientierung dienen. In einer Zuckerraffinerie wurden Proben von WOFATIT E jeweils nach einer bestimm-

Tabelle 3–14: Bewertung der Alterung von Polykondensatharzen mit dem automatischen Rezyklisator [182]

Harzprobe*)	Meßwert	Anfangswert	Endwert (nach 30 Zyklen)	Abnahme in %
A–2	W^0 (g/g)	4,0	1,9	52,3
	D_G (%)	94,7	18,9	80,1
	D_V (%)	84,6	20,0	76,4
	Abrieb (Gew.-%)	—	18,9	—
A–3	W^0 (g/g)	5,0	2,6	48,5
	D_G (%)	85,8	15,0	82,5
	D_V (%)	68,3	10,0	85,3
	Abrieb (Gew.-%)	—	30,4	—
AK–912	W^0 (g/g)	2,9	1,7	43,1
	D_G (%)	91,6	15,9	82,7
	D_V (%)	82,2	12,7	84,6
	Abrieb (Gew.-%)	—	17,5	—
AK–913	W^0 (g/g)	6,7	3,5	46,8
	D_G (%)	84,5	27,6	67,4
	D_V (%)	56,3	18,9	66,5
	Abrieb (Gew.-%)	—	52,5	—
Wofatit E	W^0 (g/g)	2,9	1,9	35,4
	D_G (%)	84,1	15,0	82,5
	D_V (%)	77,1	24,5	68,3
	Abrieb (Gew.-%)	—	8,8	—

*) Bezeichnung der Harzproben s. *Tab. 3–12*, S. 99

ten Zyklenzahl aus den Betriebsfiltern entnommen und ihre Entfärbungsfähigkeit sowie ihre Quellung untersucht. In der *Abb. 3–50* sind die erhaltenen Werte einerseits in Abhängigkeit von der Zyklenzahl, andererseits in Abhängigkeit von der Einsatzdauer in Tagen dargestellt.

Die Einsatzdauer in Tagen wurde als unabhängige Veränderliche eingeführt, weil die Zyklusdauer sich im Betrieb verändert hatte und im Laufe der Zeit kürzer geworden war. *Abb. 3–50* läßt eine gute Übereinstimmung zwischen den im Betrieb und den im automatischen Rezyklisator gefundenen Ergebnissen erkennen, wenn die Betriebswerte auf die Anzahl der Tage bezogen werden. Aus der Darstellung ist ersichtlich, daß ein Zyklus im Rezyklisator ungefähr fünf Betriebstagen entspricht.

In einem 100-Zyklen-Versuch wurden Proben *moderner Austauscherharze* unter hoher, dem Dauerbetrieb ähnlicher, Belastung untersucht [64b]. Mit Rücksicht auf die Eigenschaften dieser Harze wurde das Rezyklisator-Programm verändert. Die Menge der Melasselösung wurde auf das dreifache erhöht und die Regenerierung nur einstufig mit Kochsalzlösung durchgeführt. Während des Versuches wurden zusätzlich Unregelmäßigkeiten simuliert, die im Betrieb vorkommen können (Unterbrechung der Beaufschlagung des Filters, Entfärbung von getrübten Lösungen und anderes). Die geprüften Proben wurden dann einerseits durch die Bestimmung der Entfärbungskapazität im statischen Versuch, andererseits durch

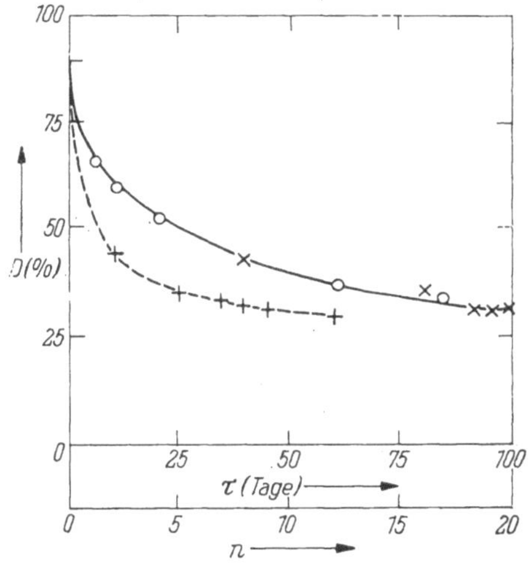

Abb. 3-50: Abnahme der Entfärbungsfähigkeit von Wofatit E im Laufe einer Zyklenfolge [182]

τ – Zahl der Betriebstage; n – Zyklenzahl; ○ – mit dem Rezyklisator gewonnene Werte, bezogen auf die Zyklenzahl; × – durch Auswertung der Austauscherproben aus Betriebsfiltern gewonnene Werte, bezogen auf die Zahl der Betriebstage; + – durch Auswertung der Austauscherproben aus Betriebsfiltern gewonnene Werte, bezogen auf die Zyklenzahl

die Feststellung der Alterungscharakteristik mittels Handrezyklisation untersucht. Der kleinste D_S-Rückgang (s. *Tab. 3-15*) wurde bei AMBERLITE XE-168 festgestellt. Bei DEKOLOREX A5 war die Entfärbungskapazität fast auf die Hälfte gesunken.

Tabelle 3-15: Veränderung der Entfärbungseigenschaften von Entfärbungsharzen während des Hundertzyklen-Versuches im automatischen Rezyklisator [64b]

Harztyp	D_G Anfangswert	Endwert	Abnahme (%)	D_V Anfangswert	Endwert	Abnahme (%)
Asmit 259	94,2	7,8	91,7	92,1	16,1	82,6
Dekolorex A4	85,6	21,0	75,5	84,6	32,0	62,2
Asmit 224	84,7	27,9	67,0	85,1	39,8	53,3
Amberlite XE-168	85,0	77,1	9,3	83,8	77,8	7,1
Dekolorex A5	91,0	48,5	46,7	90,0	51,8	42,4
Amberlite IRA 401 S	92,2	13,3	85,6	91,5	20,8	77,3

Ein beträchtlicher Verlust an Entfärbungsfähigkeit trat auch bei den *Polyalkylenpolyamin-Harzen* ASMIT 224 und DEKOLOREX A4 ein. AMBERLITE IRA401 S und ASMIT 259 verloren die Entfärbungsfähigkeit praktisch völlig. Nach den bei einer Handrezyklisation erhaltenen Ergebnissen (s. *Abb. 3–51*) sanken die Sorptionskapazitäten bei den Harzen ASMIT 224, AMBERLITE IRA 401 S und DEKO-

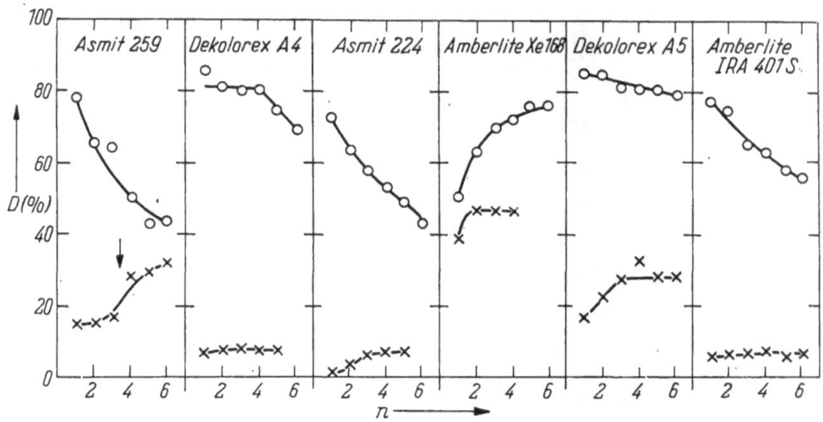

Abb. 3–51: Veränderung der Alterungscharakteristik nach dem 100-Zyklen-Versuch auf dem automatischen Rezyklisator [64b]

Einzelne Austauscherproben wurden vor -(○)- und nach -(×)- dem Versuch mit der Handrezyklisations-Methode untersucht, *n* – Zyklenzahl.

LOREX A4 am stärksten ab. Ein kleinerer Verlust an Entfärbungsfähigkeit wurde bei ASMIT 259 und DEKOLOREX A5, der kleinste bei AMBERLITE XE-168 gefunden.

Die ansteigenden Endteile einiger Kurven weisen auf eine Reaktivierung der Entfärbungsfähigkeit hin, die wohl teilweise auf die Einwirkung von überschüssigem Regeneriermittel zurückzuführen ist.

3.4.3. Die Alterung unter Betriebsbedingungen

In einer Zuckerraffinerie wurden verschiedene Typen von Polykondensat-Harzen für die Dauer einiger Jahre unter Betriebsbedingungen untersucht [191]. Es handelte sich um WOFATIT E, DEKOLOREX AK 731, DEKOLOREX A1 und DEKOLOREX A2. Weil die durchschnittlichen Höhen der Austauschersäulen voneinander abwichen, mußte auf eine direkte Gegenüberstellung der einzelnen Typen verzichtet werden. Zur Kompensation des Einflusses der Säulenhöhe soll darum im folgenden die *relative Entfärbung* bezogen auf eine einheitliche Säulenhöhe angewendet werden. Diese Größe wird als D_L bezeichnet. Die Veränderungen von D_L während einer längeren Betriebsdauer werden in der *Abb. 3–52* wiedergegeben.

Mit dem Ziel einer unabhängigen Beurteilung der Alterung der Entfärbungs-Ionenaustauscher in Betriebsfiltern wurden während des Dauerbetriebes Proben WOFATIT E und DEKOLOREX A2 entnommen und auf ihre Entfärbungsfähigkeit

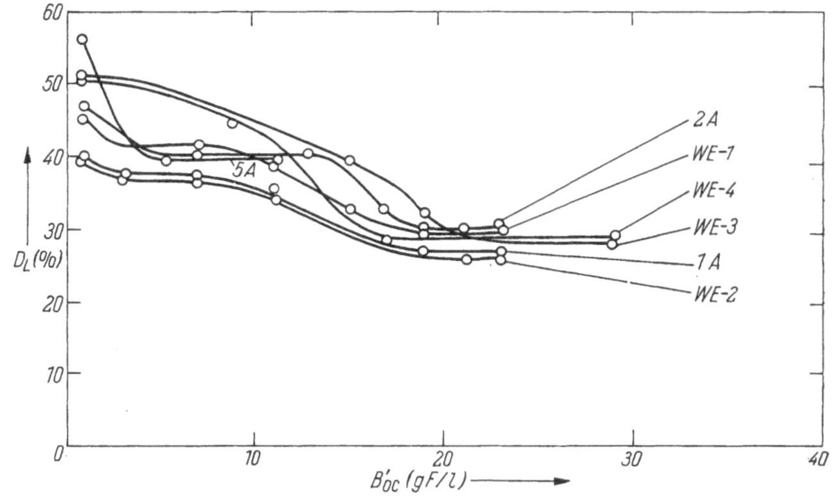

Abb. 3–52: Veränderung der Entfärbungsfähigkeit von Polykondensatharzen in Betriebsfiltern [191]

2A – Dekolorex A2; *1A* – Dekolorex A1, *WE–1,2,3,4* – Wofatit E (Filter *1, 2, 3, 4*); *5A* – Dekolorex AK–731

im statischen Versuch, D_S, untersucht. Die gefundenen Werte sind in der *Tab. 3–16* zusammengestellt.

Tabelle 3–16: Alterung von Polykondensatharzen in Betriebsfiltern [18]

Wofatit E

Zyklenzahl	D_G		D_V		W^0	
Anfangswert	84,1		77,1		2,94	
2	44,52		41,36		2,38	
3	45,51		42,52		2,37	
5	32,53		34,26		2,36	
7	29,27		31,31		2,21	
8	33,89	29, 73	31,55		2,20	2,13
9	41,48	36,97	32,23	30,41	2,18	2,14
10	31,18		37,45		2,08	
11	25,98		31,75		1,99	
13	25,73		31,75		1,99	
14	25,74		19,33		2,01	

Dekolorex A2

Zyklenzahl	D_G	D_V	W^0
nach Einfüllen	92,75	74,06	4,25
nach Regenerierung	66,67	60,98	2,42
2	77,26	78,18	2,45
4	39,10	38,22	2,23
5	27,00	32,66	2,13
7	28,35	39,33	1,93

Unter Betriebsbedingungen wurden auch moderne Entfärbungsharz-Typen untersucht [190]: Asmit 259, Dekolorex A4, Dekolorex A5 und Amberlite IRA 401 S. Bei diesen Versuchen wurde Dekolorex A5 zunächst für die Dauer einer Kampagne in einer Rohzuckerfabrik eingesetzt. Dann wurde das gleiche

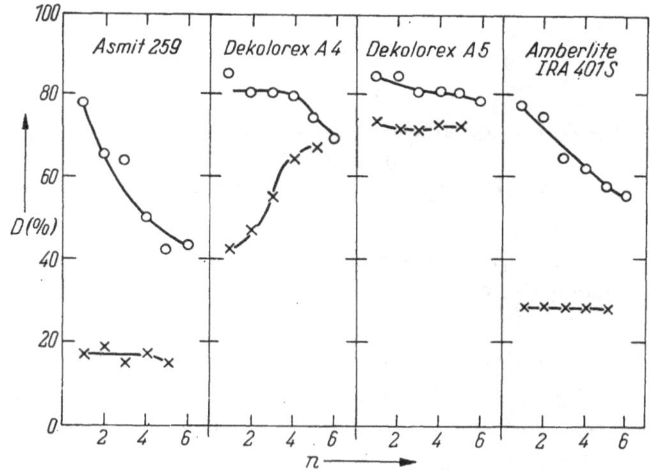

Abb. 3–53: Veränderung der Alterungscharakteristik unter Betriebsbedingungen
Einzelne Harzproben wurden vor -(○)- und nach -(×)- dem Betriebseinsatz mittels Handrezyklisation untersucht [64 b]
Dekolorex A 5 wurde im Betrieb beinahe zweimal mehr als die übrigen Proben belastet

Material in eine Zuckerraffinerie umgesetzt und dort neben den anderen Ionenaustauschern eine weitere Kampagne lang geprüft. Die Zuckerlösungen, die dabei entfärbt wurden, hatten eine sehr hohe Farbstoffkonzentration (im Durchschnitt über 15 °St). Alle vier geprüften Harze wurden vor Beginn sowie nach Abschluß der Betriebsversuche im Handrezyklisator untersucht [64 b]. Die Versuchsergebnisse sind in der *Abb. 3–53* wiedergegeben.

Ein überraschend geringer Verlust an Entfärbungsfähigkeit wurde bei DEKOLOREX A5 gefunden, das beinahe doppelt so stark wie die übrigen Typen belastet worden war. Erheblich herabgesetzt wurde die Entfärbungsfähigkeit bei AMBERLITE IRA 401 S und noch stärker bei ASMIT 259. Das Aussehen der Handrezyklisations-Kurve für DEKOLOREX A4 zeigt, daß eine unter den Betriebsbedingungen ungenügende Regenerierung das Absinken der Entfärbungsfähigkeit verursacht hatte. Nach einigen Laborzyklen trat eine weitgehende Wiederherstellung der ursprünglichen Kapazität ein.

3.4.4. Änderung der Austauscheigenschaften während wiederholter Zyklen

Die hohe Wirksamkeit von Entfärbungsharzen auf Polyalkylenpolyamin- und auf Polymerisat-Basis kann einerseits auf ihre gute Porosität und andererseits auf die hohe Konzentration der unter Betriebsbedingungen dissoziierten austauschfähigen Gruppen zurückgeführt werden. Soweit bei der Entfärbung der Ionenaustausch überwiegt, ist die Dissoziation kaum pH-abhängig und die Regenerierung des Harzes verläuft dementsprechend leicht.

DEKOLOREX A4 gehört als *Polyalkylenpolyamin-Harz* zu den mittelstark basischen Anionenaustauschern hoher Kapazität. Die Gesamtkapazität ist ungefähr doppelt so groß, wie die der stark basischen Anionenaustauscher auf Basis vernetzten Polystyrols, es entfallen jedoch nur etwa 10% der Gesamtkapazität auf quaternäre Ammoniumgruppen. Trotz dieses niedrigen Gehaltes an stark basischen Gruppen dominiert aber beim Entfärbungsvorgang während der ersten Zyklen der Ionenaustausch. Der pH-Wert der Zuckerlösung wird durch das Harz erhöht, und in den ersten Zyklen genügt zur Regenerierung Kochsalzlösung. Bei den weiteren Zyklen ist jedoch wie bei den Polykondensat-Harzen zur Wiederbelebung ein alkalisches Desorptionsmittel notwendig. Außerdem bewährt sich eine zweistufige Regenerierung mit Reaktivierung. Dies ist auf die Veränderungen des Harzes durch einen allmählichen Verlust an stark basischen funktionellen Gruppen zurückzuführen. Bei einer Handrezyklisation im Labor nahm die Gesamtaustauschkapazität innerhalb von 13 Zyklen um 13% ab, und bei einmonatigem Betrieb in einer Zuckerfabrik waren ähnliche Veränderungen zu beobachten. Noch erheblich stärker sank jedoch der Anteil der stark basischen Gruppen. DEKOLOREX A4 enthielt z. B. anfangs 11% stark basische Gruppen. Dieser Gehalt wurde nach 13 Laborzyklen um 84% und während eines einmonatigen Betriebes in einer Zuckerfabrik um 52% herabgesetzt. Während der gesamten Kampagne in einer Zuckerraffinerie wurden 67% der stark basischen Gruppen abgebaut. Das Polyaminharz geht also während wiederholter Zyklen in ein schwach basisches Harz über. Damit ist der schlechte Effekt der Regenerierung mit Kochsalzlösung sowie die Zweckmäßigkeit der Aktivierung bei älteren Harzen zu erklären.

Entfärbungsharze *auf Basis vernetzten Polystyrols* enthalten anfangs nur stark basische Gruppen und der Ionenaustausch überwiegt deshalb auch noch nach einer größeren Anzahl von Zyklen. Der Entfärbungseffekt ist nur wenig vom pH-Wert abhängig und als Regeneriermittel kann dauernd Kochsalz benutzt werden. Bei längerem Gebrauch verlieren jedoch auch diese Harze allmählich an Kapazität, und nach einer sehr langfristigen Anwendung können ähnliche Erscheinungen auftreten wie bei den Polyalkylenpolyamin-Harzen. Bei wiederholten Zyklen werden die austauschfähigen Gruppen entweder völlig abgespalten, oder die stark basischen quaternären Ammoniumgruppen wandeln sich in schwächer basische tertiäre Aminogruppen um. Bei der Handrezyklisation wurde bei DEKOLOREX A5 nach 17 Zyklen eine Herabsetzung der Gesamtkapazität um 18%, nach 30 Zyklen um 35% gefunden. Auch der Basizitätsindex nahm deutlich ab. Von dem ursprünglichen Wert 0,99 sank er unter den selben Bedingungen nach 17 Zyklen auf 0,8 und nach 30 Zyklen auf 0,6. Bei einem anderen Laborversuch wurde DEKOLOREX A5 AMBERLITE IRA 401 S gegenübergestellt:

Nach 24 Zyklen wurde bei beiden Harzen ein Absinken der Gesamtkapazität um etwa 20% gefunden, während der Basizitätsindex bei DEKOLOREX A5 auf 0,84 und bei AMBERLITE IRA 401 S auf 0,74 abfiel. Die Veränderung der Ionenaustauscheigenschaften bei der Alterung wurde auch unter Betriebsbedingungen verfolgt. DEKOLOREX A5 wurde dabei zuerst in einer Rohzuckerfabrik und dann in einer Zuckerraffinerie eingesetzt, während AMBERLITE IRA 401 S nur innerhalb einer Raffineriekampagne geprüft wurde. Unter diesen Bedingungen ging die Gesamtkapazität bei DEKOLOREX A5 um 28% und bei AMBERLITE IRA 401 S um 21% zurück. Der Basizitätsindex sank auf 0,6 (DEKOLOREX) bzw. 0,63 (AMBERLITE). Obwohl bei AMBERLITE IRA 401 S, in Übereinstimmung mit seiner kürzeren Einsatzdauer, ein geringerer Kapazitätsverlust gefunden wurde, war die Herabsetzung der Entfärbungsfähigkeit bei diesem Harz viel stärker als bei DEKOLOREX A5. Ursache ist wahrscheinlich eine durch irreversible Farbstoffaufnahme verursachte Erniedrigung der Porosität (s. S. 104, 118).

Die Veränderung der Austauscheigenschaften während einer größeren Anzahl von Zyklen untersuchte auch K. SUZUKI [192] bei AMBERLITE IRA 401 S. Nach zweijährigem ununterbrochenen Betrieb stellte er einen 30%igen Abbau der stark basischen Gruppen fest. Er arbeitete mit sehr reinen Lösungen, die physikalische Verstopfung der Poren war infolgedessen nur gering. Darum blieb die Entfärbungsfähigkeit trotz des Kapazitätsverlustes nahezu unverändert. Die Festigkeit des Austauscherkorns nahm nur um etwa 10% ab.

3.4.5. Die Reaktivierung

Der Rückgang der Entfärbungsfähigkeit bei wiederholten Zyklen kann entweder durch einen irreversiblen Porositätsverlust, durch einen Abbau von funktionellen Gruppen oder durch eine Verstopfung der Poren mit Farbstoffen und anderen Substanzen verursacht sein. Im letzten Falle könnte man annehmen, daß eine geeignete Regenerierung, die *Reaktivierung*, den so verlorengegangenen Kapazitätsanteil wiederherstellen kann [193].

Bei Entfärbungsharzen auf *Polykondensat-Basis* versagen die Reaktivierungsverfahren oft, weil der irreversible Porositätsverlust während der Alterung überwiegt und das Austauscherkorn für Farbstoffe unzugänglich wird. Bessere Voraussetzungen für eine erfolgreiche Reaktivierung sind bei den Entfärbungs-Ionenaustauschern auf *Basis aliphatischer Polyamine* gegeben, bei denen normalerweise keine irreversiblen Porositätsverluste durch langdauernden Gebrauch eintreten. Wir untersuchten die Wiederherstellung der Entfärbungsfähigkeit bei DEKOLOREX A4, von dem eine Probe bei halbtechnischen Versuchen in einer

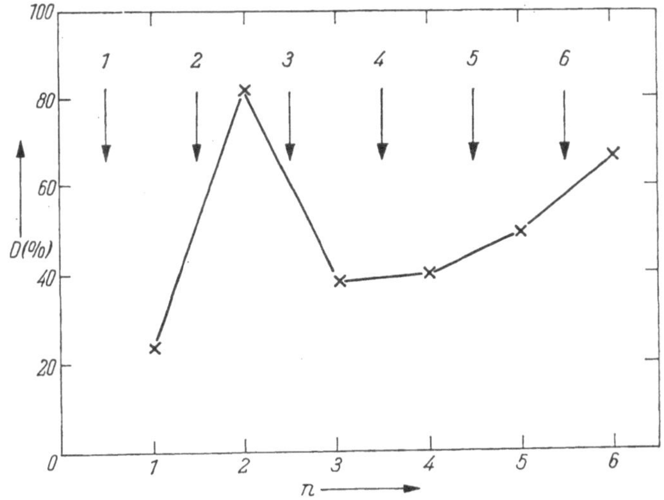

Abb. 3–54: Reaktivierung der Entfärbungsfähigkeit von Dekolorex A4 nach Betriebsversuchen in einer Weißzuckerfabrik [64b]

n – Zyklenzahl; als Reaktivationslösung wurde angewendet: *1* – 1% NaOH, *2* – 5% HCl, *3,4* – 10% NaCl/1% NaOH; *5* – 1% NaOH/10% NaCl, *6* – 1% NaOH/1,5% CH_3COONH_4

Zuckerraffinerie und eine zweite Probe in einer Rohzuckerfabrik eingesetzt worden war. Im ersten Falle fand eine weitgehende Reaktivierung bereits nach einer verlängerten Regenerierung mittels verdünnter Natronlauge statt (s. *Abb. 3–53*), im zweiten Falle wurden nacheinander verschiedene Regeneriermittel angewendet, wie es *Abb. 3–54* zeigt.

Bei der Behandlung mit Salzsäure wurde ein sehr dunkler Ablauf erhalten, im folgenden Entfärbungszyklus war die entfärbte Lösung dann jedoch sauer. Man muß deshalb nach einer HCl-Behandlung die Harzsäule noch mit verdünnter Natronlauge auswaschen. Bei einem älteren, nur noch schwach basischen Harz ist es von besonderem Vorteil, eine alkalische Regenerierung mit darauffolgender Aktivierung anzuwenden. Mittelstark basische Anionenaustauscher, die regelmäßig mit NaOH regeneriert wurden, kann man nach AREND DE WAARD [194] auch mit einer Mischlösung von NaOH und NaCl reaktivieren.

Eine ganze Reihe von Arbeiten wurde über die Reaktivierung von *stark basischen Anionenaustauschern* auf Basis vernetzten Polystyrols durchgeführt. Wir versuchten z. B., eine Wiederbelebung von AMBERLITE IRA 401 S durchzuführen, das einer Handrezyklisation unter Laborbedingungen ausgesetzt worden war. Innerhalb von 20 Laborzyklen war dabei der *D*-Wert von 89% auf 49% gesunken. Nach einer langdauernden NaCl-Regenerierung stieg er im nächsten Zyklus wieder auf 58% an. In einem weiteren Zyklus wurde nach normaler NaCl-Regenerierung noch ein Bettvolumen 7%iger Salzsäure angewendet, wobei ein intensiv brauner Ablauf auftrat und die Reaktivierung dann durch Auswaschen der Harzsäule mit Wasser, NaCl-Lösung und Wasser beendet. Nach dieser Behandlung stieg der *D*-Wert zwar auf 71% an, sank jedoch nach relativ kurzer Zeit unter den normalen Regenerierungsbedingungen (NaCl-Lösung) wieder auf das vorhergehende niedrige Niveau.

HARDING und BRUDER [63] beschrieben eine langfristige Entfärbung von Zuckerlösungen (410 Zyklen) unter Verwendung von AMBERLITE IRA 401. Diese Autoren empfehlen eine Reaktivierung mit *oxydierenden Lösungen*, speziell mit Alkalihypochlorit, bei Zimmertemperatur. Bei der Behandlung von stark gefärbten Lösungen soll die oxydierende Aktivierung bei jeder Regeneration und bei schwächer gefärbten Lösungen nur periodisch angewendet werden. Die Anwendung von Oxydationsmitteln wurde auch von HIROSHI SHIMIZU und Mitarbeitern [195] sowie von JUNICHI OBARA [196] empfohlen. T. TANAKA [197] bevorzugt eine Reaktivierung mit 0,5% NaClO unter gleichzeitigem Einblasen von Druckluft in die Harzschicht.

S. IWASHINA [198, 199] untersuchte die Reaktivierung von Entfärbungs-Anionenaustauschern auf Polymerisat-Basis und verglich dabei eine 0,5%ige Natriumhypochlorit-Lösung mit 3,3%iger Salzsäure. Bei einem 400-Zyklen-Versuch mit AMBERLITE IRA 401 S führte er nach jeweils 10 Zyklen eine Reaktivierung durch und stellte fest, daß bei Anwendung von Hypochlorit eine ziemlich starke Zerstörung des Harzes eintrat, der ein nicht genügender Reaktivierungseffekt gegenüberstand. Elektronenmikroskopisch wurde eine Beschädigung der feinen Oberflächenstruktur nachgewiesen [198]. Die Austauschkapazität sank auf 48,7%, bei der HCl-Reaktivierung dagegen nur auf 56,1%. Der Abriebfaktor sank auf 50,06%, bei der HCl-Reaktivierung auf 61,9%. Bei anderen Versuchen fand S. IWASHINA [93], daß durch Alkalihypochlorit die leicht zugänglichen austauschfähigen Gruppen von *makroporösen Anionenaustauschern* stärker abgebaut werden als bei solchen mit latenter Porosität. Diese Aussage steht in einem scheinbaren Widerspruch zu zahlreichen Angaben über eine den normalen Typen gegenüber erhöhte Oxydationsbeständigkeit makroporöser Harze (s. S. 64), bei denen jedoch nur das Skelett oxydationsbeständiger ist als bei den Geltypen.

In einer unserer eigenen Arbeiten haben wir Harzproben, die in einem 100-Zyklen-Versuch gealtert worden waren, reaktiviert (s. S. 108), [64b]. Bei ASMIT 259 trat eine teilweise Wiederbelebung ein, wenn verdünnte NaOH statt der NaCl-Lösung angewendet wurde (s. *Abb. 3–51*). Der Rückgang der Entfärbungsfähigkeit bei dem Polyaminharz DEKOLOREX A4 und bei ASMIT 224 kann auf eine ungenügende Regenerierung mit NaCl-Lösung zurückgeführt werden. Der Ersatz von NaCl durch NaOH bewirkte schon eine teilweise Reaktivierung. Bei DEKOLOREX A4 stieg *D* von 7—8% auf 30—33%. Bei *Polyalkylenpolyamin-Harzen* kann man Natriumhypochlorit-Lösung oder andere Oxydationsmittel nicht anwenden, weil dadurch eine ziemlich rasche Zersetzung des Austauscherharzes stattfindet. Bei den Harzen auf *Basis vernetzten Polystyrols* DEKOLOREX A5 und AMBERLITE IRA 401 S wurde eine partielle Wiederbelebung durch Behandlung mit 5%iger Salzsäure erzielt. Bei der Behandlung von Polymerisat-Harzen mit alkoholischer Salzsäure wurde ein stark gefärbtes Filtrat erhalten, ein entsprechender Reaktivierungseffekt trat jedoch nicht ein.

3.5. Die Natur der Entfärbungsvorgänge

Mit Rücksicht auf die Mannigfaltigkeit und die komplizierte Zusammensetzung der Melassefarbstoffe sind die zur Entfärbung führenden Sorptionsvorgänge keinesfalls einfacher Natur. Je nach der Struktur der Entfärbungsharze, besonders der Natur der sorptionsaktiven Gruppen, kommt den einzelnen Grundprozessen der Sorption unterschiedliche Bedeutung zu.

Bei Entfärbungsharzen, die nur *schwach saure phenolische Gruppen* enthalten, verläuft im sauren Medium eine Allgemeinadsorption oder Polaradsorption. Diese Austauschertypen sind jedoch für die Zuckerentfärbung nur von geringer praktischer Bedeutung, weil die Entfärbung saurer Lösungen bei der Zuckerfabrikation wegen der Gefahr der Saccharoseinversion nicht üblich ist. Im sauren Medium liegen die schwach sauren Farbstoffe im undissoziierten Zustand vor und können nach dem WEISS-Effekt [167] von den undissoziierten phenolischen Gruppen des Harzes aufgenommen werden. Im alkalischen Medium findet auf Grund der elektrolytischen Dissoziation der Farbstoffe und des Vorliegens der phenolischen Gruppen in undissoziierter Form keine Sorption statt.

Kationenaustauscher sind also unter den hier beschriebenen Bedingungen praktisch nicht brauchbar. Wie bereits erwähnt wurde, finden sie aber in vielen Fällen zur Herstellung von in Europa nicht üblichen Spezialprodukten Verwendung, wenn Wert auf eine Klärung durch Flockung von Kolloiden kombiniert mit einer partiellen Invertierung gelegt wird.

Ein verwickelter Sorptionsprozeß liegt bei der Entfärbung mit Harzen auf Basis von *Polykondensaten aromatischer Amine* mit Formaldehyd vor. In einer früher veröffentlichten Arbeit [151] befaßten wir uns mit der Aufklärung dieser Vorgänge unter Anwendung von Modellsubstanzen. Wir stellten fest, daß die relative Entfärbung vom Farbstofftyp, seiner Ionenform und von der Ionenform des Harzes abhängt. Die Salze von sauren Farbstoffen, wie Methylorange, Methylrot und Kongorot, werden durch das Harz in der Cl^--Form stärker als durch dasselbe Harz in der OH^--Form aufgenommen. Entsprechend werden die Lösungen von basischen Farbstoffen, z. B. Chrysoidin, in Form der freien Base besser durch die

OH^--Form des Austauschers entfärbt. Die Ergebnisse der erwähnten Messungen werden in den *Abb. 3–55* und *3–56* wiedergegeben.

Das Harz befindet sich in der Basenform im undissoziierten Zustand und die Entfärbung beruht darum hauptsächlich auf physikalischer Adsorption. Aus diesem Grunde werden auch mehr Kationen als Anionen aufgenommen (Weiss-Effekt [167]). Die Cl^--Form des Harzes befindet sich dagegen im ionisierten Zu-

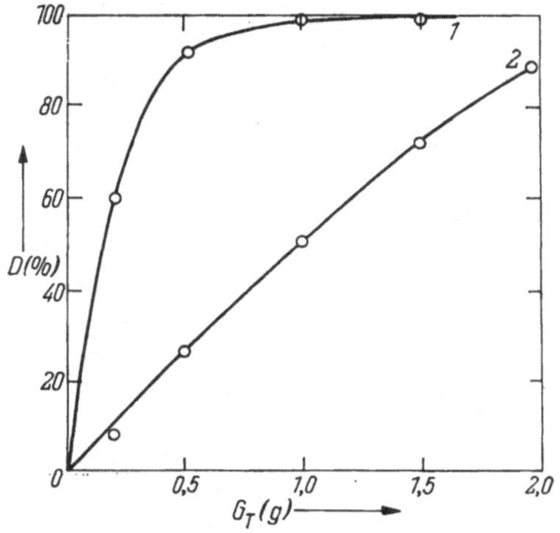

Abb. 3–55

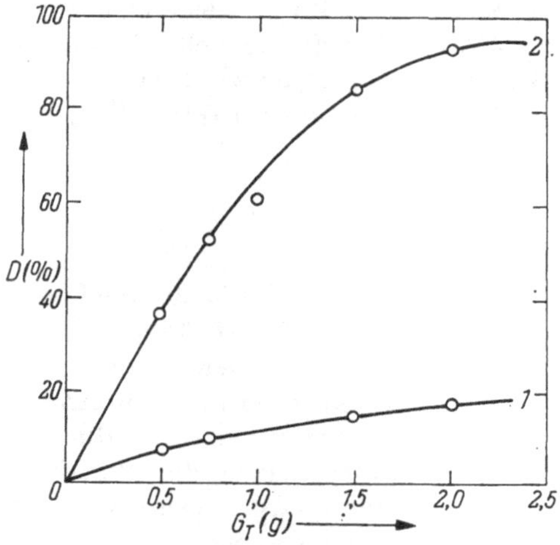

Abb. 3–56

Abb. 3–55: Einfluß der Ionenform eines Anionenaustauschers aus m-Phenylendiamin und Formaldehyd auf die Entfärbung einer Methylorange-Lösung [151]

Anfangskonzentration des Na-Salzes der Methylorange: 10^{-3} mol/Liter, Versuchstemperatur 80 °C, Berührungszeit 6 h. Das Harz wurde (*1*) mit Salzsäure bzw. (*2*) mit Natronlauge vorbehandelt

Abb. 3–56: Einfluß der Ionenform eines Anionenaustauschers aus m-Phenylendiamin und Formaldehyd auf die Entfärbung einer Chrysoidin-Lösung [151]

Anfangskonzentration des Chrysoidin-Hydrochlorids: 10^{-3} mol/Liter, Versuchstemperatur 80 °C, Berührungszeit 6 h. Das Harz wurde (*1*) mit Salzsäure bzw. (*2*) mit Natronlauge regeneriert

stand, und Ionenaustausch ist nicht ausgeschlossen. Wenn eine Lösung nur Salze basischer Farbstoffe enthält, können die Farbkationen durch Adsorption aufgenommen werden. Damit kann die bevorzugte Aufnahme von sauren Farbstoffen den basischen gegenüber erklärt werden. Die Untersuchung der sich bei der Sorption einfacher Farbstoffe einstellenden Gleichgewichte zeigte, daß die Entfärbung nach einem Ionenaustausch- und einem Adsorptions-Mechanismus verläuft. Unter geeigneten Versuchsbedingungen kann auch nur Adsorption allein (Wheaton-Baumann-Effekt [200], Weiss-Effekt [167]) vorkommen.

Die *Geschwindigkeit der Sorptionsvorgänge* wird durch die Diffusion bestimmt und erhöht sich deshalb auch bei Temperaturanstieg. So wurde z. B. festgestellt, daß sich das Gleichgewicht zwischen einem Harz und einer Methylorange-Lösung bei 80 °C nach 10—15 h, bei 35 °C nach 55—65 h und bei 25 °C nach 65—70 h einstellt. Ähnliche Resultate wurden auch mit Methylrot erhalten. Die Gleichgewichtseinstellung dauerte bei 55 °C 40—45 h und bei 25 °C 100—110 h. Die Kongorot-Aufnahme verlief wegen der größeren Moleküldimensionen noch langsamer.

Auf die überwiegende Bedeutung der physikalischen Natur der Sorptionsbindungen weisen auch einige Ergebnisse von Desorptionsversuchen hin. Die mit Methylorange oder Methylrot partiell beladenen Harze werden am leichtesten mit einer alkalischen Lösung regeneriert. Die Menge an desorbiertem Farbstoff ist unter sonst gleichen Bedingungen bei Regenerierung mit 0,1 n NaOH zehnmal so

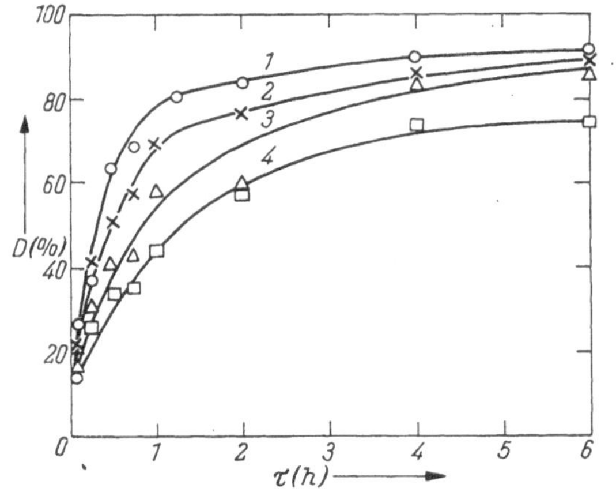

Abb. 3–57: Abhängigkeit der mittels des amphoteren Harzes Dekolorex AK-912 erzielten relativen Entfärbung von der Temperatur [18]
1 — 80 °C; *2* — 60 °C; *3* — 40 °C; *4* — 20 °C

groß wie bei der Anwendung von 0,1 n HCl. Gemäß der physikalischen Natur der Sorptionsbedingungen tritt eine Desorption auch bei Einwirkung von Wasser bei erhöhter Temperatur ein. Dieser Vorgang ist umkehrbar, und die Lösung wird beim Abkühlen wieder farblos.

Die bei der Sorption von einfachen Farbstoffen gewonnenen Erkenntnisse sind sinngemäß auf die Entfärbung von Zuckerlösungen übertragbar. Bei Melassefarbstoffen handelt es sich meist um schwach saure Substanzen, so daß wir ähnlich wie bei den definierten sauren Farbstoffen den größten Entfärbungseffekt nach saurer und den kleinsten nach alkalischer Behandlung des Harzes finden [19] (s. *Abb. 3–36*). Bei Versuchen mit Modellsubstanzen wurde festgestellt, daß die Sorptionsvorgänge schwach exotherm sind und infolgedessen die Farbstoffaufnahme im Gleichgewicht bei ansteigender Temperatur absinkt. Die Diffusion der Farbstoffe spielt jedoch eine so überwiegende Rolle, daß praktisch optimale Entfärbungseffekte bei erhöhter Temperatur erhalten werden (s. *Abb. 3–57*).

Die Natur der Sorptionsvorgänge am *mittelstark basischen* und am *stark basischen Ionenaustauscher* ist ganz unterschiedlich. Mit dem Ansteigen der Basizität und der Konzentration der dissoziierten funktionellen Gruppen wächst der Anteil des Ionenaustausches am gesamten Entfärbungsprozeß. Trotzdem kann unter diesen Bedingungen auch Allgemeinadsorption vorkommen. Besonders vorteilhaft ist die Tatsache, daß die Entfärbung nach einem Ionenaustauschmechanismus nur wenig vom pH-Wert abhängig ist. Bei einem Polyalkylenpolyamin-Harz wurden z. B. sehr ähnliche Entfärbungseffekte sowohl nach saurer, wie auch nach neutraler oder alkalischer Behandlung gefunden [19].

Bei der Entfärbung mit Dekolorex A4 in der OH^--Form unter Betriebsbedingungen stieg der pH-Wert der entfärbten Kläre an, während der Entfärbungseffekt praktisch konstant blieb.

Wenn der Anteil des Ionenaustausches am gesamten Sorptionsvorgang überwiegt, verläuft auch die Desorption der Farbstoffe leichter. Meist genügt zur Elution der Farbstoffe ein neutraler Elektrolyt, der deren Dissoziation kaum beeinflußt. Am häufigsten wird zur Regenerierung eine NaCl-Lösung benutzt. Sie genügt aber nicht mehr, wenn die stark basischen funktionellen Gruppen durch Alterung abgebaut sind und das Entfärbungsharz unter Betriebsbedingungen nur noch ungenügend dissoziiert ist. Die Regenerierung muß dann ähnlich wie bei schwach basischen Austauscherharzen vorgenommen werden. Man benutzt Natronlauge, die den Farbstoff dispergiert oder in den dissoziierten Zustand überführt und die physikalische Adsorption aufhebt.

Aus den bisherigen Erfahrungen folgt, daß bei Überwiegen der physikalischen Adsorption eine erhöhte Gefahr der Blockierung der Austauscherstruktur durch die Farbstoffe besteht. In Übereinstimmung damit werden vor allem Harze mit geringer Basizität leicht blockiert. Dekolorex A5 und Amberlite IRA 401 S besitzen z. B. bezüglich der Struktur (Porosität) und der Natur der austauschfähigen Gruppen sehr ähnliche Eigenschaften. Beim erstgenannten Typ besteht jedoch eine höhere Konzentration der funktionellen Gruppen und damit auch ein stärker ausgeprägter Ionenaustauschercharakter. Die Folge davon ist eine geringere Blockierung durch die Farbstoffe und eine längere Lebensdauer unter Betriebsbedingungen (s. auch S. 104, 111).

Literatur

[1] Takashi Fuchiwaki, Goichi Moriyama: Jap. Pat. 23993 (1963), 23994 (1963)

[2] Frisch, N. W., und A. F. Preuss: US-Pat. 2906714 (1959)

[3] Wegler, R., und H. Herlinger: in Houben-Weyl: „*Methoden der organischen Chemie*", Band XIV/2, Makromolekulare Stoffe, Teil 2, Georg-Thieme-Verlag Stuttgart, 1961

[4] Walker, J. F.: „*Formaldehyde*", Reinhold Publishing Corp., New York 1953

[5] Wegler, R.: in Houben-Weyl: „*Methoden der organischen Chemie*", Band XIV/2, Makromolekulare Stoffe, Teil 2, Georg-Thieme-Verlag Stuttgart, 1961

[6] Číž, K., J. Štamberg und V. Valter: Listy cukr., **73**, 182 (1957)

[7] Štamberg, J.: Chem. průmysl, **8**, 33, 276 (1958)
[8] Štamberg, J.: Chem. průmysl, **9**, 34, 209 (1959)
[9] Abrams, I. M., und B. N. Dickinson: Ind. Engng. Chem. **41**, 2521 (1949)
[10] Grasso, S.: Olearia **5**, 24 (1951)
[11] N. V. W. A. Scholtens: Aardappelmeelfabrieken, Holl. Pat. 64871 (1949)
[12] Krizkovsky, F. L. P. und A. Huneman: US-Pat. 2527099 (1950)
[13] O. J. Meijers Dextrinenfabrieken N. V., Belg. Pat. 101116 (1941)
[14] O. J. Meijers Dextrinenfabrieken N. V., Belg. Pat. 449058 (1943)
[15] O. J. Meijers Dextrinenfabrieken N. V., Brit. Pat. 616278 (1945)
[16] O. J. Meijers Dextrinenfabrieken N. V., Holl. Pat. 63997 (1941)
[17] Meijer, H. W.: Schwed. Pat. 119073 (1941)
[18] Štamberg, J.: Bisher nicht veröffentlicht
[19] Štamberg, J., und O. Filip: Listy cukr. **73**, 243 (1957)
[20] Štamberg, J.: Listy cukr. **79**, 6 (1963)
[21] N. V. Octrooien Maatschappij „Activit", Brit. Pat. 735081 (1955)
[22] H. W. J. H. Meijer: „Activit", US-Pat. 2650177 (1953)
[23] O. J. Meijers Dextrinenfabrieken N. V., Holl. Pat. 69205 (1952)
[24] Häder, H.: US-Pat. 2994669 (1959)
[25] Möbius, G., und H. Häder: DDR-Pat. 5968 (1953)
[26] N. V. Centrale Suiker Maatschappij, Brit. Pat. 668377 (1949)
[27] Kantebeen, L. J.: Holl. Pat. 72966 (1953)
[28] Lauth, H., und G. Möbius: DDR-Pat. 6100 (1953)
[29] Chromeček, R., und J. Jansa: ČS-Pat. 107501 (1963); 107502 (1963)
[30] Wolf, Fr., und H. J. Gruendel: DBP. 1144005 (1963)
[31] Štamberg, J., und O. Filip: ČS-Pat. 87069 (1957)
[32] N. V. Octrooien Maatschappij „Activit", Holl. Pat. 86272 (1957).
[33] Henry, L.: Bull. Acad. Roy. Belg. **28**, 359, 366 (1894); **29**, 355 (1895)
[34] Myers, R. J., und J. W. Eastes: US-Pat. 2362086 (1944)
[35] Resinous Products and Co., Brit. Pat. 560735 (1944)
[36] Little, R. J.: US-Pat. 2259169 (1941)
[37] Abel, K., und R. Imray: Brit. Pat. 489173 (1938)
[38] Imperial Chemical Industries Ltd., Brit. Pat. 619356 (1944)
[39] Merookin, N. M.: US-Pat. 2049467 (1936)
[40] Štamberg, J., und Fr. Krška: bisher nicht veröffentlicht
[41] IG Farbenindustrie, DRP 160132 (1941)
[42] Griessbach, R.: „*Austauschadsorption in Theorie und Praxis*", Akademie-Verlag, Berlin, 1957
[43] American Cyanamid Co.: US-Pat. 2469683 (1949)
[44] American Cyanamid Co.: US-Pat. 2469642 (1949)
[45] American Cyanamid Co.: US-Pat. 2469693 (1949)
[46] American Cyanamid Co.: US-Pat. 2469694 (1949)
[47] American Cyanamid Co.: US-Pat. 2515142 (1950)
[48] American Cyanamid Co.: US-Pat. 2586882 (1952)
[49] American Cyanamid Co.: US-Pat. 2586883 (1952)
[50] American Cyanamid Co.: US-Pat. 2586770 (1952)
[51] American Cyanamid Co.: US-Pat. 2610156 (1952)
[52] American Cyanamid Co.: US-Pat. 2610170 (1952)
[53] American Cyanamid Co.: US-Pat. 2614085 (1952)

[54] Michael, M. W.: US-Pat. 2543666 (1951)

[55] N. V. Octrooien Maatschappij „Activit", Fr. Pat. 1085983 (1955)

[56] Lešek, F., und J. Štamberg: ČS-Pat. 101375 (1961)

[57] Lešek, F., und J. Štamberg: ČS-Pat. 102887 (1962)

[58] Naumann, G.: DDR-Pat. 19643 (1960)

[59] Staudinger, H.: Transact. Farad. Soc. **32**, 323

[60] Kressman, T. R. E.: DAS 1110423 (1960)

[61] Wiley, R., u. a.: J. phys. Chem. **68**, 7, 1776 (1964)

[62] Kressman, T. R. E., und J. R. Millar: Chem. and Ind. **1961**, 1833–1834

[63] Harding, F. H., und F. Bruder: US-Pat. 2785998 (1957)

[64] Štamberg, J., und Z. Vašíček: *„Ionenaustauscher in Einzeldarstellungen, I., Anomalien bei Ionenaustauschvorgängen* 1961", Akademie-Verlag ,Berlin, 1962

[64a] Štamberg, J., und Z. Vašíček: Chem. průmysl **12**, 37, 213 (1962)

[64b] Štamberg, J., und Z. Vašíček: Listy cukr. **79**, 33 (1963)

[65] Logemann, H.: in Houben-Weyl: *„Methoden der organischen Chemie"*, Bd. XIV/1, Makromolekulare Stoffe, Teil 1, Stuttgart, 1961

[66] Pepper, K. W., u. a.: J. Chem. Soc. **1953**, 4097

[67] McBurney, C. H.: US-Pat. 2591573 (1952)

[67a] McBurney, C. H.: US-Pat. 2591574 (1952)

[68] Juračka, F.: Chem. průmysl **9**, 34, 269 (1959)

[68a] Juračka, F.: Chem. průmysl **10**, 526 (1964)

[69] Noda, I., und I. Kagawa: J. chem. Soc. Japan Ind. Chem. Sect. **66**, 854 (1963)

[70] Trostjanskaja, E. B., u. a.: Chem. prom. **1959**, 7, 23

[70a] Trostjanskaja, E. B., u. a.: Ž. wsesojuz. chim. obščestva Mendeljewa **5**, 1, 116 (1960)

[71] Riener, E. F.: US-Pat. 2874132 (1959)

[71a] Riener, E. F.: DAS 1068019

[72] Seifert, H.: DAS 1058737

[73] Corte, H., u. a.: DAS 1010738

[74] Kressmann, Th. R. E.: US-Pat. 3021288

[75] McMaster, E. L.: US-Pat. 2992544 (1961)

[75a] McMaster, E. L.: DAS 1049097

[75b] McMaster, E. L.: DAS 1080094

[76] Chem. Process Co.: EP 829696

[76a] Patterson, J. A., und I. M. Abrams: DAS 1055813

[77] Corte, H.: Fr. Pat. 1460291

[77a] Corte, H., und O. Netz: US-Pat. 3297648

[78] Wolf, F., und G. Neigenfind: Kernenergie **10**, 4, 122 (1967)

[79] Krška, F., J. Štamberg und Z. Pelzbauer: Angew. makromol. Chem. **3**, 149 (1968)

[80] Baumann, W. C., und R. McKellar: US-Pat. 2614099 (1952)

[81] Downing, W., und R. Herrington: Druckschrift zur International Water Conference Oktober 1963

[82] Kunin, R., u. a.: J. Am. Chem. Soc. **84**, 305 (1962)

[83] Die Wasserwirtschaft **51**, 6, 172 (1961)

[84] Seidl, J.: Chem. průmysl **14**, 6, 322 (1964)

[85] Europa-Chemie **1965**, 12, 13

[86] Kunin, R., u. a.: Ind. Engng. Chem. Prod. Res. Develop **1**, 140 (1962)

[87] Malinský, J., u. a.: Chem. průmysl **13**, 7, 386 (1963)

[88] Seidl, J., u. a.: Plast. Massy (UdSSR) **1963**, 7

[88a] SEIDL, J.: Dissertation, ÚMCH-ČSAV, Prag 1964
[89] MALINSKÝ, J., und J. SEIDL: Chem. průmysl **14**, 8, 416 (1964)
[90] SEIDL, J., u. a.: Chem. průmysl **8**, 446 (1961)
[91] „*Anomalien bei Ionenaustauschvorgängen*", Akademie-Verlag Berlin, 1962, S. 153ff
[92] KRESSMANN, T. R. E.: Effluent Water Treatment J. **6**, 119 (1966)
[93] IWASHINA, S., u. a.: Proc. Research Soc. Jap. Sugar Ref. Technol. **6**, 23 (1957)
[94] Sugar Chemical Co., Establissement: Fr. Pat. 1322592 (1962)
[95] BOHNSACK, G.: VEG-Mitt. 76 (Febr. 1962)
[96] KRESSMANN, T. R. E., u. a.: Austr. Pat. 239532 (1959) und Austr. Pat. 250350 (1961)
[97] European Chemical News **9**, 207, 38 (1966)
[98] Chem. Engng. News **43**, 43, 51 (1965)
[99] DUŠEK, K.: Collect. Czech. Chem. Commun. **30**, 11, 3804 (1965)
[100] DUŠEK, K.: Chem. Listy **59**, 1353 (1965)
[101] SEIDL, J.: Chem. průmysl **16**, 273 (1966)
[102] DUŠEK, K.: J. Polym. Sci. Part. B **3**, 209 (1965)
[103] CORTE, H., u. a.: DAS 1113570 (1957) bzw. Fr. Pat. 1205505
[104] Fa. Röhm und Haas: Fr. Pat. 1237343 (1960)
[105] MILLAR, J. R.: Br. Pat. 849122 (1959)
[106] MEITZNER, E. E., und J. A. OLINE: Austr. Pat. 242058 (1959)
[107] CORTE, H.: Fr. Pat. 1211485 (1958)
[108] CORTE, H.: DAS 1049583 (1957)
[109] CORTE, H., und A. MEYER: DAS 1045102 (1957) bzw. Br. Pat. 885719, Ital. Pat. 606088, Fr. Pat. 1199562
[110] BACHMANN, R., u. a.: DWP 35794 (1963)
[111] MILLAR, J. R., u. a.: J. Chem. Soc. **1963**, 1, 218
[112] MILLAR, J. R., u. a.: J. Chem. Soc. **1965**, 1, 304
[113] SEIDL, J., und J. MALINSKÝ: Chem. průmysl **13**, 100 (1963)
[114] ABRAMS, I. M.: Ind. Engng. Chem. **48**, 1469 (1956) und Br. Pat. 785157 (1957)
[115] DUŠEK, K.: Chem. průmysl **13**, 662 (1963)
[116] LEŠEK, F.: Chem. průmysl **16**, 5, 288 (1966)
[117] LEŠEK, F., und F. TÄUBEL: Chem. průmysl **16**, 721 (1966)
[118] Fa. Resindion: Fr. Pat. 1295537 (1961) bzw. Holl. Pat. 260170 (1961)
[119] SEIDL, J., u. a.: Chem. průmysl **15**, 7, 414 (1965)
[120] TEVLINA, A. S., und S. F. SADOVA: Ž. prikl. chim. **38**, 7, 1643, (1965)
[121] MCBURNEY, CH. H.: DBP 829223 (1949)
[122] MIKES, J. A.: Magyar Kemikusok Lapja **11**, 346 (1956) und J. Polym. Sci. **30**, 615 (1958)
[123] MIKES, J. A.: Ung. Pat. 145775 (1956)
[124] MIKES, J. A.: Ung. Pat. 151128 (1964)
[125] MILLAR, J. R., u. a.: J. Chem. Soc. **1963**, 218
[126] BACHMANN, R., u. a.: DAS 1184959 (1962)
[127] BUREŠ, J.: ČS-Pat. Anm. PV 5727-61 (1961)
[128] MOORE, J. G.: J. Polym. Sci. Part. A **2**, 835 (1964)
[129] HEITZ, W., u. a.: Makromol. Chem. **98**, 42 (1966)
[130] HOLLIS, O. L.: Analyt. Chem. **38**, 2, 309 (1966)
[131] Minoc Firmenschrift „Amberlite XAD 2" Fa. Minoc 18, Rue la Boétie, Paris 8^{e}
[132] Chem. Engng. **72**, 12, 102 (1965)
[133] Laboratory Practice **14**, 2, 188 (1965)
[134] Chem. and. Ind. **1965**, 48, 1981

[135] Ch. Ing. Techn. **38**, 2, A 125 (1966)
[136] Borowsky, R., u. a.: Chem. průmysl **8**, 446 (1963)
[137] Smit, P.: „*Anomalien bei Ionenaustauschvorgängen*", Akademie-Verlag, Berlin, 1962, S. 257–268
[138] Meier, E.: US-Pat. 3122456 (1964) bzw. DAS 1148200 (1963)
[139] v. d. Linde, H. J.: Zucker **13**, 340 (1962)
[140] Wolf, F., und R. Bachmann: Brit. Pat. 950501 (1961)
[141] Kunin, R.: Ind. Engng. Chem., **56**, 35 (1964)
[142] Lefevre, L. J., und W. I. Childs: US-Pat. 2970071 (1959)
[143] Lymann, Wm. R., und A. F. Preuss, jr.: US-Pat. 2813838 (1957)
[144] Griessbach, R.: Angew. Chemie, **66**, 17 (1954)
[145] Stamicarbon, N. V.: Brit. Pat. 757390 (1956)
[146] Directie van de Staatsmijnen, Holl. Pat. 73798 (1953)
[147] Grant, R. A.: Brit. Pat. 923109 (1961)
[148] Barer, R. M.: Trans. Farad. Soc., **40**, 214 (1944)
[149] Grubhofer, N.: Makromol. Chem., **30**, 96 (1959)
[150] Blasius, E., und H. Pittak: Angew. Chemie, **71**, 445 (1959)
[151] Dušek, K., und J. Štamberg: Chem. průmysl **9**, 487 (1959)
[152] Gärtner, K., R. Griessbach und E. Anton: Kolloid-Z., **175**, 123 (1961)
[153] Griessbach, R.: Z. Elektrochem., **57**, 152 (1953)
[154] Blasius, E., H. Pittak und M. Negwer: Angew. Chemie, **68**, 671 (1956)
[155] Schlögl, R., und H. Schurig: Z. Elektrochem. **65**, 863 (1961)
[156] Kuhn, W., E. Peterli und H. Majer: J. Polym. Sci., **16**, 539 (1955); Z. Elektrochem. **62**, 296 (1958)
[157] Glueckauf, E., und R. E. Watts: Nature, **191**, 904 (1961); Proc. Roy. Soc., **A 268**, 339 (1962)
[158] Glueckauf, E.: Proc. Roy. Soc., **A 268**, 350 (1962)
[159] Koschel, D., und R. Schlögl: Z. physik. Chem. N. F., **11**, 137 (1957)
[160] Schlögl, R., und B. Stein: Z. physik. Chem. N. F., **13**, 111 (1957); Z. Elektrochem. **62**, 340 (1958)
[161] Lešek, F.: bisher nicht veröffentlicht
[162] Kantebeen, L. J.: Holl. Pat. 81911 (1956)
[163] Kantebeen, L. J.: Brit. Pat. 698353 (1953)
[164] Grant, R. A.; Proc. 34th Ann. Congr. S. African Sugar Technol. Assoc. **1960**, 74
[165] Gerasimov, G. J., L. F. Jachontova und B. P. Bruns: Issledovania v oblasti promyslennogo primenenia sorbentov, Izdat. akademii nauk SSSR, Moskva 1961, S. 70
[166] Iwashina, S.: J. Agric. Chem. Soc. Japan, **33**, 433 (1959)
[167] Weiss, D. E.: Nature, **166**, 66 (1950)
[168] Benin, G. S., und E. E. Šnaider: Sach. promyšl., **25**, 11 (1951)
[169] Iwashina, S.: J. Agric. Chem. Soc., Japan, **31**, 293 (1957)
[170] Helfferich, F.: „*Ionenaustauscher*", Band I: Grundlagen — Struktur — Herstellung — Theorie, Verlag Chemie, GmbH, Weinheim, 1959
[171] Smit, P.: Z. Zuckerind., **79**, 61 (1954)
[172] Benin, G. S., und E. E. Šnaider: Sachar. promyšl., **23**, 16 (1949)
[173] Antonioli, A. G.: 9th Congr. intern. inds. agr., **1952**, Sect. C. S. to C. P. 4,15 pp.
[174] Labouchère, A.: 10th Congr. intern. inds. agr. y aliment. Madrid **1954**, 1225
[175] Japan Organo Co., Ltd., Jap. Pat. 251224 (1956)
[176] Štamberg, J., und V. Nováčková: bisher nicht veröffentlicht

[177] Iwashina, S.: Dempuuto Gijutsu Kenkyu Kaiko, No. 24, 15 (1961)
[178] Iwashina, S.: J. Agric. Chem. Soc. Jap., **31**, 827 (1957)
[179] Conley, R. T., und J. F. Bieron: J. of Appl. Polym. Sci., **7**, 103, 171 (1963)
[180] de Jong, G. J.: Stärke, 8, 164 (1956)
[181] Mencl, Z., V. Valter und A. Dusbabová: Listy cukr. **74**, 193 (1958)
[182] Štamberg, J., und F. Krška: Listy cukr. **76**, 129 (1960)
[183] Iwashina, S.: J. Agric. Chem. Soc. Japan, **33**, 437 (1959)
[184] Iwashina, S.: J. Agric. Chem. Soc. Japan, **32**, 876 (1958)
[185] Iwashina, S.: J. Agric. Chem. Soc. Japan, **33**, 136 (1959)
[186] Iwashina, S., T. Miyao und T. Asami: Proc. Res. Soc. Japan Sugar. Ref. Technol., **4**, 34 (1955)
[187] Rabek, T. I., und D. Zuchowska: Bull. Acad. Polon. Sci., Ser. Sci. Chim., **10**, 57 (1962)
[188] Khasanov, A. K., und I. F. Zelikman: Izv. Vyšších Učebn. Zavedénij, Piščevaja Technol., **1963**, 2, 69
[189] Meleško, V. P., und I. M. Vojtovič: Sach. prom., **35**, 30 (1961)
[190] Durdík, F. T.: bisher nicht veröffentlicht
[191] Valter, V., Z. Mencl, K. Číž und J. Štamberg: Listy cukr. **76**, 265 (1960)
[192] Suzuki, K.: Proc. Res. Soc. Japan Sugar Ref. Technol. **8**, 22 (1959)
[193] Americ. Cyanamid. Co.: US-Pat. 2451272 (1945)
[194] de Waard, A.: Fr. Pat. 1241337 (1959)
[195] Shimizu, H. u. a.: Jap. Pat. 3211 (1959)
[196] Junichi Obara: Proc. Res. Soc. Japan Sugar Ref. Technol. **4**, 22 (1955)
[197] Tanaka, T.: Proc. Res. Soc. Japan Sugar Ref. Technol. **8**, 30 (1959)
[198] Iwashina, S.: Proc. Res. Soc. Japan Sugar Ref. Technol., **8**, 34 (1959)
[199] Iwashina, S.: J. Agric. Chem. Soc. Japan, **33**, 42 (1959)
[200] Wheaton, R. M., und W. C. Bauman: Ind. Engng. Chem. **45**, 228 (1953)
[201] Anderson, R. E.: Ind. Engng. Chem., Prod. Res. and Develop., **3**, 85 (1964)
[202] Fumasoni, S., E. Mariani und G. C. Maura: Ind. S. accar. ital., **52**, 7 (1959)
[203] Fumasoni, S.: Ind. saccar. ital., **52**, 349 (1959)
[204] Iwashina, S.: J. Agric. Chem. Soc. Japan, **32**, 882 (1958)
[205] Pepper, K. W.: J. Appl. Chem., **1**, 124 (1951)
[206] Pepper, K. W., H. M. Paisley und M. A. Young: J. Chem. Soc., **1951**, 493
[207] Boyer, R. F., und R. S. Spencer: in „*Advances in Colloid Science*", Vol. II., Interscience Publ. 1946
[208] Kun, K. A., und R. Kunin: „*International Symposium on Macromolecular Chemistry*", IUPAC, Preprint No. 187, Praha 1965
[209] Parrish, J. R.: J. Appl. Chem. **15**, 280 (1965)
[210] Attridge, C. J., und J. R. Millar: J. Chem. Soc. Supplement 2, **1964**, 6053
[211] Krška, F. und J. Štamberg: Vortrag auf der Tagung „*30 Jahre Kunstharz-Ionenaustauscher*", Leipzig, 1968
[212] Hwa Jesse, C. H.: US-Pat. 2597493 (1952)
[213] Bodamer, G. W.: US-Pat. 2597439 (1952)
[214] Juračka, F.: Dissertation, Chemisch-technologische Hochschule, Praha (1962)
[215] Iwashina, S.: Proc. Res. Soc. Japan Sugar Ref. Technol., **9**, 114 (1960)
[216] Seidl, J., J. Malinský, K. Dušek und W. Heitz: Advan. Polymer Sci. **5**, 113 (1967)
[217] Seidl, J., und J. Malinský: ČS-Pat. 102478 (1960)
[218] Pelzbauer, Z., und V. Foršt: „*The World through Electron Microscope*", Chemistry II, **1963**, 77, Japan Electron Optics Laboratory Co. Ltd., Tokyo.

4. DIE CHARAKTERISIERUNG VON ENTFÄRBUNGSHARZEN

Laborarbeiten mit Entfärbungs-Ionenaustauschern dienen nur ausnahmsweise direkt praktischen Zwecken. Meist werden die Eigenschaften der Harze untersucht und ihre Eignung für die Entwicklung einer betrieblichen Anwendung geprüft oder im Betrieb eingesetzte Harze auf ihren Zustand untersucht. Im Rahmen dieses Kapitels werden die laboratoriumsmäßige Arbeitstechnik, Entfärbungsversuche im kleinen Maßstab und die Prüfmethodik beschrieben.

4.1. Laboratoriumsmäßige Arbeitstechnik

Ähnlich wie bei den gewöhnlichen Ionenaustauschern wird auch bei den Entfärbungsharzen entweder die statische oder die dynamische Arbeitsweise angewendet [1].

4.1.1. Statische Arbeitsweise

Bei der statischen Arbeitsweise werden abgemessene Lösungs- und Harzmengen miteinander in Kontakt gebracht. Diese Methodik dient der Bestimmung der Gleichgewichtsentfärbung oder der Geschwindigkeit eines Entfärbungsvorganges. Zuerst wird die erforderliche Austauschermenge, einige Zehntel Gramm bis einige Gramm im gequollenen Zustande, abgemessen. Die Harzprobe muß sich in einem *definierten Zustand* befinden. Am besten benutzt man völlig gequollene und mittels Zentrifugieren vom überschüssigen Wasser befreite Harze zur Einwaage. Aus einer parallelen Bestimmung des Trockenrückstandes berechnet man die Einwaage an Trockensubstanz. Der Einsatz völlig getrockneter Entfärbungsharze ist nicht ratsam. Namentlich die Polykondensattypen verändern, wie schon früher erwähnt wurde, beim Austrocknen ihre Entfärbungsfähigkeit. Andere Harztypen können bei wiederholter Trocknung und Aufquellung zerfallen, wodurch ihre Eigenschaften sich gleichfalls verändern. Makroporöse Harze sind gegen ein mehrmaliges Austrocknen und Wiedereinquellen relativ unempfindlich. In jedem Falle nimmt aber ein unvollständig gequollener Austauscher Wasser auf, so daß sich die Porosität und somit auch die Bedingungen für die Aufnahme von Farbstoffen in das Harzskelett ändern. Der Versuch verläuft dann unter nicht definierten Bedingungen.

Wenn ein Schichtvolumen abgemessen werden soll, stellt man zunächst in einem Meßzylinder in Gegenwart von überschüssigem Wasser unter Aufklopfen das zugehörige Rüttelvolumen fest. Aus diesem Rüttelvolumen (s. S. 145) kann

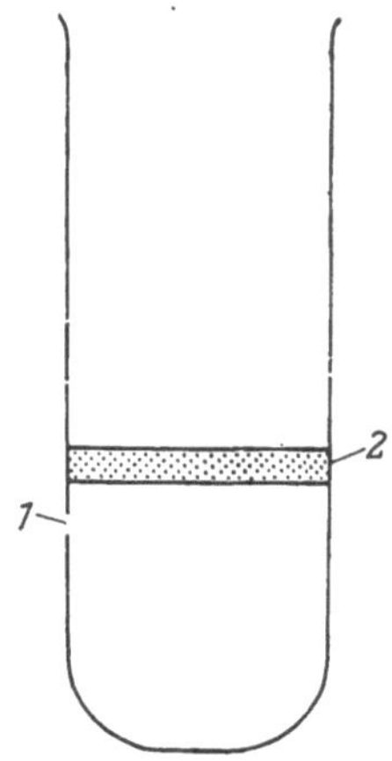

Abb. 4–1: Fritten-Zentrifugenglas [1]
1 — Entlüftung; 2 — Glasfritte

die dem gewünschten Schichtvolumen entsprechende Einwaage an zentrifugiertem Harz ausgerechnet werden.

Zum Zentrifugieren benutzt man normale Laborzentrifugen, die vorteilhaft mit zugestöpselten Fritten-Zentrifugengläsern ausgestattet werden (*Abb. 4–1*).

Man schleudert die Harzproben beispielsweise 5 Minuten bei 3000 U/min ab. Sicherer als durch die Umdrehungszahl werden die Bedingungen für das Zentrifugieren durch die Schwerebeschleunigung nach der Formel

$$g = \frac{4\pi^2 \cdot r \cdot U^2}{g_E} \qquad (4\text{–}1)$$

ausgedrückt (g_E Erdbeschleunigung).

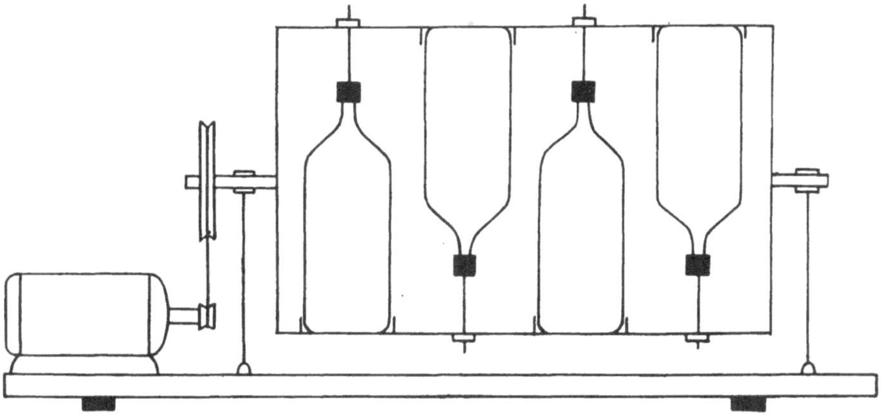

Abb. 4–2: Vertikaler Schüttelapparat [1]

In der Literatur wird beispielsweise für Austauscher auf Basis vernetzten Polystyrols $g = 900$ angegeben [2]. Es ist in jedem Falle günstig, für den betreffenden Typ sowohl die optimale Zentrifugierzeit wie auch g experimentell nachzuprüfen.

Um die Ionenaustauscher mit Lösungen in Kontakt zu bringen, werden verschiedene *Rühr- und Schüttelapparate* angewendet. Als Beispiele sind in der *Abb. 4–2* ein vertikaler und in der *Abb. 4–3* ein horizontaler Schüttelapparat wiedergegeben. *Abb. 4–4* zeigt ein Mehrstellen-Rührwerk, das sich bei der Arbeit mit Entfärbungsharzen gut bewährt hat.

Nachdem die zur Durchmischung von Ionenaustauscher und Lösung notwendige Zeit verflossen ist, wird eine Probe der Lösung zur Analyse entnommen.

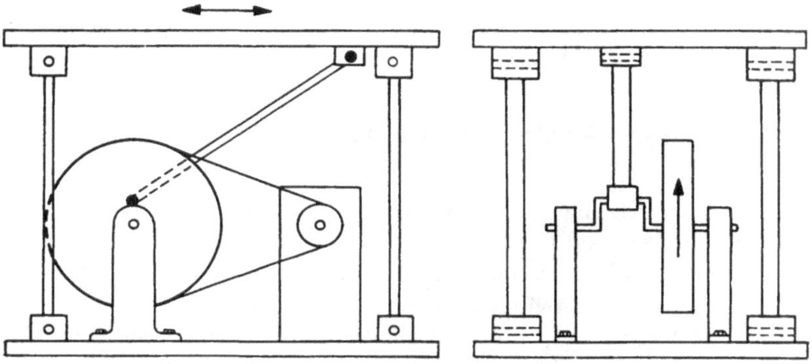

Abb. 4–3: Horizontaler Schüttelapparat [3]

Abb. 4–4: Mehrstellen-Rührwerk mit Wasserbad für Entfärbungs-Ionenaustauscher [4]

Die Probenahme erfolgt entweder direkt mittels einer Pipette, nachdem sich der Ionenaustauscher abgesetzt hat, oder nach der Filtration.

Zur *Bestimmung der Farbstoffkonzentration* der behandelten Lösungen verwendet man verschiedene Kolorimeter-Typen, wobei zur Untersuchung von Melasse-Lösungen das blau-grüne oder blaue Gebiet des sichtbaren Spektrums verwendet wird. Außer der Konzentration von Farbstoffen können natürlich auch andere Eigenschaften der Lösung, wie der pH-Wert, die elektrische Leitfähigkeit, die Polarisation, die chemische Zusammensetzung usw., mittels bekannter Methoden bestimmt werden.

4.1.2. Dynamische Arbeitsweise

Bei der dynamischen Arbeitsweise wird die zu behandelnde Lösung meist durch eine ruhende *Austauschersäule* filtriert. Man verwendet dabei verschiedene Typen von Austauscherkolonnen, die meist einer der folgenden 5 Gruppen angehören [1], (s. *Abb. 4–5*).

Erster Typ: Für weniger als 1—2 m*l* Austauscherharz verwendet man mikroanalytische Kolonnen, das sind enge Röhrchen oder Kapillaren, in die feinkörniges Harz gefüllt wird. Die Austauschersäule wird beiderseitig durch Glaswatte abgedichtet. Die Kapillarkräfte verhindern ein freies Abfließen der Lösung aus der Harzschicht, so daß bei den kleinsten Typen mit Überdruck oder Vakuum gearbeitet werden muß.

Zweiter Typ: Bei diesem Kolonnentyp wird mit 5—100 m*l* Harz mit einer Körnung über 0,1 mm gearbeitet. Diese Kolonnen werden zur Harzprüfung und bei Orientierungsversuchen angewendet. Der Durchfluß der Lösung wird mittels eines Schliff- oder Quetschhahns reguliert. Sie können zusätzlich mit einer Vorrichtung zur Einhaltung bestimmter konstanter Durchflußgeschwindigkeiten versehen werden (*Abb. 4–6*).

Oft wird die Samuelsonkolonne (*Abb. 4–5*) angewendet, bei der ein Siphonröhrchen das Absinken des Flüssigkeitsspiegels in der Austauschersäule unter das Harzniveau verhindert. Die Gestalt der Kolonne erlaubt eine einfache Temperierung durch Eintauchen in ein Wasserbad.

Dritter Typ: In diese Kolonnen wird eine ähnliche Menge Harz wie beim vorangehenden Typ eingefüllt. Die Säule ist jedoch sehr eng gebaut. Sie wird allgemein dort angewendet, wo sich in der Schicht eine hohe arbeitende Zone ausbildet.

Vierter Typ: In Kolonnen dieses Typs wird mit Austauschermengen von 100—500 m*l* gearbeitet. Sie werden meist zur Prüfung eines Harzes oder zur systematischen Untersuchung einer bestimmten Anwendungsmöglichkeit verwendet. Das Grundrohr mit einem Durchmesser von 20—40 mm ist auch für das Rückspülen der Harzschicht eingerichtet. Man füllt es darum nur bis zu 60—70% seiner Höhe und verwendet eine solche Filtrierunterlage, daß die Umkehrung der Strömung nicht zu Schäden führen kann. Statt der Glaswatteschicht, die sich bei

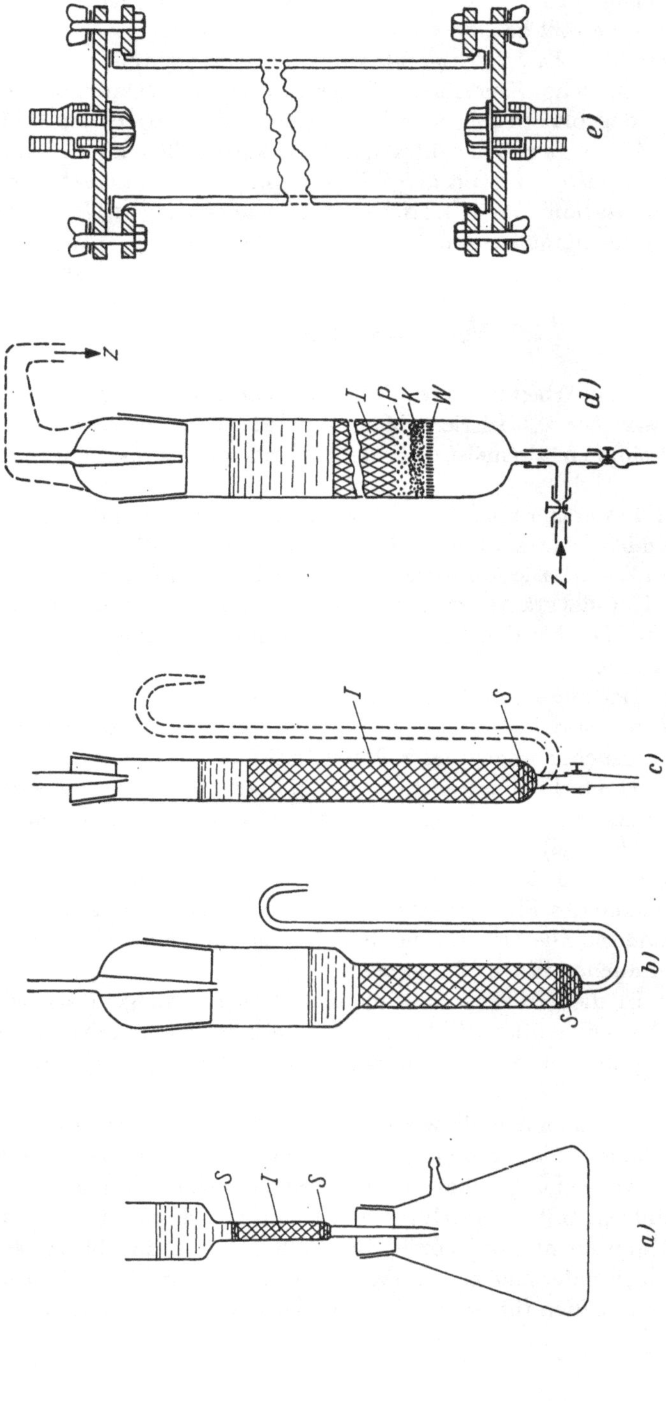

Abb. 4–5: Ionenaustauscher-Kolonnen [1]

a – erster Typ; *b* – zweiter Typ, Samuelson-Kolonne; *c* – dritter Typ; *d* – vierter Typ; *e* – fünfter Typ; *I* – Ionenaustauscher; *S* – Glaswatte; *P*, *K* – Filtrationsmaterial; *W* – Wittsche Platte; *Z* – Rückspülen

den vorher beschriebenen Typen gut bewährt hat, werden Quarzsand, Raschig-Ringe oder Glasperlen benutzt, die evtl. zusätzlich mit einer fest eingebetteten Glaswatteschicht bedeckt werden. Man kann auch Glasfritten verwenden, die sich jedoch ziemlich leicht durch feine Ionenaustauscherteilchen verstopfen. Für die Prüfung von Ionenaustauschern, besonders für die Bestimmung der für die

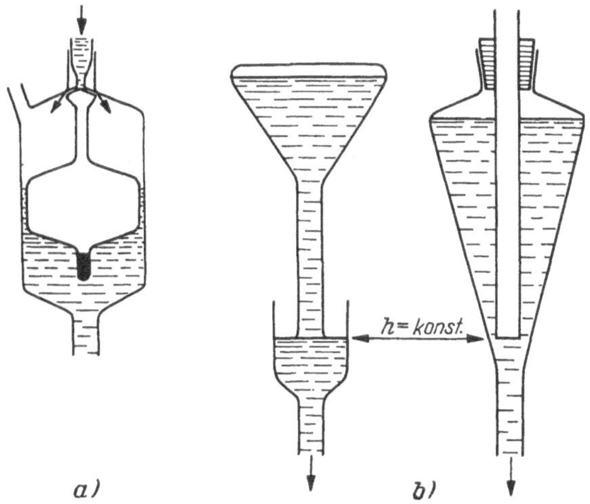

Abb. 4–6: Labor-Vorrichtungen zur Erhaltung konstanter Durchflußgeschwindigkeiten für Ionenaustauscher-Kolonnen [1]

a – Schwimmerventil (hinter der Kolonne einzuschalten); *b* – Erhaltung eines konstanten Flüssigkeitsspiegels im Vorratsgefäß vor der Kolonne

Wasseraufbereitung wichtigen nutzbaren Volumenkapazität (NVK), wurde dieser Kolonnentyp genormt: Nach ČSN 077416 (tschechoslowakische Industrienorm) beträgt die Rohrweite 23 mm, die Säulenhöhe etwa 480 mm und das Schichtvolumen 200 m*l*.

F ü n f t e r T y p: Diese Kolonnen, die 0,5–10 *l* Austauscherharz enthalten, können im Grenzfall bereits für praktische Anwendungen gebraucht werden, weil sie die Verarbeitung von 100–200 *l* Lösung pro Stunde gestatten. Sie werden aus starkwandigen, beiderseits mit Flanschen und Düsenböden (*Abb. 4–7*) versehenen Glasrohren hergestellt.

Bei Laboruntersuchungen an Entfärbungs-Ionenaustauschern, z. B. bei einem Vergleich der Lebensdauer verschiedener Harztypen mittels der Handrezyklisation, werden meist Kolonnen des zweiten Typs benutzt. Kolonnen des vierten Typs wendet man bei eingehender Untersuchung der Entfärbungsbedingungen im Labor an. In beiden Fällen müssen die Kolonnen das Arbeiten bei erhöhten Temperaturen erlauben. SAMUELSON-Kolonnen werden zur Temperierung in ein Wasserbad eingetaucht, während die Kolonnen des viertes Typs mit einem Wassermantel versehen werden müssen (*Abb. 4–8*).

In die Kolonnen wird nur *gequollenes Harz* eingefüllt. Einmal würden die bei der Quellung ablaufenden Volumenänderungen eine Verstopfung oder auch ein Zerbrechen der Kolonne verursachen, andererseits muß man bei Entfärbungsharzen auf die Herabsetzung der Entfärbungsfähigkeit beim Austrocknen Rücksicht nehmen. Vor dem Füllen wird in der Kolonne Wasser vorgelegt und dann erst eine Suspension des gequollenen Harzes in Wasser allmählich zugegeben. Das überschüssige Wasser wird vorsichtig abgelassen, damit der Flüssigkeitsspiegel

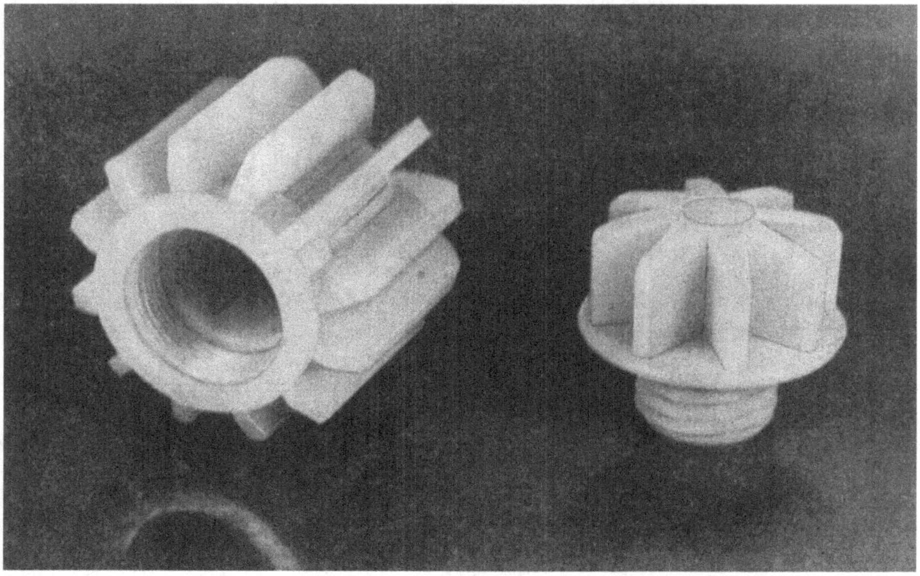

Abb. 4–7: Düsen für Ionenaustauscher-Kolonnen [1]

nicht unter das Harzniveau absinkt und keine Luftblasen in der Harzschicht auftreten. Ist die Kolonne kalibriert, so kann das Schichtvolumen direkt in ihr abgemessen werden. Nur bei kleinen Kolonnen des ersten bis dritten Typs wird die Harzmenge wie beschrieben vorher in einem Meßzylinder abgemessen oder die dem gewünschten Schichtvolumen entsprechende zentrifugierte Austauschermenge eingewogen. Das Schichtvolumen kann in der Kolonne direkt entweder nach dem Rückspülen und freiem Absitzen der Harzschicht oder, wenn gewünscht, unter Arbeitsbedingungen bei einer gegebenen Durchflußgeschwindigkeit bestimmt werden. Die Anordnung der Austauscherschicht wird durch den Anteil des gesamten Schichtvolumens, der nicht von der Austauschermasse eingenommen wird, also durch das sogenannte *Zwischenraumvolumen*, ε, charakterisiert. Die normale Anordnung der Austauscherschicht kann während des Versuches durch Kanal- und Rinnsalbildung gestört werden. Zur Einschränkung derartiger Störungen, welche zu einer unregelmäßigen Verschiebung der arbeitenden Zone führen, ist der Kolonnendurchmesser mindestens 20—40mal größer als der Teilchendurchmesser zu wählen [6]. Trotzdem muß nach jedem Arbeitszyklus rückgespült bzw. bei kleinen Kolonnen das Harz ausgebaut und wieder eingefüllt werden. Bei großen Kolonnen empfiehlt es sich, beim Rückspülen zusätzlich Druckluft einzublasen, um die Austauscherschicht aufzuwirbeln.

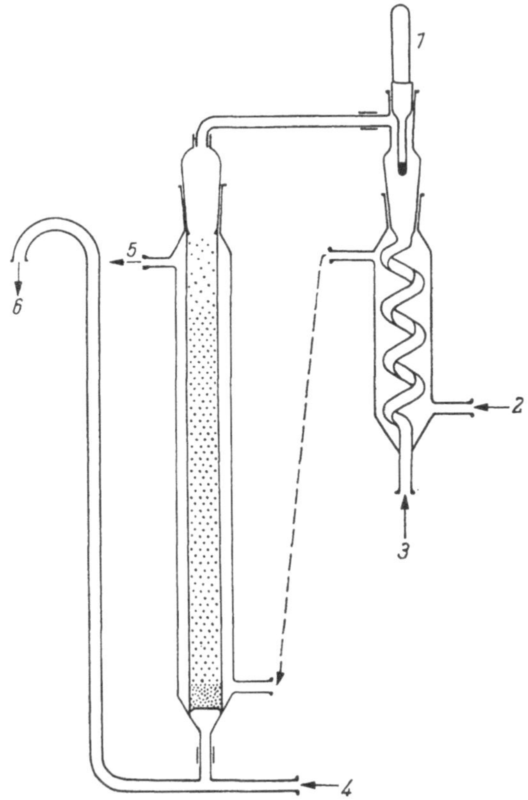

Abb. 4-8: Für Versuche mit Entfärbungs-Ionenaustauschern ausgerüstete Kolonne des vierten Typs [4, 5]

1 — Thermometer; *2, 5* — Temperierung; *3* — zu entfärbende Lösung; *4* — Rückspülen; *6* — Ablauf

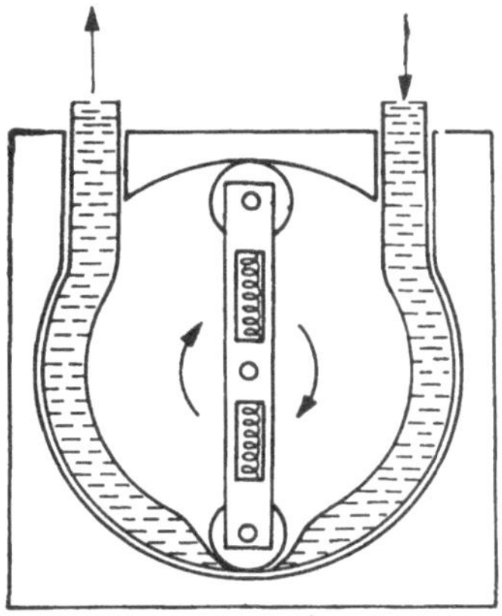

Abb. 4-9: Labor-Schlauchpumpe [1, 7]

Von besonderer Wichtigkeit ist bei der dynamischen Arbeitsweise die *Durchflußgeschwindigkeit* der Flüssigkeit. Diese kann entweder als zeitlicher Durchsatz, $\dot{V}$, bezogen auf Austauschervolumen, als spezifische Belastung (Volumenbelastung), a (m^3/m^3h) oder bezogen auf den Querschnitt der Schicht, als Querschnittsbelastung (Filtrationsgeschwindigkeit), w (m^3/m^2h), ausgedrückt werden. Sehr oft gibt man die spezifische Belastung an, weil sie eine einfache Berechnung der zur Behandlung eines gegebenen Lösungsvolumens erforderlichen Austauschermenge erlaubt. Bei wesentlichen Variationen der Säulendimensionen ist zu berücksichtigen, daß die Filtrationsgeschwindigkeit in enger Beziehung zur Austausch-

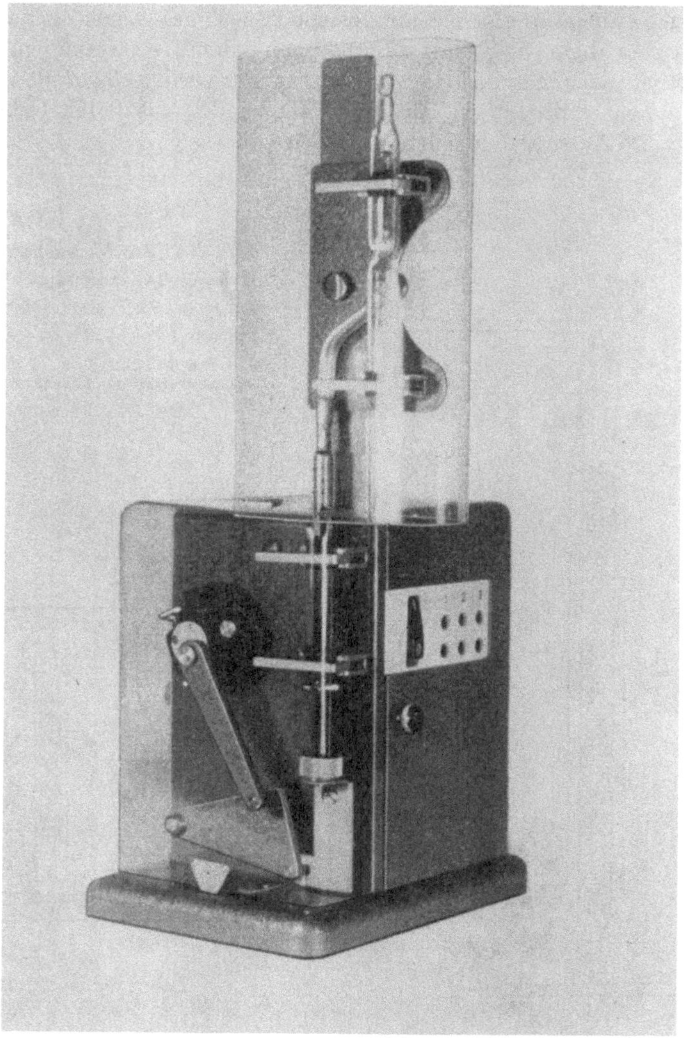

Abb. 4–10a: Programm-Mikropumpe für Ionenaustauscher-Kolonnen (Entwicklungs-Werkstätte der Tschechosl. Akademie der Wissenschaften)

dynamik und besonders zur Höhe der arbeitenden Zone steht. Nach Erfahrungen aus der Wasseraufbereitung wird bei üblichen Ionenaustauscher-Anwendungen meist eine spezifische Belastung von 5–20 m^3/m^3h angewendet.

Die Regulierung der Durchflußgeschwindigkeit von Hand erfordert eine stetige Bedienung. Es lohnt sich deshalb, die Kolonnen mit einer geeigneten Hilfseinrichtung zu versehen. Eine Verbesserung bringt schon die Einstellung eines

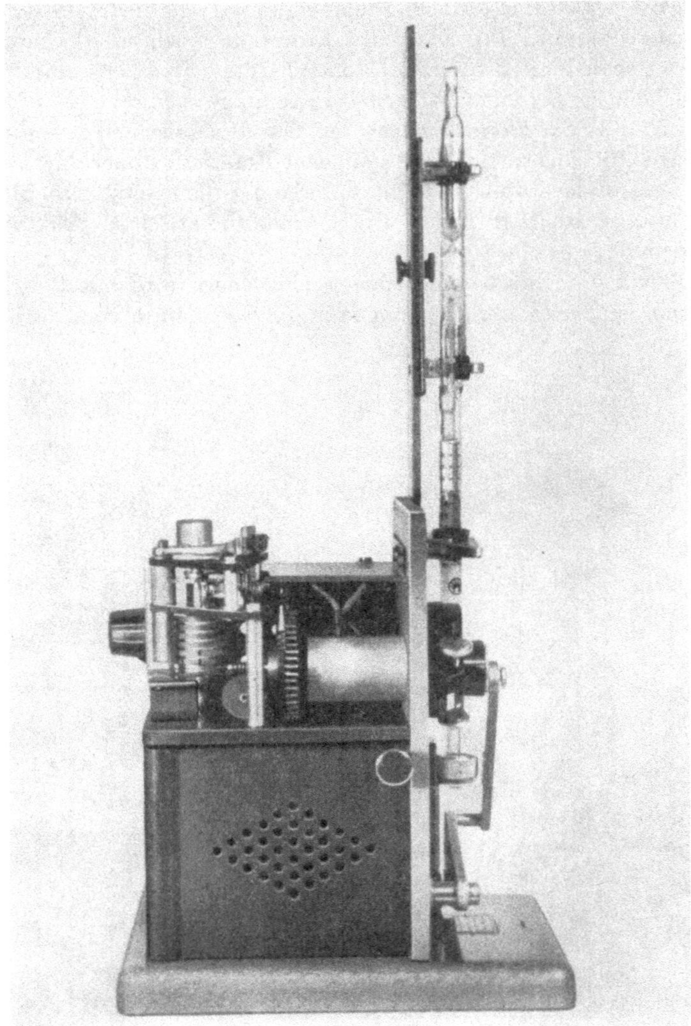

Abb. 4–10b: Programm-Mikropumpe für Ionenaustauscher-Kolonnen (Entwicklungs-Werkstätte der Tschechosl. Akademie der Wissenschaften)

konstanten Flüssigkeitsniveaus im Vorratsgefäß, die entweder durch einen Überlauf oder mittels der in *Abb. 4–6* gezeigten Anordnung erreicht werden kann. Diese Maßnahmen schließen natürlich die durch Veränderung des hydrodynamischen Widerstandes verursachten Schwankungen der Filtrationsgeschwindigkeit nicht aus. Besser bewährt sich darum die Anwendung eines Schwimmerventils (*Abb. 4–6*) oder einer Pumpe.

In der *Abb. 4–9* wird eine einfache Schlauchpumpe und in *Abb. 4–10a* und *b* eine Programm-Mikropumpe, die außer der Dosierung noch in gewünschten Zeitintervallen verschiedene elektrische Hilfsapparate (Fraktionssammler, elektromagnetische Ventile, Signale usw.) schalten kann, gezeigt.

Der *Verlauf von Sorptionsvorgängen* bei der dynamischen Arbeitsweise wird entweder durch die Auswertung entnommener Fraktionen oder durch kontinuierlich arbeitende Analysatoren verfolgt. Im ersten Falle ersetzt man die mühsame Handbedienung vorteilhaft durch einen vollautomatischen Fraktionssammler (*Abb. 4–11a* und *b*).

Bei der Arbeit mit Entfärbungs-Ionenaustauschern wird meist die Farbstoffkonzentration der behandelten Lösungen mit Kolorimetern verschiedener Typen

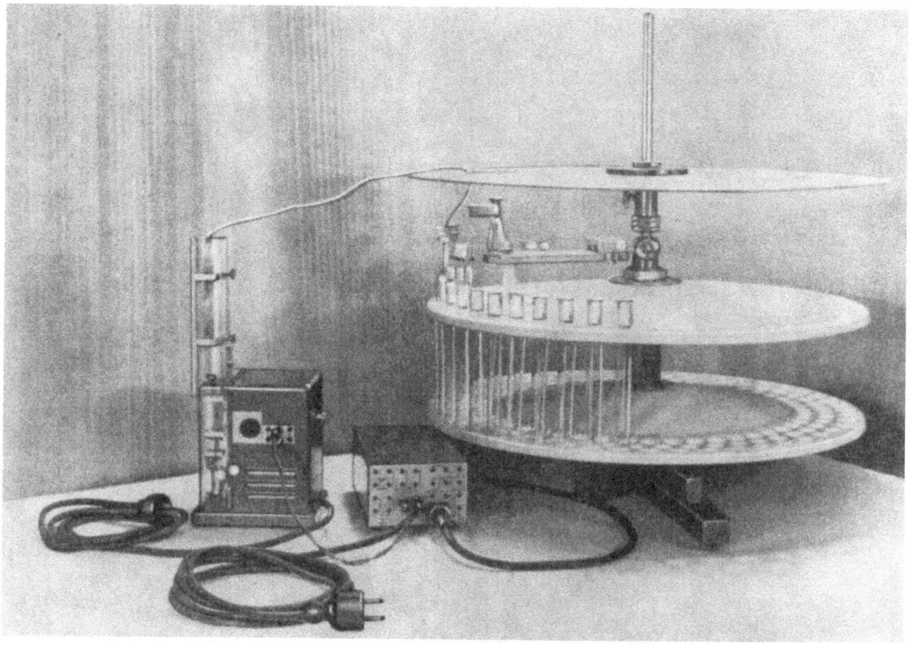

Abb. 4–11a: Automatischer Fraktionssammler für Ionenaustauscher-Kolonnen (Entwicklungs-Werkstätte der Tschechosl. Akademie der Wissenschaften)

bestimmt. Vorteilhaft ist der Einsatz von Durchflußkolorimetern (z. B. Visomat). Eine Fehlerquelle ist die bei langfristigem Arbeiten mit Melasselösungen auftretende Verschmutzung der Durchflußküvetten durch ausfallende Kolloidstoffe. Darum sind ausschließlich frische Lösungen anzuwenden, die zusätzlich sterilisiert werden können (beispielsweise mit Quecksilbersalzen). Es gibt auch Küvetten, die aus beschlagfreien Gläsern mit spezieller Oberflächenbehandlung hergestellt sind.

4.2. Entfärbung unter Laborbedingungen

Die statistische Arbeitsweise wird bei Entfärbungs-Ionenaustauschern fast ausschließlich zur Untersuchung der Grundeigenschaften angewendet und soll darum im Kapitel über die Prüfung der Harze (s. S. 156) eingehend behandelt

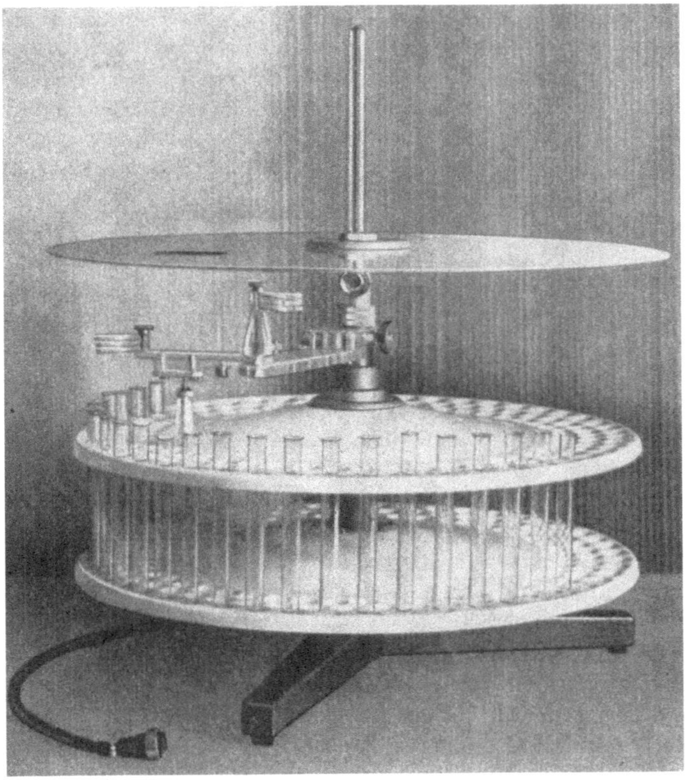

Abb. 4–11b: Automatischer Fraktionssammler für Ionenaustauscher-Kolonnen (Entwicklungs-Werkstätte der Tschechosl. Akademie der Wissenschaften)

werden. Bei Entwicklungsarbeiten ist die dynamische Arbeitsweise üblich, die in unmittelbarer Beziehung zur betrieblichen Anwendung steht.

Bei den Entfärbungsharzen muß man im Unterschied zu den gewöhnlichen Ionenaustauschern mit einigen besonderen Eigentümlichkeiten rechnen. Die wichtigsten Unterschiede sollen bereits im folgenden Abschnitt beschrieben werden. Eine ausführlichere Darstellung ist jedoch für die Kapitel über die Anwendung von Entfärbungs-Ionenaustauschern vorgesehen.

4.2.1. Entfärbung

Viele bei der Arbeit mit Entfärbungsharzen vorkommende Besonderheiten werden durch typische *Sorptiveigenschaften* verursacht. Wie schon im zweiten Kapitel gezeigt wurde, besitzen die Melassefarbstoffe eine komplizierte, noch nicht völlig bekannte Zusammensetzung, die außerdem unter dem Einfluß zahlreicher Faktoren veränderlich ist. Die Struktur der Melassefarbstoffe hängt hauptsächlich von den verarbeiteten Rohstoffen und den Fabrikationsbedingungen ab. Schwankungen dieser Faktoren, die üblich sind, bedingen wesentliche Veränderungen der Eigenschaften der Melassefarbstoffe, die bei den laboratoriumsmäßigen Untersuchungen berücksichtigt werden müssen. Besonders wichtig ist für die Untersuchungen die Wahl der richtigen Quelle für die Melassefarbstoffe und die Bereitstellung genügender Mengen, um Material für Vergleichsversuche zur Verfügung zu haben.

Besondere Aufmerksamkeit muß der Lagerung der Farbstofflösungen gewidmet werden. Biologische Vorgänge können Trübung, Gärung, Schimmelbildung usw. verursachen. Durch diese Veränderungen wird der Wirkungsgrad von Entfärbungsharzen wesentlich beeinflußt. Alle Ausgangsstoffe, wie Melasse, Rohzucker, Zuckersäfte usw., sollen darum in der Kälte bzw. in konserviertem Zustand gelagert werden.

Man benutzt zu Entfärbungsversuchen auf verschiedene Weise hergestellte Lösungen von Melassefarbstoffen. Oft wird eine verdünnte Melasselösung (2—5%) angewendet, zu deren Herstellung die Rohmelasse mit Wasser auf die gewünschte Farbkonzentration verdünnt und nach der Zugabe von Kieselgur filtriert wird.

Diese Lösung kann bei Raumtemperatur 10—16 Stunden aufbewahrt bzw. verwendet werden, später kann bereits Trübung eintreten. Der verdünnten Melasselösung kann Saccharose zugesetzt werden, um ihre Zusammensetzung der der praktisch vorkommenden Lösungen anzunähern. Einige Autoren arbeiten auch mit durch Auflösung von Rohzucker hergestellten Lösungen.

Der in weiten Grenzen schwankenden Sorptivzusammensetzung und der komplizierten Natur der Entfärbungsvorgänge entspricht die Form der *Sorptionsisoplane*. Bei normalem Ionenaustausch werden einfache Isoplanen gefunden, die sich durch einen deutlichen Durchbruch und einen ausgeprägten Anstiegsteil auszeichnen (*Abb. 4–12*).

Bei den Desorptionsisoplanen findet man in solchen Fällen gleichfalls vorwiegend einen scharfen einfachen Verlauf, der bei der Konzentration 0 beginnt und endet. Aus der Fläche A kann man die nutzbare Volumenkapazität bestimmen, während $A + B$ die gesamte Austauschkapazität angibt. Beim Vergleich der Sorptions- mit der Desorptionsisoplane ergibt sich Flächengleichheit ($A + B = C$). Ganz andere Ergebnisse findet man dagegen bei den Entfärbungsharzen. Statt einer analytischen Konzentration wird eine durch die Extinktion oder mittels der konventionellen STAMMER-Grade ausgedrückte Farbstoffkonzentration bestimmt (s. S. 19).

Der Verlauf der Sorptionsisoplane hängt von der Zusammensetzung der entfärbten Lösung ab. Diese enthält eine große Anzahl von Substanzen mit unterschiedlichen Austauschgleichgewichten, kinetischen Kenngrößen und Farbquali-

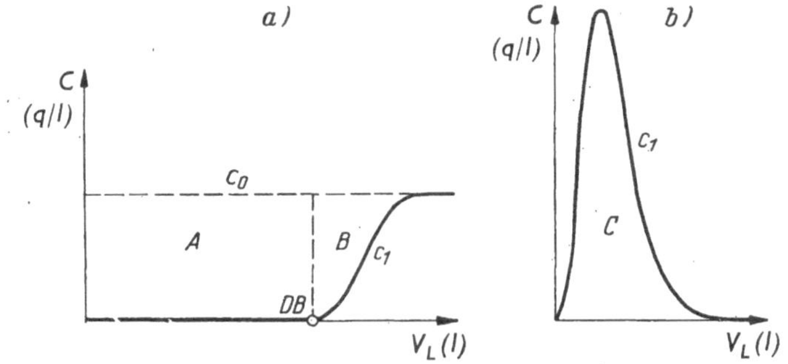

Abb. 4–12: Typische Ionenaustauscher-Isoplanen

a – Sorptions- und *b* – Desorptionsisoplane; *c* – Sorptivkonzentration; *DB* – Durchbruchspunkt; *A* – der nutzbaren Kapazität entsprechende Fläche; *A* + *B*, *C* – der gesamten Kapazität entsprechende Flächen

täten. Bei den Sorptionsisoplanen von Entfärbungs-Ionenaustauschern findet man darum einen monotonen Verlauf, wie ihn *Abb. 4–13* zeigt.

Die charakteristische Krümmung verschwindet in der Nähe des Durchbruchspunktes und die Konzentrationen vor und hinter der Kolonne werden nur sehr langsam ausgeglichen. Die von der Sorptions- und der Desorptionsisoplane um-

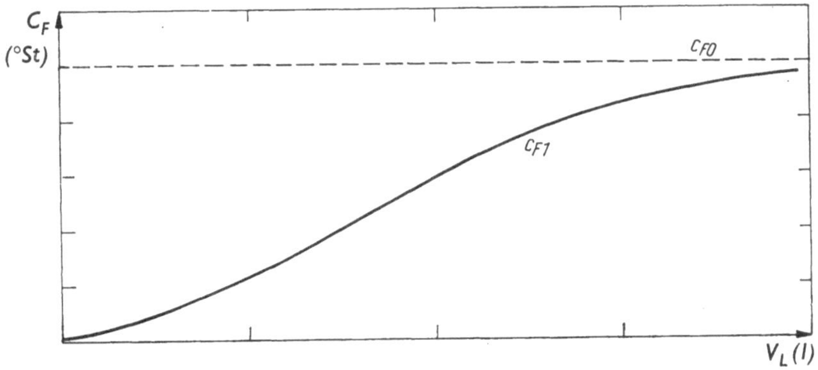

Abb. 4–13: Typische Sorptionsisoplane für Entfärbungs-Ionenaustauscher

schriebenen Flächen stimmen nicht überein, weil die Farbstoffe unter Sorptions- und Desorptionsbedingungen unterschiedliche Farbqualitäten haben und gewisse Komponenten nur unvollkommen desorbiert werden. Aus den Isoplanen kann darum auch nicht auf einfache Weise eine nutzbare bzw. gesamte Sorptionskapazität abgeleitet werden. Man kann nur einen Punkt auf der Isoplane festlegen, der einem bestimmten Entfärbungseffekt entspricht, und aus der zugehörigen Fläche mit Hilfe der konventionellen Einheiten des FUSKA-Systems die entsprechende Sorptionskapazität bestimmen. Die Feststellung von Kapazitätswerten aus Sorptionsisoplanen ist jedoch sehr ungenau.

Beim Durchmessen von Sorptionsisoplanen muß eine konstante Durchflußgeschwindigkeit eingehalten werden. Die Messung darf keinesfalls unterbrochen

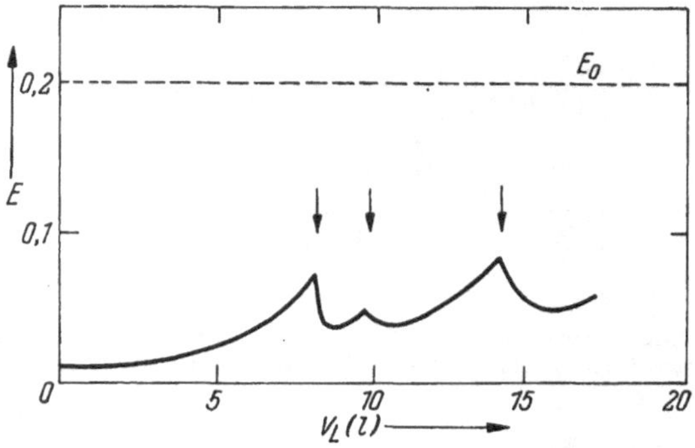

Abb. 4–14: Durch Unterbrechungen des Durchflusses verursachter unregelmäßiger Verlauf der Sorptionsisoplane [4] (Pfeile deuten Unterbrechungen an)

werden, da sonst infolge Diffusion der Konzentrationsgradient in der arbeitenden Zone gestört wird und ein irregulärer Verlauf der Isoplane resultiert (*Abb. 4–14*).

Meist muß man wesentlich geringere *Durchflußgeschwindigkeiten* einhalten, als sie bei der Anwendung gewöhnlicher Austauscherharze und einfacher Elektrolyte üblich sind. Die Geschwindigkeit der Entfärbungsvorgänge ist besonders beim Arbeiten mit Lösungen hohen Saccharosegehaltes klein. Unter Betriebsbedingungen wird bei Polykondensat-Entfärbungsharzen eine spezifische Belastung von 1—2, bei Polyalkylenpolyamin- und Polystyrol-Entfärbungsharzen von 5 oder wenig mehr angewendet. Im Falle konzentrierter Saccharoselösungen sind schon auf Grund des hohen hydrodynamischen Widerstandes, der durch die Zähigkeit der zu entfärbenden Lösung bedingt wird, der Durchflußgeschwindigkeit Grenzen gesetzt. Soll der Ionenaustauscher im Betrieb unter den selben Bedingungen eingesetzt werden, wie er im Labor erprobt wird, muß auch die gleiche Filtrationsgeschwindigkeit eingehalten werden. Für Laboruntersuchungen an Entfärbungs-Ionenaustauschern auf Basis vernetzten Polystyrols wird eine spezifische Belastung von 3—4 beim Arbeiten mit Dicksaft und Kläre bzw. von 15—20 beim Arbeiten mit Dünnsaft vorgeschlagen [8].

Der Gestalt der Sorptionsisoplane nach breitet sich die arbeitende Zone über die ganze Höhe der Austauschersäule aus. Ihre Gesamthöhe würde mehrere praktisch angewendete Austauschersäulen in der Höhe übertreffen. Aus diesem

Grunde hängt der Verlauf des Entfärbungsprozesses wesentlich von der *Schichthöhe* des Austauschers ab, die im Interesse der Reproduzierbarkeit sorgfältig eingehalten werden muß. Bei Laboruntersuchungen ist es oft vorteilhaft, eine Austauschersäule anzuwenden, die die gleiche Höhe wie die im Betrieb verwendete Säule hat, sich also nur im Querschnitt von ihr unterscheidet. Bei übereinstimmender Filtrationsgeschwindigkeit erhält man dann praxisnahe Werte.

Entfärbt man bei *erhöhter Temperatur*, so wird der reguläre Verlauf des Versuches oft durch Bildung von Gasblasen oder durch das Reißen der Säule gestört. Die arbeitende Zone schreitet dann unregelmäßig voran, und die Isoplanen sind nicht reproduzierbar. Um dem vorzubeugen, verwendet man zur Herstellung der Lösungen ausgekochtes Wasser und erhöht die Temperatur knapp vor dem Eintritt in die Kolonne auf 5—10 °C über die Arbeitstemperatur, die gewöhnlich 80 °C beträgt. Falls allerdings durch Reaktionen in der Austauscherschicht Gase entstehen, kann auch so Blasenbildung nicht verhindert werden.

4.2.2. Regenerierung

Nach Beendigung der eigentlichen Entfärbung muß die Harzschicht unverzüglich von der entfärbten Lösung befreit werden, damit der Austauscher nicht durch biologische Zersetzungsprodukte verunreinigt wird. Zuerst wird die Austauschersäule abgesüßt, indem die Arbeitslösung durch einige Volumina destilliertes Wasser von oben her verdrängt wird. Anschließend wird bei größeren Kolonnen rückgespült und bei kleineren Typen von oben nach unten weitergespült. Durch das Rückspülen wird auch die regelmäßige Anordnung der Austauscherschicht wiederhergestellt, die bei den vorhergehenden Verfahrensschritten eventuell gestört wurde. Die Schicht soll sich beim Rückspülen auf etwa 150% des ursprünglichen Volumens ausdehnen. Nach dem vollkommenen Auswaschen läßt man das Harz sich wieder absetzen. Bei kleineren Laborkolonnen, die nicht für das Rückspülen ausgerüstet sind, wird das Harz aus der Kolonne herausgenommen und neu eingefüllt.

Die Art der Regenerierung ist je nach dem Typ des Entfärbungsharzes und der vorhergehenden Behandlung unterschiedlich.

Die Polykondensat-Entfärbungsharze werden gewöhnlich zweistufig regeneriert [9, 47]. Zuerst werden die Farbstoffe desorbiert [10, 11], wobei beispielsweise eine 1%ige Natronlauge bei 80 °C verwendet wird. Statt der Natronlauge kann auch Calcium-, Magnesium-, Barium- oder Strontiumhydroxyd eingesetzt werden [12]. Das Alkalihydroxyd wird dann ausgewaschen und das Harz dabei auf einen für die nächste Entfärbung geeigneten pH-Wert eingestellt. Die zweite Stufe ist die *Aktivierung* [13]. Der Ionenaustauscher wird entweder mittels einer verdünnten Säure [14] (z. B. HCl) oder besser mittels einer neutralen oder schwach sauren Elektrolyt-Lösung [15, 16] (NH_4Cl) aktiviert. Wir untersuchten vier unterschiedliche für Polykondensat-Harze geeignete Regenerierungsverfahren. Dabei wurden zwei Versuchsserien mit Dekolorex 5A durchgeführt. In der ersten

Serie wurden einige in der Literatur empfohlene Verfahren verglichen und in der zweiten Serie der Einfluß von Salzsäure als Aktivierungsmittel untersucht. Ein Überblick über die Regenerationsbedingungen wird in *Tab. 4–1*, S. 141 gegeben.

Die resultierenden Isoplanen sind in den *Abb. 4–15* und *4–16* dargestellt.

In diesen Diagrammen wird auch der anfängliche Abfall des pH-Wertes dargestellt, der der Art, Konzentration und Menge des Aktivierungsmittels entspricht. Wegen der Gefahr der Saccharoseinversion ist der Zusammenhang

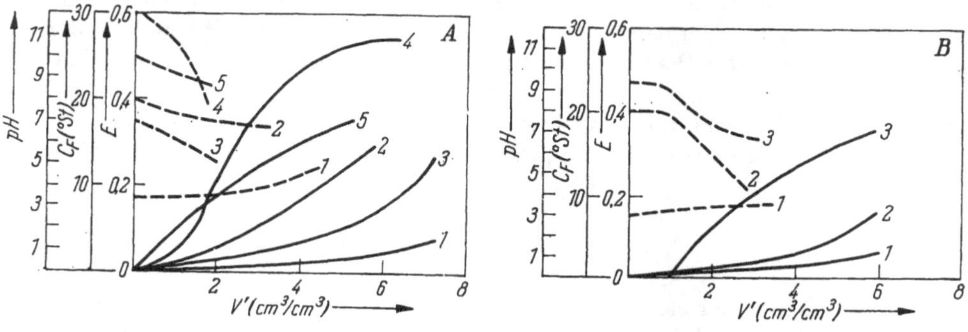

Abb. 4–15 und *Abb. 4–16:* Einfluß von Regenerierungsbedingungen auf die Entfärbung von Melasselösungen mit Dekolorex AK-731 [4]

——— Sorptionsisoplanen, – – – pH der entfärbten Lösung (s. *Tab. 4–1*)

zwischen dem Entfärbungs- und dem pH-Verlauf wichtig. Die Ergebnisse zeigen, daß man durch geeignete Wahl der Aktivierungsbedingungen bei einem gegebenen Harz einen optimalen Entfärbungseffekt erzielen kann. Ein zu niedriger pH-Wert des Aktivierungsmittels kann eine Ansäuerung der entfärbten Lösung und damit Saccharoseinversion verursachen. Außerdem ist die Aktivierung mit einer Lösung zu niedrigen pH-Wertes nur von vorübergehender Wirkung. Auf Grund einer Reihe von Versuchen im Laboratoriums- und Betriebsmaßstab wurde eine Relation zwischen dem pK-Wert der funktionellen Gruppe des Anionenaustauschers, dem pH-Wert der zu entfärbenden Lösung, pH_0, und dem zweckmäßigen pH-Wert der Aktivierungslösung, pH_a, abgeleitet [17]:

$$\begin{aligned} pK &< 14 - \mathrm{pH}_0 + \Delta \mathrm{pH} \\ \Delta \mathrm{pH} &= (\mathrm{pH}_0 - \mathrm{pH}_a) < 1 \text{ bis } 2\,. \end{aligned} \qquad (4\text{–}2)$$

Bei der Regenerierung der *Polykondensat-Entfärbungsharze* werden die aufgenommenen Farbstoffe nur unvollständig verdrängt. Die Entfärbungsfähigkeit fällt in den ersten Zyklen relativ rasch ab und stellt sich auf einen niedrigeren Wert ein. Durch die zeitweise Veränderung der Reihenfolge, in der die Regenerierungsmittel angewendet werden, kann bei der 2-Stufen-Regenerierung eine partielle Reaktivierung erreicht werden [18].

Tabelle 4–1: Regenerierungsbedingungen [4] (Entsprechende Entfärbungseffekte s. *Abb. 4–15* und *4–16*)

Regenerierungsart	Alkalische Regeneration			Saure Regeneration (Aktivierung)				Entfärbungseffekte	
	Konzentr. der NaOH-Lösung (%)	Menge der NaOH-Lösung (Schichtvolumina)	Spezifische Belastung *a*	Aktivierungs-Mittel	Konzentr. der Lösung (%)	Menge der Lösung (Schichtvolumina)	Spezifische Belastung *a*	*Abb.-Nr.*	*Kurve-Nr.*
Asmit 173	1	17	6	HCl	0,75	1	1		*1*
Asmit 224	1,5	9,5	2,5	NH_4Cl	3	1	2		*2*
Centranol W 291	3	7,3	1,5	NH_4Cl	10	1,5	1,5	*4–15*	*3*
Wofatit E									
a)	1	10	4	—	—	—	—		*4*
b)	1	8	4,7	HCl*)	1	4	4		*5*
Asmit 173	1	10,5	6	HCl	0,75	1	1		*1*
1. Behandlung	1	11,5	6	HCl	0,375	1	1	*4–16*	*2*
2. Behandlung	1	10,5	6	HCl	0,0375	1	1		*3*

*) umgekehrte Regenerationsfolge

Die Desorption von Farbstoffen verläuft bei den *Polyalkylenpolyamin-Harzen* normalerweise leichter als bei den Polykondensat-Typen. In den ersten Zyklen kann bei der Regenerierung erfolgreich mit Natriumchlorid (z. B. 10%ige NaCl-Lösung) gearbeitet werden. Parallel mit dem allmählichen Absinken der Anzahl stark basischer Gruppen während wiederholter Zyklen nimmt auch der Regenerierungseffekt des Natriumchlorids ab, so daß man entweder verdünnte Alkalilaugen (z. B. 1%ige Natronlauge) oder eine Mischung von NaOH- und NaCl-Lösung verwenden muß. In den ersten Zyklen kann bei den Polyalkylenpolyamin-Harzen auf die Aktivierung verzichtet werden, während ältere Harze mit herabgesetzter Basizität wie die Polykondensat-Typen aktiviert werden müssen. Holländische Autoren [19] empfehlen für die Regenerierung von Polyalkylenpolyamin-Austauschern folgendes komplizierte Verfahren: Zuerst wird die Austauscherschicht mit 6%iger Salzsäure (1 Vol. bei 90 °C innerhalb 30 Min.) behandelt und die Säure mit Wasser verdrängt (6 Vol. bei 85 °C in 120 Min.). In der 2. Stufe wird 1%ige Natronlauge angewendet (12 Vol. bei 90 °C in 4 Std.), dann mit heißem Wasser gespült (8—10 Vol. innerhalb von 4 Std.) und das Harz schließlich mit 3%iger NH_4Cl-Lösung (1 Vol.) und mit Wasser behandelt.

Die Regenerierung der *Entfärbungsharze auf Basis vernetzten Polystyrols* ist erheblich einfacher als die der Polyaminharze. Meist genügt auch nach zahlreichen Zyklen eine Behandlung mit Kochsalzlösung [20, 21], die eine Konzentration von etwa 10% hat. Nach Patentangaben [20] sind bei Verwendung von HCl, KCl, $CaCl_2$ oder $MgCl_2$ statt NaCl keine Vorteile zu erwarten. Wie bei den Polyalkylenpolyamin-Harzen ist die leichte Desorption der Melasse-Farbstoffe durch die Anwesenheit stark basischer funktioneller Gruppen bedingt, mit deren fortschreitender Zersetzung sie immer schwieriger verläuft. Bei älteren Harzen müssen Aktivierungsverfahren angewendet werden, wie sie bei den schwach basischen Entfärbungs-Ionenaustauschern üblich sind. Für die Regenerierung von AMBERLITE-Harzen wird eine Behandlung mit 5 Vol. 10%iger NaCl-Lösung bei 75—80 °C und einer spezifischen Belastung von 2,5 empfohlen [8]. Von diesem Regeneriermittel können angeblich 30—50% nochmals verwendet werden.

Die gebrauchten sowie die frischen Entfärbungsharze werden in gequollenem Zustand unter destilliertem Wasser aufbewahrt. Um bei den gebrauchten Harzen Gärung oder Schimmelbildung zu vermeiden, empfiehlt sich eine *Konservierung* mit verdünnter Formaldehydlösung.

4.3. Prüfung von Entfärbungs-Ionenaustauschern

In diesem Kapitel sollen die für die Charakterisierung der Anwendungseigenschaften von Entfärbungs-Ionenaustauschern benutzten Prüfmethoden beschrieben werden. Manche dieser Methoden werden in ähnlicher oder gleicher Form bei den normalen Ionenaustauschern angewendet, andere sind ausschließlich für Entfärbungsharze bestimmt. Einem von uns früher veröffentlichten Vorschlag nach können die Prüfmethoden in folgende Gruppen eingeteilt werden [1, 24]:

1. Bestimmung der Korngröße und Korngestalt,
2. Bestimmung des spezifischen Gewichtes, des Schüttgewichtes und des Schüttvolumens,
3. Messung von Druckverlusten und Schichtausdehnungs-Charakteristiken,
4. Bestimmung des Wassergehaltes und der Quellfähigkeit,
5. Bestimmung der Austausch- und Entfärbungsfähigkeit,
6. Bestimmung der Lebensdauer des Harzes.

Vor der eigentlichen Prüfung wird die Harzprobe in einen *Standardzustand* überführt. Zur Prüfung werden normalerweise nur völlig gequollene Ionenaustauscher in geeigneter Ionenform angewendet. Man behandelt die Harzproben gewöhnlich analog den Betriebsbedingungen: stark basische Harze auf Basis vernetzten Polystyrols mit NaCl-Lösung, schwach basische Kondensat-Harze werden zweistufig regeneriert usw. Die Behandlung geht vorzugsweise in einer Laborkolonne des 4. Typs vor sich. Zur Überführung der *stark basischen Anionenaustauscher* in die Chloridform kann entweder 1 n NaCl oder 1 n HCl angewendet werden, wobei das Harz bis zum Konzentrationsausgleich vor und hinter der Kolonne behandelt wird. Dann wird mit demineralisiertem Wasser ausgewaschen. Nach dieser Behandlung wird das Harz aus der Kolonne herausgenommen und unter demineralisiertem Wasser in einem geschlossenen Gefäß aufbewahrt.

Für DUOLITE-Harze wird vor der Prüfung eine Behandlung zur *Beseitigung löslicher Anteile* empfohlen [22]: Die Kolonne wird nacheinander mit 2 Vol. 1–1,5 n NaOH und Wasser bei einer Belastung von 10–15 für $^1/_2$ Std. und dann mit 1–2 n HCl bei einer Belastung von 8–10 für mindestens $^1/_2$ Std. behandelt. Danach wird rückgespült und das gesamte Verfahren wiederholt. Dann kann das Harz in die gewünschte Ionen-Form überführt werden.

Stark basische Anionenaustauscher auf Polymerisat-Basis riechen oft nach flüchtigen Aminen. Dieser Geruch kann durch Auswaschen mit Wasser oder Alkohol beseitigt werden.

4.3.1. Bestimmung der Korngröße und der Korngestalt

Bei den Prüfungen der 1. Gruppe wird zuerst eine *Siebanalyse* mit Hilfe einer Reihe von Laboratoriumssieben unter Wasser durchgeführt. Das Ergebnis wird graphisch dargestellt. Man stellt entweder die relative Menge der Einzelfraktionen als Funktion des mittleren Durchmessers dieser Fraktionen oder den zur betreffenden Maschenweite zugehörigen Siebrückstand dar (*Abb. 4–17*).

Durch graphische Ableitung der experimentell gewonnenen Integralkurven erhält man eine differentielle Verteilungskurve. Aus dem Verlauf der Integralkurven kann der Gleichmäßigkeitskoeffizient und die effektive Korngröße [23] nach den folgenden Beziehungen ermittelt werden.

$$K_{gl} = \frac{d_{40\%}}{d_{90\%}} \qquad d_{eff.} = d_{90\%} \qquad (4\text{–}3)$$

Die Siebanalyse wird folgendermaßen durchgeführt: Eine Reihe von Laboratoriumssieben wird nach ihrer Größe kombiniert, wobei sich das Sieb mit der kleinsten Maschenweite unten befindet. Ungefähr 150 g des gequollenen Harzes werden auf das obere Sieb gebracht, die zusammengesetzten Siebe in einem Becken mit Abfluß untergebracht und für die Dauer von 5 min ein langsamer Wasserstrom von oben durch die Siebe geleitet. Dann wird das obere Sieb abgenommen, in eine Schale gebracht und Wasser bis zur halben Höhe des Sieb-

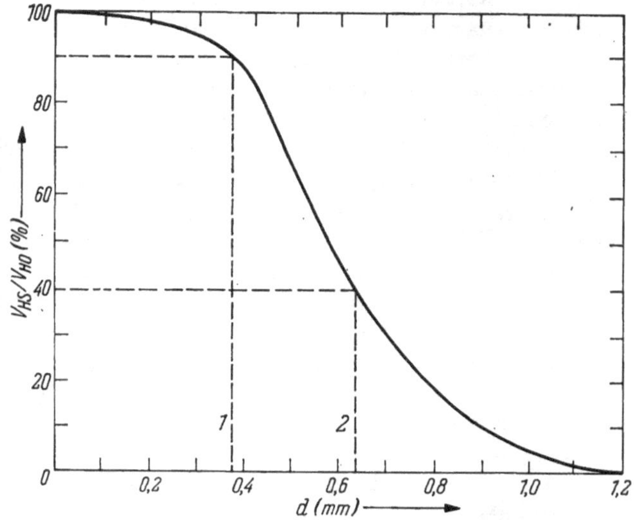

Abb. 4–17: Graphische Darstellung von Siebanalysen durch die Integralkurve [1]
1 – effektive Korngröße; *1, 2* – Gleichmäßigkeitskoeffizient (s. (*4–3*))

randes zugegossen. Durch leichte vertikale Bewegung des Siebes wird das durchfallende Harz abgetrennt und in der Schale gesammelt. Nach einer gewissen Zeit bringt man die durchgefallenen Harzteilchen auf das nächst kleinere Sieb, gießt neues Wasser in die Schale und wiederholt die Operation Auf diese Weise wird die erste Siebfraktion restlos vom feineren Korn befreit. Der Rückstand wird aus dem Sieb gespült und als erste Fraktion aufbewahrt. Entsprechend verfährt man mit den weiteren Sieben. Die einzelnen Fraktionen werden in Meßzylinder unter Wasser eingefüllt und nach Aufklopfen das konstante Volumen abgelesen. Die so festgestellten Volumina werden in % der Summe aller Fraktionen ausgedrückt.

Bei den kugelförmigen Austauscherharzen wird der *Zustand einzelner Perlen* untersucht, wobei die Harzkörner beispielsweise in eine der drei folgenden Gruppen eingereiht werden:

a) Völlig unversehrte Kugeln,

b) Kugeln mit oberflächlichen Rissen und Spalten,
c) durch Zerfall von Kugeln entstandene Teilchen.

Zur Durchführung dieser Bestimmung bringt man eine Durchschnittsprobe auf einen Objektträger und klassifiziert die Teilchen unter dem Mikroskop. Bei einer Messung sollen ca. 300 Teilchen ausgezählt und klassifiziert werden. Die erhaltenen Werte werden auf 100 unbeschädigte Kugeln umgerechnet und der Durchschnittswert aus drei gleichartigen Bestimmungen genommen. Es ist vorteilhaft, zur Auswertung und zur Dokumentation Lupen- oder Mikrofotografien zu verwenden.

Eine weitere Prüfung für kugelförmige Harze ist die Bestimmung der *Sphärizität* [25]. Eine sorgfältig getrocknete Probe wird auf eine glatte Platte gebracht, die dann im Verhältnis 1:12 aus der Horizontalen ausgelenkt wird. Dann wird der Anteil der kugelförmigen Teilchen bestimmt, die dabei von der Platte abrollen.

4.3.2. Bestimmung des spezifischen Gewichtes, des Schüttgewichtes und des Schüttvolumens

Das *spezifische Gewicht* eines Austauscherharzes wird sowohl im trockenen wie auch im gequollenen Zustand bestimmt. In beiden Fällen kann die pyknometrische Methode angewendet werden. Im Falle des trockenen Harzes benutzt man als Medium eine Flüssigkeit, in der der Ionenaustauscher nicht quillt, während für aufgequollenen Ionenaustauscher Wasser benutzt wird. Bei den trockenen *makroporösen Ionenaustauschern* wird das scheinbare und das wahre spezifische Gewicht, wie bereits unter 3.2. beschrieben, bestimmt.

Das wahre spezifische Gewicht kann auch einfach mit Hilfe von Lösungsmittelgemischen festgestellt werden. Man benutzt beispielsweise ein Gemisch von Toluol und Tetrachlorkohlenstoff, dessen Zusammensetzung durch Versuche so eingestellt wird, daß die Partikel in der Flüssigkeit schweben. Mit Hilfe von Eichkurven kann man aus der Zusammensetzung des Gemisches dessen Dichte und so die Dichte des Harzes bestimmen.

Von besonderer Bedeutung ist die Kenntnis des *Schüttgewichtes* bzw. des *Schüttvolumens*. Die gefundenen Werte hängen weitgehend von der Anordnung der Partikel in der Ionenaustauscherschicht unter den Bedingungen der Messung ab. Diese Bedingungen müssen also streng definiert sein. Unter Laboratoriumsbedingungen wird das Schüttvolumen (Schüttgewicht) an einer im Meßzylinder bis zum konstanten Volumen gestauchten Harzschicht festgestellt. Bei der Bestimmung der Schüttdichte unter Wasser wird die zentrifugierte oder unter feuchter Luft abgesaugte Probe in einen wassergefüllten Meßzylinder eingefüllt, wobei auf sorgfältige Entfernung aller Luftblasen zu achten ist. Nach dem Stauchen wird das konstante Volumen abgelesen. Bei der Bestimmung der Schüttdichte des trockenen Harzes wird die bis zur Gewichtskonstanz getrocknete Probe in einem geschlossenen Meßzylinder bis zur Volumenkonstanz gestaucht. Vorteilhaft bedient man sich dabei eines mechanischen Vibrators [22].

Aus praktischen Gründen ist es wichtig, auch das Schüttvolumen der Harzschicht in der Kolonne zu kennen. Diese Werte werden in einer Laborkolonne des 4. Typs bestimmt, in die der zentrifugierte oder unter feuchter Luft abgesaugte Ionenaustauscher eingewogen wird. Das Volumen der Harzschicht wird in der graduierten Kolonne unter definierten Bedingungen abgelesen. Durch Rückspülen wird eine Schichtausdehnung erreicht und das Schichtvolumen des Harzes nach dem freien Absitzen bestimmt. Bisweilen wird auch das Ablassen des Wassers aus der Schicht vor der Messung empfohlen. Das Schichtvolumen kann so auch unter verschiedenen, den Betriebsbedingungen entsprechenden Filtrationsgeschwindigkeiten bestimmt werden.

Die Anordnung der Harzschicht wird durch das freie Volumen zwischen den Körnern, das sogenannte *Kornzwischenraumvolumen*, charakterisiert. Es kann zusammen mit dem Schüttvolumen bestimmt werden. In diesem Falle wird beim Einfüllen des Harzes gleichzeitig das verdrängte Wasservolumen festgestellt. Es gilt dann:

$$\varepsilon = \frac{V_H - V_{HF}}{V_H} \tag{4–4}$$

Das Kornzwischenraumvolumen kann auch aus dem bekannten Schüttgewicht und dem spezifischen Gewicht des Harzes nach der Beziehung

$$\varepsilon = \frac{\varrho_q - \bar{\varrho}_q}{\varrho_q} \tag{4–5}$$

errechnet werden.

Nach einem einfachen Verfahren wird das Kornzwischenraumvolumen folgendermaßen bestimmt: Das Wasser in der Kolonne wird bis zum Harzniveau abgelassen, dann wird das freie Wasser aus der Schicht in einem Meßzylinder aufgefangen und direkt abgemessen. So erhält man Werte, die um etwa 5% unter den mit exakteren Methoden bestimmten liegen.

Für die Bestimmung der *Wichten* sind folgende Prüfverfahren zu empfehlen:

Das *wahre spezifische Gewicht eines trockenen Ionenaustauschers* (ϱ_H): Die Probe wird bis zur Gewichtskonstanz getrocknet (siehe Bestimmung des Wassergehaltes) und 1—2 g in ein mit aromatenfreiem Hexan geeichtes Pyknometer eingewogen. Das Harz wird mit Hexan übergossen und in einem Vakuumexsikkator von Luftresten befreit. Das Pyknometer wird dann mit Hexan aufgefüllt, temperiert und gewogen.

Das *scheinbare spezifische Gewicht eines trockenen Ionenaustauschers* (ϱ_s): In ein mit Quecksilber geeichtes Pyknometer werden 1—2 g bis zur Gewichtskonstanz getrocknetes Harz eingewogen. Das Pyknometer wird in einen gemäß *Abb. 4–18* angeordneten Exsikkator gebracht, der für 2 Std. mit einer Öl- oder Diffusionspumpe evakuiert wird. Dann wird Quecksilber in das Pyknometer eingelassen, das Vakuum vermindert und erneut Quecksilber zugegeben. Diese Operation wird so lange wiederholt, bis sich der Druck im Exsikkator dem Außendruck angeglichen hat und kein weiteres Quecksilber in das Pyknometer eindringt. Dann wird das Pyknometer aufgefüllt, temperiert und gewogen.

Das *spezifische Gewicht des gequollenen Ionenaustauschers* (ϱ_q): Das gequollene Harz wird mit überschüssigem Wasser übergossen und die an der Oberfläche schwimmenden Körner entfernt. Dann wird die Probe 20 min bei $g = 900$ zentrifugiert. Etwa 5 g werden in ein mit Wasser geeichtes Pyknometer eingewogen,

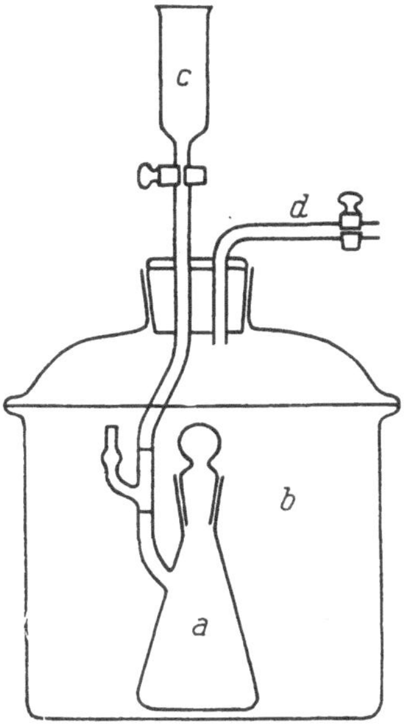

Abb. 4–18: Apparatur für Bestimmung des scheinbaren spezifischen Gewichts [26]
a — Pyknometer; *b* — Exsikkator; *c* — Vorratsgefäß für Quecksilber; *d* — Vakuum

mit Wasser bedeckt, im Vakuumexsikkator luftfrei gemacht, das Pyknometer aufgefüllt, temperiert und gewogen.

Das *Schüttgewicht* (*Schüttvolumen*) *des trockenen Ionenaustauschers* [$\bar{\varrho}_H(\bar{v})$]: Die Probe wird unter milden Bedingungen getrocknet, damit die einzelnen Körner möglichst unbeschädigt bleiben. 3—6 g des getrockneten Harzes werden genau abgewogen und quantitativ in einen geeichten verschließbaren Meßzylinder gebracht. Der verschlossene Meßzylinder wird bis zur Volumenkonstanz gestaucht und das zugehörige Volumen abgelesen.

Das *Schüttgewicht* (*Schüttvolumen*) *des gequollenen Ionenaustauschers* [$\bar{\varrho}_q(\bar{v}_q)$]: Das gequollene Harz wird bei $g = 900$ zentrifugiert und etwa 3—6 g in einem Wägegläschen genau abgewogen. Die eingewogene Menge wird quantitativ in einen zur Hälfte mit Wasser gefüllten 10-m*l*-Meßzylinder überführt, der Meßzylinder völlig mit Wasser gefüllt und bis zur Gewichtskonstanz gestaucht. Dann wird das Schichtvolumen abgelesen. Durch Bestimmung der bei der Austauscherzugabe verdrängten Wassermenge kann gleichzeitig das Kornzwischenraumvolumen bestimmt werden.

Die Prüfverfahren zur Bestimmung von Schüttvolumen, Schüttgewicht und Kornzwischenraumvolumen in Kolonnen werden im folgenden Absatz wiedergegeben.

4.3.3. Die Messung von Druckverlusten und Schichtausdehnungs-Charakteristiken

Im Rahmen dieser dritten Gruppe von Prüfungen werden die hydrodynamischen Eigenschaften der Harzsäulen beschrieben. Es werden Druckverluste speziell in Abhängigkeit von den Filtrationsgeschwindigkeiten festgestellt. Bei Anwendung der Meßergebnisse auf die Bedingungen des Betriebes ist der Temperatureinfluß zu berücksichtigen [27].

Abb. 4–19 zeigt eine Laborkolonne des vierten Typs, in der diese Messungen vorgenommen werden können.

Der *Druckverlust* wird aus dem Abstand zwischen den Flüssigkeitsspiegeln im Vorratsgefäß und im Steigrohr berechnet und auf die Einheitshöhe der Harzschicht bezogen. Die Werte hängen weitgehend von der Schichtanordnung ab,

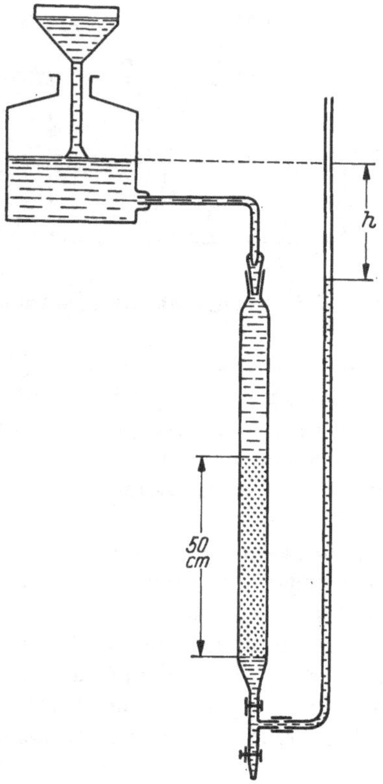

Abb. 4–19: Apparatur für Messungen der hydrodynamischen Eigenschaften einer Ionenaustauscherschicht [1]

die entweder durch definierte Meßbedingungen oder durch parallele Messung des Kornzwischenraumvolumens zu charakterisieren ist. Beispiele von Druckverlusten werden in der *Abb. 4–20* wiedergegeben.

Für Verfahren mit aufwärts gerichtetem Wasserstrom werden die *Schichtausdehnungs-Charakteristiken* untersucht. Meistens mißt man die Abhängigkeit der prozentualen Schichtausdehnung und des Druckverlustes von der Filtrations-

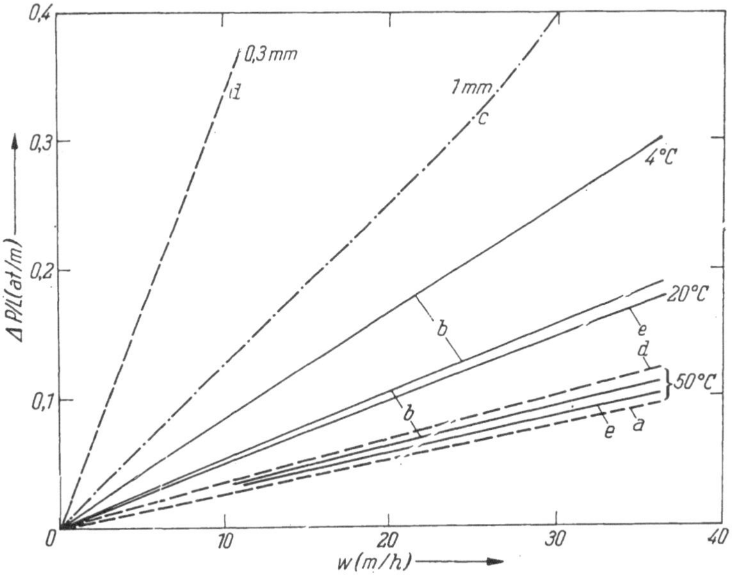

Abb. 4–20: Abhängigkeit der spezifischen Druckverluste beim Wasserdurchfluß durch verschiedene Austauscherschichten von den Filtrationsgeschwindigkeiten (nach BECKER-BOOST [27])

a — Dowex 50; *b* — Amberlite IR 100 bei verschiedenen Temperaturen; *c, d, e* — errechnete Werte

geschwindigkeit. Auch in diesem Falle muß man von einer Harzsäule mit definierter Schichtanordnung ausgehen.

Im folgenden wird ein *kombiniertes Verfahren*, nach dem gleichzeitig die Schüttgewichte, Schüttvolumina, Kornzwischenraumvolumina, Druckverluste und Schichtausdehnungs-Charakteristiken in Abhängigkeit von der Filtrationsgeschwindigkeit bestimmt werden können, beschrieben.

Man benutzt die in *Abb. 4–19* gezeigte Laborkolonne des vierten Typs. Der obere Teil der Kolonne wird mit einem Überlauf versehen, am unteren Teil wird das mit destilliertem Wasser gefüllte Vorratsgefäß angeschlossen. Die Kolonne ist graduiert.

Zuerst werden bei leerer Kolonne verschiedene Aufströmungsgeschwindigkeiten eingestellt und für jeden Wert der Druckverlust aus dem Abstand zwischen dem Flüssigkeitsspiegel im Steigrohr und im Überlauf abgelesen. Dann wird der

Überlaufansatz gegen ein Wasserzufuhrrohr ausgetauscht und die Kolonne einschließlich des Zuflußrohres völlig mit Wasser gefüllt. Dann wird auf Abwärtsströmung geschaltet und wiederum verschiedene Filtrationsgeschwindigkeiten eingestellt. Aus den Abständen zwischen den Flüssigkeitsspiegeln im Steigrohr und im Vorratsgefäß ergeben sich die Druckverluste für die Abwärtsströmung bei leerer Kolonne. Während der Messung wird der Flüssigkeitsspiegel im Vorratsgefäß auf konstanter Höhe gehalten.

Etwa 250 m*l* Austauscherharz werden unter feuchter Luft abgesaugt und abgewogen. Die graduierte Kolonne wird bis etwa zur Hälfte mit Wasser gefüllt und das Volumen abgelesen. Dann wird die eingewogene Austauschermenge quantitativ in die Kolonne überführt und das Volumen des verdrängten Wassers gemessen. Anschließend wird auf Aufwärtsströmung geschaltet bis der Austauscher völlig aufgewirbelt ist. Dann läßt man den Austauscher absitzen. Die Ausdehnung und das Absitzenlassen der Schicht werden mehrmals wiederholt und das durchschnittliche Volumen der frei abgesetzten Schicht bestimmt.

Die abgesetzte Schicht wird nun abwärts mit einer bekannten und konstanten Filtrationsgeschwindigkeit mit demineralisiertem Wasser durchströmt. Die Filtrationsgeschwindigkeit wird stufenweise erhöht und für jeden Wert das stabilisierte Schichtvolumen und der entsprechende Druckverlust (Abstand zwischen den Flüssigkeitsspiegeln im Steigrohr und im Vorratsgefäß) gemessen.

Nach der Messung des letzten Wertes der Filtrationsgeschwindigkeit wird das Wasserzuflußrohr gegen den Überlaufaufsatz ausgetauscht und auf Aufwärtsströmung umgeschaltet. Man läßt die Harzschicht mehrmals aufwirbeln und absitzen und beginnt dann die *Schichtausdehnungs-Charakteristiken* zu messen. Zuerst wird die Höhe der Ruheschicht festgestellt und die einer 10%igen Expansion entsprechende Aufwärtsgeschwindigkeit einreguliert. Man notiert diese Filtrationsgeschwindigkeit und den zugehörigen Druckverlust (Abstand zwischen dem Flüssigkeitsspiegel im Steigrohr und im Überlaufaufsatz). Diese Messungen setzt man bis zur 100%igen Expansion fort.

Das *Schüttgewicht* (Schüttvolumen) wird sowohl für eine frei abgesetzte Austauscherschicht wie auch für die Bedingungen bei verschiedenen Filtrationsgeschwindigkeiten aus der Harzeinwaage und den gemessenen Volumina errechnet. Es wird auch als Rüttelgewicht bezeichnet.

In ähnlicher Weise werden die zugehörigen Werte für das *Kornzwischenraumvolumen* abgeleitet. Man wendet die *Formel* (*4–4*) an, in die das durch den Austauscher verdrängte Wasservolumen und das entsprechende Schichtvolumen eingesetzt werden.

Die *Druckverluste* werden in Abhängigkeit von der Filtrationsgeschwindigkeit graphisch dargestellt, wobei von den gemessenen Abstandswerten die bei leerer Kolonne gefundenen Werte abgezogen werden und das Ergebnis auf eine 1 m hohe Harzschicht umgerechnet wird.

Entsprechend wird die *Abhängigkeit des Druckverlustes von der Filtrationsgeschwindigkeit* bei Aufwärtsströmung dargestellt. Schließlich wird die Abhängigkeit der Schichtausdehnung von der Filtrationsgeschwindigkeit wiedergegeben.

4.3.4. Die Bestimmung des Wassergehaltes und der Quellfähigkeit

Der Wassergehalt eines Austauscherharzes hängt weitgehend von der Feuchtigkeit der Umgebung ab. Bei der *Bestimmung des Trockenrückstandes* müssen Versuchsbedingungen eingehalten werden, unter denen keine chemische Veränderung der Harzstruktur eintritt. Man kann Temperaturen bis maximal 105 °C anwenden, arbeitet aber bei chemisch labilen Harzen vorteilhaft bei niedrigeren Temperaturen, beispielsweise bei 60 °C unter Vakuum. Die größte Sicherheit bietet die Trocknung des Harzes im Vakuum bei Zimmertemperatur über P_2O_5.

Es ist wichtig, den Wassergehalt des maximal aufgequollenen Harzes, die sog. *Gewichtsquellung*, zu kennen. Zu ihrer Bestimmung benutzt man eine zentrifugierte Harzprobe. Das Versuchsergebnis wird entweder in g Wasser/g Trockensubstanz (W^0) oder in g gequollener Austauscher/g Trockensubstanz (q_{GG}) ausgedrückt.

Für die Quellfähigkeit eines Austauscherharzes gibt es noch weitere Maßeinheiten: Neben der Gewichtsquellung kann auch die sog. *Volumenquellung* bestimmt werden. Diese wird entweder in cm³ Schüttvolumen/g Trockensubstanz (q_{VG}) oder durch das Verhältnis der gequollenen zur trockenen Harzschicht (q_{VV}) ausgedrückt. Die Volumenquellwerte können auch aus dem bekannten Schüttvolumen und der Gewichtsquellung nach folgenden Formeln

$$q_{VG} = \bar{v}_q \cdot q_{GG} \tag{4-6}$$

$$q_{VV} = \frac{\bar{v}_q}{\bar{v}} \cdot q_{GG} \tag{4-7}$$

errechnet werden.

Zur Bestimmung dieser Kennwerte werden folgende Prüfverfahren empfohlen:

Der *Wassergehalt des Austauschers*: Etwa 1—5 g Harz werden in einem Wägegläschen genau abgewogen und bis zur Gewichtskonstanz getrocknet. Je nach der Beständigkeit des betreffenden Harzes trocknet man die Probe entweder über Nacht bei 105 °C im Trockenschrank, oder bis zur Gewichtskonstanz bei 30—60 °C unter Vakuum in Gegenwart von P_2O_5. Die getrocknete Probe wird unter Ausschluß der Luftfeuchtigkeit gewogen und aus dem Gewichtsverlust der Wassergehalt errechnet.

Die *Gewichtsquellung* (W^0, q_{GG}): Die gequollene Harzprobe wird bei $g = 900$ 20 min. zentrifugiert und etwa 1—2 g genau in ein Wägegläschen eingewogen. Dann wird wie bei der Bestimmung des Wassergehaltes bis zur Gewichtskonstanz getrocknet und das verschlossene Gläschen erneut gewogen. Das Meßergebnis wird entweder als W^0 oder als q_{GG} angegeben.

Die *Volumenquellung* (q_{VG}): Etwa 10 m*l* des gequollenen Austauscherharzes werden in einen geeichten 10-m*l*-Meßzylinder, in dem Wasser vorgelegt ist, gebracht. Der Meßzylinder wird mit Wasser aufgefüllt, nach dem Stauchen das stabilisierte Schichtvolumen abgelesen, die Probe vom überschüssigen Wasser abgetrennt, bis zur Gewichtskonstanz getrocknet (s. ,,Bestimmung des Wassergehaltes“) und gewogen. Als Ergebnis wird q_{VG} nach der *Formel* (*4–6*) ausgerechnet.

Die *Volumenquellung* (q_{VV}): Man verfährt zunächst in gleicher Weise wie bei der Bestimmung von q_{VG}. Die Austauscherprobe wird dann unter milden Bedingungen (bei Raumtemperatur an der Luft und anschließend im evakuierten Exsikkator über P_2O_5) bis zur Gewichtskonstanz getrocknet, damit möglichst keine Veränderung der Kornform eintritt. Das getrocknete Harz wird in eine geeichte verschließbare Mensur gebracht, unter Ausschluß der Luftfeuchtigkeit bis zur Volumenkonstanz gestaucht und das stabilisierte Schichtvolumen abgelesen. Die Volumenquellung q_{VV} wird nach *Formel* (*4–7*) berechnet.

4.3.5. Die Austausch- und Entfärbungsfähigkeit

Für die Bestimmung der Austauscheigenschaften von Entfärbungs-Ionenaustauschern verwendet man ähnliche Verfahren wie bei den normalen Ionenaustauschern.

4.3.5.1. Die Austauschkapazität

Bei den Prüfungen dieser Gruppe bestimmt man die Konzentration der ionogenen Gruppen im Harz. Zunächst werden die sogenannten *Gesamtkapazitäten* bestimmt, die den Gesamtgehalt an austauschfähigen Gruppen angeben. Zu ihrer Bestimmung benutzt man entweder Laborkolonnen des 2. Typs oder auch einen analytischen Trichter mit Filterpapier.

Bei *Kationenaustauschern* geht man von der H^+-Form aus und behandelt das Harz zunächst mit einer abgemessenen Menge Lauge bekannter Normalität. Die nicht verbrauchte Lauge wird ausgewaschen und im Filtrat bestimmt. Dieses Verfahren wird wiederholt, bis die Werte konstant sind. Aus dem Laugeverbrauch wird die Konzentration der austauschenden Gruppen berechnet. Im Falle der *Gewichtskapazität* werden die verbrauchten mval auf 1 g Trockensubstanz (C_{GG}) und im Falle der *Volumenkapazität* auf 1 *ml* des gestauchten Schüttvolumens (C_{GV}) bezogen.

Bei *Anionenaustauschern* geht man von der Cl^--Form aus und behandelt die Harzschicht mit überschüssiger Na_2SO_4-Lösung. Das Filtrat und das Waschwasser werden quantitativ aufgefangen und darin die ausgetauschten Cl^--Ionen bestimmt. Auch diese Operation wird bis zur Konstanz der Analysenwerte wiederholt. Die Meßergebnisse werden wie bei den Kationenaustauschern ausgedrückt.

Diese Prüfverfahren sind speziell für stark dissoziierte Austauscherharze geeignet, während sie bei *schwach dissoziierten Typen* durch die Hydrolyse der ionogenen Gruppen in der Salzform gestört werden. Vorteilhaft verwendet man dann statt des Waschwassers Alkohol. Bei *schwach basischen Anionenaustauschern* geht man statt von der Cl^--Form von der Basenform aus, behandelt die Probe mit überschüssiger Säure und führt die Bestimmung ähnlich wie bei den Kationenaustauschern durch.

Amphotere Entfärbungsharze werden durch den Gehalt an sauren sowie an basischen ionogenen Gruppen charakterisiert [4]. Dabei handelt es sich meist um sehr schwach dissoziierte Gruppen, zu deren Bestimmung man starke Säuren und Basen benötigt. Zur Vermeidung der Hydrolyse wird auch hier Alkohol als Waschflüssigkeit angewendet.

Zur näheren Charakterisierung der Austauscheigenschaften muß man die *Acidität bzw. die Basizität* der ionogenen Gruppen kennen. Der beste Weg ist die Aufnahme der pH-Titrationskurve (s. *Abb. 3–35*, S. 89). Bei dieser Bestimmung geht man von der H^+- bzw. OH^--Form des Harzes aus und kann zwei verschiedene Meßverfahren anwenden. Im ersten Falle wird die Harzeinwaage direkt titriert und der Verlauf mit Hilfe einer Glaselektrode verfolgt. Der Austauscher wird mit einer Neutralsalzlösung übergossen und die den einzelnen Zugaben der Maßlösung entsprechenden pH-Werte notiert. Diese Methode ist speziell für Harze mit guter Austauschkinetik geeignet, beispielsweise für stark basische oder stark saure Austauscherharze auf Basis vernetzten Polystyrols. Im zweiten Falle wird die gesamte Messung in eine Reihe von Einzelversuchen mit verschiedenen Zugaben der Maßlösung geteilt. Zur Einstellung des Gleichgewichtes wird jede Probe mit der betreffenden Lösung genügend lange gerührt. Der Zeitbedarf wird durch Vorversuche bestimmt.

Zur Bestimmung der Acidität oder Basizität ionogener Gruppen benutzt man auch oft die *relativen Austauschkapazitäten*, die aus den Werten der Neutralsalzspaltung abgeleitet werden.

Bei Kationenaustauschern geht man von der H^+-Form aus und behandelt das Harz mit einer abgemessenen Menge Neutralsalzlösung (z. B. NaCl). Im Filtrat werden dann die ausgetauschten H^+-Ionen maßanalytisch bestimmt und daraus die den stark sauren Gruppen entsprechende Austauschkapazität berechnet. Bei Anionenaustauschern kann man in ähnlicher Weise von der OH^--Form ausgehen und im Filtrat die freigesetzten Hydroxylionen titrieren. Angesichts der Unbeständigkeit der OH^--Form stark basischer Anionenaustauscher (z. B. leichte Aufnahme von Kohlendioxyd) werden aber Prüfverfahren, die von der Salzform ausgehen, bevorzugt. Bei unseren Untersuchungen haben wir eine Modifikation der Kunin-Methode [28] angewendet. Man geht von der Cl^--Form des Harzes aus und behandelt die Probe zunächst mit verdünntem Ammoniak. Nach Auswaschen der ausgetauschten Cl^--Ionen, die den schwach basischen Gruppen, teilweise aber auch den stark basischen Gruppen entsprechen, werden die im Harz verbliebenen Cl^--Ionen durch Natriumsulfatlösung verdrängt und bestimmt. Die relative Kapazität, die den stark basischen Gruppen entspricht, wird dann aus der Summe der OH^-- und Cl^--Ionen im Na_2SO_4-Eluat berechnet. Der Gesamtgehalt an Cl^--Ionen im Ammoniak- sowie im Natriumsulfat-Eluat gibt die Gesamtkapazität an.

Für die praktische Anwendung von Ionenaustauschern ist die *nutzbare Volumenkapazität* (*NVK*) von Bedeutung. Die *NVK*-Werte hängen weitgehend von den

Arbeitsbedingungen ab und können darum nicht verallgemeinert werden. Deshalb müssen für jede Anwendung praxisnahe Prüfungen vorgenommen werden. Statt eines einzigen *NVK*-Wertes bestimmt man vorteilhaft die Abhängigkeit der *NVK* vom Regeneriermittelaufwand und von der Filtrationsgeschwindigkeit. Für betriebliche Anwendungen sollten die Beziehungen zwischen Labor- und Betriebsbedingungen festgestellt und danach geeignete Prüfverfahren ausgearbeitet werden. Diese Methode wird in der Wasseraufbereitung weitgehend angewendet.

Empfohlene Prüfverfahren:

Gesamtkapazität und relative Kapazität eines Kationenaustauschers (C_G, C_R): Etwa 2 m*l* Harz in der H^+-Form werden in eine Laborkolonne des 2. Typs eingebaut und mit überschüssigem demineralisiertem Wasser gespült. Mit einer Durchflußgeschwindigkeit von 7 m*l*/min (bei schwach sauren Kationenaustauschern langsamer) läßt man über das zu prüfende Harz genau 100 m*l* 0,1 n NaOH und dann dreimal je 40—50 m*l* Äthanol zum Auswaschen der Laugereste fließen. Filtrat und Waschflüssigkeit werden in einem 250 m*l* Maßkolben gesammelt und die unverbrauchte Lauge maßanalytisch bestimmt. Die Harzprobe wird dann mit 200 m*l* 7%iger HCl bei einer Durchflußgeschwindigkeit von 7 m*l*/min. regeneriert. Nach dem Auswaschen der Säure mit demineralisiertem Wasser wird diese Operation wiederholt, bis die Ergebnisse konstant sind. Zum Schluß wird das Austauscherharz wieder in die H^+-Form gebracht und bis zur Gewichtskonstanz getrocknet. Aus diesen Werten berechnet man die *Gesamtgewichtskapazität*. Die *Gesamtvolumenkapazität* erhält man durch Dividieren der Gewichtskapazität durch die Volumenquellung, q_{VG}. Die den *stark sauren Gruppen entsprechende Kapazität* wird ähnlich bestimmt. Man benutzt aber statt der genau abgemessenen Natronlauge annähernd 200 m*l* einer 5%igen NaCl-Lösung. Im Filtrat wird die freigesetzte Säure durch Titration bestimmt.

Gesamtkapazität und relative Kapazität eines Anionenaustauschers (C_G, C_R): Beide Kapazitätswerte werden folgendermaßen simultan bestimmt. Etwa 2 m*l* Harz in der Cl^--Form werden in eine Laborkolonne des 2. Typs gebracht und mit überschüssigem demineralisiertem Wasser gespült. Zur Vermeidung der Hydrolyse benutzt man bei schwach basischen Anionenaustauschern stattdessen Äthanol. Dann läßt man 200 m*l* 1%ige NH_3-Lösung und 200 m*l* demineralisiertes Wasser mit einer Durchflußgeschwindigkeit von 7 m*l*/min. durch die Kolonne fließen. Beide Filtrate werden gemeinsam in einem 500 m*l*-Maßkolben aufgefangen. Die Probe wird dann mit 200 m*l* 4%iger Na_2SO_4-Lösung behandelt und das Filtrat in einem 250 m*l* Maßkolben gesammelt. Im ersten Maßkolben werden die Cl^--Ionen titriert (vorteilhaft potentiometrisch). Im zweiten Maßkolben werden OH^-- und Cl^--Ionen bestimmt. Die Harzprobe wird dann mit 200 m*l* 7%iger HCl regeneriert, durch Auswaschen mit Äthanol von überschüssiger Säure befreit und die ganze Operation so oft wiederholt, bis die Ergebnisse konstant sind. Zum Schluß wird die mit HCl regenerierte Probe bis zur Gewichtskonstanz getrocknet. Die *Gesamtkapazität* wird aus dem Gehalt an Cl^--Ionen in beiden Eluaten berechnet, die den *stark basischen Gruppen entsprechende relative Kapazität* wird aus dem Chloridgehalt und der Alkalität des Natriumsulfat-Eluates bestimmt. *Gewichts- und Volumenkapazität* werden wie bei den Kationenaustauschern berechnet.

Bestimmung des Gehaltes an kationen- und anionenaustauschenden Gruppen in amphoteren Austauscherharzen: 10 *ml* Harz werden in die SAMUELSON-Kolonne eingebaut und mit überschüssigem demineralisiertem Wasser ausgewaschen. Bei einer spezifischen Belastung von 5, die auch fernerhin eingehalten wird, behandelt man die Probe mit 300 *ml* 1%iger HCl, wodurch die anionenaustauschenden Gruppen in die Cl-Form überführt werden. Dann werden die Säurereste mit Äthanol ausgespült. Die von den anionenaustauschenden Gruppen aufgenommenen Cl^--Ionen werden mit 300 *ml* 1%iger Natronlauge verdrängt. Im Filtrat wird das Chlorid titriert und aus dem Ergebnis die den *anionenaustauschenden Gruppen entsprechende Kapazität* berechnet. Dabei werden gleichzeitig die kationenaustauschenden Gruppen in die Na^+-Form überführt. Die Probe wird erneut mit Äthanol ausgewaschen und mit 300 *ml* 1%iger HCl behandelt. Im Filtrat wird die freie Salzsäure durch mehrmals wiederholte Verdampfung beseitigt, der Rückstand mit Wasser aufgenommen und die den *kationenaustauschenden Gruppen entsprechenden* Cl^--Ionen titriert. Das Harz wird dann mit demineralisiertem Wasser gewaschen, in einen Meßzylinder überführt, das *Schüttvolumen* bestimmt, bis zur Gewichtskonstanz getrocknet und so der *Gehalt an Trockensubstanz* festgestellt. Aus den erhaltenen Werten werden die Gewichts- und Volumenkapazitäten, die den kationen- bzw. anionenaustauschenden Gruppen entsprechen, berechnet und auf Grund dieser Werte der prozentuale Gehalt beider Typen von ionogenen Gruppen bestimmt.

Aufnahme der pH-Titrationskurve, Methode der direkten Titration: Ungefähr 1 g des 20 min bei $g = 900$ zentrifugierten Harzes wird genau eingewogen. Kationenaustauscher werden in der H^+-Form eingesetzt und mit 2 n NaOH titriert, Anionenaustauscher setzt man in der OH^--Form ein und titriert mit 2 n HCl. Das Titrationsgefäß ist mit einem elektromagnetischen Rührwerk, einer Glaselektrode und einer 5 *ml* Mikrobürette ausgestattet. Das Harz wird im Titriergefäß mit 100 *ml* 0,1 n NaCl-Lösung versetzt und nach Einstellung des Gleichgewichtes der anfängliche pH-Wert notiert. Dann werden aus der Mikrobürette 0,2 *ml* Maßlösung zugegeben und unter dauerndem Rühren die Gleichgewichtseinstellung abgewartet. Der sich einstellende pH-Wert wird notiert.

In dieser Weise verfährt man, bis die ganze Titrationskurve aufgenommen ist. In der Nähe von Umkehrpunkten werden die Zugaben an Maßlösung auf 0,1 *ml* vermindert. Die einzelnen Zugaben werden auf mval/g zentrifugierten bzw. wasserfreien Ionenaustauscher umgerechnet und graphisch gegen die entsprechenden pH-Werte aufgetragen.

Aufnahme der pH-Titrationskurve, Methode der einzelnen Einwaagen: Die Harzproben von je 1 g in der H^+- bzw. OH^--Form werden in zentrifugiertem Zustand in eine Reihe verschließbarer Erlenmeyerkolben eingewogen. In jeden Kolben werden 90 *ml* 0,1 n NaCl und a *ml* 2 n Maßlösung (HCl bzw. NaOH) gegeben. Zwecks Einhaltung eines konstanten Volumens von 100 *ml* wird in jeden Kolben noch eine Menge von (10—a) m*l* demineralisiertem Wasser gegeben. Die Mengen an Maßlösung richten sich nach der bekannten Gewichtskapazität. Aus dem Kapazitätswert können auch die dem Umkehrpunkt nahe liegenden Mengen an Maßlösung abgeleitet werden. Die maximale Zugabe soll das 1,3fache der dem Umkehrpunkt entsprechenden Menge betragen. Die Kolben werden bis zur Einstellung des Gleichgewichtes mechanisch geschüttelt. Die notwendige Zeit wird durch Vorversuche bestimmt. Nach der Einstellung des Gleichgewichtes wird das Harz durch Dekantieren oder Filtration abgetrennt und die pH-Werte der Lösungen gemessen. Die Meßergebnisse werden wie bei der vorangehenden Methode graphisch dargestellt.

4.3.5.2. Die Entfärbungsfähigkeit

Die Bestimmung der Entfärbungsfähigkeit ist viel komplizierter als die Ermittlung der Austauscheigenschaften. Sowohl bei der Wahl der Versuchsbedingungen wie auch bei der Interpretation der erzielten Ergebnisse treten Schwierigkeiten auf.

Schon die *Auswahl eines geeigneten Sorptivs* ist kritisch. Die scheinbar einfachste Lösung wäre die Anwendung irgendwelcher Farbstoffe mit definierter Struktur. Dann sind jedoch die Beziehungen zwischen Meßergebnissen und Betriebsbedingungen zu unsicher. Selbst bei den Aktivkohlen, die relativ wenig selektiv adsorbieren, werden einzelne Farbstofftypen bevorzugt. Bei Ionenaustauscherharzen, bei denen die Selektivität der Sorptionsvorgänge durch das Vorhandensein funktioneller Gruppen gesteigert wird, sind die Unterschiede noch größer. Es scheint darum praktisch unmöglich zu sein, komplizierte Gemische von Melasse-Farbstoffen durch eine definierte Verbindung zu ersetzen. Andererseits bringt die Anwendung technischer Lösungen von Melasse-Farbstoffen neue Komplikationen, die bereits an anderen Stellen behandelt wurden (s. S. 136).

Die Bestimmung von *Sorptionskapazitäten* für die Aufnahme von Melasse-Farbstoffen wird prinzipiell dadurch erschwert, daß man die tatsächliche Molar- oder Gewichtskonzentration, aus deren Änderung sich die gebundene Farbstoffmenge ermitteln ließe, nicht kennt. Dieser Mangel wird teilweise durch Anwendung des gebräuchlichen Fuska-Systems, nach dem die Farbstoffmenge dem Produkt aus der kolorimetrisch gemessenen gesamten Farbstoffkonzentration und dem Lösungsvolumen gleichgesetzt wird, ausgeglichen. Die gesamte *Sorptionskapazität* gegenüber Melasse-Farbstoffen kann ohnehin nicht festgestellt werden, weil eine völlige Erschöpfung des Entfärbungsharzes erst nach sehr langer Kontaktzeit eintritt. Ein derartiger Versuch ließe sich auf Grund der Unbeständigkeit der zu entfärbenden Lösungen kaum realisieren. Die Bestimmung der *nutzbaren Volumenkapazität* wird durch das Fehlen eines charakteristischen Durchbruchspunktes in der Sorptionsisoplane (s. S. 137) und durch die lange Prüfdauer wesentlich erschwert. Noch größere Schwierigkeiten bereitet jedoch das Auffinden einer *Korrelation zwischen Laboratoriumsmessungen und*

Betriebsdaten. Im Gegensatz zu den normalen Ionenaustauscheranwendungen ändert sich bei der Entfärbung die *NVK* in den einzelnen Zyklen um Werte in der Größenordnung von 100% und mehr. Diese Schwankungen sind von der Art des jeweils verarbeiteten Rohstoffes, von der Technologie der Zuckerfabrik, vom augenblicklichen Durchsatz des Betriebes und von zahlreichen anderen Faktoren abhängig. Sofern überhaupt Sorptionskapazitäten gegenüber Melasse-Farbstoffen gemessen werden, können nur relative Werte unter reproduzierbaren Bedingungen bestimmt und diese zum Vergleich verschiedener Harzmuster benutzt werden. Statt der *NVK*-Werte kann zu diesem Zweck auch die Bestimmung der *relativen Entfärbung* herangezogen werden.

Die relative Entfärbung bzw. die relative Sorptionskapazität kann nach dynamischen [29] oder statischen [4] Methoden bestimmt werden. Die dynamische Methode ist zeitraubender und weniger genau. Deshalb soll an dieser Stelle besonders die *statische Methode* berücksichtigt werden.

Die allgemeinen Prinzipien, die Arbeitstechnik und die verwendete Apparatur wurden schon früher beschrieben (s. S. 124). Hier sollen noch die Besonderheiten der Sorption von Melasse-Farbstoffen durch Entfärbungsharze erörtert werden. Der in einem statischen Versuch gefundene Entfärbungsgrad kann durch eine Reihe von Einzelfaktoren, deren Einfluß ausführlicher im Kap. 3.3. beschrieben wird, beeinflußt werden. Dabei handelt es sich speziell um Typ, Menge und Körnung des eingesetzten Harzes, um die Zusammensetzung der zu entfärbenden Lösung, das gegenseitige Mengenverhältnis von Harz und Lösung, die Temperatur und die Einwirkungszeit.

Zur Bewertung eines statischen Versuches ist zunächst die *Farbkonzentration am Beginn und am Ende* des Versuches und die *Austauschermenge* von Bedeutung. Die relative Entfärbung berechnet man dann nach der Gleichung

$$D = \frac{c_{F0} - c_{F1}}{c_{F0}} \tag{4–8}$$

Die gesamte bei der Entfärbung gebundene Farbstoffmenge kann mit der Gleichung

$$B = (c_{F0} - c_{F1}) \cdot V_L \tag{4–9}$$

berechnet werden. Aus B und der betreffenden Harzeinwaage kann die *relative Sorptionskapazität* gegenüber Farbstoffen festgestellt werden. Man gibt entweder die *Gewichtskapazität*

$$C_{FG} = \frac{(c_{F0} - c_{F1}) \cdot V_L}{G_T} \tag{4–10}$$

oder die Volumenkapazität

$$C_{FV} = \frac{(c_{F0} - c_{F1}) \cdot V_L}{V_H} \tag{4–11}$$

an.

Die Farbstoff-Lösungen können durch Verdünnung von Melasse hergestellt werden. Die Eigenschaften der einzelnen Melasse-Typen zeigen jedoch, je nach ihrer Herkunft, bedeutende Unterschiede. In der *Tab. 4–2* werden als Beispiel vier Melassetypen unterschiedlicher Herkunft und unterschiedlichen Alters beschrieben.

Tabelle 4–2: Vergleich verschiedener Melasseproben [30]

Zuckerfabrik	Jahr	Wäßrige Lösung E	20 g/Liter pH
Přelouč	1958	0,301	8,7
Mělník	1947	0,515	8,2
Mělník	1959	0,658	7,7
Slavkov	1959	0,498	7,0

Mit Rücksicht auf die pH-Abhängigkeit [31] der Entfärbung ist es vorteilhaft, die Melasselösungen im neutralen pH-Bereich zu puffern. Melasselösungen verändern auch spontan ihre Farbstoffkonzentration (s. *Abb. 4–21*), wodurch die Bestimmung der Entfärbungsfähigkeit gestört wird.

Man führt aus diesem Grunde einen *Blindversuch* durch und benutzt beim eigentlichen Versuch statt der Anfangskonzentration die Endkonzentration an Farbstoff aus dem Blindversuch. Dieser Wert wird in die *Formel* (*4–8*) eingesetzt.

Verschiedene Melassetypen haben trotz unterschiedlicher Eigenschaften einen ganz ähnlichen Farbton (s. *Abb. 4–22*).

In den Konzentrationsbereichen, in denen bei der Bestimmung der Entfärbungsfähigkeit gearbeitet wird, gilt die lineare Abhängigkeit zwischen der Gewichts- und Farbstoffkonzentration von Melasselösungen (s. *Abb. 4–23*).

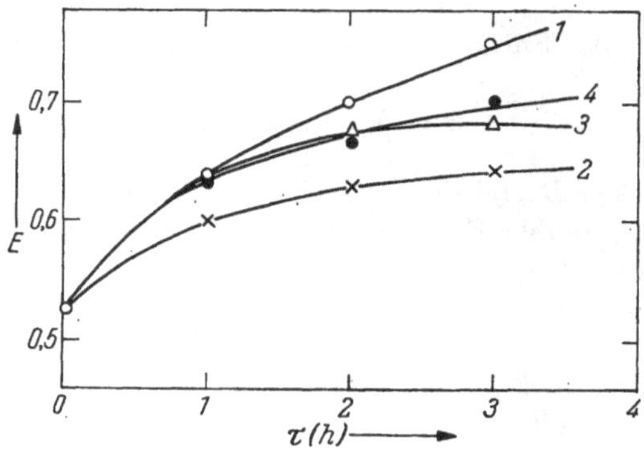

Abb. 4–21: Abhängigkeit der Extinktion von der Temperierungszeit (80 °C) verschiedener Melasselösungen [30]

Melasse aus (*1*) – Přelouč; (*2*) – Hrušov; (*3*) – Mělník; (*4*) – Slavkov

Die bei einem statischen Versuch erzielte Entfärbung hängt weitgehend von der *Farbstoffkonzentration* der angewendeten Melasselösung ab. Den Einfluß der Anfangskonzentration auf die Gleichgewichtskonzentration zeigt die *Abb. 4–24.*

Aus den dunkleren Lösungen wird also eine größere Farbstoffmenge als aus den helleren Lösungen aufgenommen. Für Wofatit E wurde bei statischen Versuchen eine lineare Abhängigkeit zwischen c_{F0} und B gefunden (s. *Abb. 4–25*).

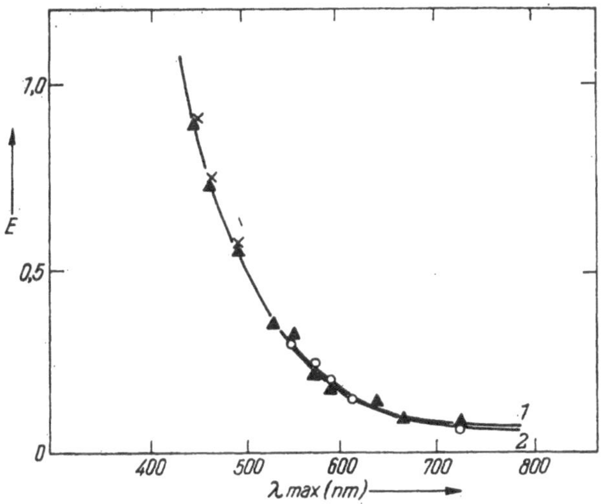

Abb. 4–22: Extinktionskurven von Melasselösungen [30]

Melasse aus (○) – Přelouč; (×) – Hrušov; (▲) – Mělník

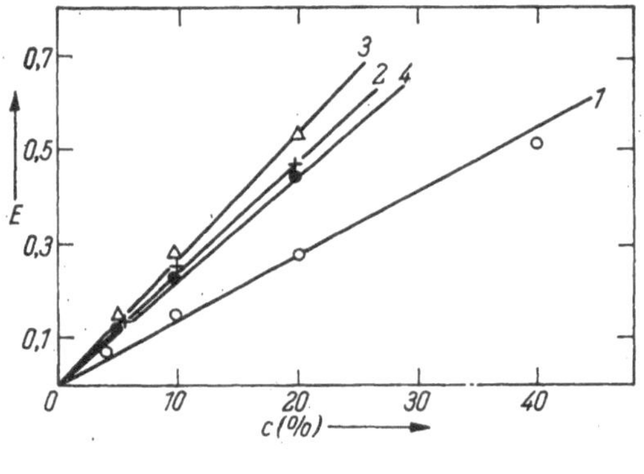

Abb. 4–23: Abhängigkeit der Extinktion einiger Melasselösungen von deren Gewichtskonzentration [30]

Melasse aus (*1*) – Přelouč; (*2*) – Hrušov; (*3*) Mělník; (*4*) – Slavkov

Die Abhängigkeit der relativen Sorptionskapazität gegenüber Melassefarbstoffen von der Gleichgewichtskonzentration wird für die Entfärbung verdünnter Melasselösungen in der *Abb. 4–26* wiedergegeben.

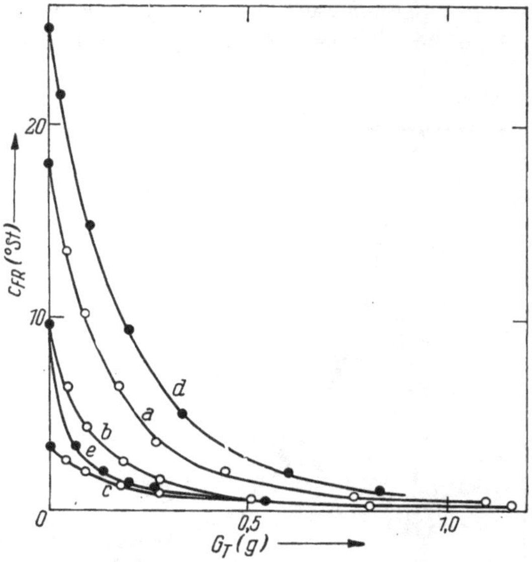

Abb. 4–24: Abhängigkeit der Gleichgewichts-Farbstoffkonzentration von der Ionenaustauscher-Einwaage bei verschiedenen Anfangskonzentrationen unter statischen Bedingungen [32]
○ – Wofatit E; • – Dekolorex A 4; Anfangskonzentration von Farbstoffen, °St: (*a*) – 18,1; (*b*) – 9,75; (*c*) – 3,49; (*d*) – 24,9; (*e*) – 9,64

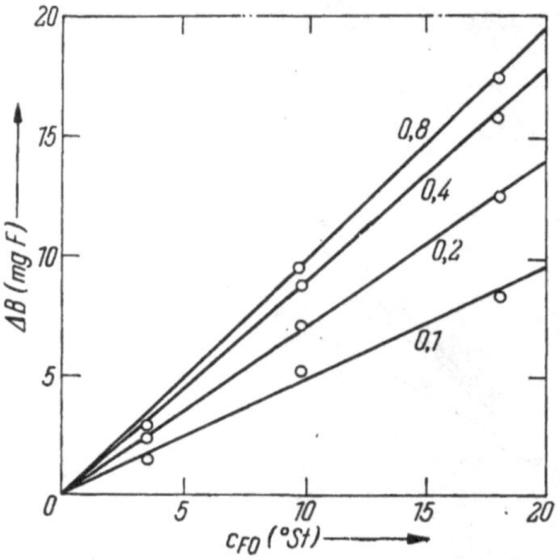

Abb. 4–25: Abhängigkeit der Aufnahme von Farbstoffen von deren Anfangskonzentration bei verschiedenen Wofatit E-Einwaagen [32] (G_T in einzelnen Versuchen war 0,1; 0,2; 0,4; 0,8 g)

Die erzielten Meßergebnisse lassen sich gut durch eine Gleichung vom Typ der FREUNDLICH-Isotherme ausdrücken.

Die Entfärbung wird auch durch verschiedene *farblose Bestandteile* der zu entfärbenden Lösung beeinflußt. Hier ist besonders Saccharose zu nennen, die mit steigender Konzentration den Entfärbungseffekt herabsetzt. Es wurde ein line-

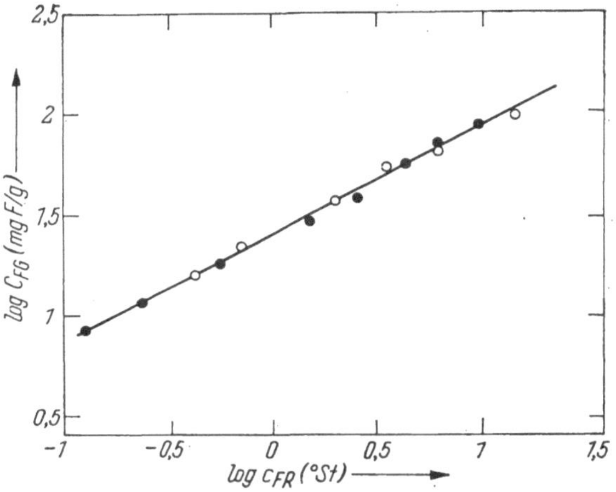

Abb. 4–26: Abhängigkeit der relativen Sorptionskapazität von der Gleichgewichtskonzentration der Melassefarbstoffe für Wofatit E [32]

arer Abfall der relativen Entfärbung mit dem Anwachsen des Saccharosegehaltes in der zu entfärbenden Lösung im Bereich von 0—67 °Bx gefunden (s. *Abb. 4–27*).

Der Entfärbungsgrad hängt nach DE JONG [33] auch vom *Elektrolytgehalt* der zu entfärbenden Lösung ab (s. *Tab. 4–3*).

Tabelle 4–3: Einfluß von Elektrolyten auf die Entfärbung der Zuckerkläre mit einem Anionenaustauscher [33]

Elektrolytkonzentration	D_{420} nm
0,1% KCl	80,5
0,3% KCl	74,0
1,0% KCl	63,9
10% KCl	25,7
0,3% Ca-Azetat	73,8
1,0% Ca-Azetat	65,9
3,0% Ca-Azetat	62,0

Statische Arbeitsweise, 1%ige Suspension des Harzes in Rohrzuckerkläre 62,5 °Bx

Die *Einwaagemenge* des Entfärbungsharzes wird so gewählt, daß die relative Entfärbung bei etwa 50% liegt. In *Abb. 4–28* werden Kurven gezeigt, welche die Abhängigkeiten zwischen der relativen Entfärbung und der Harzeinwaage bei Wofatit E und Dekolorex A4 darstellen.

Die *Geschwindigkeit der Gleichgewichtseinstellung* hängt wesentlich von der Korngröße des Austauscherharzes und von der Temperatur der Lösung ab. In

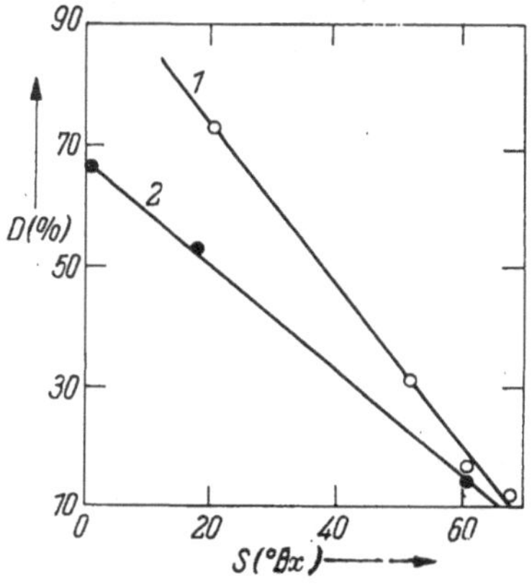

Abb. 4–27

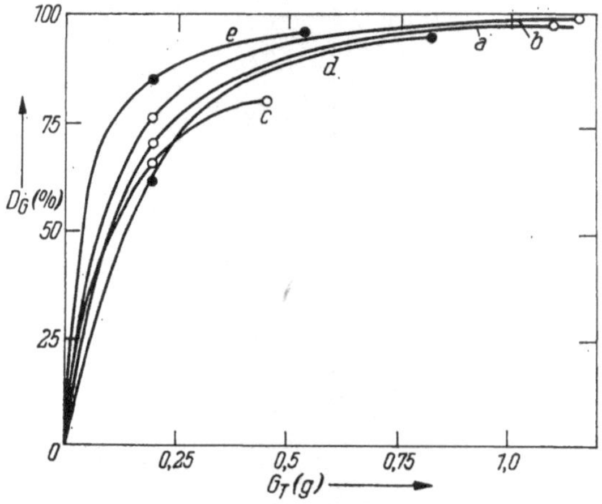

Abb. 4–28

Abb. 4–27: Einfluß der Saccharosekonzentration auf die relative Entfärbung mit Wofatit E [32]
1 – τ = 3 h, G = 0,24 g, c_{FO} = 10,17 °St; *2* – τ = 3 h, G = 0,20 g, c_{FO} = 9,61 °St

Abb. 4–28: Abhängigkeit der relativen Entfärbung verschiedener Melasselösungen von der Einwaage an (∘)-Wofatit E- und (•)-Dekolorex A4 [32]
c_{FO} war in einzelnen Versuchen: (*a*) – 18,1; (*b*) – 9,75; (*c*) – 3,49; (*d*) – 24,9; (*e*) – 9,64

Abb. 4–29 wird die Abhängigkeit der relativen Entfärbung von der Einwaage für enge Kornfraktionen von Dekolorex A2 wiedergegeben. Die Meßergebnisse beweisen einen bedeutenden Einfluß der Diffusion der Farbstoffe in der Austauschermasse auf die Gleichgewichtseinstellung. Eine Erhöhung der Temperatur erhöht die Entfärbungsgeschwindigkeit. In der *Abb. 4–30* wird der Zeitverlauf der Entfärbung durch ein anionenaustauschendes Polykondensatharz bei verschiedenen Temperaturen dargestellt.

Mit Rücksicht auf die Betriebsbedingungen in der Zuckerfabrik wird die Entfärbungsfähigkeit meist bei einer *Temperatur von 80 °C* bestimmt. Bei Entfärbung verdünnter Melasselösungen kann vorausgesetzt werden, daß sich bei dieser Temperatur das Gleichgewicht in den meisten Fällen innerhalb von 3 Std. eingestellt hat. In der *Abb. 3–39* werden die bei den drei Haupttypen gefundenen Zeitverläufe der Entfärbung wiedergegeben.

Zur Bestimmung der Entfärbungsfähigkeit eines Austauscherharzes kann entweder ein einziger unter zweckmäßigen Bedingungen durchgeführter statischer Versuch oder eine Reihe von Versuchen mit verschiedenen Einwaagen benutzt werden.

Hier soll eine *Alternativ-Methode zur Bestimmung der relativen Entfärbung* (D_S) beschrieben werden: In die gemäß *Abb. 4–31* geschaltete Samuelson-Kolonne

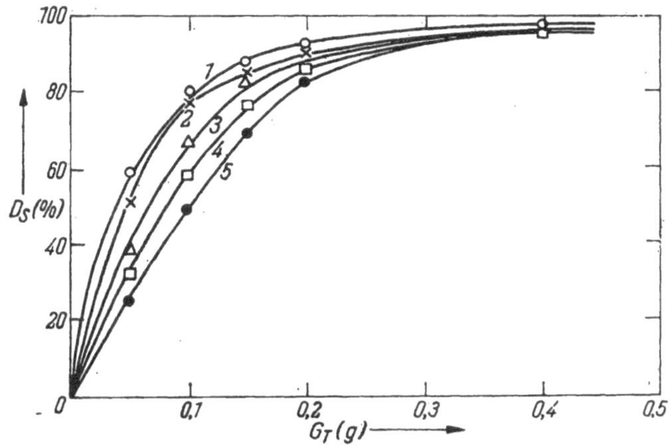

Abb. 4–29: Abhängigkeit von *D* von der Einwaage an Dekolorex A2 für verschiedene Kornfraktionen [30]

1 – 0,3–0,4 mm; *2* – 0,5–0,6 mm; *3* – 0,75–1,00 mm; *4* – 1,2–1,5 mm; *5* – 2,0–2,5 mm

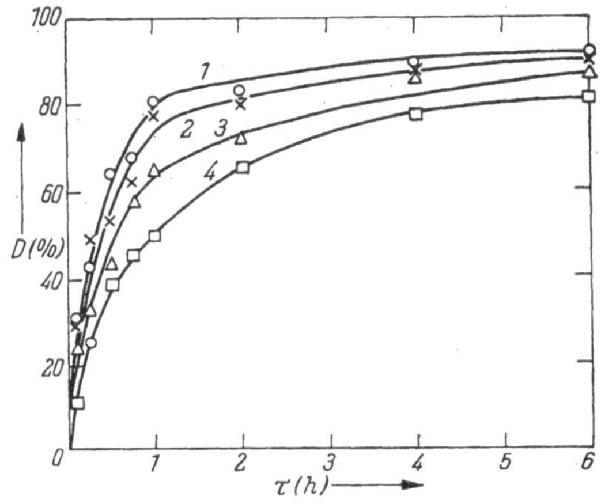

Abb. 4–30: Abhängigkeit der relativen Entfärbung einer Melasselösung mittels Dekolorex A2 von der Berührungszeit bei verschiedenen Versuchstemperaturen [34]

1 – 80 °C; *2* – 60 °C; *3* – 40 °C; *4* – 20 °C

wird die naßgesiebte Kornfraktion 0,5—0,6 mm des Entfärbungsharzes in einer solchen Menge eingefüllt, daß nach der folgenden Vorbehandlung ihr Volumen etwa 10 m*l* beträgt. Das zu prüfende Harz wird in einstündigen Intervallen mit je 100 m*l* der nachfolgend angegebenen Lösungen behandelt: Bei *Polykondensat-*

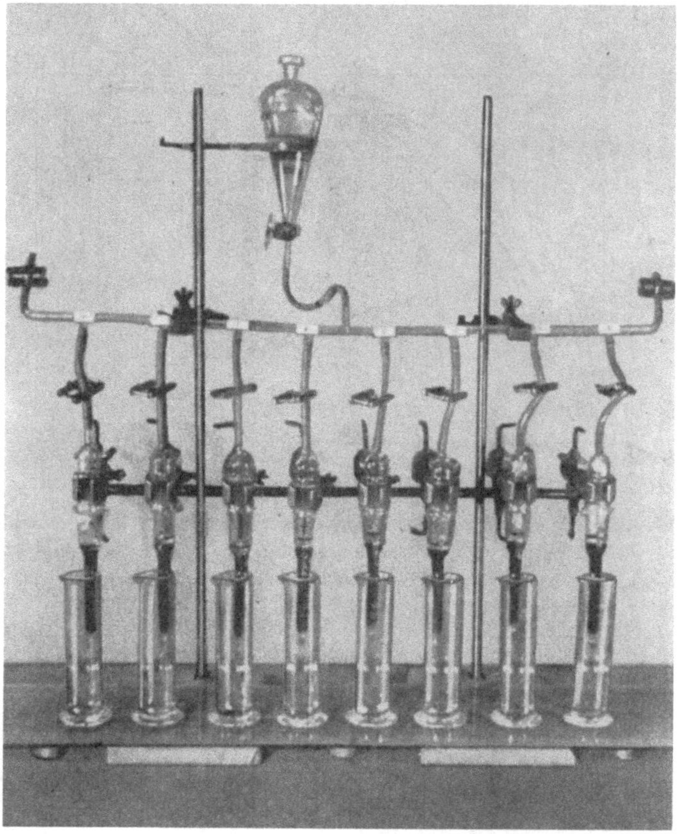

Abb. 4–31: Anordnung von Samuelson-Kolonnen für die Regenerierung der Entfärbungs-Ionenaustauscher vor der D_S-Bestimmung [4]

Entfärbungsharzen wird zur Einstellung des Harzes in den gewünschten alkalischen, sauren oder neutralen pH-Bereich regeneriert. Bei der alkalischen Regenerierung wird 1%ige Natronlauge und anschließend Wasser angewendet, bei der sauren Regenerierung 1%ige Natronlauge, Wasser, 1%ige Salzsäure und nochmals Wasser und bei der neutralen Regenerierung 1%ige Natronlauge, Wasser, Ammoniumacetatlösung (23 g/*l*) und schließlich wieder Wasser. Bei den *mittelstark und stark basischen Anionenaustauschern* werden die zu prüfenden Proben entweder durch Behandlung mit 1 n NaOH und Wasser in die OH^--Form oder durch Behandlung mit 1 n NaCl und Wasser in die Cl^--Form überführt.

Die so behandelten Harzproben werden in Meßzylinder mit vorgelegtem Wasser überführt und durch Stauchen die zugehörigen Schüttvolumina (V_H) bestimmt (s. S. 145). Dann werden die Ionenaustauscherproben in Fritten-Zentrifugengläser überführt und 5 min bei $g = 900$ zentrifugiert. Die abgeschleuderten Proben werden quantitativ in geschlossene Wägegläschen gebracht und genau abgewogen (G_T). Das Verhältnis G_T/V_H gibt die Menge des abgeschleuderten Harzes an, die zur Bestimmung des auf die *Volumeneinheit bezogenen* D_S-*Wertes* eingesetzt wird. Weiterhin werden etwa 2 g der zentrifugierten Probe genau abgewogen (G_H) und bis zur Gewichtskonstanz (G_T) getrocknet. Aus dem Verhältnis G_H/G_T wird die Einwaage zur Bestimmung des auf die *Gewichtseinheit bezogenen* D_S-*Wertes* berechnet.

Zur *Herstellung der Melasselösung* werden 60 g Melasse in 3 *l* Wasser gelöst. Die Einwaage ist gegebenenfalls dem betreffenden Melassetyp anzupassen. Man wiegt dann mehr ein und verdünnt die erhaltene Lösung auf die gewünschte Farbstoffkonzentration (z. B. blaugrünes Filter BG 7 bei 1 cm dicker Küvette, Extinktion E = 0,5). Zur Melasselösung werden 10 g Kieselgur gegeben, durchmischt und sofort über ein Faltenfilter filtriert. Die ersten Anteile des Filtrats werden verworfen. Die abfiltrierte Lösung wird auf die gewünschte Farbstoffkonzentration verdünnt und mit 20 g Ammoniumacetat versetzt. Die zur Messung angewandte Melasselösung soll maximal 12 Std. alt sein.

Die Melasselösung wird dann auf 80 °C erwärmt und die errechnete Menge zentrifungierten Austauscherharzes in 250 m*l* Erlenmeyerkolben eingewogen. Zu den Harzproben werden je genau 100 m*l* Melasselösung gegeben und die Kolben auf einem Mehrstellenrührwerk (s. *Abb. 4–4*) in einem auf 80 °C geheizten Bad untergebracht. Gleichzeitig wird eine Melasse-Vergleichslösung unter den selben Bedingungen temperiert. Der Inhalt der Kolben wird nach 3 Std. durch ein Papierfilter filtriert, wobei die ersten 10 m*l* verworfen werden. Die Farbstoffkonzentration der behandelten Lösungen sowie der Vergleichslösungen wird unter den gleichen Bedingungen, die bei der Einstellung der Konzentration der Ausgangslösung eingehalten wurden, photometrisch bestimmt. Die *relative Entfärbung* wird mit Hilfe der Formel

$$D_S = \frac{E_0 - E_1}{E_0} \qquad (4\text{–}12)$$

ausgerechnet.

Wie bereits erwähnt wurde, dient die Bestimmung der relativen Entfärbung bzw. der relativen Sorptionskapazität gegenüber Melassefarbstoffen primär dem Vergleich verschiedener Muster von Entfärbungsharzen. Die Reproduzierbarkeit der Meßergebnisse wird durch spontane Veränderungen der Melasse bzw. der Melasselösungen beschränkt. Bei der Prüfung von Entfärbungskohlen [35] wurde dieses Problem durch die Auswahl bestimmter Kohletypen als Standard gelöst. Danach wird festgestellt, mit welcher Menge der jeweils zu prüfenden Kohle der gleiche Entfärbungseffekt wie mit der Mengeneinheit des Standards erzielt wird. Bei den Entfärbungs-Ionenaustauschern kann diese einfache Methode nicht angewendet werden. Die bei der Aufbewahrung spontan eintretenden Strukturveränderungen verbieten die Benutzung bestimmter Harztypen als Bezugssubstanzen. Wir versuchten, zum *Vergleich der Entfärbungsfähigkeit von Austauscherharzen*, Aktivkohle (Carboraffin) als Standard einzuführen und das Verhältnis der Einwaage an Entfärbungskohle zur Einwaage an Entfärbungsharz,

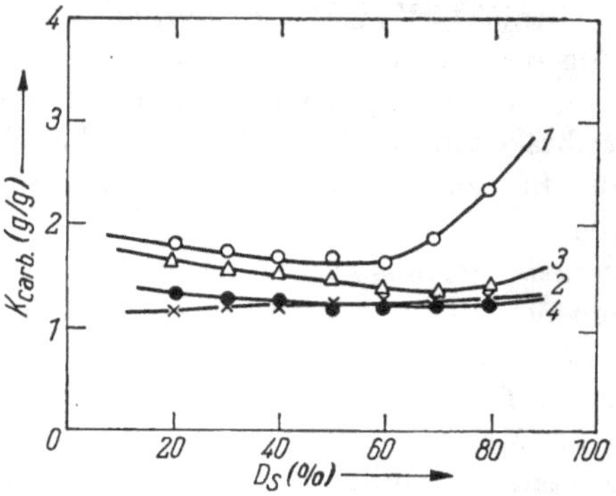

Abb. 4–32: Abhängigkeit des „Carboraffin-Wertes" für Dekolorex A2 von der erzielten relativen Entfärbung [30]

Melasse aus (1) – Přelouč; (2) – Hrušov; (3) – Mělník; (4) – Slavkov

die den gleichen Entfärbungseffekt hatte, den sogenannten *Carboraffin-Wert* [35] (K_{carb}) als Maßzahl zu benutzen. In der *Abb. 4–32* wird die Abhängigkeit dieser Werte von den erzielten relativen Entfärbungen wiedergegeben.

Solange die relativen Entfärbungen nahe bei 50% liegen, werden mit Hilfe dieser Methode die unterschiedlichen Eigenschaften der einzelnen Melassetypen weitgehend kompensiert (s. *Tab. 4–4*).

Tabelle 4–4: Kompensation verschiedener Eigenschaften einzelner Melasseproben mittels „Carboraffin-Wert"-Methode [30]

Melasse*)	D_G ($G_T = 0,5$ g)	Carboraffin-Einwaage (g)	$K_{carb.}$
Přelouč 58	55,8	0,055	1,10
Mělník 47	64,0	0,059	1,18
Mělník 59	65,0	0,054	1,08
Slavkov 59	66,0	0,059	1,18

*) s. *Tab. 4–2.*

Zur gründlicheren Beurteilung der Sorptionsfähigkeit eines Entfärbungs-Ionenaustauschers sind außer Gleichgewichtswerten auch *kinetische Kennwerte* von Interesse. Číž [36] stellte fest, daß die Zeitabhängigkeit der Entfärbung durch die Gleichung

$$k_v \cdot \tau = \ln \frac{c_{F0} - c_{FR}}{c_{F\tau} - c_{FR}} \qquad (4\text{–}13)$$

beschrieben werden kann (s. *Abb. 4–33*) und schlug vor, die Konstante k_v als Maß der Sorptionsgeschwindigkeit zu benutzen.

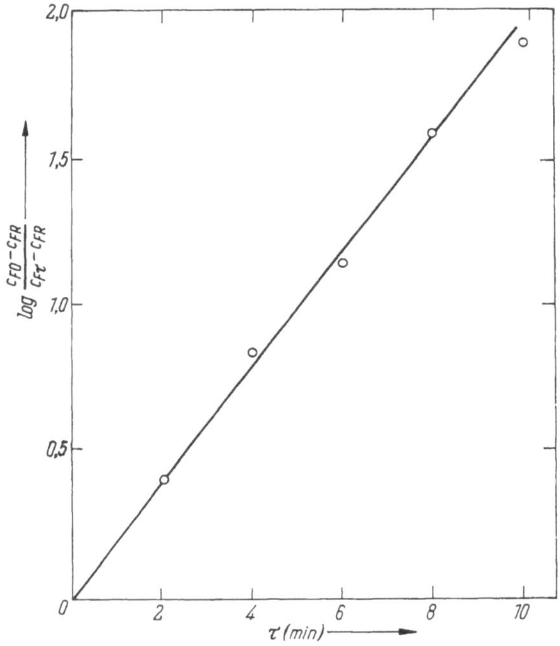

Abb. 4–33: Geschwindigkeit der Entfärbung einer Zuckerlösung mittels Amberlite IRA 401 S [36]

c_{FO} = 29,5 °St; c_{FR} = 2,0 °St; t = 23 °C; S = 48 °Bx

Er empfiehlt folgendes *Prüfverfahren* [36]:

In 5—7 Bechergläser (50 m*l*) werden je 5 g zentrifugiertes Harz eingewogen und sofort mit 15 m*l* Farbstofflösung übergossen. Nach Ablauf bestimmter Zeiträume (z. B. nach 3, 6, 10, 12 und 20 min) werden mit Hilfe einer Injektionsspritze Proben der Farbstofflösung entnommen. Die Farbstoffkonzentration am Anfang und zu den einzelnen Zeitpunkten, bei denen die Versuche abgebrochen wurden, wird photometrisch bestimmt und durch graphische Extrapolation auch die Gleichgewichtskonzentration festgestellt. Die Meßergebnisse werden wie in *Abb. 4–33* graphisch dargestellt und aus der Steigung der Geraden die Konstante der *Gleichung* (*4–13*) berechnet.

4.3.6. Die Lebensdauer von Entfärbungs-Ionenaustauschern

Die Bestimmung der Lebensdauer ist speziell mit Rücksicht auf die praktische Anwendung von großer Bedeutung, stellt jedoch ein recht kompliziertes Problem dar. Die unter Betriebsbedingungen erreichbare Einsatzdauer eines Austauscherharzes wird durch die Einwirkung einer Reihe einzelner Faktoren bedingt. Die Reproduktion dieser Einflüsse unter Laboratoriumsbedingungen ist außerordentlich schwierig, so daß man sich meist mit gewissen Annäherungen begnügen muß. Die bisher bekannt gewordenen Prüfmethoden dieser Gruppe geben darum nicht direkt den korrekten Wert für die unter Betriebsbedingungen erreichbaren Anwendungszeiten an. Sofern jedoch eine genügende Anzahl von Versuchsdaten aus Betrieb und Labor zur Verfügung steht, kann eine Korrelation zwischen den Laborergebnissen und der betrieblichen Lebensdauer möglich werden. Durch Laborprüfungen allein erhält man nur relative Werte, die aber einen Vergleich verschiedener Harzmuster zulassen.

Die einzelnen Faktoren, die die Entfärbungsfähigkeit eines Austauscherharzes unter betrieblichen Bedingungen herabsetzen, wurden bereits auf S. 94 besprochen. Zusammenfassend kann gesagt werden, daß die technische Brauchbarkeit eines Entfärbungsharzes sowohl durch physikalische wie auch durch chemische Faktoren beeinflußt wird, von denen folgende besonders zu beachten sind:

1. Äußere mechanische Einwirkung auf die einzelnen Harzkörner, die zum Abrieb führt,
2. Änderungen des Quellungszustandes, welche die Bildung von oberflächlichen Rissen und Spalten und schließlich den Zerfall der Teilchen verursachen,
3. physikalische Blockierung der Mikroporen durch große Farbstoffmoleküle, wodurch die Entfärbungsfähigkeit herabgesetzt wird (irreversible Sorption),
4. chemische Einflüsse, die namentlich bei hoher Temperatur einen Abbau des Polymergerüstes bzw. der sorptionsaktiven Gruppen bewirken.

Zur Ermittlung der Lebensdauer von Entfärbungs-Ionenaustauschern versucht man entweder durch spezielle Prüfmethoden die Wirkung einzelner Einflüsse die das Harz zerstören, zu erfassen, oder man strebt eine möglichst getreue Reproduktion der Gesamtheit der Betriebsbedingungen an.

4.3.6.1. Testung einzelner Einflüsse

Die einzelnen Partikel eines Austauscherharzes werden besonders während der Aufwärtsströmung beim Rückspülen *mechanisch abgerieben* [37]. Unter Laborbedingungen wird diese gegenseitige Beeinflussung der Partikel durch das mechanische Schütteln einer wäßrigen Harzsuspension imitiert, wobei die gleichzeitige Anwesenheit irgendwelcher Mahlkörper den Prozeß beschleunigen kann. Der Abriebversuch wird mittels Naßsiebung ausgewertet.

Die im folgenden beschriebene Arbeitsweise lehnt sich an ein von S. Iwashina [38] beschriebenes Prüfverfahren für den *Abriebfaktor* (K_f) an:

Eine Harzprobe von 50 m*l* (Körnung von 0,55—0,83 mm) wird in einer 300 m*l*-Flasche mit 50 m*l* Wasser und 12 Glaskugeln (Durchmesser 7 mm, Gesamtgewicht 6,3 g) auf einem horizontalen Schüttelapparat 5 Std. lang bei einer Schwingungsweite von 90 mm und einer Frequenz von 126 Schwingungen/min geschüttelt. Nach Beendigung des Versuches wird das Harz über ein 0,55 mm-Sieb gegeben und das Volumen der Kornfraktion (V_H), die das Sieb passiert, bestimmt.

$$K_f = \frac{V_H}{50} \cdot 100 = 2\ V_H \qquad (4\text{–}14)$$

Auch die Beständigkeit eines Austauscherharzes gegenüber *osmotischen Belastungen* kann durch einen beschleunigten Test festgestellt werden. Nach R. Kunin [39] bedient man sich eines selbständig arbeitenden Apparates, eines sogenannten Rezyklisators. In einer kleinen Kolonne werden einige m*l* des zu prüfenden Harzes abwechselnd von zwei verschiedenen Lösungen (z. B. Säure und Lauge oder konz. Neutralsalzlösung und Wasser) durchströmt. Nach einer gewissen Anzahl von Zyklen (bis zu 1000) wird die Probe ausgebaut und der Anteil geschädigter Harzkörner mikroskopisch bestimmt (s. S. 144). Ein besonders anschauliches Bild gibt dabei der Vergleich von Mikro- oder Lupenphotographien der Harzprobe vor und nach der Behandlung. Eine noch intensivere Beanspruchung des zu prüfenden Harzes kann durch abwechselndes Austrocknen und Einquellen erreicht werden.

Bei stark und mittelstark basischen Entfärbungsharzen muß auch die *chemische Beständigkeit*, vor allem der Abbau der ionogenen Gruppen, untersucht werden. Dazu kann eine Bestimmung der *Temperaturfestigkeit* angewendet werden, wobei das Harz in der OH^--Form für eine bestimmte Zeit in wäßriger (bis 100 °C) oder in öliger (über 100 °C) Suspension temperiert wird. Anschließend wird die eingetretene Veränderung der Gesamtkapazität und der Basizität festgestellt. In Firmenschriften [22] wird beispielsweise folgendes *Prüfverfahren* angegeben:

Eine Harzprobe von 50—70 m*l* bekannter Gesamtkapazität und Basizität wird in der OH^--Form zusammen mit 80—100 m*l* Wasser in einen 250 m*l*-Kolben gegeben. Der Kolben wird in ein auf 95 °C vorgewärmtes Bad gestellt und sein Inhalt unter Rückfluß 24 Std. lang durchgemischt. Nach der Abkühlung wird die Gesamtkapazität, die Basizität und das Schüttvolumen des Harzes bestimmt. Die Versuchsergebnisse werden als prozentuale Verluste der Ausgangswerte ausgedrückt.

Ähnlich kann auch die *Oxydationsfestigkeit* festgestellt werden. Nach einer Firmenschrift [22] wird die Harzprobe bei 40 °C in einer Kolonne mit Wasser behandelt, das vorher mit Sauerstoff gesättigt wurde. Nach einer langfristigen Einwirkung (z. B. nach 20 Tagen) werden die Veränderungen der Austauscheigenschaften bestimmt.

Bei der Einwirkung von Invertzucker auf Anionenaustauscher mit primären und sekundären Aminogruppen wird die Austauschkapazität durch Reaktionen zwischen Amino- und Carbonylgruppen herabgesetzt. Die Beständigkeit des Harzes gegen diese Einflüsse kann durch Bestimmung der sog. *Aldehyd-Stabilität* festgestellt werden [22]:

Unter statischen Bedingungen behandelt man die Harzprobe in der OH^--Form 16 Std. lang bei 90 °C mit 20%iger Glukoselösung. Die unter diesen Bedingungen eintretende Kapazitätserniedrigung soll höchstens 10% betragen.

Toshihide Shimizu [40] stellte fest, daß durch Einwirkung von reduzierenden Zuckern auf den stark basischen Anionenaustauscher (Typ II) Amberlite IRA411 eine Erniedrigung der Gesamtkapazität und eine Erhöhung des schwach basischen Anteiles der Kapazität eintritt.

4.3.6.2. Die Prüfung der betrieblichen Alterung

Endgültige Vorstellungen über die Lebensdauer eines Entfärbungs-Ionenaustauschers erhält man erst nach langfristigem Einsatz unter Betriebsbedingungen. Während dieser Zeit können aus den Filtern Harzproben entnommen und bewertet werden. So wird eine genaue Alterungscharakteristik gewonnen. Einige Ergebnisse dieser Methode wurden schon beschrieben (S. 108). Zu den Nachteilen dieser Arbeitsweise gehören: Großer Bedarf an Material, das Risiko einer Betriebsstörung durch Einsatz schlechter Harze und eine viel zu lange Prüfungszeit.

Die beiden erstgenannten Nachteile können durch langfristige Betriebsprüfungen in unabhängigen *parallelgeschalteten Kleinfiltern* eliminiert werden. Solche Untersuchungen sollen in den folgenden Kapiteln beschrieben werden. Sie sind jedoch auf Grund der erforderlichen Anlage und der hohen Betriebskosten relativ teuer und erfordern, wie gesagt, sehr viel Zeit. Trotzdem weichen die erhaltenen Ergebnisse von denen ab, die in Großfiltern gewonnen werden.

Zur Prüfung der Lebensdauer von Entfärbungsharzen unter Betriebsbedingungen steht noch die sogenannte *Korbmethode* zur Verfügung, die bereits bei der Prüfung von Ionenaustauschern zur Wasseraufbereitung erfolgreich benutzt wurde [41]. Dabei wird das zu prüfende Harz in einem Sack aus Filtergewebe, der von einem Schutzkorb umgeben ist, in das Betriebsfilter eingebracht und damit denselben Bedingungen wie der umliegende Austauscher ausgesetzt. *Abb. 4–34* zeigt eine derartige Anordnung.

Von dem zu prüfenden Harz können von Zeit zu Zeit Proben entnommen werden, wodurch sich die zeitliche Änderung seiner Eigenschaften feststellen läßt. Auf diese Weise kann mit relativ geringem Aufwand unter betrieblichen Bedingungen die Alterungscharakteristik des Harzes beurteilt werden.

Der gemeinsame Nachteil der drei bisher beschriebenen Methoden ist der große Zeitbedarf. Die Prüfzeit kann sich evtl. über einige Jahre erstrecken. Im Hinblick auf die relativ kurzen Kampagnen ist die Bewertung in Zuckerfabriken zusätzlich erschwert. Deshalb strebt man die Anwendung von *beschleunigten Laborprüfungen* an, bei denen die zu prüfende Probe intensiveren Einflüssen als im Betrieb ausgesetzt wird. Man verwendet beispielsweise konzentriertere Farbstoff-,

Regeneriermittel- und Aktivierungslösungen und arbeitet mit einem schnelleren Rhythmus der Zyklen. J. H. PAYNE und Mitarbeiter [42] beschrieben für diese Zwecke eine halbautomatische Rezyklisationsapparatur. Dem Zeitgewinn steht allerdings eine erhebliche Abweichung von den betrieblichen Arbeitsbedingungen gegenüber, so daß die Meßergebnisse entweder nur zum Vergleich einer Reihe von Harzproben oder aber zum Auffinden einer Korrelation mit den Betriebsbedin-

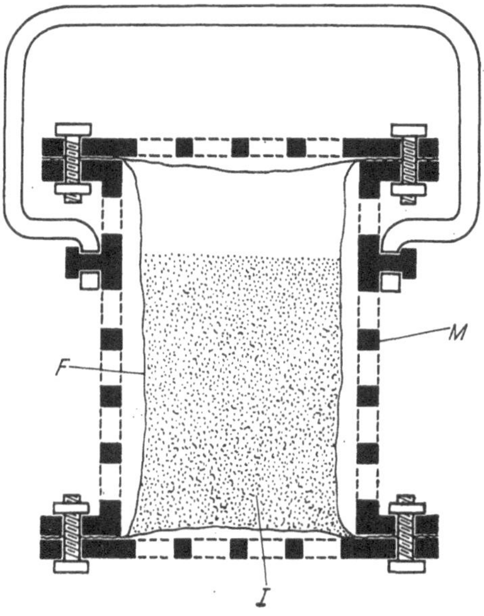

Abb. 4–34: Prüfungskorb zur Bewertung der Alterung von Ionenaustauschern
M – perforierter Schutzmantel; *F* – Filtrationsgewebe; *I* – Ionenaustauscherprobe

gungen verwendet werden können. Es wurden bereits einige Versuchsergebnisse [43–45], die durch wiederholte Laborzyklen erhalten wurden und daraus abgeleitete vorläufige Informationen über mögliche Korrelationen zwischen Laborergebnissen und Betriebsbedingungen erörtert. Bei diesen Untersuchungen wurden entweder normale Kolonnen (Handrezyklisation) oder ein vollautomatischer Apparat angewendet.

Im ersten Falle werden einige m*l* Harz in der SAMUELSON-Kolonne wiederholten Zyklen ausgesetzt und nach jedem Zyklus die durchschnittliche Entfärbung festgestellt. Man verfährt dabei beispielsweise folgendermaßen:

Eine Probe von 5 m*l* Austauscherharz wird in die SAMUELSON-Kolonne (s. *Abb. 4–5*) eingefüllt, die durch Eintauchen in ein Wasserbad auf 80 °C temperiert wird. Zur Entfärbung wendet man eine Melasselösung in Wasser von 60 g/*l* (Farbstoffkonzentration etwa 40 °St) an und filtriert die einzelnen Fraktionen mit einer spezifischen Belastung von $a = 40\ h^{-1}$, was einer Durchflußgeschwindigkeit von 200 ml/h entspricht, durch die Austauscherschicht. Dabei wird folgendes Programm eingehalten:

1. 300 *ml* Melasselösung in 90 Minuten,
2. 150 *ml* Wasser in 45—60 Minuten,
3. 150 *ml* Regenerierlösung (je nach dem betreffenden Harztyp) in 45—60 Minuten,
4. 150 *ml* Wasser in 45—60 Minuten.

Die relative Entfärbung wird nach jedem Zyklus mit Hilfe der schon früher beschriebenen Methode (s. S. 165) photometrisch gemessen und nach *Formel (4–8)* berechnet.

Die Bewertung der Alterungscharakteristik kann auch mittels eines selbsttätigen Apparates, eines sog. *automatischen Rezyklisators* [43], durchgeführt werden. Dieser Apparat steuert alle Operationen, wie Aufnahme von Melassefarbstoffen, Rückspülen, Desorption bzw. Aktivierung und Auswaschen zwischen den einzelnen Lösungen selbsttätig.

In *Abb. 4–35* wird ein Entwicklungstyp dieses Apparates dargestellt.

Mit seiner Hilfe können gleichzeitig 6 Proben unter gleichen Bedingungen behandelt werden. Der automatische Rezyklisator enthält austauschbare parallelgeschaltete Kolonnen, die mit Temperiermänteln versehen sind (s. *Abb. 4–36*).

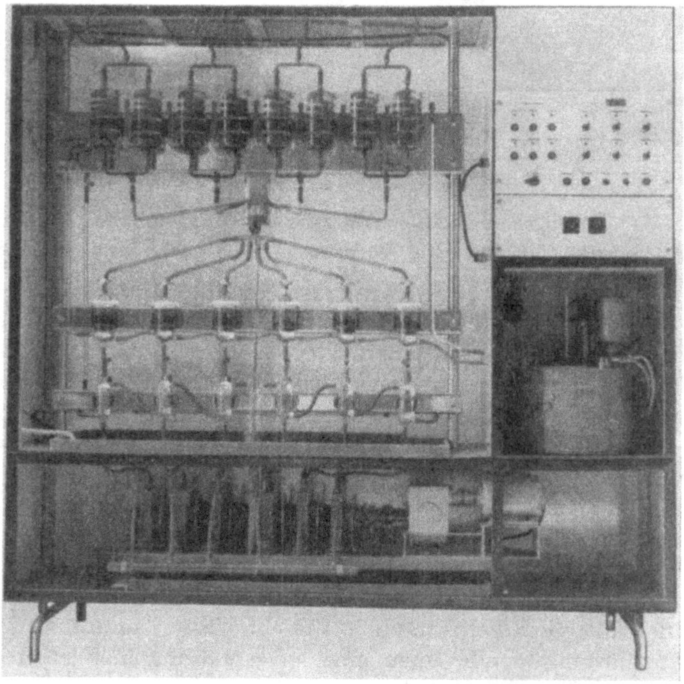

Abb. 4–35: Automatischer Rezyklisator

Wahlweise können drei Kolonnentypen von 100, 40 oder 5 m*l* Inhalt eingebaut werden. Der obere und der untere Kolonnenboden sind aus Glas- oder Polyamidgewebe hergestellt, das zwischen Gummiringen eingeschweißt ist. Die Lösungen werden aus Vorratsgefäßen (*Abb. 4–37*) mittels 6 Schlauchpumpen (s. *Abb. 4–9*) durch den Rezyklisator gefördert.

Die einzelnen Flüssigkeitswege werden durch elektromagnetische Ventile (s. *Abb. 4–38*) bestimmt. Die Ventile werden durch eine Thyratron-Programmeinrichtung gesteuert. Gegebenenfalls kann die Automatik ausgeschaltet und jedes einzelne Ventil mit Hilfe von Druckschaltern von Hand betätigt werden. Zwischen dem Elektromotor und den Schlauchpumpen befindet sich ein Getriebekasten, der die Einstellung von 36 verschiedenen Durchflußgeschwindigkeiten,

Abb. 4–36: Rezyklisator-Kolonne

beispielsweise im Bereich von 6–42 ml/min, erlaubt. Jede einzelne Pumpe kann ausgekuppelt werden, wobei gleichzeitig der Auslauf aus der betreffenden Kolonne gesperrt wird. Die Lösungen werden vor den Kolonnen in Wärmeaustauschern

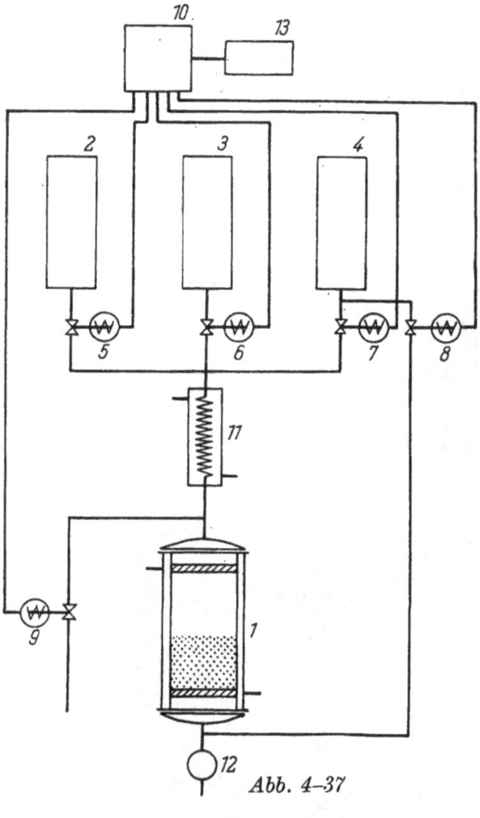

Abb. 4-37

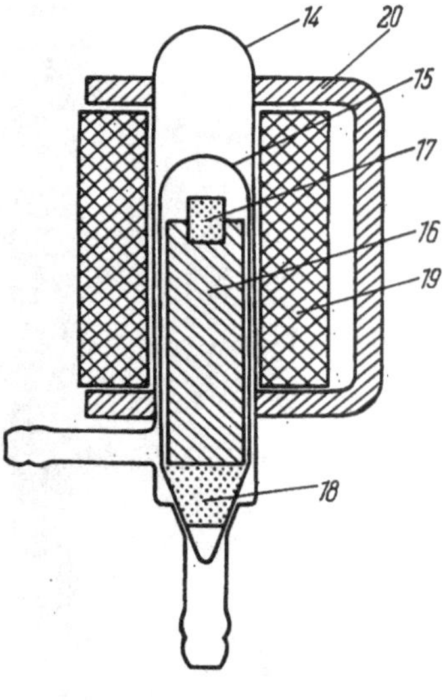

Abb. 4-38

Abb. 4-37: Schema des automatischen Rezyklisators [46]

1 – Ionenaustauscherkolonne; *2, 3, 4* – Vorratsbehälter; *5, 6, 7, 8, 9* – elektromagnetische Glasventile; *10* – elektronische Steuerungseinrichtung; *11* – Wärmeaustauscher; *12* – Schlauchpumpe; 13 – Zyklenzähler

Abb. 4-38: Elektromagnetisches Glasventil [46]

14 – Ventilmantel; *15* – hohler Glaskegel; *16* – Eisenkern; *17, 18* – Schaumgummi; *19* – Magnetspule; *20* – Polschuhe

vorgewärmt und in den ummantelten Kolonnen nochmals auf die Arbeitstemperatur eingestellt. Der gemeinsame Erwärmungskreislauf von Wärmeaustauschern und Kolonnenmänteln wird durch einen Höppler-Ultrathermostaten betrieben. Hinter den Kolonnen werden alle Lösungen in Wasserkühlern abgekühlt.

Bei Anwendung des automatischen Rezyklisators zur Bestimmung der Lebensdauer von Ionenaustauscherharzen wird die Alterungscharakteristik in der Weise festgestellt, daß die zu prüfenden Harzmuster einer bestimmten Anzahl von Zyklen ausgesetzt, aus der Kolonne ausgebaut und nach den üblichen Methoden untersucht werden. Auf S. 104 werden Beispiele für die Programmeinstellung und für die Auswertung der Proben wiedergegeben.

Literatur

[1] ŠTAMBERG, J., und V. RÁDL: „*Ionexy*", SNTL, Praha, 1962
[2] PEPPER, K. W., D. REICHENBERG und D. K. HALE: J. Chem. Soc., **1952**, 3129
[3] KEIL, B., u. a.: „*Laboratorní technika organické chemie*", Naklad. ČSAV, Praha, 1954
[4] ŠTAMBERG, J., und O. FILIP: Listy cukr. **73**, 243 (1957)
[5] ŠTAMBERG, J., V. VALTER und Z. MENCL: Chemische Technik, **12**, 32 (1960)
[6] GRIESSBACH, R.: *Austauschadsorption in Theorie und Praxis*", Akademie-Verlag, Berlin, 1957
[7] KUDRNA, M., und J. UNZEITIG: Chem. průmysl, **12**, 139 (1962)
[8] MINOC, S. A. R. L.: Paris, „Amberlite-resin decolorization process"
[9] GUSTAFSON, H. B.: US-Pat. 2561695 (1948)
[10] VALTER, V., K. Číž und J. ŠTAMBERG: Listy cukr. **75**, 121 (1959)
[11] ANIŠČENKOVÁ, E., und V. VALTER: Listy cukr. **77**, 39 (1961)
[12] PAYNE, J. H., und H. P. KORTSCHAK: US-Pat. 2507992 (1948)
[13] VALTER, V., K. Číž und J. ŠTAMBERG: Listy cukr. **75**, 155 (1959)
[14] Americ. Cyanamid Co.: Belg. Pat. 468493 (1946)
[15] KANTEBEEN, L. J.: Holl. Pat. 168048 (1952)
[16] KANTEBEEN, L. J.: Fr. Pat. 1087790 (1955)
[17] ŠTAMBERG, J., V. VALTER und Z. MENCL: ČS-Pat. 92447
[18] N. V. Octrooien Maatschappij „Activit": Holl. Pat. 69718 (1948)
[19] N. V. Octrooien Maatschappij „Activit": Brit. Pat. 735081 (1955)
[20] HARDING, F. H., und F. BRUDER: US-Pat. 2785998 (1957)
[21] KIN KOIKE: Jap. Pat. 3022 (1955)
[22] „*Duolite Ion-Exchange Manual*", Chemical Process Co., Redwood City, California, (1960)
[23] FISHER, S., und R. KUNIN: in „*Analytical Chemistry of Polymers*", Part I, Interscience Publ. Ltd., London
[24] ŠTAMBERG, J.: bisher nicht veröffentlicht
[25] „*Dowex Ion Exchange*", Dow Chemical Co., Midland, Michigan (1958)
[26] SEIDL, J., und J. MALINSKÝ: Chem. průmysl, **13**, 100 (1963)
[27] BECKER-BOOST, E. H.: Chem.-Ing.-Technik, **27**, 579 (1955)
[28] ŠTAMBERG, J., und F. JURAČKA: Žurnal prikl. chimii, **35**, 2295 (1962)
[29] PŘÍHODA, J., und A. SVOBODA: Listy cukr. **79**, 161 (1963)
[30] ŠTAMBERG, J., und F. KRŠKA: bisher nicht veröffentlicht
[31] ANIŠČENKOVA, E., V. VALTER und K. Číž: Listy cukr. **77**, 131 (1961)
[32] VALTER, V., und K. Číž: Listy cukr. **75**, 37 (1959)
[33] DE JONG, G. J.: Sucr. france., **97**, 351 (1956)
[34] ŠTAMBERG, J.: bisher nicht veröffentlicht

[35] ČSN 668420, Tschechosl. Industrienorm
[36] Číž, K.: bisher nicht veröffentlicht
[37] Svoboda, A., und J. Příhoda: Listy cukr. **78**, 88 (1962)
[38] Iwashina, S.: Proc. Res. Soc. Japan Sugar Ref. Technol. **7**, 74 (1958)
[39] Kunin, R.: „*Ion Exchange Resins*", J. Wiley a. Sons, New York (1958)
[40] Toshihide Shimizu, Hatsuo Kozima, Sadao Yukimasa, Hyogo Noka Daigaku Kenkyu Hokoku: Nogeikagaku Hen, **5**, 77 (1961)
[41] Kunin, R., N. W. Frisch und F. X. McGarvey: Proc. 19th Ann. Water Conf., 133 (1958)
[42] Payne, J. H., H. P. Kortschak und R. F. Gill, jr.: Ind. Engng. Chem., **44**, 1411 (1952)
[43] Štamberg, J., und F. Krška: Listy cukr. **76**, 129 (1960)
[44] Štamberg, J., und Z. Vašíček: Listy cukr. **79**, 33 (1963)
[45] Štamberg, J., und Z. Vašíček: in „*Ionenaustauscher in Einzeldarstellungen*", Band I., „*Anomalien bei Ionenaustausch-Vorgängen 1961*, Akademie-Verlag Berlin, 1962
[46] Štamberg, J., A. Matějíček, Z. Pajl und J. Lešek: ČS-Pat. 92462 (1959)
[47] Kantebeen, L. J.: Brit. Pat. 729522 (1955)

5. DIE ANWENDUNG DER ENTFÄRBUNGS-IONENAUSTAUSCHER IN DER ZUCKERINDUSTRIE

Entfärbungs-Ionenaustauscher benutzt man im wesentlichen in der Lebensmittelindustrie, vor allem in der Zuckerindustrie, zur Entfernung von Farbstoffen aus Lösungen. In geringerem Maße werden sie bei der Glukose-Fabrikation sowie versuchsweise bei der Glyzerinraffination und bei der Lactoseerzeugung angewendet. Sie wurden auch in der pharmazeutischen Industrie erprobt und die Möglichkeit, wertvolle Farbstoffe aus den Abwässern von Färbereien zurückzugewinnen, untersucht. Poröse Austauscherharze können außer Farbstoffen auch farblose Substanzen mit hohem Molekulargewicht, z. B. Kolloide, aufnehmen, so daß sie sich zur Wasseraufbereitung eignen. Diese Anwendungsmöglichkeiten sollen hier aber nicht behandelt werden. Zur Zeit ist die Zuckerindustrie der bei weitem wichtigste Abnehmer für Entfärbungs-Ionenaustauscher.

5.1. Adsorbentien in der Zuckererzeugung

5.1.1. Die Entwicklung der Anwendung von Adsorbentien

Unter den Isolations- und Raffinationsoperationen, welche der Technologie der Zuckererzeugung zu Grunde liegen, nimmt die Beseitigung der Farbstoffe durch Adsorbentien einen wichtigen Platz ein. Im Laufe des gesamten Prozesses der Saccharose-Isolation kommt es nämlich unter normalen Betriebsbedingungen immer zur Farbstoffbildung. Größere Farbstoffkonzentrationen sind aber unerwünscht, weil man aus gefärbten Säften und Klären bei der Kristallisation auch stärker gefärbte Weißzucker oder Raffinade gewinnt.

Die Farbe des Zuckers ist aber eines der wichtigsten Qualitätsmerkmale, nach denen er bewertet und verkauft wird. So begreift man das Bestreben, bei der Zuckererzeugung möglichst wenig gefärbte Lösungen zu verarbeiten. Dieses Ziel kann man grundsätzlich auf drei Wegen erreichen:

1. durch Verminderung der Möglichkeiten zur Farbstoffbildung,
2. durch rasche Überführung der Farbstoffe in die Melasse,
3. durch Entfernung der entstandenen Farbstoffe.

Bei einer gut geführten Technologie müssen alle drei Arbeitsweisen zugleich angewendet werden und sich gegenseitig ergänzen.

Es muß hervorgehoben werden, daß die Entfärbung kein unentbehrlicher Bestandteil der Technologie ist. Es handelt sich vielmehr um eine Veredelungsoperation, deren Effekt sich erst bei Bewertung des Endproduktes äußert. Manche Sorten von Weißzucker lassen sich auch ohne Entfärbungsmittel erzeugen. Da aber die zwei erstgenannten Wege nicht immer die Farbstoffkonzentration auf der gewünschten niedrigen Stufe zu halten vermögen und die Farbstoffbildung nur in gewissem Maße verhindert werden kann, bildet die Entfernung der Farbstoffe mittels Adsorbentien (evtl. kombiniert mit zugleich angewendeten Reduktionsmitteln oder — bei der Rohrzuckerraffination — Oxydationsmitteln) einen wesentlichen Teil der Zuckerraffination und wird praktisch schon seit Beginn der industriellen Zuckererzeugung angewendet.

Aus der großen Anzahl von Stoffen, die die Fähigkeit besitzen, Farbstoffe aus den Lösungen zu entfernen und für die technische Anwendung vorgeschlagen wurden, haben sich in der Praxis nur wenige durchgesetzt. Zuerst benutzte man *Holzkohle* (hierüber wurde bereits im 18. Jahrhundert berichtet). Ab 1812 wurde *Knochenkohle* (Spodium) eingeführt (FIGUIER [1, 2]), welche sich anfangs sowohl in den Rohzuckerfabriken wie auch bei der Zuckerraffination einführte. Nach der Erfindung der Saftreinigung mit Kalk und CO_2 (JELÍNEK 1863) wurde die Knochenkohle durch dieses billigere Verfahren verdrängt. Später wurde die Regeneration der Knochenkohle eingeführt, welche zwar ausgedehnte Zusatzeinrichtungen und eine Vermehrung des Bedienungspersonals erforderte, aber die Gesamtkosten der Entfärbung herabsetzte. Gleichzeitig wurde nach Ersatzmitteln für Knochenkohle gesucht. Dafür bewährte sich *Aktivkohle* so gut, daß sie in kurzer Zeit zu einem ernsten Konkurrenten des Spodiums wurde. In einigen Ländern wurde sie sogar vorwiegend angewendet. Die Einführung der Aktivkohle bedeutete in Europa praktisch das Ende der weiteren Entwicklung der Spodiumanwendung. In der Rohrzuckerraffination arbeitete man dagegen um so mehr an dieser Technologie, was auf die Tatsache zurückzuführen ist, daß man in diesen Raffinerien eine wesentlich größere Spodiummenge (auf Raffinadeproduktion bezogen) anwendet als in den Rübenzuckerraffinerien. Die ganze Einrichtung ist darum recht kostspielig und ihre Abschaffung würde eine bedenkliche ökonomische Belastung darstellen. Es erscheint deshalb für den Betrieb zweckmäßiger, durch Verbesserungen der Technologie eine bessere wirtschaftliche Basis zu schaffen.

Unter den Aktivkohlen haben sich hauptsächlich zwei Typen bewährt: die *gasaktivierten Kohlen* (OSTREJKO [3]), die seit 1910 eingeführt wurden, und die *chemisch aktivierten Kohlen*, vor allem die mit $ZnCl_2$ aktivierten [4]. Diese sogenannten imprägnierten Kohlen besitzen eine höhere Entfärbungsfähigkeit, dafür aber ein schlechteres Filtrationsverhalten als die des ersten Typs. Meist wird mit staubförmiger Kohle gearbeitet. Eine Regeneration der Aktivkohle ist möglich, wird aber nur in den größten Raffinerien vorgenommen. In kleineren Fabriken ist es wirtschaftlicher, darauf zu verzichten.

Die Einführung der Aktivkohle in die Zuckertechnologie bewirkte vor allem eine Vereinfachung des Prozesses, eine Reduzierung des Bedienungspersonals und eine Verkleinerung des Umfanges der Anlage bei Erreichung des gleichen Entfärbungseffektes wie bei Knochenkohle. Die Entwicklung der Technologie der Entfärbung mittels Aktivkohlen verschiedener Typen wurde praktisch etwa um 1930 abgeschlossen. Dies geht aus der umfangreichen Patentliteratur und aus vielen Studien hervor (vgl. beispielsweise die Monographien [1, 2, 5, 6, 7]).

Das Suchen nach einem sehr billigen und wirkungsvollen Adsorbens für die Zuckerindustrie führte im Jahre 1934 zur Erfindung des Collaktivits [8], eines aus Zellulosematerial (z. B. Sägespäne) durch Behandlung mit Schwefelsäure hergestellten Entfärbungsmittels. Collaktivit war eigentlich eine sulfonierte Aktivkohle, die also zugleich kationenaustauschende Eigenschaften besaß. Seine Benutzung hatte einige Nachteile (z. B. pH-Erniedrigung der Säfte, schlechte Lagerfähigkeit, Schwierigkeiten bei der Erzeugung des Materials direkt in der Zuckerfabrik), so daß es sich auf die Dauer nicht durchsetzte.

Ähnlich verhielt es sich auch mit Synthad, einer Substanz, die während des II. Weltkrieges in den USA als Spodiumersatz entwickelt wurde. Es handelte sich um einen synthetischen porösen Hydroxylapatit, der an der Oberfläche mit aktivem Kohlenstoff bedeckt war [9].

Etwa zur Zeit des Abschlusses der Entwicklung der Aktivkohle entstanden qualitativ neue Typen von Adsorbentien, und zwar die *innendispersen synthetischen Harze.*

Ein gewisses Entfärbungsvermögen der Austauscherharze wurde schon bei der Enthärtung des Dünnsaftes bemerkt und zwar hauptsächlich dort, wo die Anlagen überdimensioniert waren. Ein weit besserer Effekt wurde bei der Entionisierung mit Kationenaustauschern in der H^+-Form und Anionenaustauschern in der OH^--Form erzielt, wobei es an beiden Harzen zu einer außerordentlich guten Entfärbung der Säfte kam. Diese Beobachtungen führten zu Untersuchungen über die Herstellung spezieller synthetischer Ionenaustauscher, bei denen das Austauschvermögen nicht das Hauptkriterium für die Anwendung war [10]. Mit Rücksicht darauf, daß unter den Zuckerfarbstoffen die sauren Verbindungen vorherrschen (s. Kap. 2.), eignen sich zur Entfärbung von neutralen oder schwach basischen Lösungen amphotere oder basische Ionenaustauscher. Kationenaustauscher sind nur in der Säureform wirksam, d. h. bei der Entionisierung, wobei die Farbstoffe koaguliert werden.

Die ersten einschlägigen Patente vom Jahre 1939 [11a] beschreiben die Darstellung unvollständig kondensierter Harzgele auf Basis von m-Phenylendiamin und Formaldehyd oder von Mischkondensaten aus m-Phenylendiamin und Resorcin mit Formaldehyd, welche eigentlich für die Glukosefabrikation bestimmt waren.

Das erste handelsübliche Harz war Asmit 173, das noch heute in Glukosefabriken benutzt wird. Im Laufe dieser Entwicklung entstanden aber auch die ersten Entfärbungs-Ionenaustauscher, die sich für die Zuckerfabrikation eigneten [11b—11f, 12]. Die Entwicklung setzte sich nach dem Jahre 1945 über die Herstellung mittelstark basischer Harze bis zu den stark basischen Anionenaustauschern fort [13a, 13b]. Alle z. Z. in der Zuckererzeugung benutzten Harze kann man in eine dieser drei Gruppen einordnen. Eine besonders gute Entfärbungsfähigkeit besitzen die opaken makroporösen Anionenaustauscher auf Basis quaternärer Basen [14].

Eine Studie von Kunin und Myers [15] zeigte, daß schwach basische Harze mit niedrigem Vernetzungsgrad im Stande sind, Rübensäfte zu entfärben, für Rohrsäfte dagegen stark basische Harze zu bevorzugen sind. In der ČSSR wurde aber in mehreren Kampagnen auch Rohrkläre erfolgreich mit Wofatit EZ entfärbt.

Im Jahre 1950 glaubte man [16], daß die Anwendung von Entfärbungs-Ionenaustauschern sich viel schneller entwickeln würde als z. B. die Demineralisierung. In Wirklichkeit läßt sich aber das Tempo des Ausbaues von Entfärbungs- und Enthärtungsanlagen vergleichen, wobei allerdings die Enthärtung ein einfacheres Problem darstellt als die Entfärbung. Etwa seit 1955 sind Entfärbungsanlagen im größeren Maßstab in die Zuckererzeugung eingeführt worden, so daß jetzt beide Verfahren etwa gleiche Bedeutung haben.

Die Entwicklung der Anwendung der Adsorbentien von der Holzkohle bis zu den Austauscherharzen entspricht völlig der fortschreitenden Rationalisierung der übrigen technologischen Operationen. Von technologisch gleichwirkenden Vorgängen hat stets derjenige den Vorrang, der ökonomischer ist, d. h. weniger Betriebspersonal erfordert und eine höhere Arbeitsproduktivität hat. Die Einführung der Entfärbungs-Ionenaustauscher war mit derartigen Vorteilen verbunden. Sie sind dem Spodium in jeder Hinsicht und der Carbofiltration in bezug auf den niedrigeren Aufwand überlegen. Arbeitsproduktivität und Arbeitskultur sind höher, der Umfang der Anlage ist geringer. Der Betrieb einer Ionenaustauscheranlage ist leicht zu automatisieren und verlangt keine speziell entwickelten Vorrichtungen, wie sie z. B. bei der kontinuierlichen Arbeitsweise mit Spodium

Tabelle 5–1: Entfärbungsanlagen in japanischen Rohrzuckerraffinerien [23], tschechoslowakischen Rübenzuckerraffinerien und Weißzuckerfabriken

Adsorbentien	Anzahl der Anlagen in Japan im Jahre		Relative Zahl der Anlagen (%) in der ČSSR im Jahre	
	1956	1962	1956	1963
Knochenkohle	4	4	19	15
Aktivkohle	15	0	65	66
Knochenkohle + Aktivkohle	0	0	16	13
Entfärbungs-Ionenaustauscher	0	0	0	4
Knochenkohle + EI*)	0	1	0	0
Aktivkohle + EI	4	16	0	0
Aktivkohle + Knochenkohle + EI	0	1	0	2
Insgesamt	23	22	100	100

*) Entfärbungs-Ionenaustauscher

oder Aktivkohle erforderlich sind [17]. Auf diese Verhältnisse soll später (Kap. 5.5.) noch näher eingegangen werden.

Entfärbungsanlagen wurden in der ČSSR [18], in der DDR [19, 20], in Finnland [21], in Frankreich [22], in Italien [22], in Japan [23], in Ungarn [24], in Polen [25, 26], in der UdSSR [27], in Dänemark und in den USA [28, 29] gebaut, so daß im Laufe von acht Jahren etwa 40 Anlagen zur Saft- oder Kläreentfärbung mit Entfärbungsharzen in Betrieb genommen wurden. Weitere Anlagen werden z. Z. projektiert. Besonders schnell haben sich die stark basischen Anionenaustauscher in den japanischen Rohrzuckerraffinerien eingeführt [23] (*Tab. 5–1*). Man sieht deutlich, daß in Japan die Tendenz verfolgt wird, Aktivkohle und Harzadsorbentien zu kombinieren, während in der ČSSR angestrebt wird, einen Ersatz für das Spodium zu schaffen.

5.1.2. Die Eingliederung der Adsorbentien in das technologische Schema

Für die Anwendung von Entfärbungsharzen in der Zuckerindustrie gilt die Grundregel, daß diese erst dann eingesetzt werden, wenn die Lösungen mit Hilfe anderer Reinigungsmethoden bereits soweit wie möglich von Nichtzuckerstoffen befreit sind. Grundsätzlich stellt die Entfärbung die letzte Operation vor dem Verkochen der betreffenden Lösung zur Raffinade- oder Weißzuckerfüllmasse dar. Zur Klärung der Grundbegriffe und zum besseren Verständnis der Prinzipien für die Benutzung von Entfärbungs-Ionenaustauschern in der Zuckererzeugung halten wir es für zweckmäßig, zunächst eine kurze Darstellung des gesamten technologischen Ablaufes zu geben:

Die gewaschenen Rüben werden in der Schnitzelmaschine zerkleinert. Die Rübenschnitzel werden in einer Auslaugeapparatur (in der Diffusion) mit Wasser bei 78—80 °C ausgelaugt. Der gewonnene Rohsaft (Diffusionssaft) enthält ca. 18 Gew.-% Trockensubstanz (Trockensubstanzgehalt $S = 18\,°\mathrm{Bx}$), wovon 90—91% auf die Saccharose entfällt.* Der Rest sind Nichtzuckerstoffe, die in den folgenden Operationen stufenweise beseitigt oder separiert werden müssen.

Den Rohsaft behandelt man dann bei 85—88 °C mit Kalkmilch (Scheidung). Dabei wird ein Teil der Nichtzuckerstoffe koaguliert, gespalten oder niedergeschlagen. Den überschüssigen Kalkgehalt beseitigt man nachher durch Sättigung des Saftes mit Saturationsgas, das mindestens 30% CO_2 enthält. Das sich ausscheidende $CaCO_3$ umhüllt die niedergeschlagenen Nichtzuckerstoffe und erleichtert auf diese Weise das Abfiltrieren. Weitere Anteile der Nichtzuckerstoffe werden vom Niederschlag adsorbiert. Es gibt viele Varianten der Scheidung und der Saturation. Die einfachste ist die Epuration durch Vorscheidung, Nachscheidung und zweistufige Saturation, wobei nach jeder Saturation eine Filtration des Schlammes erfolgt.

---

*) Den prozentualen Gehalt an Saccharose in der Trockensubstanz nennt man Reinheitsquotient oder kurz nur Quotient. Er dient zur Charakterisierung der Qualität der technischen Zuckerlösungen. Ist P der Zuckergehalt (Polarisation, Gew.-%) und S der Trockensubstanzgehalt (Gew.-% oder °Bx), dann ist der Reinheitsquotient Q durch den Ausdruck $Q = 100\,P/S$ gegeben. Beim Rohsaft ist also $Q = 90-91\%$.

Der 2. Saturationssaft wird etwa 10 Minuten gekocht und noch einmal filtriert. Das Filtrat nennt man Dünnsaft. Sein Reinheitsquotient beträgt durchschnittlich 92—93%. Der Dünnsaft wird nach Bedarf geschwefelt und dann in einer mehrstufigen Verdampfstation von ca. 15 °Bx auf 60—65 °Bx eingedickt. Der auf diese Weise gewonnene Dicksaft wird im Kochapparat zur Füllmasse verarbeitet. Das Verkochen führt man unter vermindertem Druck durch. Die Füllmasse, ein Gemisch von Zuckerkristallen und Mutterlauge, wird in Zentrifugen geschleudert, wobei man Rohzucker und Ablauf gewinnt. Der Ablauf wird noch einmal verkocht, wobei der 2. Zucker und als Ablauf der sogenannte schwarze Sirup entsteht. Letzterer liefert nach erneutem Verkochen und Schleudern Nachprodukt und Melasse. Damit ist die Arbeit der Rohzuckerfabrik beendet.

Der Rohzucker wird in der Raffinerie zu Raffinade verarbeitet. Er wird dazu mit einem Sirup angemaischt und in einer Zentrifuge der Affination unterworfen. Diese Operation besteht im Abschleudern des Maischsirups und im Abdecken durch Wassernebel.

Die entstehende Affinade enthält nur noch 10% der im Rohzucker vorhandenen Nichtzuckerstoffe. Sie wird in warmem Wasser gelöst ($S = 65$ °Bx, also fast gesättigte Lösung). So entsteht die erste Kläre. Die Kläre wird durch ein Adsorbens entfärbt und dann in einem Kochapparat zur Raffinadefüllmasse verkocht. Die Zuckerkristalle befreit man von der Mutterlauge durch Schleudern und Abdecken in der Zentrifuge mit Wasser oder Dampf. Die Kristalle werden dann mechanisch zum Endprodukt (Würfel, Kristall, Mehlware) verarbeitet.*) Die Affinationssirupe verkocht man zur Mittelproduktfüllmasse, aus der die zweite Affinade gewonnen wird. Entsprechend bekommt man aus den Abläufen die dritte Affinade. Aus diesen und den Raffinationssirupen besteht die zweite und dritte Kläre. Jede Kläre wird entfärbt (manchmal nur filtriert) und zur Raffinadefüllmasse verkocht. Es erübrigt sich, auf die Einzelheiten näher einzugehen, denn es existieren Varianten und Abweichungen in den Manipulationen mit den Abläufen, die sich nach der Spezialisierung und der Ausstattung der Fabrik richten.

Neben dieser zweistufigen Zuckererzeugung ist ein einfacheres Verfahren verbreitet, nach dem gleich aus dem Dicksaft Weißzucker hergestellt wird. Das Erzeugnis kann im Aussehen der Raffinade gleich sein, enthält aber mehr Nichtzuckerstoffe und hat darum nicht die gleiche Qualität. Bei diesem Verfahren muß der Dünnsaft mit aller Vorsicht hergestellt werden, wird dann geschwefelt und mit einem Adsorbens entfärbt. Der Dicksaft wird über Kieselgur filtriert. Das Verkochen zur Füllmasse wird mit einer Kläre begonnen, die durch Affination des Mittelproduktes gewonnen wurde. Erst nach der Kornbildung wird der Dicksaft zugegeben. Die fertige Füllmasse wird abgeschleudert, gedeckt und die Kristalle getrocknet. Der Ablauf wird zu Mittelprodukt verkocht.

Bei der Raffination von Rohrzucker muß die Kläre einer Epuration unterworfen werden, denn die Affinade enthält hier schleimige Nichtzuckerstoffe, durch die das Adsorbens rasch erschöpft würde. Die Epuration ist entweder nur eine Kalkmilchscheidung, in anderen Fällen wendet man nach der Scheidung noch Phosphorsäure an. Die beste Methode ist eine kombinierte Scheidung und Saturation. Nach dem Abfiltrieren des Schlammes geht die Kläre zur Entfärbung. Bei dem sogenannten Sucro-Blanc-Prozeß benutzt man zur Vorreinigung der Kläre Chlorkalk und primäres Calciumphosphat.

In den letzten Jahren führt sich im Handel der sogenannte Fließzucker ein. Es handelt sich dabei um eine fast gesättigte Lösung von Saccharose oder Invertzucker bzw. von Gemischen beider. Diesen flüssigen Zucker bereitet man aus der ersten Kläre durch mehrfache Entfärbung.

---

*) Die Zuckerhuterzeugung ist komplizierter als die Raffinadeherstellung. Man beginnt ebenfalls mit der Aufbereitung einer Kläre, die von bester Qualität sein muß.

Die Entwicklung der Synthese von Entfärbungs-Ionenaustauschern verschiedener Typen gewährleistet, daß zur Zeit für alle Anwendungszwecke statt der klassischen Adsorbentien Harzadsorber zur Verfügung stehen. Manchmal ist es vorteilhaft, Adsorbentien verschiedener Art zu kombinieren. Zwecks Erzielung maximaler Effekte wendet man dann die Ionenaustauscher als letzte Entfärbungsstufe an.

In der *Tab. 5-2* sind die wichtigsten Parameter der Zuckerlösungen zusammengefaßt, welche für die Entfärbung in Frage kommen. Außerdem sind die laufend erzielten Entfärbungseffekte in der Rübenzuckererzeugung bei Anwendung von 0,05—0,1% Aktivkohle (in der Qualität des Carboraffins) oder 5—10% Knochenkohle bezogen auf das Gewicht der erzeugten Raffinade (Abkürzung: a. R.) angegeben. Bei der Anwendung von Entfärbungs-Ionenaustauschern erzielt man mindestens die gleichen Resultate. Die Alkalitäten von Rohrklären nähern sich der unteren Grenze der angegebenen Bereiche. In Betrieben, die mit einer Spodiumstation arbeiten, pflegt man höhere Alkalitäten anzuwenden als in Betrieben mit Carbofiltration.

Tabelle 5-2: Eigenschaften der Klären und Säfte (annähernde Werte)

Lösung	Trocken-substanzgehalt (°Bx)	Reinheits-quotient (%)	pH	Farbstoff-quotient (Farbe) (°St/100 °Bx)	Relative Entfärbung (%)
1. Kläre	65—68	99	7,5—8,5	1,0— 2,0	35—60
2. Kläre	65—68	98	7,5—8,5	2,5— 5,0	30—40
3. Kläre	65—68	97	7,5—8,5	5,0—10,0	20—30
Dünnsaft	15	92—94	8,5—9,5	10 —20	30—50
Dicksaft	60—65	92—94	8,3—9,3	10 —20	10—20

5.1.3. Die Anwendungstechnik der Entfärbungs-Ionenaustauscher in der Zuckererzeugung

Die Einrichtung der Entfärbungsanlage und die Arbeitstechnik bei der Entfärbung mit Ionenaustauschern unterscheidet sich nicht grundsätzlich von dem, was uns aus der normalen Anwendung der Ionenaustauscher (z. B. bei der Wasseraufbereitung) bekannt ist. Die Arbeitstechnik ist einfach, vor allem dadurch, daß das Harz während der Entfärbung und der Regenerierung nicht ausgebaut werden braucht, so daß der gesamte Arbeitszyklus in dem gleichen Reaktor — im Filter — vor sich gehen kann. Alle Operationen können mit Hilfe von Pumpen und durch Verstellen der Armaturen (z. B. von Ventilen) durchgeführt werden. Das ist ein grundsätzlicher Vorteil gegenüber den Verfahren mit Knochen- oder Aktivkohle.

Im Betriebsschema steht die Entfärbungsanlage an der gleichen Stelle, wo sonst die Spodiumanlage oder die Carbofiltration arbeitet.

Die *Entfärbungsanlage* besteht aus mindestens 2 Filtern, die zum Teil (gewöhnlich bis zur Hälfte bzw. bis zu zwei Dritteln) mit Harz gefüllt sind. Zur Anlage gehören Behälter für die Regenerierlösungen (evtl. auch für rezirkulierte teilweise erschöpfte Regenerierlösungen), Vorrichtungen zur mechanischen Filtration aller Lösungen, Pumpen, Vorwärmer, einzelne Elemente der Automatik und das Steuerpult. Die Mechanisierung und Automatisierung ist vielfach so weit entwickelt, daß zur Bedienung der ganzen Anlage eine Arbeitskraft genügt.

Die Gesamtheit der einzelnen Arbeitsoperationen, nach denen das Filter wieder in den ursprünglichen Zustand zurückkehrt, nennt man den *Zyklus*. Er besteht aus folgenden Teiloperationen: Rückspülen, Desorption der Farbstoffe, Auswaschen der Lösung, Aktivierung, Auswaschen der Lösung, Ansüßen, Entfärbung, Absüßen.

Von diesen Operationen können eine oder mehrere wegfallen (z. B. die Aktivierung). Andererseits kann beispielsweise das Rückspülen noch vor dem Ansüßen durchgeführt werden.

Der ganze Zyklus teilt sich in 2 Hauptphasen: *Aktive Phase* (Ansüßen und Entfärben) und *passive Phase* (alle übrigen Operationen).

Das frische Austauscherharz muß zuerst regeneriert werden. Die Art der Regenerierung richtet sich nach dem Typ des Harzes. Sie ist entweder einstufig (nur Desorption) oder zweistufig (auf die Desorption folgt dann noch die Aktivierung, um das Harz in einen für die Adsorption optimalen Zustand zu bringen). Nach der Entfernung der Chemikalien durch Auswaschen des Harzes beginnt die aktive Phase. Die zu behandelnde Lösung fließt dabei von oben nach unten durch das Filter. Die Dauer der aktiven Phase richtet sich gewöhnlich nach einem Harmonogramm oder nach dem vorgegebenen höchstzulässigen Wert der Farbstoffkonzentration in der entfärbten Lösung. Anschließend muß das Harz gründlich von der Saccharose befreit werden (Absüßen). Damit endet der Arbeitszyklus. Der nächste Zyklus beginnt mit dem Rückspülen, wodurch das Harzbett gelockert und von Verunreinigungen befreit wird.

Die Anlage ist meist in Abteilungen (Sektionen) eingeteilt, von denen jede nur eine Sorte Lösung entfärbt (z. B. 1. Kläre, 2. Kläre usw.). Man kann aber auch dasselbe Filter mit verschiedenen Lösungen immer schlechterer Qualität nach und nach erschöpfen.

Wie aus dem oben Gesagten hervorgeht, ist sowohl die Entfärbungsanlage, wie auch ihre Arbeitsweise an sich sehr einfach. Das Resultat, d. h. die erzielte Entfärbung, hängt allerdings von einer ganzen Reihe von Umständen ab, die man in Betracht ziehen muß, wenn alle durch die Anwendung von Ionenaustauschern gegebenen Vorteile ausgenutzt werden sollen.

5.1.4. Bei der Entfärbung wirksame Einflüsse

Die Entfärbungswirkung hängt von den Eigenschaften des Adsorbens, des Adsorptivs und von den technischen Bedingungen ab, unter denen sich der Adsorptionsprozeß abspielt. Der technologische Erfolg wird nicht nur durch die

Selektivität der Adsorption beeinflußt, sondern auch durch eine Reihe anderer Faktoren, deren gemeinsame Wirkung ziemlich kompliziert ist. Die Einflüsse, die den Effekt des Adsorptionsvorganges bestimmen, sind bei der Entfärbung durch Ionenaustauscher folgende [30]:

1. *Eigenschaften der Lösung*:
   Trockensubstanzgehalt, Alkalität, Viskosität, Temperatur, Reinheitsquotient, Konzentration der farblosen Nichtzuckerstoffe, Farbstoffkonzentration, Selektivität des Adsorbens für die Farbstoffe, Molekülgröße und Art der Farbstoffe.

2. *Eigenschaften des Entfärbungs-Ionenaustauschers*:
   Chemische Eigenschaften (vor allem Art und Menge der aktiven Gruppen), physikalische Eigenschaften (Porosität, Quellbarkeit, Korngröße, Kornform), Einfluß der Regenerierung auf das Sorptionsvermögen (Art der Reagentien, Konzentration, Menge und Temperatur der Lösungen), Kontaktzeit mit dem Harz, Art des Auswaschens, Alterung des Harzes.

3. *Eigenschaften der Apparatur*:
   Geometrische Abmessungen des Filters, Verhältnis des Harzvolumens zur Berührungsfläche mit dem Filter, Höhe und Packungsdichte der Harzschicht, Konstruktion der Aufgabevorrichtungen und der Böden.

4. *Durchführung des Adsorptionsvorganges*:
   Kontaktzeit, lineare Strömungsgeschwindigkeit, Gleichmäßigkeit des Betriebes, Schwankungen der Qualität der zufließenden Lösung, Volumen der in einem Zyklus entfärbten Lösung.

Diese Einflüsse und ihre Auswirkungen sind sehr verschiedener Natur, sie können einander unter Umständen entgegenwirken. Einige der Parameter können wir wählen, während uns andere zwangsläufig vorgegeben sind. So kann z. B. die Art des Harzes, die Durchflußgeschwindigkeit und die Temperatur frei gewählt werden, gegeben sind dagegen z. B. die Farbstoffkonzentration oder der Trockensubstanzgehalt der Lösung. Außerdem müssen die Arbeitsbedingungen so gewählt werden, daß es bei der Entfärbung in keinem Falle zur Saccharosezersetzung kommt (z. B. zum thermischen Zerfall bei zu langer Kontaktzeit unter erhöhter Temperatur oder zur Inversion bei zu niedrigem pH-Wert).

Daraus geht hervor, daß es kaum möglich ist, alle Abhängigkeiten, die zwischen der durch das Harz aufgenommenen Farbstoffmenge und den anderen Parametern existieren, quantitativ zu beschreiben und mathematisch darzustellen.

Die Beziehungen zwischen dem Entfärbungseffekt (bzw. der Sorptionskapazität) des Harzes und einem einzelnen Parameter sind dagegen normalerweise einfacher zu beschreiben, so daß man aus derartigen Erhebungen Grundsätze für die optimale Arbeitsweise ableiten und die günstigsten Bedingungen festlegen kann.

Die grundsätzliche Voraussetzung für die Anwendung eines Harzes als Adsorbens für große Ionen oder Moleküle bzw. für kolloiddisperse Stoffe ist das entsprechende *Verhältnis des effektiven Durchmessers seiner Poren zur Teilchengröße des Adsorptivs*. Von den für die Zwecke der Zuckerherstellung eingesetzten Entfärbungs-Ionenaustauschern kann man erwarten, daß sie gut entfärben werden, wenn die Porencharakteristik (mittlere Porenweite und Distributionskurve der Porenweiten) mit der bewährter Adsorbentien (z. B. Aktivkohlen) einigermaßen übereinstimmt. Nach GRIESSBACH [31] sind bei Aktivkohlen meist Poren mit einem Durchmesser von 1,8—20 nm (sog. Übergangsporen nach DUBININ [32]) und Makroporen mit einem Durchmesser von 10^2—10^4 nm vorhanden. Bei Knochenkohle fanden BARRETT, BROWN und OLECK [33] Werte von 1—30 nm mit häufigsten Werten, die bei ungebrauchtem Spodium bei etwa 5 nm und bei mehrmals gebrauchtem bei 10 nm lagen. Diese Verschiebung des Maximums weist auf eine Verstopfung der feinen Poren durch Produkte der thermischen Zersetzung bei der Regenerierung hin.

Normale Polymerisate oder Polykondensate mit einer Porenweite bis zu 1,5 nm nehmen zwar auch Farbstoffe auf, haben jedoch keine befriedigende Wirkung. Wirksamer sind Tone, z. B. Montmorillonite, deren Schichtabstand im gequollenen Zustand etwa 2,1 nm beträgt [31]. Wirksame Entfärbungs-Ionenaustauscher müssen Poren mit einem Durchmesser von mindestens 4 nm haben. Die neuentwickelten makroporösen Harze besitzen zum wesentlichen Teil Übergangsporen mit einer Porenweite von 2—30 nm.

Zuckerfarbstoffe kann man grundsätzlich mit Hilfe innendisperser Ionenaustauscher beliebiger Polarität aus den Lösungen abtrennen. Man muß dann aber den *pH-Wert* der Lösung richtig wählen, weil von ihm der *Typ des Sorptionsvorganges* wesentlich abhängt. Stark saure Farbstoffe können durch Austauschadsorption, also mit Hilfe von *Anionenaustauschern* adsorbiert werden. Die Basizität dieser Harze muß dabei um so höher sein, je höher der pH-Wert liegt, weil sonst die notwendigen dissoziierten funktionellen Gruppen nicht zur Verfügung ständen. Mit sinkendem pH-Wert der Lösung, wobei der Dissoziationsgrad der Farbstoffe und damit die Möglichkeit zur Austauschadsorption der farbigen Anionen abnimmt, herrscht die unorientierte Adsorption (Allgemeinadsorption) vor, so daß man in sehr schwach alkalischen bis sauren Lösungen den Farbstoff auch durch *schwach basische oder amphotere Ionenaustauscher* erfolgreich adsorbieren kann. Bei letzteren bewirkt die Anwesenheit schwach saurer Gruppen eine Adsorption auf Grund des WEISS-Effektes. Ähnliche Verhältnisse liegen bei der Adsorption durch schwach saure Kationenaustauscher in einem schwach sauren Medium vor. Im pH-Bereich des isoelektrischen Punktes der Farbstoffe kann es auch zur einer Verminderung des Dispersitätsgrades kommen. Demzufolge können die Farbstoffe auch durch einen *stark sauren Ionenaustauscher* in der H^+-Form erfaßt werden. Die Verwendung eines solchen Harzes beschränkt sich aber in Rübenzuckerfabriken auf Temperaturbereiche unter 14 °C (besser unter 10 °C), damit keine Inversion eintritt, und auf verdünnte Lösungen (Dünnsaft), weil nur dann eine ausreichende Durchflußmöglichkeit gegeben ist. Tatsächlich erhält man unter solchen Bedingungen bei der Vollentsalzung eines Dünnsaftes vollkommen farblose Produkte. In der UdSSR hat sich z. B. ESPATIT TM als Entfärbungsmittel sehr gut bewährt, wenn es hinter ESPATIT K-1 (H^+-Form) geschaltet wurde [34]. Eine Kombination des stark sauren Kationenaustauschers KU-2 mit einem Polyaminharz (EDE-10 P oder AV-16) lieferte sehr gute Resultate [35]. Auch ANEX TM ergab ganz bemerkenswerte Entfärbungseffekte [36]. Es ist also grundsätzlich möglich, auch mit Ionenaustauschern üblicher Art gute Entfärbungseffekte zu erzielen [37, 38], obwohl die Kombination eines normalen (gelartigen) Kationenaustauschers, der in der H^+-Form bis zu 30% der Farbstoffe beseitigen kann, mit einem makroporösen Kationenaustauscher, der die Entfärbung auf etwa 70% erhöht, vorteilhafter ist. Nach einem makroporösen Anionenaustauscher, der als letzte Stufe geschaltet ist, lassen sich dann Entfärbungen von 97—99% erreichen [39].

In diesen Fällen ist die Beseitigung der Farbstoffe nur eine Begleiterscheinung des primär angestrebten Effektes, nämlich der Entfernung der Nichtzuckerstoffe und der Steigerung der Zuckerausbeute. Vorläufig ist dieses Verfahren noch nicht ökonomisch. Es wäre außerdem in Raffinerien, wo die hohe Viskosität der Kläreń bei 10 °C den Durchfluß durch das Filter unmöglich macht, überhaupt nicht durchführbar.

Wir müssen also zur Entfärbung Ionenaustauscher wählen, die die Fähigkeit besitzen, *im alkalischen Milieu bei Temperaturen über 80 °C* Farbstoffe zu adsorbieren. Kationenaustauscher dürften dazu kaum geeignet sein. In der neutralen Form (z. B. Na^+-Form) nehmen sie nur geringe Farbstoffmengen auf. Beim Enthärten eines Dünnsaftes haben DURDÍK und BURIÁNEK folgende Werte gefunden [40]:

LEWATIT S 100 nahm 0,02 gF/l Harz auf, KATEX S (ČSSR) 0,04 gF/l und KATEX FN (Phenolsulfonsäure-Harz) 0,02 gF/l. Das sind nur etwa 1% der gewünschten Werte. Aus diesen Gründen müssen wir uns auf amphotere und basische Ionenaustauscher orientieren. Die Struktur dieser Harze und der Zusammenhang ihrer Eigenschaften mit dem Verhalten bei der Entfärbung wurden schon im Kap. 3. und 4. diskutiert. An dieser Stelle sollen die übrigen Zusammenhänge, die für den Adsorptionsvorgang Bedeutung haben, behandelt werden.

5.2. *Die Adsorption der Zuckerfarbstoffe durch Entfärbungs-Ionenaustauscher*

Im vorigen Kapitel wurden alle Faktoren aufgeführt, die das Ergebnis des Adsorptionsvorganges beeinflussen. In diesem Kapitel sollen nun speziell die Einflüsse der Eigenschaften der Lösungen auf die Sorptionsfähigkeit des Harzes und auf die Kinetik der Adsorption behandelt werden.

Die Wirkung des Austauscherharzes bzw. das Resultat des Sorptionsvorganges läßt sich am einfachsten durch die relative Entfärbung (kurz als Entfärbung bezeichnet) D bzw. D_E oder durch ihren hundertsten Teil D' ausdrücken (s. Kap. 2.3.):

$$D' = 0{,}01\, D; \tag{5–1}$$

$$D' = 1 - \frac{c_{F1}}{c_{F0}}. \tag{5–2}$$

Daraus ergibt sich die Beziehung

$$c_{F1} = c_{F0}\,(1 - D'). \qquad (5\text{–}3)$$

Das Sorptionsvermögen eines Entfärbungs-Ionenaustauschers wird durch seine Kapazität ausgedrückt. Als Kapazität definieren wir die Farbstoffmenge, die von der Einheitsmenge des Austauschers unter den gegebenen Bedingungen aufgenommen wird. Dieser Wert ist keine Konstante, die das Harz eindeutig charakterisiert. Er hängt vielmehr stark von den Bedingungen ab, unter denen der Sorptionsvorgang durchgeführt wird. Es ist darum nötig, diese genau zu definieren. Bei Betriebsversuchen werden bisweilen irgendwelche „durchschnittlichen" oder „allgemein bekannten" Bedingungen angenommen, die aber kaum eine exakte Auswertung erlauben.

Die *Volumenkapazität* errechnet man nach der Gleichung

$$C_{FV} = 0{,}01\,(c_{F0} - c_{F1}) \cdot V', \qquad (5\text{–}4)$$

wobei die Konzentrationen in °St angegeben sind und V' durch das Verhältnis

$$V' = V_L : V_H \qquad (5\text{–}5)$$

gegeben ist. V' bezeichnet also das relative Lösungsvolumen, d. h. das Volumen der behandelten Lösung bezogen auf das Volumen des Harzes (V_H). In diesem Falle wird die Kapazität in Einheiten mg$F$/ml (oder gF/l oder kg$F$/m^3) angegeben (s. Kap. 2.3.).

Gropengiesser [41] schlug eine hundertmal größere Einheit vor, die Farbeinheit, die in manchen Ländern auch benutzt wird. Andere Autoren benutzen als Maß der Farbstoffmenge das Produkt $c_F \cdot V_L$(°St $\cdot\, l$, auch Literstammer genannt) oder $a_{560} \cdot V_L$. Wir halten das Fuska-System für besser, weil es unter gut begründeten Annahmen vom Begriff der Einheitsmenge des Zuckerfarbstoffes abgeleitet ist. Für die Kapazität bekommen wir in diesem System Werte der gleichen Größenordnung wie für die Austauschkapazitäten normaler Austauscherharze gegenüber anorganischen Ionen.

Die *Gewichtskapazität* wird durch folgende Beziehung definiert:

$$C_{FG} = 0{,}01\,(c_{F0} - c_{F1}) \cdot \frac{V_L}{G_T}, \qquad (5\text{–}6)$$

Dabei bedeutet: G_T die Trockensubstanz des Harzes in g und V_L das Volumen der Lösung in ml, c_F ist in °St angegeben. Die Einheit der Gewichtskapazität ist also mg$F$/g Trockensubstanz des Harzes.

5.2.1. Der Einfluß der Farbstoffkonzentration auf die adsorbierte Farbstoffmenge

Die von einer gegebenen Harzmenge aufgenommene Farbstoffmenge steigt bei Konstanz aller anderen Bedingungen mit zunehmender Farbstoffkonzentration der Lösungen. Die Kapazität des Austauscherharzes ist also eine Funktion dieser Konzentration.

Dem Zusammenhang zwischen der Gewichtskapazität des Harzes und der Gleichgewichtskonzentration der Farbstoffe in der Lösung entspricht recht gut die FREUNDLICHsche Gleichung (*Abb. 5–1*).

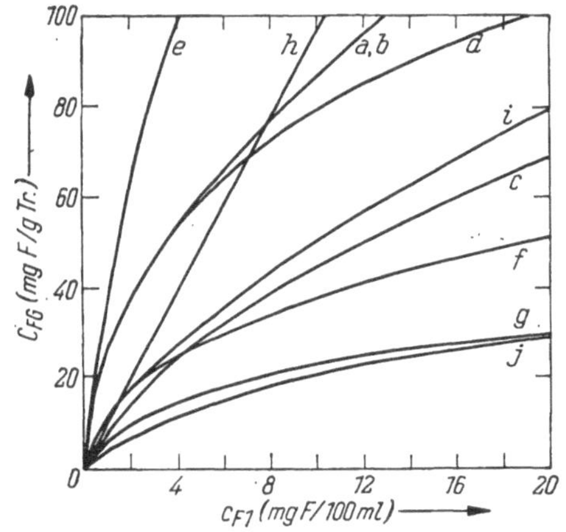

Abb. 5–1: Entfärbungsisotherme

c_{F1} – Gleichgewichtsfarbstoffkonzentration; C_{FG} – Gewichtskapazität; Bedingungen s. *Tab. 5–3*, [42, 43]

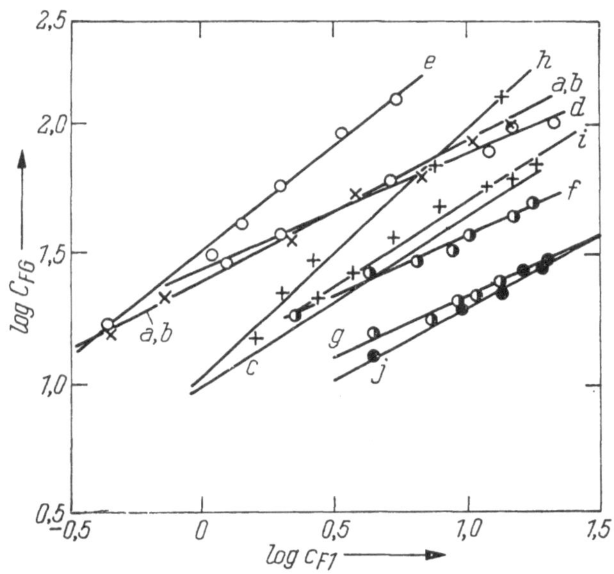

Abb. 5–2: Beweis der *Gleichung* (*5–7*), (FREUNDLICHsche Isotherme)

c_{F1} – Gleichgewichtsfarbstoffkonzentration, C_{FG} – Gewichtskapazität; Bedingungen s. *Tab. 5–3* [42, 43]

Ähnlich liegen die Verhältnisse auch bei Aktiv- und Knochenkohlen. Wir können daher schreiben:

$$C_{FG} = k \cdot c_{F1}{}^{1/n}, \qquad (5\text{–}7)$$

Dabei sind k und $1/n$ spezifische Koeffizienten. Der prinzipielle Verlauf dieser Isotherme trifft für alle Entfärbungs-Ionenaustauscher zu [42], (*Abb. 5–2*).

In der *Tab. 5–3* sind einige Werte für die Koeffizienten k und $1/n$ zusammengefaßt, die unter verschiedenen Bedingungen bei der Entfärbung von Melasselösungen bei 80 °C und 3 Std. Kontaktzeit ermittelt wurden [42, 43].

Tabelle 5–3: Koeffizienten der Isotherme (Gleichung 5—7) bei der Entfärbung einer Melasselösung ($V_L = 100$ ml, $G_T < 1{,}3$ g)

Harztyp	pH der Aktivierungslösung (NH_4Cl)	Zyklenzahl	Ursprüngliche Farbstoffkonz. c_{F0} (°St)	pH der unbehandelten Lösung	k	$1/n$	Kurvenbezeichn. in der *Abb. 5–1*
Amphoter	8,0	0	18,1	6,8	25,1	0,54	*a*
(Wofatit E)	8,0	0	9,8	6,7	25,1	0,54	*b*
	8,0	0	3,5	7,2	10,2	0,64	*c*
Amphoter	7,0	0	25,0	7,0	13,2	0,48	*f*
(Wofatit E)	7,0	5	23,5	7,0	6,3	0,54	*g*
Amphoter (Dekolorex	7,0	0	24,6	7,0	10,7	0,96	*h*
AK-731)	7,0	5	23,5	7,0	11,5	0,95	*i*
Schwach basisch (Dekolorex A2)	7,0	0	23,5	7,0	10,7	0,74	*j*
Polyaminharz	—	0	24,9	8,9	27,5	0,43	*d*
(Dekolorex A4)	—	0	9,6	8,9	33,1	0,81	*e*

Der Wert dieser Koeffizienten hängt jedoch nicht nur von den Eigenschaften des Harzes, sondern auch von den Versuchsbedingungen ab. So wurden z. B. von Číž [44] bei einer Temperatur von 22 °C und einer Kontaktzeit von 30 Min. für Versuche mit 15 ml Zuckerlösung (40 °Bx, 30 °St) und mit 20 g Harz die in der *Tab. 5–4* zusammengestellten Werte gefunden.

In der Praxis der Zuckerfabrikation nahm man davon Abstand, die Wirkung eines Entfärbungsmittels mit Hilfe der Adsorptionsisotherme zu charakterisieren. Man bestimmt stattdessen normalerweise die *Entfärbungskurven*, d. h. den Zusammenhang zwischen der Harzmenge und dem erzielten Entfärbungseffekt

Tabelle 5-4: Koeffizienten der Isotherme (Gleichung 5–7) bei der Kläreentfärbung (V_L = 15 ml, S = 40°Bx, t = 22°C, G_H = 20 g)

Harztyp	k	$1/n$	Zahl der Kampagnen, in welchen das Harz im Betrieb war
Wofatit EZ	5,75	0,50	0
Wofatit EZ	72,5	0,45	3
Wofatit L 150	$4{,}6 \cdot 10^{-6}$	8,7	0
Wofatit L 150	0,8	7,1	1
Amberlite IRA 401 S	$1{,}5 \cdot 10^{-8}$	4,0	0
Amberlite IRA 401 S	$\sim 0{,}01 \cdot 10^{-5}$	6,2	1

(*Abb. 4–28*). Diese Funktion hat allerdings eine kompliziertere Form als die FREUNDLICHsche Gleichung, sie lautet:

$$D' \cdot (1 - D')^{-\frac{1}{n}} = k \cdot c_{F0}^{\frac{1-n}{n}} \cdot G_T, \qquad (5\text{–}8)$$

wobei k und $1/n$ identisch mit den Koeffizienten der *Gleichung* (5–7) sind.

Zweckmäßiger ist es, die Gleichgewichtsverhältnisse in den Koordinaten log (D'/G_T) und log (1 – D') oder log (D/G_H) und log (100 – D) darzustellen,

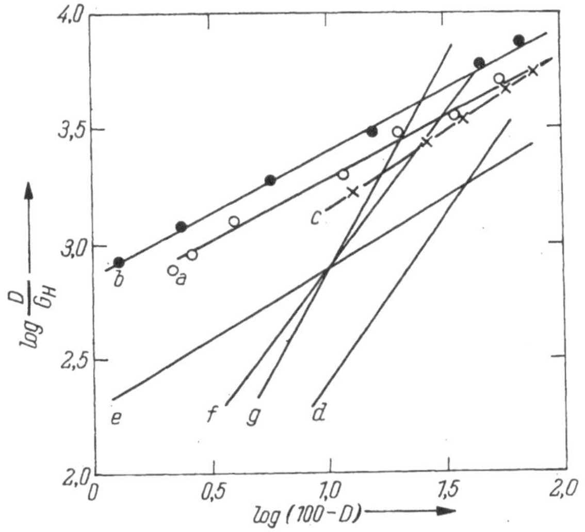

Abb. 5–3: Beweis der *Gleichung* (5–9), sog. Pseudoisotherme

D – relative Entfärbung; G_H – Harzmenge; Farbe der unentfärbten Lösung c_{F0} (°St): a – 18,1, b – 9,75, c – 3,49; Versuche mit Wofatit E [42]; Kurven d, e, f, g: Entfärbung einer Kläre (S = 63,3°Bx, t = 80°C) mittels folgender Harze: d – Asmit 224 (regeneriert mit Na_2CO_3 und NH_4Cl); e-Asmit 259 (regeneriert mit NaCl); f – Amberlite IRA 401 S (regeneriert mit NaCl und NaOH); g – Entfärbung mittels Aktivkohle Anticromos 26 [45]

wie es z. B. Fumasoni, Mariani und Maura [45] vorgeschlagen haben (*Abb. 5–3*). Man geht dabei von der modifizierten Freundlichschen Gleichung in der Form,

$$\frac{D}{G_H} = \alpha_1 (100 - D)^{1/n}, \qquad (5\text{–}9)$$

auch Pseudoisotherme genannt, aus.

Der Koeffizient α_1 in *Gleichung (5–9)* hat den Wert:

$$\alpha_1 = 0{,}01\ T_r \cdot k \cdot c_{F0}^{\frac{1-n}{n}} \cdot 100^{-\frac{1+n}{n}}. \qquad (5\text{–}10)$$

Dabei bedeutet T_r den Trockensubstanzgehalt des Harzes. Der Koeffizient α_1 drückt ähnlich wie k die Kapazität des Adsorbens, der Exponent $1/n$ den Wirkungsgrad bzw. dessen Stabilität bei Schwankungen der Farbstoffkonzentration aus. Sein Wert hängt, wie *Tab. 5–5* zeigt, von der Qualität der Lösung ab.

Tabelle 5–5: Werte des Exponenten $1/n$ der Pseudoisotherme (Gleichung 5—9) bei Entfärbung verschiedener Zuckerlösungen [45] (t = 80 °C, τ = 45 min)

Lösung	S (°Bx)	Adsorbens Asmit 224	Asmit 259	Amberlite 401 S	Aktivkohle Anticromos
Rohzuckerlösung	63,3	1,47	0,61	1,37	1,75
Lösung des Mittelproduktzuckers	54,8	1,59	0,62	0,92	0,98
Raffinationsablauf	70,0	2,70	0,82	2,86	1,06

Unter den gegebenen Bedingungen verhielt sich Aktivkohle günstiger als die Entfärbungsharze. Das ist darauf zurückzuführen, daß Aktivkohle eine größere spezifische Oberfläche und normalerweise eine geringere Korngröße hat als die Entfärbungsharze. Dadurch ist die Diffusion ins Innere des Korns bei Aktivkohle erleichtert.

Den Zusammenhang zwischen der *Menge des Adsorbens* und der aufgenommenen Menge des Adsorptivs formulierte Kroeker durch eine Differentialgleichung, die nach Integration und Umformung in folgende Form übergeht:

$$-\log(1 - D') = k_1 \cdot G_T. \qquad (5\text{–}11)$$

Wie aus der *Abb. 5–4* ersichtlich ist [42], beschreibt die Kroekersche Gleichung nur die Farbstoffadsorption bei kleinen Harzeinwaagen.

Im Bereich der Gültigkeit dieser Isotherme nimmt der k_1-Wert ab, wenn die Farbstoffkonzentration zunimmt.

Wenn wir die Entfärbungsfähigkeit einiger Harzsorten beurteilen wollen, ist es zweckmäßig, diese auf ein Standardharz zu beziehen. Die Relation der Wirkungsgrade verschiedener Adsorber hängt nämlich von der gewünschten Entfärbung ab [43]. Benötigt man zur Erreichung einer gewissen Entfärbung D eine Einwaage G_A eines Harzes mit einer schlechteren Entfärbungsfähigkeit und

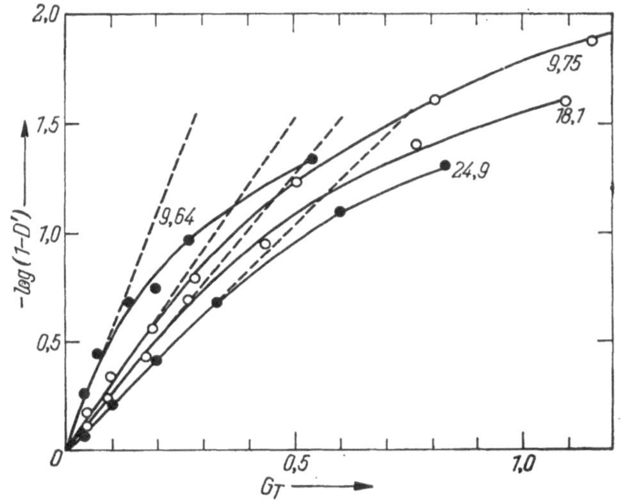

Abb. 5-4: Beweis der *Gleichung* (*5-11*), umgeformte KROEKERsche Isotherme

D' – relative Entfärbung; G_T Einwaage der Trockensubstanz des Harzes. Bei den Kurven ist die Farbe der unentfärbten Melasselösung (in °St) angegeben; Kurven: ○ – Wofatit E, • – Dekolorex A4 [42]

eine Einwaage G_B eines Harzes mit einer besseren Entfärbungsfähigkeit ($G_A > G_B$), dann gilt im Bereich der üblichen Entfärbungen statt der Beziehung

$$\frac{G_A}{G_B} = \frac{a_{0B}}{a_{0A}} \cdot (100 - D)^{\frac{n_A - n_B}{n_A n_B}} \qquad (5\text{-}12)$$

mit genügender Genauigkeit der vereinfachte lineare Zusammenhang

$$\frac{G_A}{G_B} = -k_2 D + b_2. \qquad (5\text{-}13)$$

Dabei sind a_{0A}, a_{0B}, k_2 und b_2 empirische Konstanten. Diese Gleichung wurde für Werte von D 30–80% bestätigt [43]. Für die Harze WOFATIT E und DEKOLOREX AK-731, mit denen Gleichgewichtsversuche mit einer Melasselösung durchgeführt wurden [46], fand man z. B. bei den frischen Harzen und bei den Harzen, mit denen 5 Zyklen unter Laborbedingungen durchgeführt waren, die in *Tab. 5-6* angegebenen Werte.

Der Unterschied im Wirkungsgrad der beiden Harze wird um so geringer, je höher die gewünschte Entfärbung ist (*Abb. 5-5*).

Tabelle 5–6: Relative Trockensubstanzeinwaage von Wofatit E im Verhältnis zur Einwaage von Dekolorex AK–731 ($G_A : G_B$ in Gleichung 5–13) bei derselben Entfärbung (D in %)

Entfärbungsharz	$G_A : G_B$ für D (%)					
	30	40	50	60	70	80
ungebraucht	2,68	2,48	2,28	2,08	1,88	1,68
gebraucht in fünf Zyklen	2,72	2,58	2,44	2,30	2,16	2,01

Zur allgemeinen Information über den *Einfluß der Farbstoffkonzentration* in der unentfärbten Lösung auf die Kapazität des Harzes kann man nach Versuchsergebnissen mit verschiedenen Einwaagen von WOFATIT E die Regel ableiten,

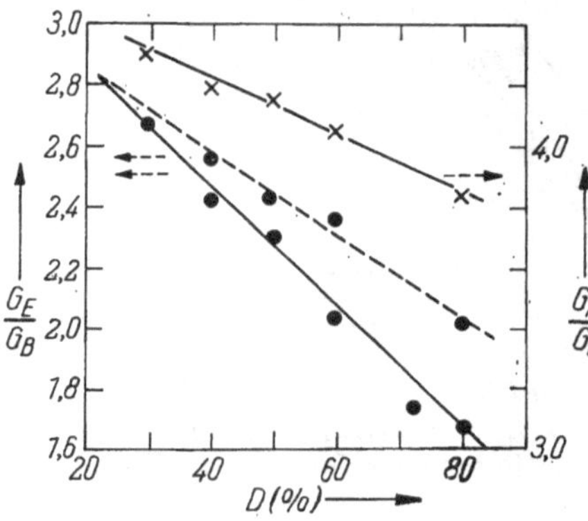

Abb. 5–5: Beweis der *Gleichung* (*5–13*)

G_A, G_B, G_E – Gewichtsmenge des Entfärbungsharzes Dekolorex A 2, Dekolorex AK–731 und Wofatit E zur Erzielung der gleichen Entfärbung D (%); gearbeitet wurde mit einer Melasselösung; *Vollinien:* Zusammenhang für neue Harze, *gebrochene* Linien: Zusammenhang für Harze nach fünf Zyklen [43]

daß die von einer gegebenen Harzmenge aufgenommene Farbstoffmenge nahezu proportional der Farbstoffkonzentration ansteigt [42], (*Abb. 4–25*). Die im halbtechnischen Maßstab und im Großbetrieb vorgenommenen dynamischen Versuche bestätigten die Brauchbarkeit dieser annähernden Regel. Unter den Bedingungen des Kampagnebetriebes in Skřivany (1961/62) wurden beispielsweise die in der *Tab. 5–7* zusammengestellten Werte gefunden [47].

Tabelle 5–7: Farbstoffkapazität von Wofatit EZ bei Entfärbung von Klären (Betriebsergebnisse)

Nummer der Kläre	1	2	3
Farbstoffkonzentration c_{F0} (°St)	1,83	5,10	15,4
Kapazität des Harzes C_{FV} (gF/l Harz)	0,84	1,34	4,97

5.2.2. Der Einfluß der Farbstoffqualität auf die adsorbierte Farbstoffmenge

Je nach der Qualität der Farbstoffe werden diese durch ein gegebenes Adsorbens in unterschiedlicher Weise aufgenommen. Bestimmende Faktoren sind dabei die *Polarität des Farbstoffes* und des Adsorbens und das Verhältnis der *Größe der Farbstoffpartikel* zur Weite der Poren des Adsorbens. So beobachtete z. B. ČERMÁK [48] bei Aktivkohle, daß die Farbstoffe der Raffineriemelassen sich besser adsorbieren lassen als die der Rohrzuckermelassen. Auf Grund der Tatsache, daß während des ganzen technologischen Prozesses in der Raffinerie Temperaturen von 80—100 °C auf die Zuckerlösungen wirken, kann man voraussetzen, daß die Farbstoffpartikel der Raffineriemelasse größer sind und kann

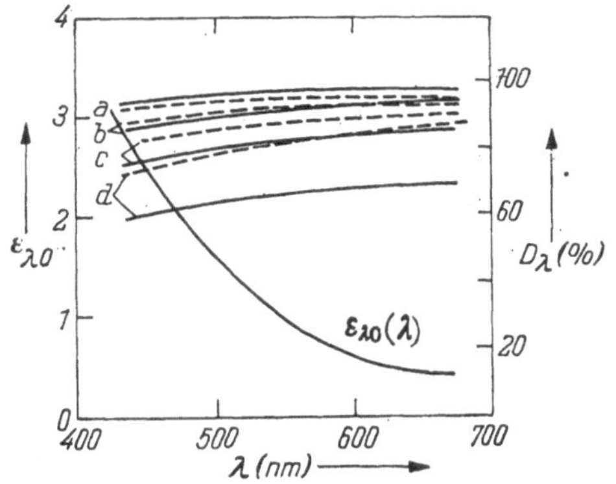

Abb. 5–6: Abhängigkeit der relativen Entfärbung D von der Wellenlänge des Lichtes λ; $\varepsilon_{\lambda 0}$-spektraler Extinktionskoeffizient der unentfärbten Lösung

Einwaage des Harzes: a — 0,035, b — 0,070, c — 0,140, d — 0,280 g/g Trockensubstanz der Kläre (S = 63,3 °Bx, t = 80 °C). *Vollinien:* Asmit 259, *gebrochene Linien:* Amberlite IRA 401 S [45]

daraus wiederum schließen, daß größere Partikel besser aufgenommen werden als kleinere. Dies äußert sich auch dadurch, daß der Farbton der entfärbten Lösung und der Farbton der unentfärbten auf dieselbe Farbtiefe verdünnten Lösung voneinander abweichen, weil sie Partikel verschiedener Größen enthalten, die verschiedene Lichtabsorption haben.

Das wurde bei der Entfärbung von Klären [45] und Melasselösungen [49] mit Harzen bestätigt. Die Extinktion ist im langwelligen Bereich (z. B. $\lambda > 600$ nm) stärker erniedrigt als im kurzwelligen, beispielsweise $\lambda \sim 400$ nm [45, 50], (*Abb. 5–6*).

Der Farbton, der durch die dominante Wellenlänge ausgedrückt wird, ist nach dem Einwirken der Entfärbungs-Ionenaustauscher also ein wenig gelber als der Farbton einer unentfärbten Lösung, die auf die Extinktion der entfärbten Lösung verdünnt wurde [49], (*s. Tab. 5–8*).

Tabelle 5–8: Farbtonveränderung einer Melasselösung nach der Behandlung mit Adsorbentien

Adsorbens		Farbtonverminderung $\Delta\lambda_a$ (nm) bei der Gesamtextinktion				
Typ	Marke	0,1	0,2	0,3	0,4	0,5
Amphoteres Harz	Wofatit E	—	—	0,3	0,2	0,2
Polyamin-Harz	Dekolorex A4	—	—	—	1,4	0,6
Polymerisat-Harz (stark basisch)	Dekolorex A5	1,2	1,0	0,7	0,5	0,2
Aktivkohle	Carboraffin	1,2	1,0	0,7	0,5	0,2

Harze beseitigen also aus Lösungen rote Farbstoffe, d. h. solche mit größeren Molekülen, besser. Die größte Selektivität zeigte das poröse Polyaminharz Dekolorex A4, eine sehr kleine Wofatit E. Zwischen diesen liegen die stark basischen Anionenaustauscher auf Polystyrol-Basis, deren Selektivität der von imprägnierter Aktivkohle (Carboraffin) gleichkommt. Der Porosität des Adsorbens kann man größere Bedeutung für die Selektivität zuschreiben als seiner Basizität.

Eine selektive Farbstoffadsorption wurde auch bei dem völlig undissoziierten Harz Duolite S-30 gefunden, welches Karamelstoffe und Melanoidine besser als Polyphenole aufnimmt [51]. Die Adsorption undissoziierter Farbstoffe, die durch thermischen Saccharosezerfall entstanden sind, also von Karamelstoffen, ist bei Anwendung dieses Harzes ein völlig reversibler Vorgang [52].

Ahari und Genotelle [53] stellten fest, daß Anionenaustauscher verschiedener Basizität weitaus besser Farbstoffe aufnehmen, die durch alkalischen Zerfall der Zucker entstanden sind, d. h. stickstofffreie Farbstoffe (bis zu 95%), als Melanoidine, die nur zu 50—60% festgehalten wurden. Nach Devillers [54] entstehen aber die größten Schwierigkeiten gerade durch die Karamele.

Farbstoffe aus dem alkalischen Zuckerzerfall nimmt ein Kationenaustauscher in der H^+-Form durch Kontaktaustausch mit anschließender Aggregation auf, ein Anionenaustauscher in der OH^-- oder Cl^--Form dagegen durch Austauschadsorption [55].

5.2.3. *Der Einfluß des Trockensubstanzgehaltes und der Temperatur auf die adsorbierte Farbstoffmenge*

Ein hoher Trockensubstanzgehalt ist für die Farbstoffaufnahme durch Ionenaustauscher aus zwei Gründen ungünstig: erstens ist die Viskosität der Lösung erhöht, wodurch die Diffusions- und Adsorptionsgeschwindigkeit des Farbstoffes verringert wird, zweitens kommt es zur Erhöhung der adsorbierten Saccharosemenge, wodurch die adsorbierte Farbstoffmenge vermindert wird. Die Steigerung des Trockensubstanzgehaltes kann man mit der Steigerung der Saccharosekonzentration gleichsetzen, da diese in den Klären rund 99% und im Dicksaft 92—94% der Trockensubstanz ausmacht.

Die *Adsorption der Zucker* (Saccharose, Glukose, Arabinose) verläuft in einem weiten Konzentrationsbereich nach der LANGMUIRschen Isotherme [56]. Bei AMBERLITE IR-4B und AMBERLITE IRA 400 konnte man eine lineare Proportionalität zwischen der adsorbierten Zuckermenge und der Konzentration der OH^--Ionen im Harz feststellen.

Die adsorbierte Farbstoffmenge sinkt linear mit steigendem Trockensubstanzgehalt [42], (*Abb. 4–27*). Ähnliche Verhältnisse findet man bei den Aktivkohlen. Die leicht gekrümmte Kurve, welche diesen Zusammenhang veranschaulicht [57a, b], ist in erster Näherung durch eine Gerade ersetzbar [57c]. Hier gilt die Gleichung

$$C_{FV} = \alpha_2 c_{F0}(1{,}00 - 1{,}32_3 \cdot S). \qquad (5\text{–}14)$$

Dabei hängt α_2 unter anderem von der Harzmenge ab. Die Gleichung wurde bei 80 °C bis zu 68 °Bx bestätigt. Eine Extrapolation zeigt, daß die Adsorption bei ungefähr 75,6 °Bx aufhört. Der Trockensubstanzgehalt einer bei dieser Temperatur gesättigten Saccharoselösung beträgt 78,7 °Bx.

Aus wärmetechnischen und ökonomischen Gründen ist es nicht möglich, mit niedrigeren Klärekonzentrationen zu arbeiten. Es sollte also bei der Weißzuckerfabrikation der Entfärbung des Dünnsaftes vor der Entfärbung des Dicksaftes der Vorzug gegeben werden. Den ungünstigen Einfluß des erhöhten Trockensubstanzgehaltes kann man auch durch Temperaturerhöhung vermindern. Dadurch sinkt die Viskosität schnell und die Diffusion der Farbstoffe wird beschleunigt (s. Kap. 5.2.6.). Die kinetische Energie der Moleküle steigt und demzufolge sinkt die Menge der adsorbierten undissoziierten Saccharosemoleküle merklich. Die Farbstoffaufnahme wird dadurch erleichtert. Der *positive Einfluß erhöhter Tem-*

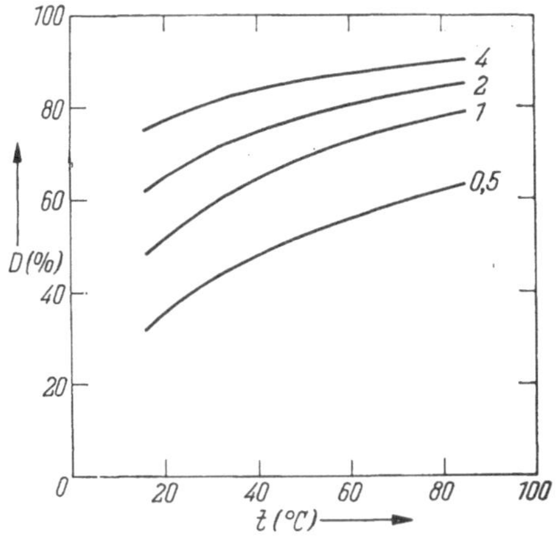

Abb. 5–7: Einfluß der Temperatur auf die Entfärbung einer Melasselösung mit Dekolorex A2 (0,02 g Trockensubstanz/100 ml)

D – relative Entfärbung, *t* – Temperatur. Bei den Kurven ist die Berührungszeit (in Stunden) angegeben [58]

peratur auf die Farbstoffaufnahme aus einer Melasselösung wird in der *Abb. 5–7* gezeigt [58].

Analoge Erkenntnisse wurden auch mit synthetischen Farbstoffen gewonnen [59].

Die Senkung der Temperatur von 70 °C auf 40 °C bei der Kläreentfärbung mit einem Polyaminharz hatte eine Verminderung der Entfärbung von 70% auf 45% zur Folge. Nach Angaben, die VAŠÁTKO [60] veröffentlichte, kann man abschätzen, daß die Veränderung des Trockensubstanzgehaltes um ± 2 °Bx dieselbe Veränderung der Entfärbung verursacht, wie eine Temperaturverschiebung um ∓ 3 °C.

Bei der Wahl der geeigneten Temperatur muß man nicht nur den Einfluß auf die Farbstoffadsorption in Betracht ziehen, sondern auch den Zerfall der Saccharose und die Lebensdauer des Harzes bei erhöhter Temperatur berücksichtigen. Es empfiehlt sich nicht, bei Kläretemperaturen über 80, maximal 90 °C zu arbeiten. Deshalb wurde für weniger beständige Harze als oberste Temperaturgrenze 70 °C angegeben, bei guten Harzen arbeitet man ohne irgendeine Beeinträchtigung bei 80—85 °C, so daß die Konzentration der Klären auf 65—68 °Bx gesteigert werden kann, was bei dieser Temperatur einer Dichte von 1,3 g/m*l* entspricht.

5.2.4. Der Einfluß der Nichtzuckerstoffe auf die adsorbierte Farbstoffmenge

Nach den Erfahrungen bei der Anwendung von Aktiv- und Knochenkohle verschlechtern farblose Stoffe, vor allem solche von kolloidem Dispersitätsgrad, den Entfärbungseffekt merklich. Ähnliche Verhältnisse können auch bei Austauscherharzen beobachtet werden.

Farblose Nichtzuckerstoffe können je nach ihrer Natur und nach dem Charakter des Entfärbungs-Ionenaustauschers der Allgemeinadsorption wie auch der Austauschadsorption unterliegen. Daraus folgt, daß die Entfärbung von Lösungen, die bezogen auf die Einheitsmenge des Farbstoffes mehr farblose Nichtzuckerstoffe enthalten, nicht so gut sein kann wie bei Lösungen, die ärmer an solchen Stoffen sind. Der Entfärbungseffekt bei gegebenem Farbstoffgehalt ist bei Säften mit größerem Aschegehalt bzw. mit niedrigerem Reinheitsquotienten schlechter. Tatsächlich finden wir bei der Kläreentfärbung etwa zweimal so hohe Entfärbungskapazitäten wie bei der Dicksaftentfärbung [61]. Es ist zwar bekannt, daß Anionenaustauscher in der OH^--Form bei normalem Einsatz noch Farbstoffe aufnehmen, wenn die Austauschkapazität bereits völlig erschöpft ist [51]; für die Entfärbungs-Ionenaustauscher muß man jedoch chemisch und physikalisch möglichst weitgehend gereinigte Lösungen verlangen.

Der schädliche Einfluß von Elektrolyten auf die Entfärbung mit ASMIT 259 ist in der *Tab. 4–3* wiedergegeben. Der Farbstoff tritt um so früher oder stärker im Eluat auf, je größer der Aschegehalt der behandelten Lösung ist. Das ist an nicht saturierten Rohrklären gut zu erkennen [62, 63].

Bei stark basischen Harzen erfolgt offensichtlich der Austausch

$$M \cdot NR_3^+ \, Cl^- + X^- \rightleftharpoons M \cdot NR_3^+ X^- + Cl^-$$

Dabei wird das farblose Anion X^- dem viel größeren Anion des Farbstoffes vorgezogen. Bei der Perkolation werden die Anionen festgehalten.

Die Farbstoffaufnahme läßt sich durch vorherigen Austausch der *Metallkationen* (z. B. Ca^{++}, Mg^{++}, Fe^{+++}, Al^{+++}) gegen H^+ mit Hilfe eines schwach sauren

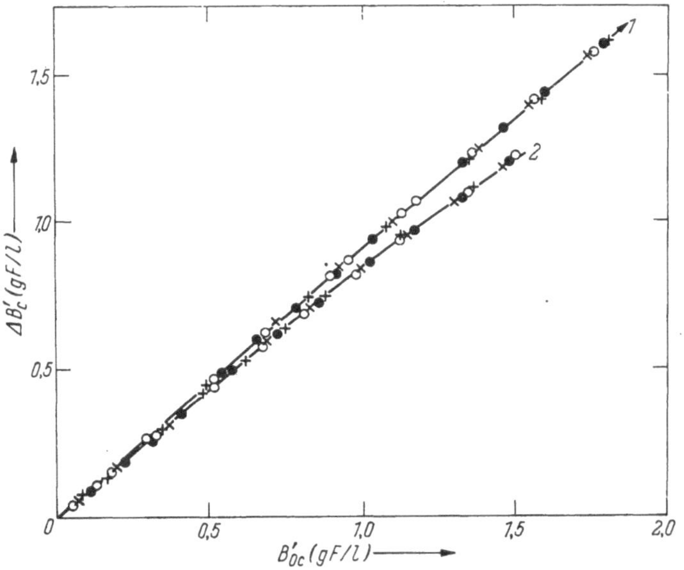

Abb. 5–8: Farbstoffaufnahme aus kalkreichen Klären durch Wofatit E

1 – frisches Harz; *2* – Harz nach vier Zyklen. – B'_{0c} Gesamtmenge der zugeführten Farbstoffe; $\Delta B'_c$ – aufgenommene Farbstoffmenge. Kalkgehalt der Kläre (in g CaO/100 g Tr.) : × – 0,028, • – 0,168, ○ – 0,398 (vorliegend als $CaCl_2$), + – 0,043 (Zugabe von Calciumzitrat). Spezifische Belastung $a = 1\ h^{-1}$, Temperatur 80 °C [64]

Kationenaustauschers verbessern. Der pH-Wert von Rohrkläre sinkt dabei bis auf 7 [63].

Invertzucker beeinflußt die Farbstoffaufnahme durch Wofatit E und EZ nicht [64].

Der *Kalkgehalt* der Kläre hat ebenfalls keinen Einfluß auf die Farbstoffaufnahme mittels Wofatit E [64]. Dies wurde im Bereich von 0,03—0,04 g CaO/100 g Tr., d. h. im gesamten Bereich, welcher für die Raffination des Rübenzuckers in Betracht kommt, beobachtet (*Abb. 5–8*).

Amphotere Harze sowie schwach und mittelstark basische Anionenaustauscher binden Calcium.

Besondere Aufmerksamkeit muß den *kolloiddispersen Nichtzuckerstoffen* und den Trübungen gewidmet werden. Alle Entfärbungs-Ionenaustauscher verlieren im Laufe der Zeit durch Aufnahme von Metallsalzen und organischen Stoffen, die durch die gewöhnliche Regenerierung des Harzes nicht zu beseitigen sind und darum die funktionellen Gruppen blockieren, einen Teil ihrer Kapazität. Die Menge der Verunreinigungen und die Geschwindigkeit, mit der sie das Harz entwerten, hängen von der Art des Harzes ab, sind aber im allgemeinen bei den Harzen größer, die ein ausgeprägtes Sorptionsvermögen für anorganische Ionen besitzen [65a, b]. Bei stark basischen Anionenaustauschern wurde in Gegenwart von

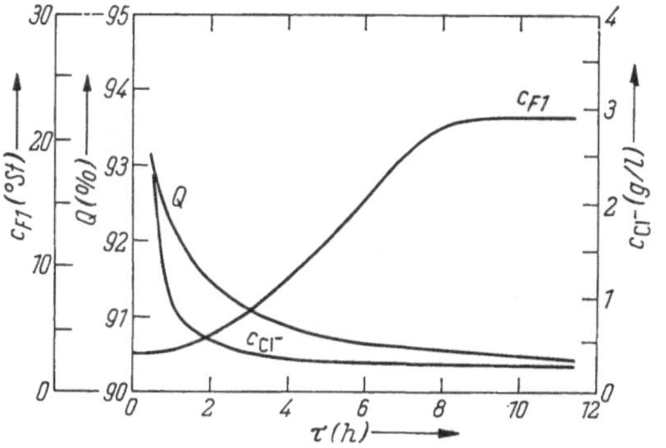

Abb. 5–9: Entfärbung des Saftes durch einen stark basischen Anionenaustauscher

τ — Entfärbungszeit; Q — Reinheitsquotient; c_{F_1} — Farbe der entfärbten Lösung; c_{Cl^-} — Chlorid-Ionen-Konzentration im entfärbten Saft [107b]

Verunreinigungen eine Adsorptionsbande bei 1040 cm^{-1} gefunden, die auf die Anwesenheit von Alkoholen und Äthern zurückzuführen ist, und weitere Banden bei 1370 und 1600 cm^{-1} (Carboxylgruppen) sowie bei 1110 cm^{-1}, was auf aliphatische Aldehyde hinweist [65c]. Auch die Ionen des Mangans, des Kupfers, und vor allem des Eisens werden gebunden [65d].

Die Aufnahme von *Kationen* durch Anionenaustauscher kann durch die Austauschadsorption mehrwertiger Anionen erklärt werden, deren Valenzen nicht restlos von den funktionellen Gruppen des Harzes abgesättigt werden. Diese freien Gruppen des Adsorptivs können dann Ionen, deren Ladung der der Ankergruppen des Harzes entspricht, binden.

Entfärbungs-Ionenaustauscher nehmen auch andere Komponenten aus Säften und Klären auf. Eine Qualitätsverbesserung tritt vorwiegend bei den ersten Fraktionen der entfärbten Lösung auf, vor allem dann, wenn höhere Konzentrationen von Nichtzuckerstoffen vorliegen, bei Säften ist sie also stärker als bei Klären (*Abb. 5–9*).

Derartige Verunreinigungen können bei der normalen Regenerierung nicht restlos entfernt werden und konzentrieren sich darum im Harz. Tlučhoř [47] stellte bei Wofatit EZ, der in einer Rübenzuckerraffinerie während 3 Kampagnen benutzt war, fest, daß seine Trockensubstanz 4,6% $Fe(OH)_3$, 31,4% $CaCO_3$ und

4,6% $MgCO_3$ enthielt. Organische Ballaststoffe bestimmte er nicht. Es wurde jedoch immer eine Verschlechterung der Entfärbung beobachtet, wenn die Lösung getrübt war.

Der Zusammenhang zwischen der aufgenommenen und nicht desorbierten Menge organischer und anorganischer Stoffe und dem Rückgang des Entfärbungsvermögens im Verlauf einer ganzen Anzahl von Zyklen konnte für alle Harztypen bestätigt werden [47, 65, 66] (s. auch Kap. 3.4.3.). Es handelt sich dabei um einen üblichen, aber höchst unerwünschten Vorgang. Es ist viel komplizierter die Harzadsorbentien von den Ballaststoffen zu befreien als es bei Aktiv- oder Knochenkohle der Fall ist, bei denen eine Pyrolyse die nach der chemischen Regenerierung zurückbleibenden organischen Substanzen weitgehend zu zerstören und fast restlos zu beseitigen vermag. Bei den Harzadsorbentien ist dagegen nur eine *spezielle chemische Regenerierung* möglich, die aber das Harz nicht wieder völlig in den Ausgangszustand überführt. Darum muß man für eine möglichst vollkommene Reinigung der Lösungen, besonders für eine einwandfreie Vorfiltration, sorgen.

5.2.5. Der Einfluß der Alkalität auf die adsorbierte Farbstoffmenge

Die Farbstoffaufnahme wird bei einigen Adsorbentien durch die Alkalität der Lösung beeinflußt. Während beim Spodium die Entfärbungsleistung pH-Schwankungen gegenüber innerhalb normaler Grenzen (pH 7—9) unempfindlich ist, sinkt bei Aktivkohlen das Entfärbungsvermögen manchmal bei pH-Erhöhung ab, und es lassen sich pH-Bereiche unterscheiden, in denen verschiedene Kohlesorten eine deutlich abweichende Wirkung haben.

Von großer Wichtigkeit ist der pH-Einfluß bei der Anwendung von Entfärbungs-Ionenaustauschern, da der *Dissoziationsgrad* der Farbstoffe (evtl. auch ihr Dispersitätsgrad) und der Dissoziationsgrad der funktionellen Gruppen des Harzes davon abhängt. Die aufgenommene Farbstoffmenge und folglich auch das Entfärbungsvermögen der einzelnen Harztypen wird also durch den pH-Wert der zu entfärbenden Lösung ganz beträchtlich beeinflußt.

Die Zuckerfarbstoffe sind im wesentlichen Salze schwacher organischer Säuren, deren isoelektrischer Punkt unter pH 7 liegt (s. Kap. 2.). Mit sinkendem pH nimmt der Anteil der Anionen nach folgendem vereinfachten Schema ab:

$$R^- + H^+ \rightleftharpoons RH\,,$$

dabei bedeutet R^- das farbige Anion und RH die undissoziierte Form des Farbstoffes. Es sinkt also die Konzentration der farbigen Ionen, die durch Austauschadsorption entfernt werden können. Die undissoziierten Moleküle unterliegen der physikalischen Adsorption oder werden nach vorherigem Kontaktaustausch im Harz ausgeflockt.

Über die Farbstoffaufnahme bei verschiedenen Typen von Entfärbungs-Ionenaustauschern, bei denen vereinfachend eine gleiche Porosität vorausgesetzt wird, kann man sich folgende Vorstellung machen: Der Dissoziationsgrad der aktiven Gruppen eines Anionenaustauschers hängt bei gegebenem pH-Wert von dessen Basizität ab. Schwach basische Harze sind in alkalischer Lösung nicht dissoziiert und können daher keine Ionen austauschen. Mit Abnahme des pH-Wertes steigt der Dissoziationsgrad und damit die Zahl der Gruppen, die zur Austauschadsorption fähig sind. Dabei sinkt aber auch die Konzentration an farbigen Anionen, die für diesen Typ der Adsorption nötig sind. Andererseits wächst die Konzentration an undissoziierten Molekülen, die nur der VAN DER WAALschen Adsorption unterliegen können. Da der optimale pH-Bereich für die Farbstoffaufnahme im sauren Gebiet liegt, ist eine pH-Erhöhung bei schwach basischen Harzen mit der Abnahme der Entfärbungswirkung verbunden. In der Zuckertechnologie werden jedoch keine sauren Lösungen benutzt, da sonst mit Saccharoseinversion zu rechnen wäre. Man darf nur im *neutralen bis schwach alkalischen Milieu* arbeiten (z. B. bei pH 7,5—8). Die Alkalität kann durch Schwefelung erniedrigt werden. Das hat außerdem den Vorteil, daß die Carbonylgruppen der Nichtzuckerstoffe teilweise durch Bisulfitionen blockiert werden, wodurch ihre Kondensation mit den Aminogruppen des Harzes zurückgedrängt wird.

Zwecks Erzielung eines besseren Effektes benutzt man zur Entfärbung alkalischerer Säfte stärker basische Harze. Diese Anionenaustauscher eignen sich sowohl für Klären, wie auch für Säfte, da sie auch noch bei pH 9,5 dissoziieren und damit eine Austauschadsorption ermöglichen. Erst bei pH-Werten über 10,5 sinkt ihr Austauschvermögen [67]. Dieses pH-Gebiet kommt jedoch bei der Entfärbung der meisten Lösungen nicht mehr in Frage (*Tab. 5–2*).

Die amphoteren Entfärbungsharze enthalten basische und saure Gruppen. In den am meisten gebrauchten Typen auf Basis von m-Phenylendiamin sind diese im Verhältnis von etwa 3:1 enthalten. Die Dissoziation der schwach sauren (normalerweise phenolischen) Gruppen nimmt mit steigendem pH-Wert zu.

Diese Tatsache ist für die Aufnahme von Zuckerfarbstoffen ungünstig. Die Entfärbung kann dann nämlich nur durch den WEISS-Effekt vor sich gehen, wozu die Farbstoffe undissoziiert vorliegen müssen. Auf diese Weise werden z. B. die Zuckerfarbstoffe durch schwach saure Kationenaustauscher adsorbiert. Die Sorptionskapazität amphoterer Harze gegenüber sauren Farbstoffen hängt also, ähnlich wie die der schwach basischen Harze, vom pH-Wert ab. Die Anwesenheit der schwach sauren Gruppen äußert sich dadurch günstig, daß sie Möglichkeiten für die Adsorption verschiedenartiger Farbstofftypen schafft. Aber auch in diesem Falle liegt das Optimum der Sorption im sauren pH-Gebiet (*Tab. 5–9*), [68], was für die Zuckerindustrie ungünstig ist.

Tabelle 5–9: Einfluß des pH-Wertes auf die Entfärbung einer Melasselösung durch Wofatit E (Die optische Dichte wurde für die pH-Wirkung korrigiert)

pH	1,5	3,0	4,4	5,0	6,4	7,2
D(%)	93	97	93	95	95	94

Im ganzen Gebiet, das für die Zuckerindustrie in Frage kommt (pH 6—10), nimmt die Entfärbung durch WOFATIT E und EZ linear mit steigendem pH-Wert ab (*Abb. 5-10* und *5-11*).

Das Ausmaß des Absinkens wird beträchtlich durch die Art der Pufferung beeinflußt: Bei Melasselösungen, die mit NH_4Cl gepuffert wurden, sank die Ent-

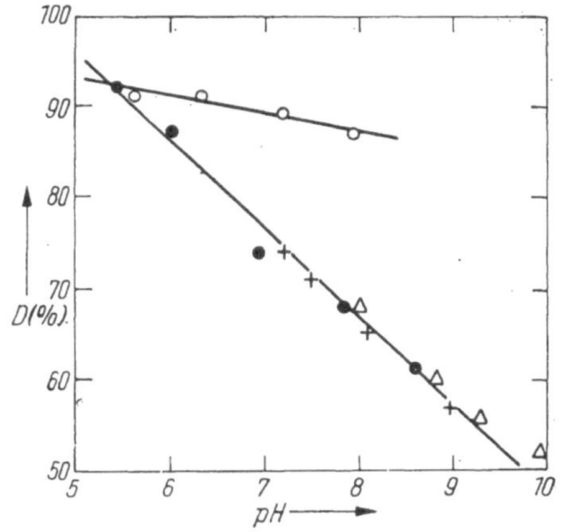

Abb. 5-10: Einfluß des pH-Wertes auf die relative Entfärbung (*D*) einer Melasselösung durch Wofatit E bei abweichender Zusammensetzung der Puffersalze in der Lösung

Wofatit E wurde aktiviert mit 1 n NH_4Cl (pH = 7,0), die Farbstofflösung wurde gepuffert mit: ○ – NH_4Cl und HCl oder NaOH; ● – KH_2PO_4 und HCl oder NaOH; + $Na_2B_4O_7$ und HCl oder NaOH; △ – Wofatit E wurde nach der Aktivierung in Borat-Lösung dekantiert, die dengleichen pH-Wert hatte, wie die mit Borat gepufferte Farbstofflösung [68]

färbung gegenüber Lösungen, die $Na_2B_4O_7$ oder KH_2PO_4 enthielten, nur um etwa $^1/_5$. Entsprechende Resultate wurden bei dynamischen Untersuchungen an Klären (c_{F0} = 24—25 °St, S = 60 °Bx) im Bereich von pH 7,2—9,5 erzielt (*Abb. 5-11*).

Die relative Entfärbung sank mit der aufgenommenen Farbstoffmenge (*Abb. 5-12*).

Unter den angegebenen Bedingungen galt die Gleichung

$$D = -k_3 \cdot \text{pH} + b_3. \qquad (5\text{-}15)$$

Der Koeffizient b_3 ist von k_3 linear abhängig:

$$b_3 = p_0 \cdot k_3 + 97{,}0. \qquad (5\text{-}16)$$

Dabei ist die Größe p_0 von der Alterung des Harzes abhängig. Für frisches Harz hatte sie einen Wert von 6,66, nach fünf Zyklen sank sie auf 5,50. Der Koeffizient k_3 drückt die fortschreitende Sättigung des Harzes durch Farbstoffe aus und ist vom pH-Wert unabhängig. Wenn B'_{0c} die Farbstoffmenge bezeichnet, die

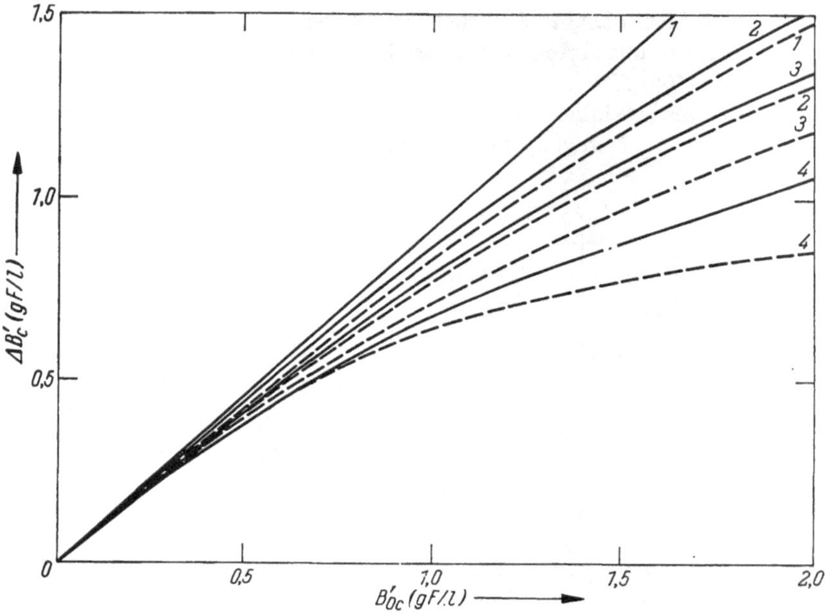

Abb. 5–11: Einfluß des pH-Wertes auf die Farbstoffaufnahme aus einer Kläre durch Wofatit E

B'_{0c} – Gesamtmenge der zugeführten Farbstoffe, $\Delta B'_c$ – Gesamtmenge der aufgenommenen Farbstoffe; *Vollinien:* Entfärbung mit frischem Harz, *gebrochene Linien:* Entfärbung mit Harz nach fünf Zyklen: *1* – pH = 7,2; *2* – pH = 7,8; *3* – pH = 8,5; *4* – pH = 9,5 [68]

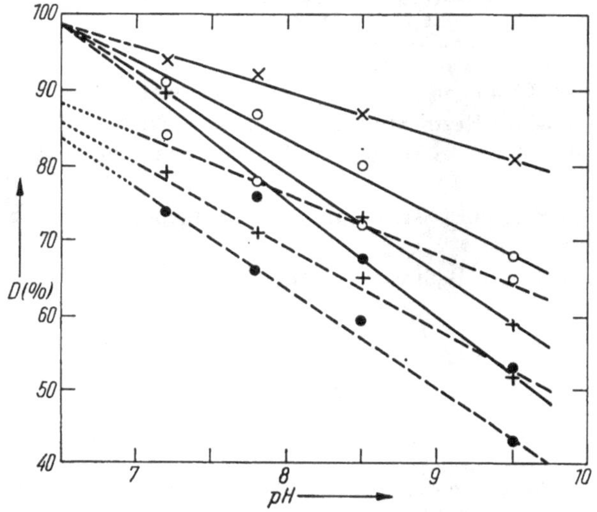

Abb. 5–12: Einfluß des pH-Wertes auf die relative Entfärbung einer Kläre (*D*)

Vollinien: Entfärbung mit frischem Wofatit E, *gebrochene Linien* Entfärbung mit Wofatit E nach fünf Zyklen. Zugeführte Farbstoffmenge (g*F*/*l* Harz): × – 0,5; ○ – 1,0; + – 1,5; • – 2,0 [68]

mit dem Harz von Anfang der Perkolation an in Kontakt gebracht wurde, gilt die Beziehung

$$k_3 = p_0 \frac{2{,}03\, B'_{0c}}{1 + 0{,}344 \cdot B'_{0c}}, \qquad (5\text{–}17)$$

welche zugleich durch die Größe p_0 den Zusammenhang mit der Harzentwertung ausdrückt. Wir können also folgende Beziehung schreiben:

$$D = -\frac{\alpha_3 \cdot B'_{0c}}{1 + \alpha_4 \cdot B'_{0c}}\, p_0\, (\mathrm{pH} - p_0) + b_1, \qquad (5\text{–}18)$$

Dabei sind b_1, p_0, α_3, α_4 Koeffizienten, die auch von der Art der Durchführung der Entfärbung abhängen [68].

Steigt die Alkalität der Kläre von pH 7 auf 9, so sinkt beim Einsatz von 1,0; 2,0 bzw. 3,0 g*F* Farbstoff/*l* Harz die relative Entfärbung von 77 auf 65 bzw. 56%.

Amphotere und schwach basische Entfärbungsharze kann man zum Entfärben von sauren, neutralen und schwach alkalischen Lösungen einsetzen. In der Zuckerindustrie werden sie mit Erfolg nur in den Raffinerien zur Kläreentfärbung benutzt (am besten bei pH $\leqq$ 8,4).

Stärker basische Anionenaustauscher eignen sich zur Behandlung aller Säfte und Klären. Zur Entfärbung von Dünnsaft sind ausschließlich stark basische Anionenaustauscher geeignet.

Abschließend muß noch betont werden, daß alle Anionenaustauscher in der Salzform höhere Sorptionskapazitäten aufweisen als in der OH^--Form (vgl. Kap. 4.).

5.2.6. Die Geschwindigkeit der Farbstoffadsorption

Die Geschwindigkeit der Farbstoffadsorption hat große praktische Bedeutung. Je kürzer der erforderliche Zeitraum für die Einstellung des Gleichgewichtes zwischen Harz und Lösung ist, desto früher endet die Arbeitsoperation. Mit anderen Worten: die zur Ausnutzung der maximalen Sorptionskapazität notwendige Kontaktzeit ist kürzer. Die Lösung kann das Filter schneller durchfließen, infolgedessen genügt zur Verarbeitung einer gegebenen Durchflußmenge an Lösung eine kleinere Harzmenge. Es sind also auch nur kleinere Filter erforderlich. Man spart Investitionskosten und hat einen geringeren Raumbedarf. Außerdem hat eine Verkürzung der Berührungszeit zur Folge, daß die Zuckerlösung nicht so lange erhöhten Temperaturen ausgesetzt werden braucht, was die Verluste durch Zuckerzersetzung herabsetzt.

Die Sorptionskapazität wäre am besten ausgenutzt, wenn die Kontaktzeit der Lösung mit dem Harz mindestens bis zur Gleichgewichtseinstellung verlängert werden könnte. Dies dauert aber ziemlich lange. Zwischen einem schwach basischen Anionenaustauscher und einer Methylorangelösung stellt sich z. B. das Gleichgewicht bei 80 °C erst nach etwa 15 Stunden ein. Die Adsorptionsgeschwindigkeit wird durch die Geschwindigkeit einer ganzen Reihe von Teilvorgängen bestimmt, unter denen die *Diffusionsvorgänge* die langsamsten sein dürften. Stellen wir uns die Verhältnisse bei der Entfärbung einer Lösung mit der Farbstoffkonzentration c_{F0} vor, die durch eine Harzsäule fließt, und nehmen an, daß diese Säule in waagerechte Schichten eingeteilt sei. In der ersten Schicht wird von der Farbstoffmenge B_0 nur ein Teil adsorbiert. Die Lösung erreicht die nächste Schicht bereits an Farbstoff verarmt, ihre Konzentration ist kleiner als c_{F0}. In dieser Schicht wird wieder ein Teil des Farbstoffes adsorbiert, natürlich weniger als in der ersten, weil das Konzentrationsgefälle und damit die Triebkraft des Vorganges kleiner ist. Das gleiche gilt dann auch für die weiteren Schichten. Die adsorbierte Farbstoffmenge wird immer kleiner. Gleichzeitig nähern sich die oberen Schichten der Sättigung durch die Farbstoffe. Die erste Schicht nimmt bald am Adsorptionsvorgang nicht mehr teil, da sie mit der zufließenden Lösung im Gleichgewicht ist. Die zweite Schicht ist im Gleichgewicht mit der weniger konzentrierten Lösung, die die erste Schicht passiert hatte. Nach deren Sättigung kommt die zweite Schicht mit Lösung höherer Konzentration (c_{F0}) in Berührung, wodurch dort eine weitere Farbstoffmenge festgehalten wird. Wir können also die Farbstoffadsorption an einer Harzsäule als eine Folge von Adsorptionsgleichgewichten auffassen, wobei sich im allgemeinen nicht alle Schichten an dem ganzen Vorgang beteiligen, da sie entweder gesättigt sind oder nur mit völlig entfärbter Lösung in Berührung kommen. Die übrigen, in denen sich die Farbstoffaufnahme abspielt, nennen wir die *arbeitende Zone.*

In der Praxis wird bei der Entfärbung im Filter auch bei extrem geringen Strömungsgeschwindigkeiten das Gleichgewicht nicht erreicht. Verfolgen wir die Farbstoffkonzentration als Funktion des Eluat-Volumens, so finden wir niemals eine sprunghafte Veränderung.

Die graphische Darstellung der Konzentration über die Säulenlänge hat die Form einer flachen *S*-Kurve. In den meisten Fällen brechen die Farbstoffe schon während des Ansüßens in das Filtrat durch, wenn selbst die oberste Harzschicht noch nicht gesättigt ist. Normalerweise übersteigt die Länge der arbeitenden Zone die Höhe der Harzschicht. Nur bei neu eingesetzten Harzen erhält man manchmal (meist nur in den ersten Zyklen) einige Volumina völlig farblosen Filtrats. Erniedrigt man die Schichthöhe des Harzes oder erhöht die Durchflußgeschwindigkeit, dann geht die *S*-förmige Sorptionsisoplane in eine parabel- oder in eine hyperbelähnliche Kurve über.

Příhoda und Svoboda [69] erkannten, daß zwischen der Farbstoffmenge, die dem Harz zugeführt wird (B_{0c}) und der Farbstoffmenge, die nicht aufgenommen wird (B_{1c}) folgende Beziehung besteht:

$$B_{1c} = V' \cdot \frac{\alpha_5 \cdot B_{0c}}{\alpha_6 + B_{0c}} \qquad (5\text{–}19a)$$

oder

$$D' = 1 - \frac{\alpha_5 \cdot V'}{\alpha_6 + B_{0c}}. \qquad (5\text{–}19b)$$

Dabei sind α_5 und α_6 Konstanten, die die Sorptionsfähigkeit charakterisieren. Die Größe α_5 ist von der Kapazität des Harzes abhängig. Bei der Entfärbung einer Kläre (40 °Bx, spezifische Belastung $a = 10\ h^{-1}$) in SAMUELSON-Kolonnen wurden die in *Tab. 5–10* angegebenen Werte ermittelt.

Tabelle 5–10: Koeffizientenwerte der *Gleichung* (*5–19*)

Entfärbungs-Ionenaustauscher	α_5	α_6	Entfärbungs-Ionenaustauscher	α_5	α_6
Wofatit E ungebraucht	0,277	9,4	Decolorite	0,462	0,92
Wofatit E gebraucht	0,403	0,85	Dowex 1	0,432	6,5
Dekolorex A2 ungebraucht	0,419	4,4	Asmit 259	0,400	15,1
Dekolorex A2 gebraucht	0,455	3,2	Lewatit S 100 (H^+)	0,456	4,3

Bei der praktischen Anwendung wird die Entfärbung immer dann unterbrochen, wenn die Farbstoffkonzentration im Eluat einen bestimmten Wert erreicht hat. Man arbeitet mit endlichen Durchflußgeschwindigkeiten, d. h. man wählt eine Berührungszeit, die technologisch sinnvoll ist. Es hat keinen Sinn, diese Zeit übermäßig zu verlängern. Zur Demonstration sei erwähnt, daß z. B. 0,2 g Trockensubstanz WOFATIT E aus 100 m*l* Melasselösung mit 9,6 °St schon innerhalb von 3 Std. bei 80 °C 95% der überhaupt adsorbierbaren Farbstoffmenge aufnehmen.

Die Harzsäule ist also nicht völlig und nicht gleichmäßig durch die Farbstoffe belegt. Die Ausnutzung des Harzes ist um so besser, je schmaler die arbeitende Zone ist und je schneller die Farbstoffaufnahme erfolgt.

Die *Adsorptionsgeschwindigkeit* der Zuckerfarbstoffe kann man durch die kinetische Gleichung für Reaktionen erster Ordnung beschreiben. Dies ist charakteristisch für Vorgänge, bei denen ein Massentransport zwischen zwei Phasen vor sich geht. Dabei wird dann die Gesamtgeschwindigkeit durch die Geschwindigkeit des Transportes, d. h. durch den Wert des Diffusionskoeffizienten, bestimmt. Die Adsorptionsgeschwindigkeit kann durch folgende Gleichung ausgedrückt werden:

$$v \equiv -\frac{d c_F}{d\tau} = k_v \cdot c_F . \qquad (5\text{–}20)$$

Dabei ist c_F die augenblicklich wirksame Farbstoffkonzentration in der Lösung und k_v die Geschwindigkeitskonstante der Adsorption. Zur Zeit $\tau = 0$ ist die wirksame Konzentration c_F durch folgende Differenz gegeben:

$$c_F = c_{F0} - c_{FR} . \qquad (5\text{–}21)$$

Dabei ist c_{FR} die Gleichgewichtskonzentration, die also zur Zeit $\tau = \infty$ herrscht. Zu der Zeit $\tau = \tau$ gilt

$$c_F = c_{F\tau} - c_{FR} . \qquad (5\text{–}22)$$

Dabei sind c_{F0} und $c_{F\tau}$ die Konzentrationen zu den Zeiten $\tau = 0$ und $\tau = \tau$. Dementsprechend kann man schreiben:

$$-\int_{c_{FO}-c_{FR}}^{c_{F\tau}-c_{FR}} \frac{\mathrm{d}_{cF}}{c_F} = k_v \int_0^\tau \mathrm{d}\tau \tag{5-23}$$

$$k_v = \frac{2{,}303}{\tau} \log \frac{c_{FO} - c_{FR}}{c_{F\tau} - c_{FR}}. \tag{5-24a}$$

Weil die Konzentration und die Menge an Farbstoffen proportional sind, gilt die Beziehung

$$k_v = \frac{2{,}303}{\tau} \log \frac{B_0 - B_R}{B_\tau - B_R}. \tag{5-24b}$$

Für das Zeitintervall τ_1 bis τ_2 gilt:

$$k_v = \frac{2{,}303}{\tau_1 - \tau_2} \log \frac{B_0 - B_1}{B_0 - B_2}. \tag{5-24c}$$

Dabei sind B_1 und B_2 die Farbstoffmengen zu den Zeiten τ_1 und τ_2 (s. *Abb. 5–13*). Als Einheit wählen wir $\min^{-1}$ statt s^{-1}, da sonst die k_v-Werte zu klein würden. Die Konzentrationen werden in °St oder als Extinktionswerte ausgedrückt.

Die adsorbierte Farbstoffmenge beträgt:

$$\Delta B = B_0 - B_\tau. \tag{5-25}$$

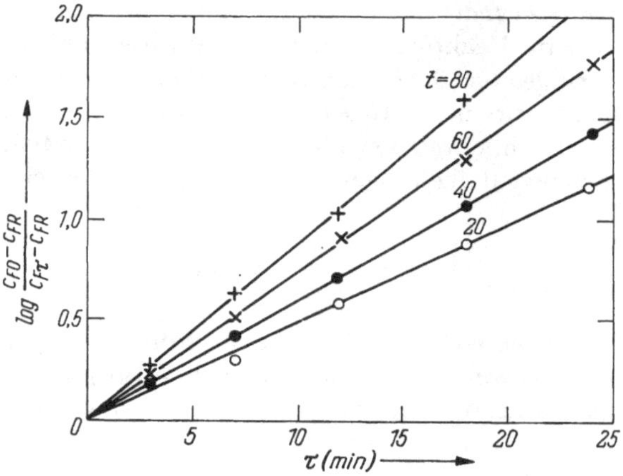

Abb. 5–13: Beweis der Gültigkeit der kinetischen Gleichung erster Ordnung für die Adsorption von Farbstoffen durch Wofatit L 150

τ – Berührungszeit (min); c_{FO}, $c_{F\tau}$, c_{FR} – Farbstoffkonzentration in der Lösung vor der Entfärbung, nach dem Zeitabschnitt τ und im Gleichgewichtszustand (°St). S = 51 °Bx, c_{FO} = 30 °St; Temperatur t in °C [44]

Damit gilt die Formel:

$$\Delta B = \Delta B_M (1 - e^{-k_v \tau}). \qquad (5\text{–}26)$$

Darin ist ΔB_M die maximal adsorbierbare Farbstoffmenge im Gleichgewichtszustand. Bezieht man diese Menge auf die Volumen- oder Gewichtseinheit, so erhält man einen Zusammenhang zwischen der maximalen Kapazität und der Kapazität, die man in der Zeit τ erreichen kann:

$$C_{FV} = C_{FV,M} (1 - e^{-k_v \tau}). \qquad (5\text{–}27)$$

Aus dem bekannten Wert C_{FV} zur Zeit τ läßt sich also die maximale Kapazität ausrechnen.

Die *Geschwindigkeitskonstante* charakterisiert die Adsorptionsgeschwindigkeit. Man kann auch die *Halbwertzeit* $\tau_{1/2}$ benutzen, d. h. den Zeitabschnitt, in dem die Hälfte der Sorptionskapazität erschöpft wird. Dann gilt:

$$k_v \cdot \tau_{1/2} = 0{,}6933. \qquad (5\text{–}28)$$

Entspricht die Kontaktzeit der Halbwertzeit, so erzielt man die Entfärbung $D_{1/2}$:

$$D_{1/2} = 50 \cdot \left(1 - \frac{c_{FR}}{c_{FO}}\right). \qquad (5\text{–}29)$$

Der Wert der Geschwindigkeitskonstanten hängt von den Eigenschaften des Harzes und von den Versuchsbedingungen ab. Er ist proportional der *Oberfläche* des Adsorbens, dem *Diffusionskoeffizienten* des Farbstoffes und dem *Verhältnis der Volumina* von Lösung und Harz. Číž [44] empfiehlt, diese Angaben auf 1 g Trockensubstanz des Harzes zu beziehen und die Konstante mit k_{vT} zu bezeichnen.

Als gut kann man solche Entfärbungs-Ionenaustauscher bezeichnen, deren Adsorptionsgeschwindigkeitskonstante (unter den in *Tab. 5–11* angegebenen Bedingungen) größer als 10 (min g Tr.)$^{-1}$ ist.

Die Adsorptionsgeschwindigkeit wächst mit der *Porosität* des Harzes. Die höchsten Werte werden bei makroporösen Harzen, z. B. beim stark basischen Anionenaustauscher AP (Tschechoslow. Versuchsprodukt), gefunden. Der Einfluß der Basizität ist nicht markant. Wenn die Struktur nicht frei zugänglich ist, die Flüssigkeit also nicht ungehindert mit den austauschaktiven Gruppen in Berührung kommen kann, ist die Adsorptionskinetik schlecht, gleichgültig, ob der eigentliche Austausch schnell oder langsam vor sich geht. Dies kann bei den Harzen Duolite A 101 und Varion AD gut beobachtet werden.

Die Adsorptionsgeschwindigkeit sinkt mit der Betriebszeit des Harzes. Wir sehen also auch hier den Einfluß des Verstopfens der Poren und der allgemeinen Entwertung des Adsorbens. Erfahrungsgemäß nimmt die Adsorptionsgeschwindigkeit am schnellsten bei den amphoteren Harzen ab, am beständigsten ist sie bei den Styrol-Divinylbenzol-Harzen.

Die Adsorptionsgeschwindigkeit wird auch durch Erhöhung der *Viskosität*, also durch Erniedrigung der Temperatur oder durch Erhöhung des Trockensubstanzgehaltes der Lösung, herabgesetzt. In *Abb. 5–14* ist die Einstellung des Gleichgewichtszustandes in Lösungen verschiedenen Trockensubstanzgehaltes bei 80°C gezeigt.

Tabelle 5–11: Die Geschwindigkeit der Farbstoffadsorption durch Ionenaustauscher [44] ($S = 50\,°\mathrm{Bx}$, $t = 23\,°\mathrm{C}$, $c_{F0} = 30\,°\mathrm{St}$)

Ionenaustauscher	Geschwindigkeits-konstante k_{vT} $\left(\frac{100}{\text{min gTr.}}\right)$	$\frac{k_{vT}\text{ (Harz)*}}{k_{vT}\text{ (IRA)}}$ (%)	Ionenaustauscher	Geschwindigkeits-konstante k_{vT} $\left(\frac{100}{\text{min gTr.}}\right)$	$\frac{k_{vT}\text{ (Harz)*}}{k_{vT}\text{ (IRA)}}$ (%)
Duolite 101 A	5,3	46	Amberlite IRA 401 S	11,8	100
Varion AD	5,3	46	Dekolorex A5	15,7	134
Wofatit EZ	6,0	51	Wofatit ES	18,0	153
Wofatit L 150	8,2	70	AP (makroporös)	20,8–23,0	177–195
Amberlite XE 168	8,3	70	Wofatit EZ nach 3 Kampagnen	1,3	11
Dekolorex A4	9,0	76	Wofatit L 150 nach 2 Kampagnen	4,8	41
Asmit 261	11,8	100	Amberlite IRA 401 S nach 2 Kampagnen	9,0	76

*) Bezogen auf Amberlite IRA 401 S

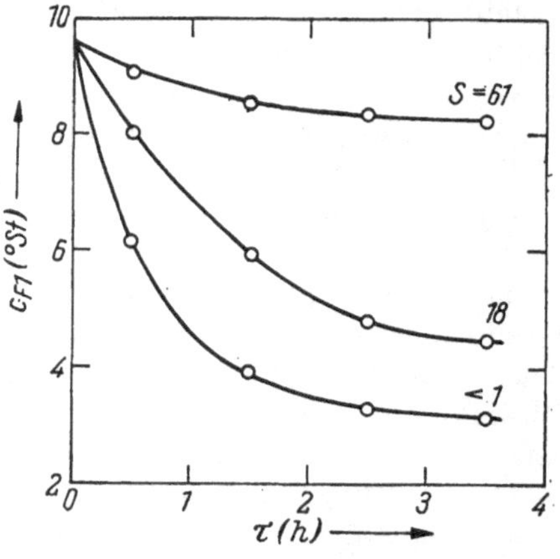

Abb. 5–14: Einfluß der Berührungszeit von Wofatit E mit Melassefarbstofflösungen auf die Farbe der entfärbten Lösung c_{F1}

S – Trockensubstanzgehalt (°Bx); τ – Berührungszeit [30]

Dabei wurde WOFATIT E (0,2 g Trockensubstanz auf 100 ml Lösung von 9,6 °St) benutzt [30]. Es wurden folgende Werte gefunden:

S (°Bx)	$\doteq$ 0*)	61
k_v (1/min)	0,023	0,014
$\tau_{1/2}$ (min)	30	50

*) verdünnte Melasselösung

Der Einfluß der Viskosität läßt sich folgendermaßen ausdrücken:

$$k_v = b_4 - k_4 \cdot \log \eta . \qquad (5\text{–}30)$$

Dabei beschreiben die Koeffizienten b_4 und k_4 den Einfluß der Versuchsbedingungen (*Abb. 5–15*).

Setzen wir für die Viskosität folgenden Ausdruck ein:

$$\log \eta \doteq 2037 \cdot c_m - 217 \qquad (5\text{–}31)$$

(η in cP, c_m: Molarität der Lösung in mol/l), so finden wir, daß k_v annähernd linear mit dem Trockensubstanzgehalt sinkt. *Abb. 5–16* zeigt die experimentelle Bestätigung dieser Tatsache.

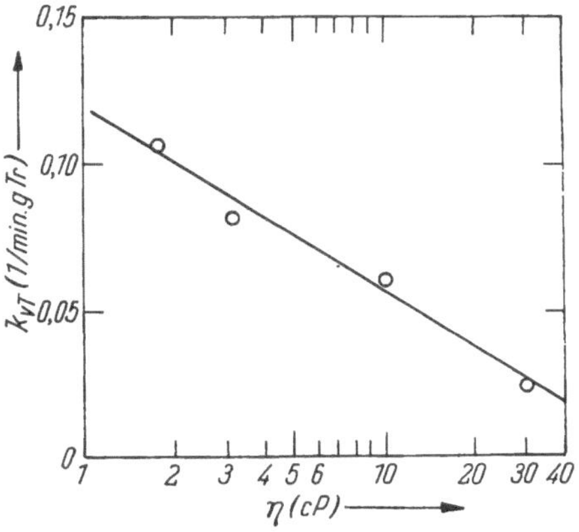

Abb. 5–15

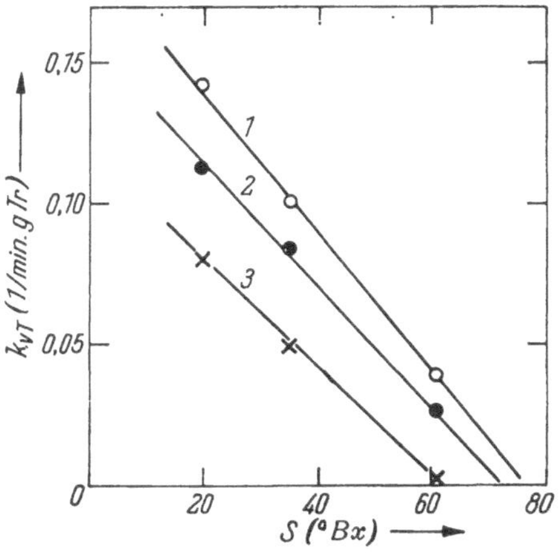

Abb. 5–16

Abb. 5–15: Abhängigkeit der Geschwindigkeitskonstante der Farbstoffadsorption k_{vT} von der dynamischen Viskosität η; es wurde eine Kläre (c_{F0} = 30 °St) bei 25 °C durch Dekolorex A 4 entfärbt [44]

Abb. 5–16: Abhängigkeit der Geschwindigkeitskonstante der Farbstoffadsorption k_{vT} vom Trockensubstanzgehalt S; Entfärbung einer Kläre (c_{F0} = 30 °St) bei 25 °C

1 – Amberlite IRA 401 S; *2* – Dekolorex A 4; *3* – Wofatit EZ [44]

Den Einfluß der *Temperatur* drückt folgende Formel aus:

$$k_{vT} = k_{0T} \cdot e^{-E_a/RT}. \qquad (5\text{–}32)$$

Dabei ist k_{0T} der sogenannte Frequenzfaktor, E_a die Aktivierungsenergie der Adsorption (cal), $R = 1{,}987$ cal/deg, T die absolute Temperatur (°K), (*Abb. 5–17*).

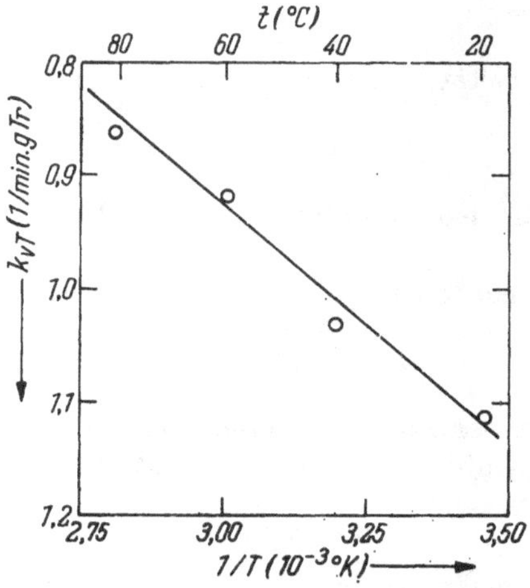

Abb. 5–17: Abhängigkeit der Geschwindigkeitskonstante der Farbstoffadsorption k_{vT} von der Temperatur T; Entfärbung einer Kläre durch Wofatit L 150 (S = 51 °Bx, c_{F0} = 30 °St), [44]

Diese Beziehung ermöglicht die Berechnung der *Aktivierungsenergie* der Farbstoffadsorption. Für Wofatit L 150 wurde bei $S = 51$ °Bx und $c_{F0} = 30$ °St für $E_a + 1920$ cal und $k_{0,T} = 2{,}11$ 1/min g Tr. gefunden.

Die Versuchsergebnisse zeigen, daß Entfärbungs-Ionenaustauscher mit einer größeren Geschwindigkeitskonstante unter praktisch realisierbaren Bedingungen auch eine höhere Sorptionskapazität haben.

Aus der *Abb. 5–16* ist zu ersehen, wie sehr die Adsorptionsgeschwindigkeit vom *Trockensubstanzgehalt* der Lösung abhängt. Bei der Prüfung von Amberlite IRA 401 S hatte die Veränderung des Trockensubstanzgehaltes von 18 auf 60 °Bx einen Rückgang des k_v-Wertes um 70% zur Folge, bei Wofatit EZ sogar um 95%. Obwohl es sich nur um ungefähre Werte handelt, beweisen sie trotzdem sehr gut, daß bei den poröseren Harzen höhere Durchflußgeschwindigkeiten zulässig sind.

Diese Tatsachen wirken sich praktisch folgendermaßen aus:

1. Dünnsaft läßt sich bei merklich höheren Strömungsgeschwindigkeiten besser entfärben als Kläre,
2. die maximal zulässige Strömungsgeschwindigkeit wächst mit der Porosität des Harzes,
3. der ungünstige Einfluß des höheren Trockensubstanzgehaltes läßt sich durch Temperaturerhöhung teilweise ausgleichen.

Die Ergebnisse, die bei statischen Versuchen erzielt wurden, lassen sich, wenn die spezifische Belastung (als Maß für die Strömungsgeschwindigkeit und damit auch für die Berührungszeit) nicht zu groß ist, gut mit den unter dynamischen Bedingungen durchgeführten Versuchen vergleichen. In der *Abb. 5–18* sind die

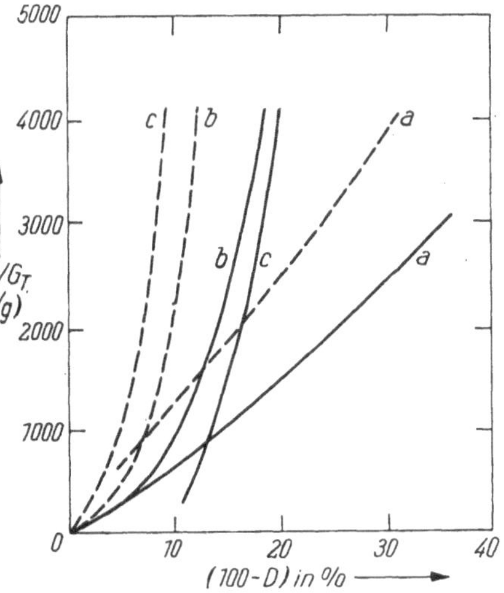

Abb. 5–18

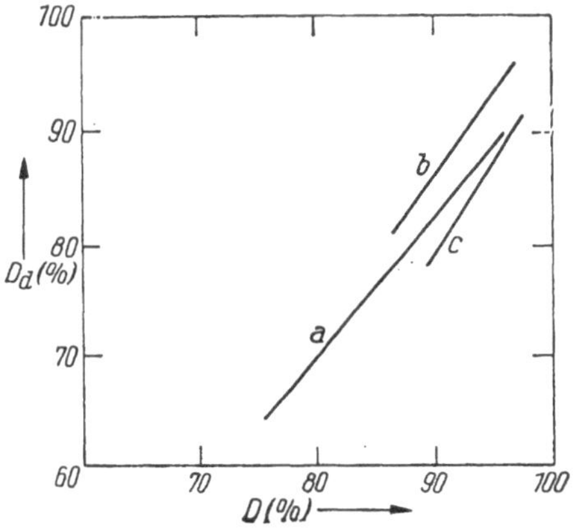

Abb. 5–19

Abb. 5–18: Vergleich der Adsorptionsisothermen bei statischer Arbeitsweise und der Entfärbungsisoplanen bei dynamischer Entfärbungsweise

D – relative Entfärbung; G_T – Einwaage der Trockensubstanz des Harzes; *Vollinien:* dynamische Versuche, *gebrochen:* statische Versuche; Klärentfärbung durch Asmit 259 (*a*), Asmit 224 (*b*), Amberlite IRA 401 S (*c*), [70]

Abb. 5–19: Zusammenhang zwischen der Entfärbung unter statischen (D) und dynamischen (D_d) Bedingungen

Bedingungen: Spezifische Belastung $a = 2\ h^{-1}$. *a* – Asmit 259; *b* – Asmit 224; *c* – Amberlite IRA 401 S (nach [70])

Sorptionsisothermen bei 80 °C und die Soprtionsisoplanen für die Entfärbung von Kläre in Laborkolonnen gezeigt [70].

Daraus ist gut zu erkennen, daß die Ergebnisse, die bei $a = 2\ h^{-1}$ erzielt wurden, den Ergebnissen der statischen Versuche entsprechen. Unter den gegebenen Versuchsbedingungen (s. auch *Abb. 5–19*) galt:

$$D_d = k_5 \cdot D + b_5. \qquad (5\text{–}33)$$

Dabei ist D_d die relative Entfärbung bei dynamischen Versuchen und D die Entfärbung bei statischen Versuchen bei dem selben Verhältnis D/G_H. Die Koeffizienten k_5 und b_5 für die einzelnen Harze sind in der *Tab. 5–12* zusammengestellt.

Tabelle 5–12: Koeffizienten k_5 und b_5 in der *Gleichung (5–33)*

Entfärbungs-Ionenaustauscher	k_5	b_5
Asmit 254	1,24	−29
Asmit 229	1,42	−42
Amberlite IRA 401 S	1,73	−77

5.3. Die passive Phase des Zyklus

Die passive Phase besteht aus dem *Absüßen des Filters* und der *Regenerierung des Harzes.* Mit dem Auswaschen des Zuckers endet die Saftphase und die Regenerierung kann beginnen. Durch die Regenerierung wird das Harz vom Adsorptiv befreit. Gleichzeitig versucht man Bedingungen zu schaffen, unter denen bei der darauffolgenden Entfärbung die beste Leistung mit dem Harz zu erzielen ist.

Die Art der Regenerierung hängt vom Harztyp ab. Amphotere Harze muß man anders regenerieren als stark basische, wenn man zu den günstigsten Resultaten gelangen will. Die Regenerierung hat einen bedeutenden Einfluß auf die Sorptionskapazität des Harzes und auf die Eigenschaften der entfärbten Lösung. Bekanntlich ist ja nicht nur die Entfärbung der Lösung von Bedeutung, sondern auch eine evtl. Veränderung ihres pH-Wertes. Außerdem muß man die Bedingungen der Regenerierung so wählen, daß eine Schädigung des Harzes vermieden wird.

Die Regenerierung beginnt mit dem *Rückspülen,* dann folgt die *Desorption* der Farbstoffe und bei einigen Harztypen die *Aktivierung.* Schließlich wird das Regeneriermittel ausgewaschen. Von Zeit zu Zeit wird eine *Reaktivierung* (auch als energische oder tiefe Regenerierung bezeichnet) eingeschaltet. Bei all diesen Operationen, mit Ausnahme des Rückspülens, strömt die Flüssigkeit von oben nach unten durch das Filter.

Es ist notwendig, neue Ionenaustauscher vor dem ersten Einsatz zu regenerieren. Dadurch werden evtl. noch anwesende niedermolekulare Komponenten beseitigt. Auch nach Beendigung der Kampagne sollte das Harz regeneriert werden, um es von allen Verunreinigungen zu befreien, die nach längerer Unterbrechung sehr fest am Harz haften und nur unvollständig in die Abläufe (Eluate) gehen würden. Es empfiehlt sich ferner, zu Beginn der nächsten Kampagne den Betrieb der Anlage mit einer verkürzten Regenerierung zu beginnen, um die Wirkung des Harzes im ersten Zyklus zu verbessern.

5.3.1. Absüßen und Desinfektion des Filters

Durch Absüßen befreit man das Harz vom Zucker. Es wäre ein grober Fehler, ein nicht abgesüßtes Filter regenerieren zu wollen, weil dabei Zuckerverluste eintreten und außerdem die Farbstoffdesorption erschwert wird. Man süßt mit warmem Wasser ab, wozu vor allem Brüdenwasser (Kondensat aus der Verdampfstation oder den Kochapparaten) mit einer Temperatur von mindestens 80 °C geeignet ist.

Das Wasser strömt von oben nach unten durch das Filter und verdrängt dabei die Zuckerlösung aus dem freien Volumen des Filters sowie aus den Kornzwischenräumen der Harzschicht. Gleichzeitig diffundiert die Saccharose aus den Harzpartikeln in die umgebende Flüssigkeit. Die Veränderung des Zuckergehaltes im Ablauf während des Absüßens ist in der *Abb. 5–20* dargestellt [71].

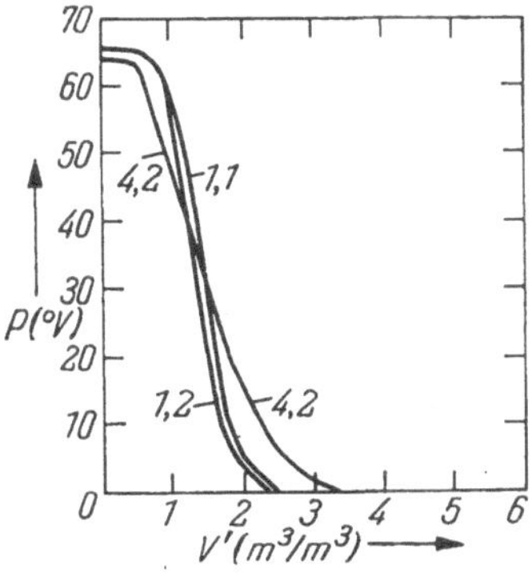

Abb. 5–20: Absüßen der Filter

P – Polarisation (Zuckergehalt); V' – Absüßmenge; die Nummer bei den Kurven gibt die spezifische Belastung an (h^{-1}); Versuche mit Wofatit E und Dekolorex A2, Harzvolumen 1,5 m³, Höhe der Harzschicht 1,9 m [71]

Etwa ein Volumen der Lösung (auf Harzvolumen bezogen) ist die verdrängte entfärbte Lösung. Dann geht der Zuckergehalt im Eluat rapide zurück. Zum Absüßen eines Filters auf einen Zuckergehalt von 0,2% wären etwa 4, auf 0,1% ca. 5 Volumina Wasser nötig. Ein zu schneller Durchfluß erhöht den Wasserverbrauch, weil das Wasser durch die Stellen des kleinsten Widerstandes dringt und das Auswaschen des Zuckers aus den schlechter zugänglichen Räumen und aus den Harzkörnern durch Diffusion ziemlich langsam verläuft. Bei m-Phenylendiamin-Harzen soll keine höhere *spezifische Belastung* als 2 h^{-1} angewendet werden. Bei den stark basischen Harzen, die kugelförmig mit einem ziemlich gleichmäßigen Teilchendurchmesser geliefert werden, arbeitet man mit einer spezifischen Belastung von mindestens 2–3 h^{-1}. Für Asmit 261 gibt der Hersteller sogar den Wert 6 h^{-1} bei einem Wasserbedarf von 1–2 Volumina an [72]. Nach unseren eigenen Erfahrungen sind aber auf jedem Fall mindestens 3 Volumina Wasser zum Absüßen notwendig.

Der relative Wasserbedarf (Volumina Wasser pro 1 Vol. Harz) nimmt mit sinkender Beschickung des Filterraumes mit Harz zu.

Der erste Teil der Absüße besteht aus entfärbter und verdünnter Kläre und kann mit der anderen Kläre im Sudsaal verarbeitet werden. Die verdünnten Absüßen bringt man in Auflösepfannen, wo sie zum Auflösen der Affinade zur Kläre dienen. Oft teilt man die Absüße gar nicht und verarbeitet die gesamte Menge zur Kläreherstellung.

Die Absüßzeit wird zur passiven Zeit gerechnet. Das zum Absüßen erforderliche Wasser kommt wieder in den Betrieb zurück, ist also nicht als verbrauchtes Wasser anzusehen.

Bei einer längeren Betriebsunterbrechung (einige Stunden) sollen nach dem Absüßen die Filter *desinfiziert* werden. Manche Autoren empfehlen auch, nach der letzten Regenerierung der Kampagne eine Desinfektion vorzunehmen, was nach unseren Erfahrungen allerdings unnötig erscheint. Zur Desinfektion benutzt man etwa 1 Volumen ungefähr 3%iger Formalinlösung, die in Anteilen in Abständen von je 3 Std. in das Filter gebracht wird [19].

5.3.2. Rückspülen

Das Harz im Filter wirkt nicht nur als Adsorbens, sondern auch als *mechanisches Filtrationsmittel*. Im Harzbett werden darum die Verunreinigungen festgehalten, die durch die mechanische Vorfiltration durchgebrochen sind. Die kolloiddispersen Stoffe haben die Tendenz, sich im Harzbett zu agglomerieren, wodurch die Oberfläche der Harzkörner verschmutzt und die Diffusion der Farbstoffe erschwert wird. Das Zwischenraumvolumen in der Harzschicht wird kleiner, außerdem kommt es zu Kanal- und Rinnsalbildung. Die Harzschicht verdichtet sich allmählich. Dies alles wirkt ungünstig auf den Durchfluß der Flüssigkeiten. Das Harz wird ungleichmäßig erschöpft und die normalerweise erreichbare Kapazität der Harzschicht kann nicht ausgenutzt werden. Auch die Regenerierung ist nicht einwandfrei, bzw. erfordert mehr Regeneriermittel. Verschmutzung und Verdichtung verursachen auch einen Anstieg des hydrodynamischen Widerstandes (Strömungswiderstandes) der Harzsäule. Diesen Widerstand muß man durch Druckerhöhung überwinden, wenn die Fließgeschwindigkeit nicht absinken soll. Eine Druckerhöhung ist aber nur beschränkt wirksam, weil die Harzpartikel sich, besonders bei niedrig vernetzten Harzen, leicht deformieren.

Deshalb wird als unerläßliche Einleitung der Regenerierung das Rückspülen, d. h. der Durchfluß von Wasser oder von teilweise erschöpfter Regenerierlösung durch das Filter von unten nach oben angewendet, wobei eine solche Geschwindigkeit eingehalten wird, daß die Harzschicht expandiert und die Partikel in der Flüssigkeit schweben und wirbeln. Die Rückspülgeschwindigkeit darf aber die Fallgeschwindigkeit der Körner nicht überschreiten, die bei kugelförmigen Teilchen durch folgende Gleichung gegeben ist:

$$u = \frac{g \cdot d_H^2 \cdot (\varrho_H - \varrho_W)}{18\,\eta}. \qquad (5\text{–}34)$$

Dabei ist d_H der Kugeldurchmesser, ϱ_H die Dichte des gequollenen Harzes, ϱ_W die Dichte des Wassers, g die Erdbeschleunigung und η die Viskosität des Wassers. Man kann also die Geschwindigkeit so einstellen, daß nur die Verunreinigungen und die staubförmigen Harzteilchen, die durch Zerfall der Körner entstanden sind, abgeschwemmt werden. Die günstigsten Bedingungen kann man um so leichter einhalten, je gleichmäßiger die Körnung des Harzes ist. Hat der Gleichmäßigkeitskoeffizient einen hohen Wert, so ist es wesentlich leichter, mit maximalem Effekt rückzuspülen. Dieser Koeffizient ist durch das Verhältnis $d_{40\%}:d_{eff.}$, wobei $d_{eff.}$ der effektive Durchmesser ist, gegeben. Er soll größer als 2,5 sein. Dies ist auch mit Rücksicht auf einen geringen Druckverlust in der Säule wichtig. Enthält das Harz sehr grobe und sehr feine Körner, dann betten sich die feinen zwischen die groben und der Strömungswiderstand ist größer als es der mittleren Korngröße an sich entspricht (s. auch Kap. 4.3.3.).

Die Möglichkeit des unerwünschten Wegschwemmens ist bei den makroporösen Harzen größer als bei den Gelharzen, da die Körner spezifisch leichter sind. Asmit 259, das mit destilliertem Wasser gesättigt ist, hat z. B. bei 20 °C nur eine scheinbare Dichte von 1,131 ± 0,004 [25b].

Durch allmähliche Drosselung des Durchflusses am Ende des Rückspülens erzielt man eine Größenklassierung der Körner. Dies ist mit Rücksicht auf den regelmäßigen Verlauf aller nachfolgenden Vorgänge von Bedeutung. Eine entsprechende Ausgestaltung des oberen Teils des Filters kann die Verluste durch Abschwemmen vermindern. Dazu bewährte sich ein Düsenboden, dessen Düsen dem Harz zugekehrt sind.

Die optimale *Strömungsgeschwindigkeit* muß man durch Versuche bestimmen. Für Duolite S 30 empfiehlt man z. B. 10—12 m/h. Die Expansion macht dabei 50—75% aus [73]. Bei Wofatit E genügen 2,5 m/h, das ist rund viermal weniger als bei Enthärtungsharzen. Die kleine Geschwindigkeit hat einen gewissen Nachteil, weil dann die Bewegung der Körner in der Flüssigkeit nicht sehr intensiv ist und das Ablösen der Verunreinigungen nicht in dem gewünschten Maße verläuft. In diesen Fällen bewährt es sich, gleichzeitig mit dem Wasser Druckluft in das Filter einzublasen. Besser ist es, zunächst einen Teil des Wassers abzulassen und dann nur Druckluft zuzuführen. Diese Operation beschleunigt das Abtrennen der Ballaststoffe, verkürzt das Rückspülen und vermindert den Wasserbedarf.

Der Wasserbedarf und der Zeitaufwand werden wesentlich durch den Grad der Verunreinigung des Harzes bestimmt, also vor allem durch die Qualität der Filtration aller Flüssigkeiten, die durch das Filter fließen. Es empfiehlt sich, eine sehr sorgfältige *Vorfiltration* sowohl der Zuckerlösungen, wie auch der Regeneriermittel und des Wassers durchzuführen, indem man z. B. Anschwemmfilter vorschaltet. Der Schutz der Entfärbungs-Ionenaustauscher vor Verunreinigungen ist eine wichtige Voraussetzung für die Wirtschaftlichkeit des Betriebes.

Bei unseren eigenen Versuchen benötigten wir zum Rückspülen etwa 1—2 m^3 Wasser pro m^3 Harz, es sind aber auch erheblich höhere Werte bekannt (bis zu 19 m^3/m^3) [26]. Es ist vorteilhaft, nicht völlig erschöpfte Regenerierlösungen zum Rückspülen zu verwenden. So wurde vorgeschlagen, bei amphoteren Harzen nicht nur einen Teil der benutzten Lauge zum Rückspülen des abgesüßten Filters zurückzunehmen, sondern auch die benutzte Aktivierungslösung zum Rückspülen eines anderen Filters vor der Aktivierung zu benutzen [74]. Man spart so beim

Rückspülen Wasser und der Chemikalienbedarf für die Desorption und Aktivierung nimmt ab, weil diese Operationen schon beim Rückspülen mit den rezirkulierten Lösungen beginnen.

5.3.3. Die Desorption der Farbstoffe

Das Befreien des Harzes von den adsorbierten Farbstoffen, die Desorption, kann man durchführen, indem man das Harz Bedingungen aussetzt, die den optimalen Bedingungen für die Adsorption entgegengesetzt sind. Vorläufige Erwägungen führen zu folgenden Schlußfolgerungen:

1. Schwach basische und amphotere Harze

Bei den schwach basischen und amphoteren Harzen wirkt am besten eine Erhöhung des pH-Wertes der Lösung und das Überführen der funktionellen Gruppen in die Basenform. Die Dissoziation der anionenaustauschenden Gruppen wird dadurch unterdrückt. Sind die Farbstoffe durch Austauschadsorption gebunden, werden sie freigesetzt. Farbstoffe, die durch physikalische Adsorption gebunden sind, peptisieren [30, 71]. Zur Desorption dienen Lösungen alkalischer Hydroxyde oder Carbonate. Praktisch kommt nur eine Lösung von NaOH in Brüdenwasser in Betracht, also eine verdünnte Natronlauge.

Dušek und Štamberg [59] stellten fest, daß mit Natronlauge die zehnfache Menge Methylorange von einem schwach basischen Harz desorbiert werden kann, wie mit der äquivalenten Menge HCl. Der durch

$$K = \frac{[B]_H \cdot [\mathrm{Cl}^-]_L}{[B]_L \cdot [\mathrm{Cl}^-]_H} \qquad (5\text{–}35)$$

ausgedrückte Koeffizient sinkt bei schwach basischen Anionenaustauschern bei der Farbstoffadsorption mit steigendem pH-Wert logarithmisch ab. Der Grund dafür ist die Hydrolyse des Farbstoffes und des Harzes. Damit steht der früher diskutierte ungünstige Einfluß der höheren Alkalität auf die Farbstoffaufnahme durch diesen Harztyp in Einklang. In (*5–35*) bedeutet B die Gesamtmenge der dissoziierten und der undissoziierten Form des Farbstoffes, die Indices H bzw. L bezeichnen die Konzentrationen im Harz und in der Lösung.

Ähnliches gilt von den amphoteren Harzen, bei denen die Farbstoffdesorption durch die Dissoziation der phenolischen Gruppen in alkalischer Lösung unterstützt wird.

Für die ökonomische Durchführung der Desorption muß man eine *geeignete Laugekonzentration* wählen. Die Verhältnisse sind dabei anders als beispielsweise bei der Enthärtung. Die Menge des Regeneriermittels ändert sich beträchtlich mit der aufgenommenen Farbstoffmenge, die Konzentration der Lauge kann aber relativ niedrig sein.

Wie unsere Versuche zeigten, trat die maximale Farbstoffkonzentration im Eluat bereits bei einem pH-Wert von 11,5—12 (bei 80 °C gemessen) auf. Diese

Konzentration der Lauge ist aber nicht in jeder Hinsicht optimal. Als am besten geeignete Konzentration ist diejenige anzusehen, die mit der kleinsten Alkalimenge den gewünschten Desorptionsgrad der Farbstoffe erreicht. Für diesen Grad ist gewöhnlich die Farbe des Eluates am Ende der Desorption bestimmend. Gleichzeitig fordert man einen minimalen Wasserbedarf.

Unter Gleichgewichtsbedingungen desorbierte man von WOFATIT E die maximale Farbstoffmenge mit 0,05 n NaOH (pH 12,5) [75]. Für den Konzentrationsbereich 0,05—0,01 val/l hing die Gleichgewichtskonzentration der Farbstoffe (c_{FR}, °St) von der Normalität der Lauge (c_n, val/l) folgendermaßen ab:

$$c_{FR} = 1{,}22 \cdot \log c_n + 4{,}17 . \qquad (5\text{–}36)$$

Für die Konzentration 0,05—1,0 val/l galt die Gleichung:

$$c_{FR} = -0{,}635 \cdot \log c_n + 1{,}74 . \qquad (5\text{–}37)$$

Die optimale Laugekonzentration (0,05 val/l = 0,2%) ist also sehr niedrig.

Bezeichnen wir als B_1 die Farbstoffmenge (mg$F$), welche durch eine 1 g NaOH enthaltende Lösung der Normalität c_n desorbiert wird, dann gilt für c_n = 0,05 bis 1,0 val/l folgende Beziehung:

$$B_1 \cdot c_n^p = \alpha_7 . \qquad (5\text{–}38)$$

Für gewisse Arbeitsbedingungen galt $p = 0{,}12$; $\alpha_7 \doteq 1{,}78$. Die Lauge wird also um so besser ausgenutzt, je verdünnter sie ist. Es ist praktisch nicht möglich, mit einer extrem verdünnten Lauge zu arbeiten, weil dann der Wasserbedarf und der Zeitaufwand steigen und die Elutionsisoplanen sich verbreitern (*Abb. 5–21*).

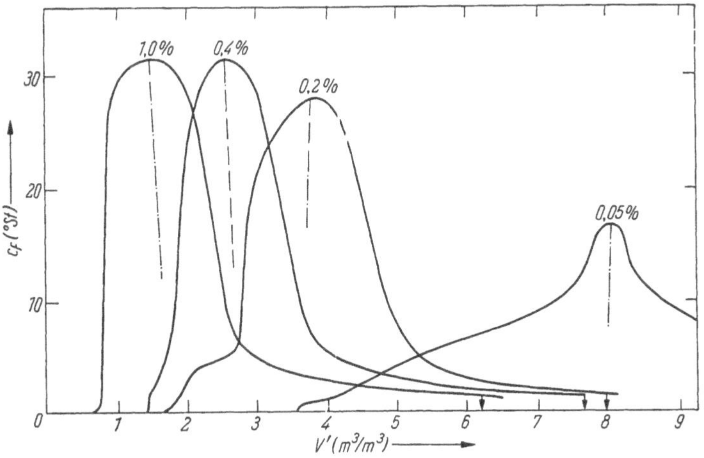

Abb. 5–21: Elutionsisoplanen bei der Farbstoffdesorption von Wofatit E durch Natronlauge
c_F – Farbstoffkonzentration im Eluat; V' – Volumen der Natronlauge; die Konzentration der Lauge (g NaOH/100 ml) ist bei den einzelnen Kurven angegeben [75]

Die *Elutionsisoplane* und damit auch das Eluatvolumen läßt sich in drei Teile zerlegen, die ausgeprägt abweichende Eigenschaften besitzen.

Der Anfangsteil ist der Abschnitt der Isoplane, der dem Volumen entspricht, in dem die Farbstoffkonzentration noch nicht die festgesetzte Grenze überschreitet. Dieser Teil wird mit zunehmender Normalität der Lauge kleiner, was die Tatsache bestätigt, daß eine gewisse Alkalität gegeben sein muß, damit die Desorption überhaupt vor sich gehen kann. Wenn V_b' das entsprechende Volumen und c_n die Normalität der angewendeten Lauge ist, gilt:

$$\log V_b' = b_6 - k_6 \cdot \log c_n. \qquad (5\text{–}39)$$

Wir fanden für das farblose Eluatvolumen

$$\log V_b' = -0{,}46 - 0{,}54 \cdot \log c_n \qquad (5\text{–}40)$$

oder annähernd

$$V_b' \doteq \frac{0{,}4}{c_n}. \qquad (5\text{–}41)$$

Der mittlere Teil der Isoplane entspricht dem Abschnitt, in dem die Kurve praktisch symmetrisch zu einer Geraden wird, die durch den Höhepunkt der Isoplane geht (*Abb. 5–21*).

Im mittleren Teil wird die Hauptmenge der Farbstoffe desorbiert. Die Menge, die bis zum Absinken der Farbe des Eluates auf einen genügend niedrigen Wert (z. B. 6 °St) desorbiert wird, ist bei allen üblichen Laugekonzentrationen fast gleich (s. *Abb. 5–22*).

Nach der Desorption des Hauptanteils der Farbstoffe geht die Isoplane in ihre Endphase. Die Farbe des Eluates nähert sich asymptotisch einem gewissen Wert, wobei praktisch keine Abhängigkeit von der Normalität der Lauge besteht. In diesem Bereich werden die größten Farbstoffmoleküle desorbiert.

Abb. 5–23 stellt die Abhängigkeit der desorbierten Farbstoffmenge von der verbrauchten Laugenmenge dar.

Der mittlere Teil der Isoplane entspricht dem steilen Abschnitt der Kurve $B'(V')$.

Die *Konzentration der Lauge* beeinflußt die desorbierte Farbstoffmenge, vor allem aber den Wasser- und NaOH-Bedarf und den Zeitaufwand. Mit sinkender Konzentration verzögert sich der Durchbruch der Farbstoffe in das Eluat, die Desorption verlangsamt sich (vgl. *Abb. 5–23* und *Tab. 5–13*).

Tabelle 5–13: Desorption der Farbstoffe durch verschieden konzentrierte Natronlauge

Konzentration der Lauge c (%)	1,0	0,4	0,2	0,05
Normalität der Lauge c_n (val/l)	0,25	0,10	0,05	0,0125
Relative desorbierte Farbstoffmenge (%)	88	94	= 100	–
Relative Desorptionsgeschwindigkeit (%)	111	101	= 100	43
Relativer Wasserbedarf (%)	75	90	= 100	–
Relativer NaOH-Bedarf (%)	370	180	= 100	–

Offensichtlich eignet sich 0,05%ige Natronlauge nicht für die Praxis. Je nach den örtlichen Bedingungen wählt man Konzentrationen zwischen 0,2 und 1,0%, meist 0,5%. Steigt die Konzentration von 0,2 auf 1%, so sinken der Wasserbedarf und der Zeitaufwand etwa auf 75%, der Bedarf an NaOH steigt aber fast auf das Dreifache.

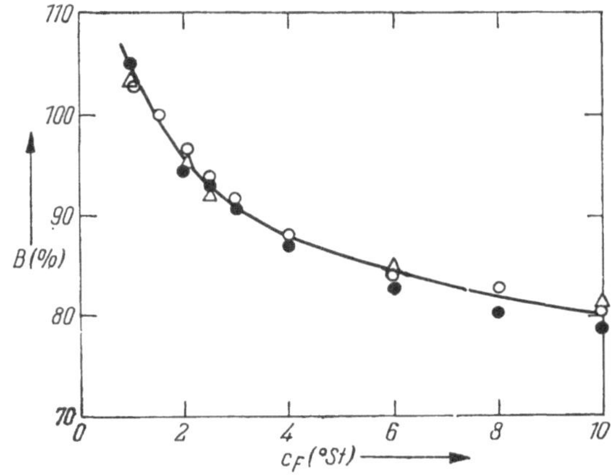

Abb. 5-22: Zusammenhang zwischen der desorbierten Farbstoffmenge und der Farbstoffkonzentration in der letzten Fraktion des Eluates c_F bei der Behandlung von Wofatit E mit Natronlauge

B-Wert = 100% bei c_F = 1,5 °St. Die einzelnen Punkte bedeuten folgende Konzentrationen der Lauge: ○: 1,0%; ●: 0,4%; △: 0,2% [75]

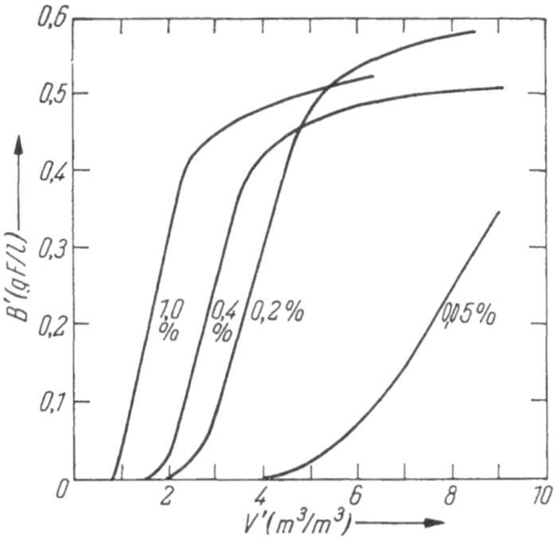

Abb. 5-23: Zusammenhang zwischen der desorbierten Farbstoffmenge B' und dem Volumen der angewendeten Natronlauge V'

Bei den Kurven ist die Konzentration der Lauge angegeben (%). Die letzte Farbe des Eluates c_F = 1,5 °St [75]

Ein Teil der Eluate hat nur eine geringe Farbstoffkonzentration. Man kann ihn darum zur Bereitung frischer Lauge und als ersten Anteil der Regenerierlösung zurücknehmen (*Abb. 5–24*) [24].

Die Desorption der Farbstoffe verläuft wegen der kleinen Werte ihrer Diffusionskoeffizienten langsam. Die Diffusionsgeschwindigkeit der Farbstoffe und damit auch ihre *Desorptionsgeschwindigkeit* erhöht sich zwar durch Einhalten einer Arbeitstemperatur von 80—90 °C, es ist aber auch dann nötig, dafür zu sor-

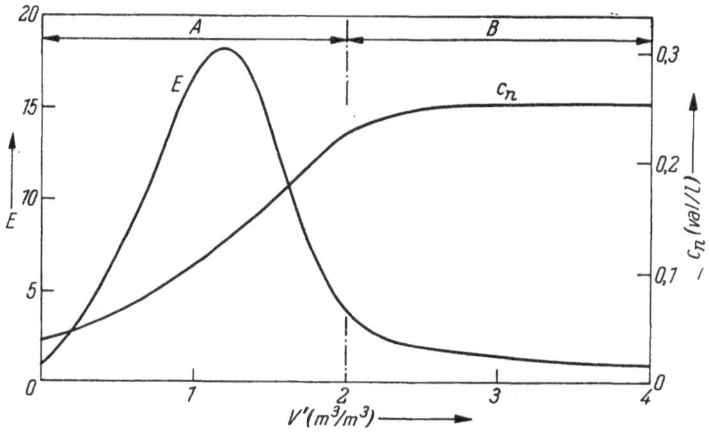

Abb. 5–24: Desorption der Farbstoffe von Wofatit EZ mittels rezirkulierter und frischer Natronlauge

V' — Volumen der Lauge (m³/m³ Harz); c_n — Normalität der Lauge im Eluat (val/l); E — Extinktion des Eluates; A — rezirkulierte Natronlauge, B — frische Natronlauge [24]

gen, daß die Lauge langsam genug durch die Harzsäule strömt. Zur Aufrechterhaltung der Diffusion der Farbstoffe genügt schon eine verhältnismäßig kleine Störung des Konzentrationsgefälles zwischen dem Harz und der Lösung. Dafür ist eine spezifische Belastung unter 2 h^{-1} ausreichend. Unterbricht man den Durchfluß für 1—2 Std., so geht die Diffusion der Farbstoffe weiter. Bei Wiederaufnahme der Regenerierung erhält man in der Elutionsisoplane ein Maximum. So arbeitet man z. B. in der Raffinerie „Vorwärts" in Halle/S., wo nach dem Verbrauch der Hälfte der Lauge die Desorption für 1—3 Std. unterbrochen wird [20].

Der *Verbrauch an Lauge* steigt mit der Menge der aufgenommenen Farbstoffe, wie aus dem Vergleich der Elutionsisoplanen von Dekolorex A4 (*Abb. 5–25*) und Wofatit E (*Abb. 5–26*) hervorgeht: Dekolorex A4 nahm neunmal soviel an Farbstoffen auf wie Wofatit E. Überschlagsweise kann man mit einem Verbrauch von etwa 4 l 1%iger Natronlauge auf 1 gF Farbstoff, der durch 1 l Harz adsorbiert wurde, rechnen. Farblose Eluate wurden nicht einmal bei Anwendung von 13 Volumina 1,2%iger Lauge erzielt [30].

Der langsame Verlauf der Desorption bewirkt, daß, wenn die Desorption in einem technologisch und ökonomisch annehmbaren Zeitraum beendet sein soll, das Harz nicht völlig von den Farbstoffen befreit werden kann. Die Desorption wird abgebrochen, sobald ein Grenzwert der Farbstoffkonzentration im Eluat unterschritten ist. Früher wurde als Farbe des letzten Eluatanteils 1—1,5 °St empfohlen, es ist aber möglich, das Volumen der Lauge so weit zu vermindern, daß die Endfarbe des Eluats 4—5 °St ist. Bei Abbruch der Desorption enthält das

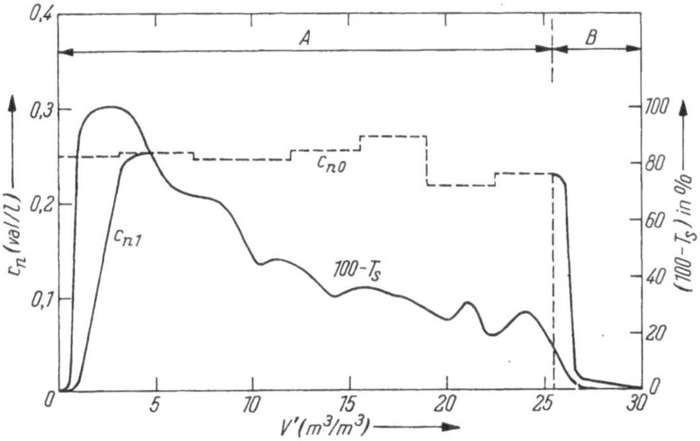

Abb. 5-25: Regenerierung des Polyamin-Harzes Dekolorex A4

V' — Volumen der Natronlauge; c_{n0} — Konzentration der Natronlauge; c_{n1} — Konzentration der Natronlauge im Eluat; T_s — Transmissionsgrad des Eluats; A — Desorption; B — Auswaschen [30]

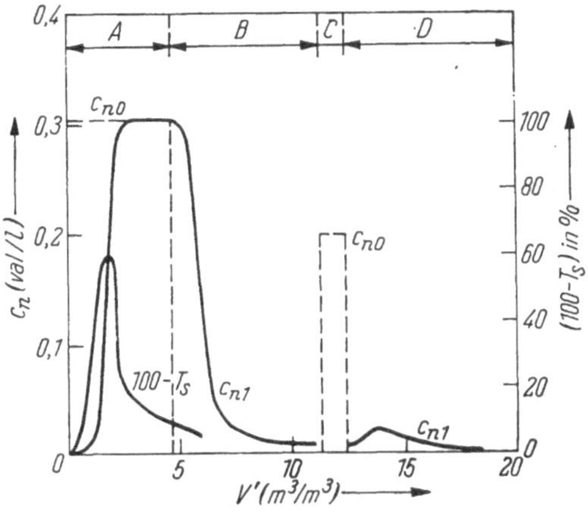

Abb. 5-26: Regenerierung von Wofatit E

V' — Volumina der Flüssigkeiten; c_{n0} — Konzentration des benutzten Regeneriermittels; c_{n1} — Konzentration des Reagens im Eluat; T_s — Transmissionsgrad des Eluates [30]
A — Desorption; B — Auswaschen; C — Aktivierung; D — Auswaschen

Filter nämlich noch etwa 1 Volumen Lauge, so daß während deren Verdrängung durch Wasser beim folgenden Arbeitsgang weitere Farbstoffe freigemacht werden.

Der Laugeverbrauch nimmt zu, wenn schlecht filtrierter Saft entfärbt wird. Das Maximum der Farbstoffkonzentration im Eluat ist dann niedriger und die Isoplane flacher. Ein nicht ausgeprägtes Maximum kann auch auf eine irreversible Adsorption hinweisen. Die Farbstoffe werden dabei entweder in die Harzgallerte eingeschlossen (z. B. durch Schrumpfen des Skeletts) oder sie sind nichtionogen an die austauschfähigen Gruppen gebunden. Sie können auch im Harz aggregiert sein.

Zum *Auswaschen der Lauge* aus dem Harz bis zu einer Alkalität des Eluates unter 10 mval/*l* benötigt man ca. 5—6 Volumina Wasser, bei den Polyaminharzen nur 3 Volumina. Es ist sehr schwierig, die Alkalität unter pH 8 zu senken. Im Betrieb, wo man es mit leicht alkalischen Kondensaten (Brüdenwasser) zu tun hat, ist es sogar unmöglich. Dies bestätigen die Angaben über das Auswaschen des Anionenaustauschers AV-16 G mit destilliertem Wasser [27]:

Volumina des Eluats (m^3/m^3)	0	5	10	15	20
pH des Eluats	12	9,5	8,8	8,5	7,8

Die spezifische Belastung ist etwa ebenso hoch wie bei der Desorption, andernfalls verbraucht man unnötig viel Wasser. Das Wasser darf nicht hart sein.

Die alkalische Lösung, die zur Desorption bei diesen Harztypen eingesetzt wird, gefährdet, wie es bereits im Kapitel 3. erläutert wurde, durch Verminderung der Porosität und Abbau der funktionellen Gruppen die Stabilität und das Sorptionsvermögen des Harzes. Harze, die im alkalischen Medium nicht beständig sind, lassen sich in der Zuckerindustrie darum überhaupt nicht einsetzen. Die *Porositätsverminderung* äußert sich durch die Volumenkontraktion des Harzes. Diese kann bis zu 45% ausmachen. Bei den stabileren Typen liegt der Wert jedoch unter 8—10%. Dazu gehören die handelsüblichen Typen, z. B. Wofatit E und Polyaminharze. Nur wenige Harze, z. B. Centranol W 291, vergrößern in den ersten Zyklen ihr Volumen.

Bei der alkalischen Desorption werden weder die Farbstoffe noch die anderen aufgenommenen Nichtzuckerstoffe restlos freigemacht. Das Entfärbungsvermögen sinkt also mit zunehmender Verunreinigung des Harzes allmählich. Zur teilweisen Wiederbelebung des Harzes führt man von Zeit zu Zeit eine besonders intensive Regenerierung, die Reaktivierung, durch (s. Kap. 5.3.5.).

2. Stark basische Anionenaustauscher

Die Desorption der Farbstoffe durch Lauge ist zwar auch bei diesem Harztyp möglich, aber nicht vorteilhaft. Der Anionenaustauscher würde dadurch in die OH^--Form überführt, wodurch seine Temperaturbeständigkeit erheblich sinkt. Stark basische Anionenaustauscher in der OH^--Form sollten nicht bei Temperaturen über 50—60 °C benutzt werden. Solche Temperaturen sind natürlich wegen der Viskosität der Klären und des Dicksaftes zu niedrig, abgesehen davon, daß bei allen anderen Arbeitsgängen die Temperatur der Zuckerlösungen höher liegt und durch die Abkühlung Wärmeverluste eintreten würden. Außerdem nimmt die Kapazität eines Anionenaustauschers bei der Regenerierung mit Lauge im Laufe der Zeit ab [61].

Darum werden aus diesen Harztypen die Farbstoffe nur durch Lösungen neutraler, höchstens leicht alkalisierter Elektrolyte freigesetzt [61]. Als Regeneriermittel benutzt man normalerweise *Kochsalz*, durch das die funktionellen Gruppen in die Cl^--Form überführt werden. Die Beladung mit anderen Ionen, z. B. Sulfat oder Phosphat, hat eine Abnahme des Sorptionsvermögens zur Folge. Das Harz ist dann nur teilweise regeneriert und es entstehen außerdem Schwierigkeiten durch das Ausfallen der Calciumsalze [76].

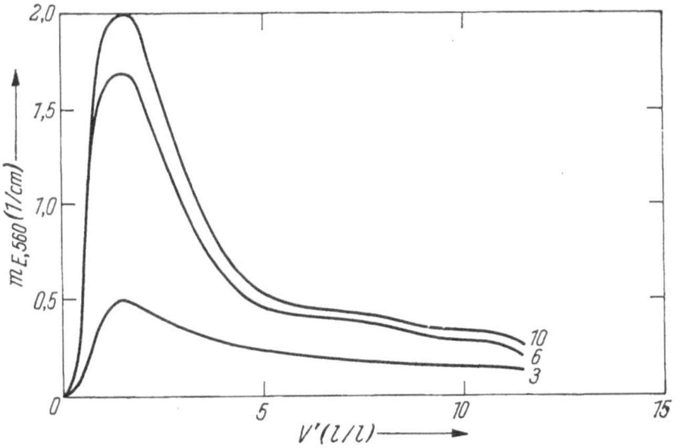

Abb. 5-27: Regenerierung des stark basischen Anionenaustauschers Amberlite IRA 401 S

$m_{E,560}$ Extinktionsmodul des Eluates bei 560 nm; V' – Volumen der Kochsalzlösung. Die Solekonzentration ist bei den Kurven angegeben (g NaCl/100 ml)

Der Verlauf der Desorption der Farbstoffe von AMBERLITE IRA 401 S durch Kochsalzlösung ist in der *Abb. 5-27* gezeigt.

Besonders gut werden die Farbstoffe durch eine *leicht alkalisierte Kochsalzlösung* (*Abb. 5-28*) desorbiert, wobei der pH-Wert des Eluates zwischen 9 und 10 liegen soll.

Das wird auch durch folgende Angaben bewiesen [61]:

NaOH-Zugabe zu 5%iger NaCl-Lösung	(%)	0,0	0,1	0,2	0,5	1,0
Erhöhung der desorbierten Farbstoffmenge	(%)	0	12	54	73	100

Die Erhöhung der Konzentration der Kochsalzlösung setzt die Quellung des Harzes herab, die Alkalisierung steigert den Dissoziationsgrad des Farbstoffes. Beides unterstützt die Desorption (*Abb. 5-27*, *Abb. 5-28*).

Die *Menge der desorbierten Farbstoffe* ist bei niedrigen Konzentrationen dem NaCl-Gehalt der Lösung direkt proportional, höhere Konzentrationen haben eine relativ geringere Wirkung (*Abb. 5–28*). Die beste wirtschaftliche Ausnutzung hat man bei einer Konzentration von etwa 8%, Konzentrationen über 12% erhöhen die Kosten. Die Menge der Farbstoffe im mittleren Eluatvolumen, d. h.

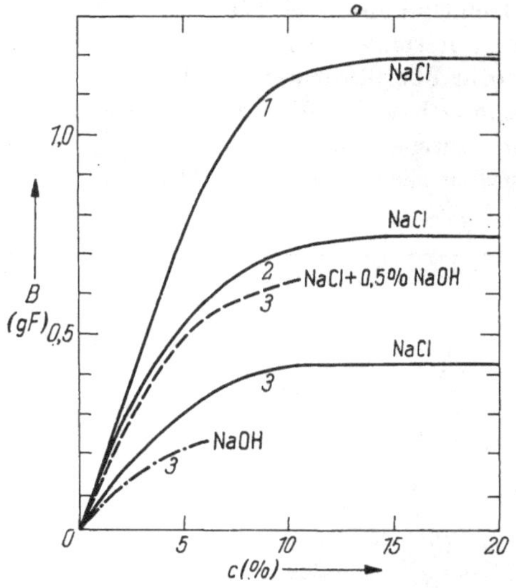

Abb. 5–28: Einfluß der Konzentration des Regeneriermittels *c* auf die desorbierte Farbstoffmenge *B*

Man regenerierte drei Anionenaustauscher (Kurven *1*, *2*, *3*) mit folgenden Lösungen: Salzsole (NaCl), Natronlauge (NaOH) oder alkalisierte Salzsole (NaCl + 0,5% NaOH), [61]

normalerweise zwischen $V' = 0{,}7$ und $V' = 1{,}5$, ist bei 12%iger Lösung maximal und nimmt bei höheren Konzentrationen sogar wieder ab [107 b].

Über den Zusammenhang zwischen der Menge der desorbierten Farbstoffe und dem Volumen des benutzten Regeneriermittels informieren die *Tab. 5–14* und

Tabelle 5–14: Desorption der Farbstoffe mittels 10%iger Kochsalzlösung von Amberlite IRA 401 S nach der Entfärbung von Kläre [77]

Volumen der Kochsalzlösung (m³/m³ Harz)	Menge der desorbierten Farbstoffe (kg*F*/m³ Harz)	(%)	Menge der durch 1 *l* Kochsalzlösung desorbierten Farbstoffe (g*F*/*l*)
2	7,62	66	3,81
4	8,28	72	2,07
6	10,60	92	1,68
15,5	11,54	= 100	0,74

die folgenden Zahlenangaben für eine Regenerierung mit 10%iger Kochsalzlösung, die 0,2% NaOH enthielt [61]:

V' (m^3/m^3 Harz)	1	2	3	4	5
relative Menge der Farbstoffe (%)	54	71	89	98	100

In beiden Fällen wurde eine Kläre entfärbt. Zum Freimachen der Farbstoffe von AMBERLITE IRA 401 benötigte man nach der Dicksaftentfärbung manchmal mehr Lösung (s. *Abb. 5–29*), als bei dem poröseren Typ IRA 401 S.

Es ist schwierig, den *Verbrauch an Kochsalzlösung* zu normieren. Er hängt vom Harztyp und von der aufgenommenen Farbstoffmenge, d. h. von der Farbe der

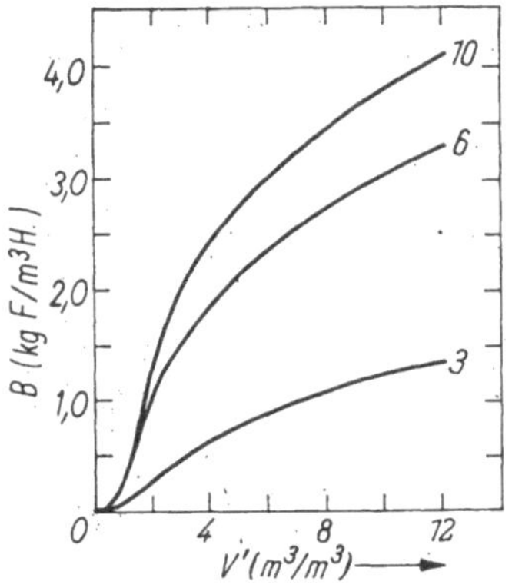

Abb. 5–29: Abhängigkeit der desorbierten Farbstoffmenge B von dem angewendeten Volumen Salzsole V'

Dicksaftentfärbung mit Amberlite IRA 401. Konzentration der Sole ist bei den Kurven angegeben (g/100 ml)

Zuckerlösung und von der in einem Zyklus durchgesetzten Menge, ab. In Japan [23] und in den USA [29] benutzt man etwa 2 Volumina 10%iger Kochsalzlösung pro Zyklus bei Entfärbung von rund 50 Volumina einer Kläre mit geringem Farbstoffgehalt (unter 2 °St), so daß der Verbrauch an Kochsalz etwa 0,5% des Gewichtes des eingesetzten Rohzuckers oder etwa 0,12 t/m^3 Harz bei einer Regenerierung ausmacht [29]. In der ČSSR verbrauchte man zur Regenerierung desselben Harzes (AMBERLITE IRA 401 S), mit dem eine Lösung von 20 °St entfärbt worden war, 5 Volumina 10%ige Kochsalzlösung. Bei einer sehr langen Entfärbungsperiode (etwa 21 Tage) und einer Farbe von ca. 10 °St dagegen 10 Volumina 10%ige Kochsalzlösung.

Die Kochsalzlösung erwärmt man auf 80 °C, um das Harz vor krassen Temperaturschwankungen zu schützen. Die spezifische Belastung soll mit Rücksicht auf die langsame Diffusion der Farbstoffe niedrig sein (etwa 1—2 h^{-1}).

Zum *Auswaschen* des Salzes benötigt man ca. 5 Volumina Wasser. Dabei ist es günstig, zunächst mit einer kleineren Strömungsgeschwindigkeit zu rechnen, etwa mit der, die bei der Desorption eingehalten wurde, da auf Grund des verhältnismäßig hohen Salzgehaltes auch beim Auswaschen noch Farbstoffe freigesetzt werden. Erst nach dem Auswaschen des Hauptanteils kann man die spezifische Belastung auf 4—6 h^{-1} steigern.

Tabelle 5–15: Regenerierung der stark basischen Anionenaustauscher

Literatur Vorgang	 Größe (Einheit)	[79] Wofatit ES	[29] Amberlite IRA 401 S	[44]	[72] Asmit 261	[26b] Asmit 259
Rückspülen	Wasservolumen (m^3/m^3 Harz)	≧2	3	1***)	—	4
	spez. Belastung (1/h)	6—10*)	6	3	—	5,3
	Dauer (h)	—	0,5	0,3	0,1	0,75
Desorption	Chemikalie	NaCl	NaCl	NaCl	NaCl	NaCl
	Konzentration der Lösung (%)	8—12	10	8	5—10	10
	Lösungsvolumen (m^3/m^3 Harz)	~3	1,2	6	1—2	1,6****)
	Chemikalienverbrauch (kg/m^3 Harz)	200 bis 400**)	120	480	50—200	160
	spez. Belastung (1/h)	~3	1,2	1	2—4	0,8
	Dauer (h)	1—1,5	1,0	6	0,5	2
Auswaschen	Wasservolumen (m^3/m^3 Harz)	3—6	4,5	2	4—7	3
	spez. Belastung (1/h)	4—6*)	4,5	1	20	3
	Dauer (h)	—	1	2	0,2—0,3	1
Zweites Rückspülen	Wasservolumen (m^3/m^3 Harz)	—	—	—	—	0,6
	spez. Belastung (1/h)	—	—	—	—	1,6
	Dauer (h)	—	—	—	—	0,4
Absüßen	Wasservolumen (m^3/m^3 Harz)	3—4	3,3	3	1—2	3,3
	spez. Belastung (1/h)	~3	—	2	6	2,2
	Dauer (h)	1—1,5	1—1,5	1,5	0,2—0,5	1,5
Passive Phase	Wasserbedarf (m^3/m^3 Harz)	11—15	12	12	2—5	12,5
	Zeitaufwand (h)	—	~4	~10	1—1,5	5,6
	NaCl-Bedarf (kg/g*F*)	—	—	—	—	33
	NaCl-Bedarf/Raffinade (%)	—	0,55	0,32	—	0,74

*) es handelt sich um die Rückspülgeschwindigkeit (m/h)

**) bis 50% kann zum Vorreinigen eines anderen Filters wieder verwendet werden

***) bei der Entfärbung der dunkleren Klären und bei langer Entfärbungsperiode

****) Nach der Firmenliteratur nimmt man 1 Volumen der gebrauchten Salzlösung zurück, so daß der Salzbedarf niedriger ist. Asmit 259 N wird anders regeneriert: Für Lösungen mit kleinerem pH-Wert als 8 ist er bis zu 100 °C beständig, mit größerem pH-Wert als 8 nur bis zu 50 °C. Er eignet sich besser zur Wasseraufbereitung oder für unreine Lösungen, für Klären empfiehlt man Asmit 261.

Die ganze Regenerierung erfordert beträchtlich weniger Zeit als bei den früher erwähnten Typen. Auch der Wasserbedarf ist geringer, wie *Tab. 5–15* und *Tab. 5–16* zeigen. Insgesamt benötigt man ca. 10 Volumina Wasser.

Diese Angaben gelten für die Austauscherharze auf Basis vernetzten Polystyrols. *Polyaminharze* werden normalerweise mit NaCl oder NaOH regeneriert. Es wurde auch eine Regenerierung mit Na_2SO_4 untersucht [78], wobei aber keine außergewöhnlichen Erfolge auftraten. Mit 10 Volumina 8%iger NaCl-Lösung wurde die gleiche Farbstoffmenge freigemacht, wie mit 25 Volumina 1%iger Natronlauge. Das entspricht einem Verbrauch von 80 kg NaCl oder 25 kg NaOH auf 1 m^3 Harz. Die Menge der desorbierten Farbstoffe betrug dabei nur 45% der adsorbierten Menge.

Im Laufe der Anwendung sinkt die Basizität der Polyaminharze, und die Desorption durch Salzlösungen verliert an Wirksamkeit. Eine Alkalisierung der Kochsalzlösung verbessert die Verhältnisse nur vorübergehend. Es ist darum zweckmäßiger, diese Harze dann auf ähnliche Weise wie die schwach basischen Anionenaustauscher zu regenerieren, d. h., die Aktivierung anzuwenden (siehe Kap. 5.3.4.). Dies war beispielsweise bei Wofatit L 150 schon nach 3 Zyklen nötig [78]. Auch das Entfärbungsharz AV-16 G soll zweistufig regeneriert werden [27]. Man verbraucht dabei 120 kg NaOH, 27 kg NH_4Cl und 17,5 m^3 Wasser auf 1 m^3 Harz. Nach der alkalischen Regenerierung steigt der pH-Wert der entfärbten Lösung, nach der Salzbehandlung sinkt er ein wenig.

Makroporöse Harze regeneriert man auf die selbe Weise wie die stark basischen. Die Desorption der Farbstoffe geht aber leichter, schneller und vollkommener vor sich. Irreversible Sorption kommt bei ihnen in weitaus geringerem Maße vor als bei den anderen Harztypen.

Zur Regenerierung stark basischer Harze, die zur Entfärbung von *Dünnsaft* eingesetzt werden, benutzt man ebenfalls eine 10%ige Kochsalzlösung. Die Desorption durch etwa 3 Volumina bei einer spezifischen Belastung von ca. 4,4 h^{-1} dauert 40 min. Der NaCl-Bedarf beträgt bei Amberlite IRA 401 S etwa 27 kg/m^3 Harz oder 23 kg/t Weißzucker [22].

5.3.4. Die Aktivierung der Entfärbungs-Ionenaustauscher

Nach der alkalischen Desorption befindet sich das Harz in der OH^--Form und die sauren Gruppen bei amphoteren Harzen in der Na^+-Form. Dieses Harz ist dann an sich schon zur Farbstoffaufnahme fähig, sein Entfärbungsvermögen läßt sich aber durch eine geeignete Aufbereitung noch bedeutend erhöhen. Durch die Aktivierung wird es in einen für die Adsorption optimalen Zustand gebracht.

Bei der Aktivierung stellt man das Harz auf einen pH-Wert ein, der zur Ausnutzung der Sorptionsfähigkeit des Harzes günstig ist, wobei man Rücksicht auf den minimalen erlaubten pH-Wert der entfärbten Lösung nehmen muß. Gleichzeitig wird das Harz wenigstens zum Teil in die Salzform, z. B. in die Cl^--Form, überführt.

Tabelle 5–16: Empfohlene Regenerierverfahren für amphotere

Literatur		[73]	[80]	[81]
Vorgang	Größe (Einheit)	Entfärbungs- Duolite S 30	Decolorite	Centranol W 291
Rückspülen	Wasservolumen (m^3/m^3 *H.*)	–	–	–
	spez. Belastung (1/h)	–	–	–
	Dauer (h)	–	–	–
Desorption	Chemikalie	NaOH	NaOH	NaOH
	Konzentration (%)	2	2	4–5
	Volumen (m^3/m^3 *H.*)	1,5–1,8	2	3
	NaOH-Verbrauch (kg/m^3 *H.*)	30–35	40	120–150
	spez. Belastung (1/h)	~4	6	3
	max. Temperatur (°C)	–	25	–
	Dauer (h)	$<0,5$	0,33	1
Auswaschen	Wasservolumen (m^3/m^3 *H.*)	2	0,5	zur Neutr.
	spez. Belastung (1/h)	~5	6	–
	Dauer (h)	$<0,5$	0,1	–
Aktivierung (Neutralisation)	Chemikalie	HCl	H_2SO_4	HCl
	pH-Wert der Lösung	–	–	–
	Konzentration (%)	0,5–1	0,5	0,2
	Volumen (m^3/m^3 *H.*)	1–2	0,8	1,6
	Chemikalienverbrauch (kg/m^3 *H.*)	8–10	4	3,5
	spez. Belastung (1/h)	~3	10	7
	Dauer (h)	$<0,5$	0,1	0,2
Auswaschen	Wasservolumen (m^3/m^3 *H.*)	2	(2)	1,5
	spez. Belastung (1/h)	~5	10	–
	Dauer (h)	$<0,5$	0,2	–
Regenerierung	Wasservolumen (m^3/m^3 *H.*)	>8	5–6	$\gg 6$
	Dauer (h)	1,3–2	0,75	–
Absüßen	Wasservolumen (m^3/m^3 *H.*)	–	–	–
	spez. Belastung (1/h)	–	–	–
	Dauer (h)	–	–	–

*) 1 Stunde Pause
**) Asmit 173 N, 173 NP: 1 Vol. 3% NaOH; pH-Einstellung mit HCl, [72]
+) bis Eluat farblos wird
++) 2 Stunden Pause

und schwach basische Entfärbungs-Ionenaustauscher (*H.* = Harz)

[72]	[72]	[20]	[79]	[30, 71, 83]	[74, 78]	[19]
Ionenaustauscher						
Asmit 173**)	Asmit 224	Wofatit E	Wofatit E	Wofatit E, EZ Dekolorex A 2, AK 731 ohne Rezirkulation	mit Rezirkulation	Wofatit E
				1	0,5/4,5	
				2	2	
				0,5	2,5	
NaOH	NaOH	NaOH	NaOH	NaOH	NaOH	NaOH
1	3	0,4	0,3—1	0,2—0,4	0,8	0,7
3—6	1	2++)	3—1	4—8	(2) + 2*)	2 × 1*)
30—60	30	8	10	16	25	14
6—12	2,5	1	—	1,3	1,2	1,3
100	80	85	85	85	85	—
> 0,5	0,4	2 + 2	—	≦ 6	3,4	2 × 1,5
2—4 (bis pH < 10)	15	3,5	—	4	2	6+)
< 0,5	4	1	—	1,5	1,2	~1,7
1	3,8	3,5	—	2,7	1,7	3—4
—	NH_4Cl	HCl	HCl	NH_4Cl	NH_4Cl	HCl
—	—	—	—	> 7	> 7	—
—	1—2	0,35	0,3—1	0,25—0,5	0,5	0,32
—	1	1	1,7—0,5	4	(2,5)	1
—	10—20	3,5	5	10—20	12,5	3,2
—	2	1	—	2	1,1	1,3
—	0,5	1	—	2	2,3	0,75
—	5	1,5	—	3	3	6
—	5	1	—	2	1,2	~1,7
—	1	1,5	—	1,5	2,6	3—4
5—10	22	7,2	—	16—20	7,5	15
> 1,5	7,3	8 + 1*)	—	≦ 13	11,5	12
—	—	3,2	—	4	3,5	—
—	—	1	—	1,3	1,0	—
—	—	3	—	3	3,5	—

Die Aktivierung ist also im Gegensatz zu der bereits erwähnten Reaktivierung ein Vorgang, der in jedem Zyklus durchgeführt wird.

Aktiviert werden nur nichtdissoziierende Harze und Harze, die den Charakter schwacher Elektrolyte haben. Zur Aktivierung benutzt man *verdünnte Säure* (praktisch nur HCl), [19, 20, 72, 73, 79, 80, 81] oder *Pufferlösungen* [11f, 71, 82, 83, 84]. Dabei existieren zahlreiche Vorschriften und Richtlinien (*Tab. 5–16*), s. *Tab. 5–17*.

Bei der Entwicklung all dieser Verfahren strebte man einen minimalen Verbrauch von Chemikalien und Wasser bei maximaler Wirkung der gesamten Regenerierung an. Jeder Hersteller empfiehlt etwas abweichende Bedingungen, die sich außerdem mit dem Zweck, zu dem das Harz benutzt wird, von Fall zu Fall noch ändern können. Das ist verständlich, denn es ist das Ziel der Aktivierung, den günstigsten pH-Wert einzustellen, der aber normalerweise im sauren Gebiet liegt. Darum ist man bestrebt, bei möglichst niedrig liegenden pH-Werten zu arbeiten.

Als Beispiel soll die Aktivierung von CENTRANOL W 291 angeführt werden, wo vom Erzeuger [81] zunächst eine Behandlung mit 0,5—1%iger HCl bis zur schwach sauren Reaktion des Eluates oder, für die Entfärbung von Kläre, eine Behandlung mit etwa 0,2%iger HCl in einer Menge von 1,6 m^3/m^3 Harz mit nachfolgendem Auswaschen und Abkühlen des Harzes mit 1,5 m^3 kaltem Wasser/m^3 Harz empfohlen wird. Selbst nach dieser Aktivierung soll der pH-Wert der Kläre nicht über 7,4 liegen.

ASMIT 173 soll ohne Aktivierung benutzt werden, wenn der pH-Wert der entfärbten Lösung über 7 liegt [72]. Die Aktivierung mit 1 Vol. 0,75%iger HCl kann nur dann angewendet werden, wenn pH-Werte der entfärbten Lösung von 3—6 möglich sind, was natürlich in der Zuckerindustrie nicht der Fall ist. Beide Harze haben sich darum bei der Zuckerentfärbung bisher nicht einführen können [85].

Für DUOLITE S 30 [73] sowie WOFATIT E und EZ [79] empfehlen die Hersteller eine sehr vorsichtige Aktivierung. Die Säuremenge darf nicht so groß sein, daß sich der pH-Wert des Auswascheluates ins saure Gebiet verschiebt. Eine derartige Aktivierung kann eigentlich nur als Neutralisation der Restlauge bezeichnet werden. Sie dient vor allem zur Verkürzung der Auswaschzeit und zur Einsparung von Waschwasser.

Die Aktivierung mit Säure hat auf jeden Fall den Nachteil, daß in den oberen Schichten des Filters Säure festgehalten wird, so daß die Verteilung der Chloridionen in der Säule und das pH-Profil nicht gleichmäßig sind. In den oberen Schichten kann dann Saccharoseinversion eintreten. Nur bei Anwendung einer sehr verdünnten Säure und einer hohen Strömungsgeschwindigkeit läßt sich eine gleichmäßige Aktivierung der ganzen Harzschicht erreichen. Die Gefahr der Inversion muß man natürlich unter Berücksichtigung des Reinheitsquotienten der verarbeiteten Zuckerlösung beurteilen. Sie ist beispielsweise bei der Entfärbung sehr stark verfärbter Lösungen (z. B. der Lösungen affinierter oder nur teilweise affinierter Nachprodukte) geringer als bei einer erstklassigen Kläre, da die Pufferung durch die Nichtzuckerstoffe eine beträchtliche Rolle spielt.

Tabelle 5–17: Regenerierung der Harze in Skřivany (1957/58 und 1958/59) und Čakovice (1960/61) [71] (*H.* = Harz)

Raffinerie	Skřivany	Čakovice
Volumen des Wassers zum Rückspülen (m^3/m^3 *H.*)	1,4	—
Volumen der Natronlauge (m^3/m^3 *H.*)	5,1	11,4
Konzentration der Natronlauge (%)	1,2	0,5
Dauer der Desorption (h)	4,5	—
NaOH-Verbrauch (kg/m^3 *H.*)	62	60
NaOH-Verbrauch (g NaOH/g*F*)	36	10
Auswaschwasservolumen (m^3/m^3 *H.*)	7,3	—
Auswaschzeit (h)	6,0	—
Volumen der NH_4Cl-Lösung (m^3/m^3 *H.*)	2,6	3,7
Konzentration der NH_4Cl-Lösung (%)	1,2	1,25
pH-Wert der NH_4Cl-Lösung	7,5	7,6
Aktivierungszeit (h)	2,0	—
NH_4Cl-Verbrauch (kg/m^3 *H.*)	33	47
Auswaschwasservolumen (m^3/m^3 *H.*)	3,7	—
Auswaschzeit (h)	2,4	—
Absüßwasservolumen (m^3/m^3 *H.*)	4,3	—
Absüßzeit (h)	3,4	

Außerdem ist es bei dieser Aktivierung notwendig, Filter, Leitungen und Armaturen vor Korrosion zu schützen (z. B. durch Gummieren), da sonst die Gefahr einer starken Verunreinigung des Harzes durch Eisenionen besteht.

Die Aktivierung stellt die diffizilste Operation der gesamten Regenerierung dar. Führt man sie nicht vorsichtig und einwandfrei durch, kann ein erheblicher *Saccharosezerfall* eintreten. Das haben auch unsere halbtechnischen und technischen Versuche bestätigt [71, 83].

Bei Versuchen mit Wofatit E wurden 0,9—4,6 m^3 Salzsäure mit einer Normalität von 0,2—0,44 kval/m^3 auf 1 m^3 Harz (das sind 0,17—0,40 kval Säure pro

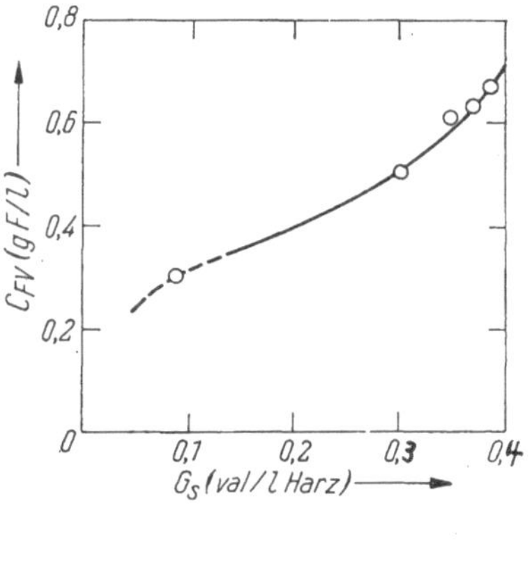

Abb. 5–30: Einfluß der Menge der Aktivierungssäure G_S auf die aufgenommene Farbstoffmenge C_{FV}

m^3 Harz) angewendet. Steigende Säuremengen waren für die Entfärbung günstig (*Abb. 5–30*), aber bereits die Aktivierung mit 0,3 kval pro m^3 Harz führte zu einem Abfall des pH-Wertes der entfärbten Lösung auf Werte unter 7, was für die Zuckerindustrie unzulässig ist.

Die Aktivierung amphoterer Harze mit Säuren, deren Konzentration mehr als 0,1 kval pro m^3 betrug, in einer Menge über 0,05 kval pro m^3 Harz hatte bei der Entfärbung der ersten Kläre immer die Bildung von Invertzucker zur Folge. Der minimale pH-Wert der entfärbten Lösung ist der Säuremenge proportional (*Tab. 5–18*).

Tabelle 5–18: Einfluß der Menge der Aktivierungssäure verschiedener Normalität c_n (kval/m^3) auf den Anstieg des Invertzuckergehaltes [$+\Delta R$(mg%)] und auf den pH-Abfall (pH_{1min}) in der entfärbten Kläre bei der Entfärbung mit amphoterem Harz

Entfärbungsharz		Wofatit E			Dekolorex AK 731		
Normalität der Säure (val/l)	Entfärbte Lösung	Säuremenge $\left(\frac{\text{kval}}{\text{m}^3\ \text{Harz}}\right)$	pH_{1min}	$+\Delta R$ (mg% abs.)	Säuremenge $\left(\frac{\text{kval}}{\text{m}^3\ \text{Harz}}\right)$	pH_{1min}	$+\Delta R$ (mg% abs.)
0,05	Kläre	0,03	8,2	0	0,03	8,1	0
0,10	Kläre	0,10	7,8	0	0,14	5,9	2
0,20	Kläre	0,18	4,3	6	0,21	4,3	9
0,30	Kläre	0,30	3,0	27	0,30	3,1	19
0,10	Dicksaft	0,13	7,1	1	0,12	8,0	0

Aus der *Abb. 5–31* ist der allmähliche pH-Anstieg in der entfärbten Kläre nach vorheriger Aktivierung des Harzes mit 0,3 n HCl ersichtlich. Er wird durch die fortschreitende Neutralisation der sauren Schichten des Harzes hervorgerufen. Ebenso ist ein deutliches Absinken des Entfärbungsgrades der Kläre zu erkennen. Bei Aktivierung mit 0,05 n HCl nahm das Entfärbungsvermögen des Harzes manchmal langsamer ab (*Abb. 5–32*).

Plato und Schopf [20] stellten später ebenfalls fest, daß bei der Aktivierung mit 0,1 kval HCl pro m^3 Harz der pH-Wert der dunklen Melisskläre auf 6,5—7 absank und daß die Inversion auch dann nicht verhütet werden kann, wenn der pH-Wert des Eluates während der Aktivierung nie unter 8,3 sinkt. Es kommt also bei der Entfärbung in jedem Fall zur Invertzuckerbildung. Sein Gehalt wuchs bei unseren Versuchen im Durchschnitt von 0,07 auf 0,11% an, wenn der pH-Wert der gesamten entfärbten Kläre 7,1 und der der unentfärbten Kläre 7,7 betrug.

Das läßt sich leicht dadurch erklären, daß das Harz unregelmäßig neutralisiert ist. In den oberen Schichten herrscht eine größere Säurekonzentration als in den unteren. Die sauren Schichten neutralisieren sich langsam durch die Alkalität der Kläre, wobei H^+-Ionen frei werden, die eine Inversion der Saccharose bewirken.

Centranol W 291 konnten wir nicht einmal mit 0,05 n HCl aktivieren, weil die entfärbte Kläre immer sauer war. Dabei wurde allerdings das von Labouchère [86] vorgeschlagene Verfahren, bei dem die verdünnte Salzsäure nach dem Auswaschen der Lauge so lange durch das Filter zirkuliert, bis die perkolierte Lösung einen pH-Wert von 7 hat, nicht angewendet. Wir stellten fest, daß dieses Harz

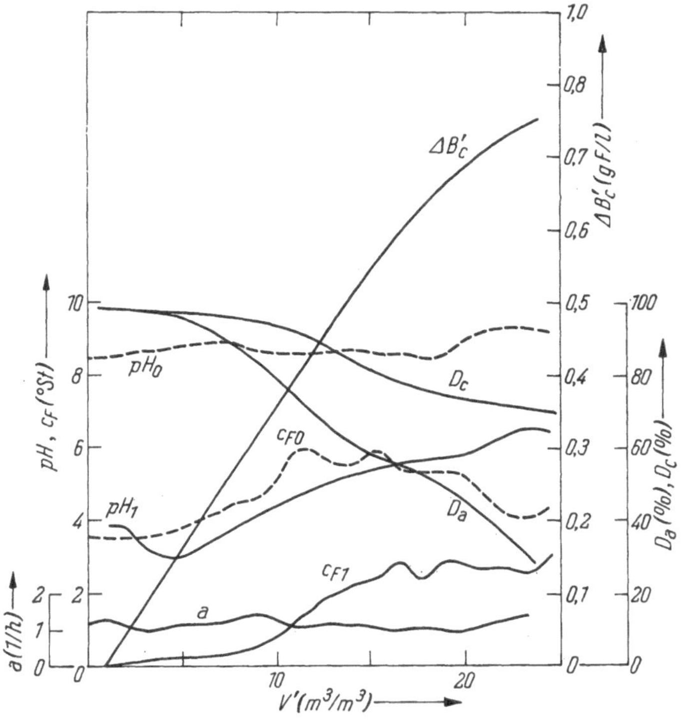

Abb. 5–31: Entfärbung der Kläre durch Wofatit E nach der Aktivierung mit 0,3 n HCl in einer Menge von 0,3 kval/m³ Harz

V' – Volumen der Kläre; $\Delta B'_c$ – aufgenommene Farbstoffmenge, a – spezifische Belastung; c_{F0} resp. c_{F1} – Farbstoffkonzentration in der unentfärbten und entfärbten Kläre; pH_0 resp. pH_1 – pH der unentfärbten resp. entfärbten Kläre; D_a – augenblickliche Entfärbung; D_c – Gesamtentfärbung [83]

zwar bei pH 6–7 befriedigend entfärbt, halten aber dieses pH-Gebiet für Rübenzuckerraffinerien schon nicht mehr für zulässig.

Wesentlich bessere Ergebnisse kann man bei der Aktivierung mit *Lösungen saurer Salze*, vor allem NH_4Cl, erzielen [11f, 82, 83, 84]. Vorschläge zur Benutzung von Natriumacetat [87] oder 5–10%iger Ammoniumsulfatlösung [82] wurden bisher nicht in die Praxis übernommen.

Der optimale pH-Wert der Aktivierungslösung läßt sich aus folgenden Überlegungen ableiten: Nehmen wir an, daß wir einen schwach basischen Anionenaustauscher teilweise in die Salzform (z. B. Cl^--Form) überführt und auf den pH-Wert der zu entfärbenden Lösung oder einen etwas niedrigeren Wert eingestellt hätten. Wie aus Nachstehendem hervorgeht, hätte es keinen Sinn, mit höheren pH-Werten zu arbeiten. Im Laufe der Entfärbung kommt es durch die Austauschadsorption und durch die hydrolytische Adsorption zur Umladung des Anionenaustauschers. Sein pH-Wert erhöht sich, wenn er niedriger lag als

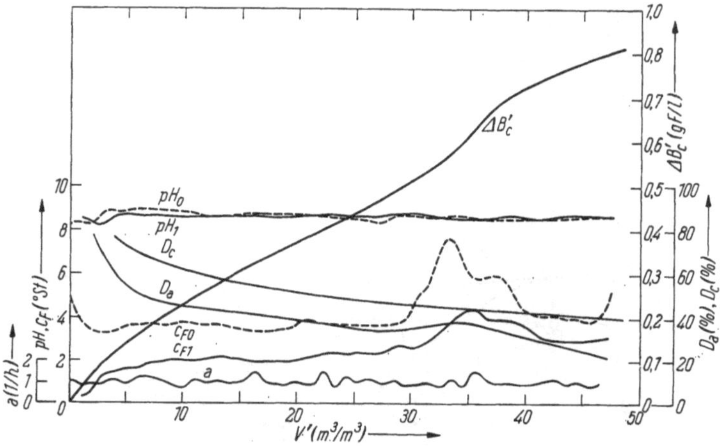

Abb. 5–32: **Entfärbung der Kläre durch Wofatit E nach der Aktivierung mit 0,05 n HCl in einer Menge von 0,03 kval/m³ Harz [83], Erklärungen der Symbole s.** ***Abb. 5–31***

der pH-Wert der Lösung. Diese pH-Veränderung geht um so schneller vor sich, je geringer das Pufferungsvermögen des Harzes ist. Gebraucht man in einem mehr oder weniger formalen Sinne die Henderson-Hasselbach-Gleichung auch für einen Ionenaustauscher, so kann man mit einem maximalen Pufferungsvermögen des Harzes dann rechnen, wenn

$$pOH = pK_b, \qquad (5\text{–}42)$$

ist. Dabei ist K_b die Dissoziationskonstante der basischen funktionellen Gruppen. Das Pufferungsvermögen ist noch als gut zu bezeichnen, wenn sich der pH-Wert etwa in den Grenzen von $\pm$ 1 pH-Einheit von diesem Wert unterscheidet. Die Erschöpfung dieser Pufferungskapazität, also die Veränderung des pH-Wertes in Richtung zu höheren Werten, bringt eine Abnahme der Sorptionskapazität und damit eine Verminderung des Entfärbungseffektes mit sich (*Abb. 5–31*). Diese Tatsachen kommen um so stärker zum Ausdruck, je größer die Differenz zwischen dem pH-Wert des Harzes und dem der unentfärbten Lösung ist.

Für die Wahl der Aktivierungsweise sind folgende Größen wichtig: pK_b, pH der Zuckerlösung, der niedrigste mögliche pH-Wert der entfärbten Lösung

($pH_{1\,min}$) und der pH-Wert der Aktivierungslösung (pH_a). Die Grenzen, in denen diese Werte schwanken können, sind erstens durch $pH_{1\,min}$ gegeben, ferner durch die Bedingung, daß pK_b des Harzes kleiner oder gleich groß gegenüber dem pOH-Wert des Saftes sein muß. Ist dies nicht der Fall, so sinkt die Zahl der dissoziierten Gruppen des Harzes durch Umladung während der Entfärbung, womit auch die Möglichkeit zur Austauschadsorption abnimmt.

Bei einem *amphoteren Harz* ist die Situation etwas komplizierter, denn bei der Aktivierung wandeln sich auch die phenolischen Gruppen, die ursprünglich in der Salzform vorliegen, in undissoziierte Gruppen um. Normalerweise kann man den pH-Wert eines solchen Harzes auf jede beliebige Größe einstellen. In der Zuckerindustrie ist jedoch diese Möglichkeit dadurch eingeschränkt, daß der pH-Wert nur bis auf ein zulässiges Minimum ($pH_{1\,min}$) gesenkt werden darf. Weil bei normalen pH-Werten der Klären (pH 8,0—8,5) die phenolischen Gruppen weitgehend undissoziiert vorliegen, lassen sich bei der Aktivierung eines amphoteren Harzes ähnliche Bedingungen aufstellen, wie bei den schwach basischen Harzen.

Bei den *Polyaminharzen*, die sowohl schwach, wie auch stark basische Gruppen enthalten, sinkt die Basizität während des Gebrauchs. Darum genügt in den ersten Zyklen die Regenerierung mit Natronlauge oder einer neutralen Salzlösung, während später eine zweistufige Regenerierung nötig ist. Man führt also nach einer gewissen Benutzungsdauer die Aktivierung ein.

Diesen Darstellungen können wir entnehmen, daß die Aktivierung mit einer *größeren Säuremenge schädlich ist.* Nicht einmal die Aktivierung durch angesäuerte NH_4Cl-Lösungen hat sich darum einführen können. Bei der Aktivierung von DEKOLOREX AK 731 durch Ammoniumchloridlösung mit einem pH-Wert von etwa 3,6 machte sich z. B. ein Anstieg des Invertzuckergehaltes in der entfärbten Kläre bemerkbar:

Volumen der Kläre (m^3/m^3 Harz)	0—17	17—26	26—42	90—105
Anstieg des Invertzuckergehaltes (mg/100 g Kläre)	47	15	18	20

Demgegenüber verursachte die Aktivierung mit 1,2—1,5%iger NH_4Cl-Lösung (pH-Wert etwa 6,5—8) keine Bildung von Invertzucker in der Kläre. Es wurde auch kein eindeutiger Einfluß des pH-Wertes der Aktivierungslösung auf die Sorptionskapazität des Harzes innerhalb dieses pH-Bereiches nachgewiesen. Der pH-Wert der durch amphotere Harze entfärbten Kläre blieb praktisch konstant, während der pH-Wert der mit schwach basischen Harzen entfärbten Kläre vorübergehend um etwa 0,7 sank (*Tab. 5–19*).

Die Größe der pH-Verschiebung hängt natürlich auch vom pH-Wert der Zuckerlösung und von der Pufferung ab.

Das Adsorptionsvermögen blieb praktisch das gleiche, wie das eines mit Säure in einer Menge unter 0,1 kval pro m^3 Harz aktivierten Austauschers (*Abb. 5–33*).

Auch parallel laufende Vergleichsversuche in zwei sonst den gleichen Bedingungen ausgesetzten Filtern mit WOFATIT E, von denen das eine mit 3,4 Volumina 1,9%iger NH_4Cl-Lösung (pH$\approx$ 6,1) und das andere mit 0,26 kval HCl pro m^3

Tabelle 5–19: Einfluß des pH-Wertes der Aktivierungslösung (NH_4Cl) auf den pH-Wert der entfärbten Kläre

Entfärbungs-Ionenaustauscher	Wofatit E			Dekolorex AK 731		
pH-Wert der Aktivierungslösung (pH_a)	8,0	7,2	6,5	8,1	7,2	6,5
niedrigster pH-Wert der entfärbten Kläre (pH_{1min})	8,2	8,0	7,8	8,3	8,3	8,2

Entfärbungs-Ionenaustauscher	Dekolorex A2				
pH der Aktivierungslösung (pH_a)	8,6	8,1	8,0	7,5	7,0
niedrigster pH-Wert der entfärbten Kläre (pH_{1min})	8,3	7,5	7,5	6,8	5,3

Harz in Form von 0,12 n HCl aktiviert wurde, zeigten keinen Unterschied im Sorptionsvermögen.

Die Aktivierung mit 1,4%iger NaCl-Lösung (pH = 9,2) oder durch 2 Volumina 0,04 n HCl und 4 Volumina 1,3%ige NaCl-Lösung (pH = 3,7) lieferten keine besseren Resultate als die Aktivierung mit 1,0–1,5%iger NH_4Cl-Lösung (pH 7–7,5).

Faßt man alle Ergebnisse zusammen, dann erscheint die Aktivierung der amphoteren und der schwach basischen Entfärbungs-Ionenaustauscher mit einer

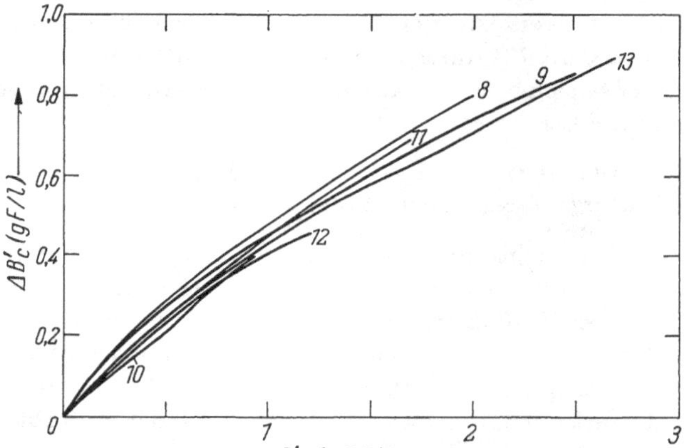

Abb. 5–33: Farbstoffaufnahme der Kläre durch Wofatit E [83]

B'_{0c} – zugeführte Farbstoffmenge; $\Delta B'_c$ – aufgenommene Farbstoffmenge. Das Harz wurde folgendermaßen regeneriert:

Zyklus-Nr.:	8	9	10	11	12	13
Aktivierungsmittel:	HCl	HCl	NH_4Cl	NH_4Cl	NH_4Cl	HCl
Konzentration (%):	0,18	0,36	1,5	1,5	1,5	0,36
Säuremenge (val/l Harz)	0,03	0,09	–	–	–	0,09
pH der Aktivierungsmittel	–	–	8,0	7,2	6,5	–

NH_4Cl-Lösung, deren pH-Wert höchstens um 1—2 Einheiten niedriger liegt als der der zu entfärbenden Kläre, als der beste Weg, vorausgesetzt, daß der minimale pH-Wert der entfärbten Kläre oberhalb pH 7,8 liegt [11f]. Gewöhnlich stellt man den pH_a auf über 7 ein.

Zur Aktivierung benutzt man 2—4 Volumina NH_4Cl-Lösung, um eine gleichmäßige Pufferung der gesamten Harzsäule zu gewährleisten (vgl. *Abb. 5–34* und *5–35*).

Praktisch geht man so vor, daß man Ammoniumchlorid technischer Reinheit in Brüdenwasser auflöst und den pH-Wert mittels Säure oder Lauge einstellt.

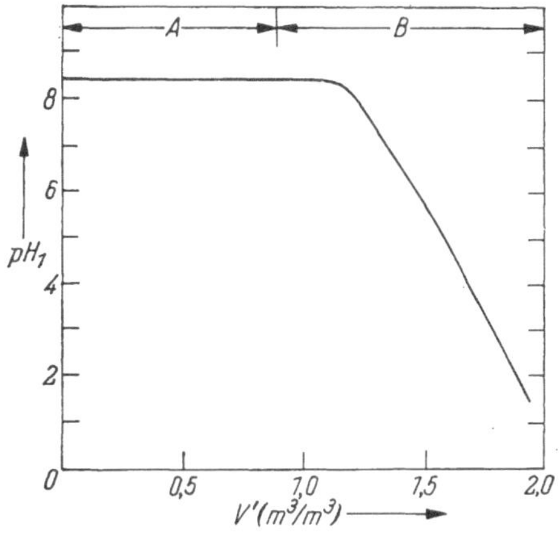

Abb. 5–34: Aktivierung von Wofatit EZ mittels 1,5%iger NH_4Cl-Lösung nach der Desorption mit 1,5%iger Natronlauge und dem Auswaschen mit destilliertem Wasser

a = 1 h^{-1}, Höhe der Harzsäule = 61 cm. V' – Volumen der Flüssigkeit; c_1/c_0 – Verhältnis der Konzentration im Eluat und in der frischen Lösung; pH_1 – pH des Eluates; A – Aktivierung; B – Auswaschen mit destilliertem Wasser

An Stelle der früher empfohlenen Konzentration von 1,0—1,5% ist es auch gut möglich, Lösungen von 0,25—0,5% zu benutzen.

Es ist nicht nötig, die Aktivierungslösung vorzuwärmen, man arbeitet bei der Temperatur des Brüdenwassers, die etwa bei 60 °C liegt.

Die spezifische Belastung bei der Aktivierung und beim Auswaschen liegt unter 2 h^{-1}. Zum Auswaschen auf eine Konzentration der Cl^--Ionen im Eluat unter 0,02 kval/m^3 benötigt man 3—4 Volumina Wasser.

Ein Beispiel für die *vollständige Regenerierung* von Wofatit E ist in der *Abb. 5–36* gezeigt.

Die Farbstoffe wurden durch 5,3 Volumina 1,5%ige Natronlauge bei einer spezifischen Belastung von 1,1 h^{-1} bis auf eine Farbe des Eluates von 2 °St desorbiert. Vor dem Auswaschen wurde der Durchfluß 4,8 h unterbrochen, und dann die Lauge durch 8 Volumina Wasser mit a = 1,5 h^{-1} bis zu einer Konzentration von 0,02 kval/m³ ausgewaschen. Während des Auswaschens wurde der Durchfluß für 8 Std. unterbrochen. Das Harz wurde dann mit 3,1 Volumina NH_4Cl-Lösung bei $a = 1{,}5\ h^{-1}$ aktiviert und mit Wasser ausgewaschen.

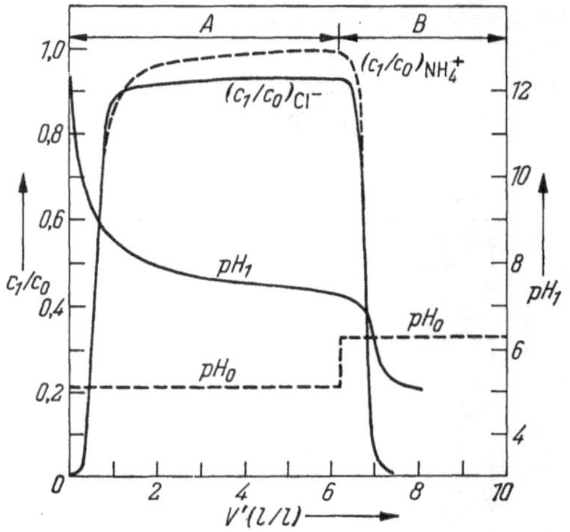

Abb. 5–35: Aktivierung von Wofatit EZ mit 0,3 n HCl

V' – Volumen der Säure; pH_1 – pH des Eluates [24]; *A* – Aktivierung; *B* – Auswaschen

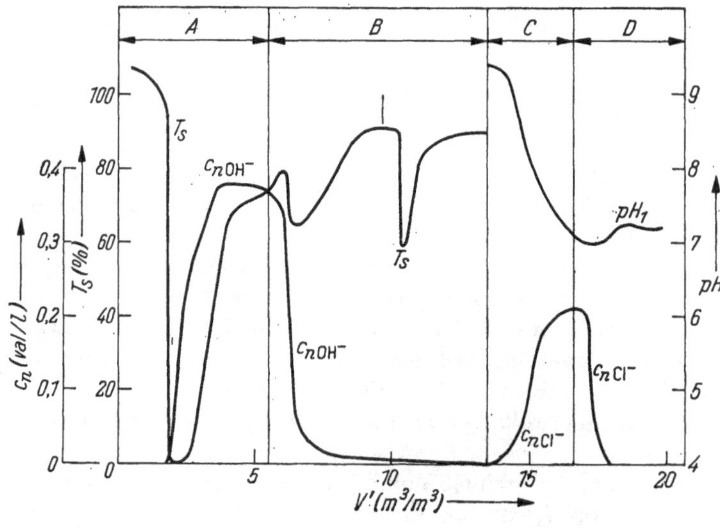

Abb. 5–36: Beispiel für die Regenerierung von Wofatit E [71], Erklärungen s. Text

A – Desorption; *B* – Auswaschen; *C* – Aktivierung; *D* – Auswaschen

5.3.5. *Die Reaktivierung*

Die normale Regenerierung soll eigentlich nur die Erneuerung des Entfärbungsvermögens des Harzes bewirken und konzentriert sich darum auf die Beseitigung des Hauptanteils der aufgenommenen Farbstoffe, wobei aber eine Saccharoseinversion im folgenden Zyklus vermieden werden muß. Eine derartige Regene-

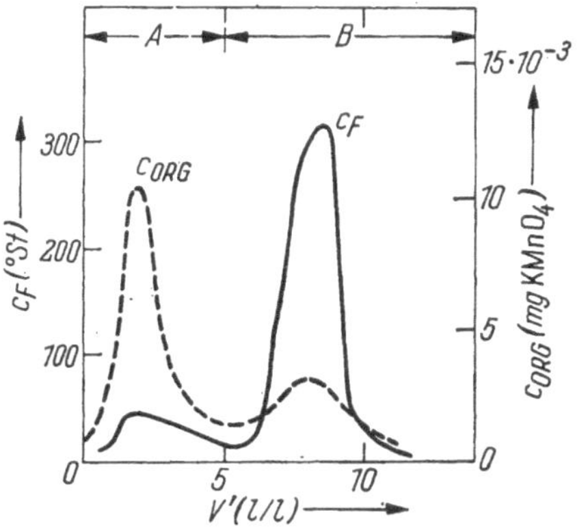

Abb. 5–37: Desorption der Farbstoffe von Asmit 259 mit einer neutralen und einer angesäuerten Salzsole [88]

V' – Volumen des Regeneriermittels (A – 4% NaCl, B – 4% NaCl + 1% H_2SO_4); c_F – Farbstoffkonzentration im Eluat (bei pH = 8); c_{ORG} – Konzentration an organischen durch $KMnO_4$ oxydierbaren Stoffen im Eluat

rierung ist ungenügend, zumal die Harze nicht nur Farbstoffe, sondern auch andere Nichtzuckerstoffe aus den Säften aufnehmen. De Jong [88] stellte fest, daß bei der Regenerierung von Asmit 259 mit 4%iger Kochsalzlösung farblose Komponenten und mit Kaliumpermanganat oxydierbare Stoffe früher frei werden als die Farbstoffe (*Abb. 5–37*).

Durch Ansäuern der Kochsalzlösung mit 1% H_2SO_4 stieg die Farbstoffdesorption. Dies erklärt de Jong damit, daß auf die Reaktion

$$R^+X^- + H^+Ac^- \rightleftharpoons R^+Ac^- + X^- + H^+$$

der Vorgang

$$H^+ + X^- \rightleftharpoons HX$$

folgt (X^- ist dabei das farbige Anion). Hierdurch verschiebt sich das Gleichgewicht nach rechts.

Eine Regenerierung des Harzes mit Lösungen von pH > 7 kann nicht vollkommen sein, weil die organischen Nichtzuckerstoffe sich dabei nur unvollständig (manche überhaupt nicht) freisetzen lassen. Ähnlich verhält es sich mit den anorganischen Ionen. Das Harz wird also allmählich mehr und mehr verunreinigt, seine Poren verstopfen sich durch Ballaststoffe. Derartiges ist auch vom Spodium bekannt, bei dem nicht einmal die Behandlung mit HCl, das Auskochen mit Sodalösung und ein Ausbrennen bei 400 °C die allmähliche Verminderung der Porosität verhindern kann. Die zunehmende Verschmutzung ist eine der Hauptursachen der Entwertung des Harzes, die normalerweise als Alterung bezeichnet wird.

Zur Befreiung des Harzes von Verunreinigungen führt man periodisch die Reaktivierung durch (auch energische oder tiefe Regenerierung genannt). Diese Operation hat den Zweck, die Bindungen zwischen dem Harz und den Nichtzuckerstoffen zu zerstören und auf diese Weise deren Entfernung zu ermöglichen. Dazu dient bei *schwach basischen und amphoteren Entfärbungsharzen* die Behandlung mit einer *starken Säure*, bei *stark basischen Harzen* wird ein *Oxydationsmittel* oder gleichfalls *starke Säure* angewendet.

1. Schwach basische und amphotere Entfärbungsharze

Die Reaktivierung ist besonders dann nötig, wenn das Harz mit NH_4Cl-Lösung aktiviert wurde. Es genügt, das Harz nach der Kampagne oder ein- bis zweimal während der Kampagne zu reaktivieren. Die Harze werden sehr stark mit anorganischen Stoffen beladen. TLUČHOŘ [47] fand, daß WOFATIT EZ nach 3 Kampagnen in einer Raffinerie etwa 40% anorganische Stoffe in der Trockensubstanz enthielt (*Tab. 5–20*).

Zur Reaktivierung des Harzes bewährte sich die Behandlung mit überschüssiger relativ starker Säure. Das verwendete Gefäß muß korrosionsgeschützt sein. Arbeitet man in nicht gummierten Stahlfiltern, so ist es nötig, das Harz z. B. in einen Holzbottich zu überführen. In das Reaktionsgefäß gibt man dann so viel etwa *13%ige Salzsäure* wie nach der chemischen Analyse zur Zersetzung der Ballaststoffe nötig ist und zusätzlich etwa 40—50 kg technische HCl/m^3 Harz, die dazu dient, die aktiven Gruppen in die Cl^--Form zu überführen. Bei den in *Tab. 5–20* angegebenen Verunreinigungen benötigt man z. B. etwa 420 kg technische Salzsäure für 1 m^3 Harz. Das Harz schüttet man langsam in die Säure, wobei die Masse sehr stark schäumt. Es entweichen CO_2 und übelriechende Gase, man füllt das Gefäß deshalb nur bis zur Hälfte mit dem Harz. Nach 24 Std. überprüft man, ob die überstehende Lösung noch sauer reagiert. Sie soll nach Beendigung der Reaktion noch mindestens 0,2 val/*l* Säure enthalten. Man spült das Harz gründlich mit Wasser und neutralisiert es mit 2%iger Natronlauge. Die Neutralisierung erfordert 24 Std.. Dabei soll gelegentlich gerührt werden. Man wäscht das Harz noch einmal aus und gibt es in das Filter zurück, das vorher teilweise mit 1%iger Natronlauge gefüllt wurde. Die Filter können in der Zwischenzeit, falls notwendig, instand gesetzt werden. Das Harz wird dann nur alkalisch regeneriert, aber nicht aktiviert. Nach der Reaktivierung werden noch große Farbstoffmengen desorbiert, die Eluate sind sehr dunkel und der Laugebedarf ist normalerweise erheblich größer, als es üblich ist (bis zu 13 m^3/m^3 Harz).

Einfacher ist es, *inhibierte Salzsäure* zu verwenden, wie es zuerst in Skřivany mit Erfolg erprobt wurde. Man braucht das Harz dann nicht auszubauen und vermeidet trotzdem Schäden an Filtern, Rohrleitungen und Armaturen. Gearbeitet wird mit Lösungen, die pro m^3 30—50 kg HCl und 3—5 kg Inhibitor enthalten. Vorzugsweise wird als inhibierender Zusatz technische Milchsäure benutzt, so daß keine physiologisch bedenklichen Substanzen mit dem Harz in Kontakt kommen.

Führt man nach jeder Kampagne eine derartige Reaktivierung im Filter durch, so braucht man das Harz nur alle drei Jahre auszubauen und, wie zuerst beschrieben, in separaten Gefäßen zu behandeln.

Tabelle 5-20: Verunreinigung des Wofatit EZ durch anorganische Stoffe nach drei Raffineriekampagnen

Muster Nr.	$Fe(OH)_3$ (%)	$CaCO_3$ (%)	$MgCO_3$ (%)	Trockensubstanz (%)
1	2,0	14,3	2,1	45,5
2	1,8	20,2	0,4	—
3	2,0	18,0	0,9	—

Reaktiviertes Harz zeigt eine Steigerung der Sorptionskapazität um 20—30%, so daß das Harz nach 3 Betriebsjahren und anschließender Reaktivierung ebenso gut entfärbt, wie nach der ersten Kampagne. Man kann annehmen, daß sich durch regelmäßig durchgeführte Reaktivierung die Lebensdauer des Harzes von 3 auf 5, evtl. sogar bis auf 8 Jahre verlängern läßt. Es müssen dann lediglich die durch Zerfall des Harzes entstandenen Verluste (maximal 12% jährlich) ersetzt werden. Die Reaktivierungskosten machen — unter den in der ČSSR herrschenden Bedingungen — weniger als 10% des Einkaufspreises für Wofatit EZ aus.

2. Stark basische Entfärbungs-Ionenaustauscher

Stark basische Harze werden ebenfalls bei der Entfärbung durch Salze und organische Stoffe blockiert [65]. Über die Beschaffenheit dieser Verunreinigungen wurde bereits im Kap. 5.2.4. berichtet. Durch diesen Vorgang sinkt die Entfärbungs- und die Austauschkapazität. Tanaka [89] stellte fest, daß nach 300 Zyklen, in denen Kläre mit der Farbe 1,66 °St in zwei hintereinander geschalteten Filtern entfärbt wurde, die Austauschkapazität des Amberlite IRA 401 S, das nur mit Kochsalz regeneriert wurde, im ersten Filter auf 52% und im zweiten auf 82% sank. In der ersten Stufe wurde dabei die Kläre um 78% entfärbt (auf 0,36 °St), in der zweiten um weitere 60% (auf 0,14 °St), insgesamt also um 91%. Suzuki [66] fand analog bei dem selben Harz einen Abfall der Austauschkapazität nach 240 Zyklen um 40%, einen Abfall der physikalischen Widerstandsfähigkeit um 10% sowie einen Anstieg der Dichte und ein Absinken der Quellung. Im Durchschnitt sank die Austauschkapazität in einem Zyklus um 0,14% (s. auch [65a]).

Die Reaktivierung führt man mit einer Säure (hauptsächlich HCl) oder mit der Lösung eines Oxydationsmittels, z. B. eines löslichen Hypochlorits, durch. Durch dieses Mittel sollen die Nichtzuckerstoffe gespalten und die Bindung zwischen dem Harz und den Ballaststoffen zerstört werden.

Weawer und Winger [29] empfehlen bei Amberlite IRA 401 S in Übereinstimmung mit dem Patent von Harding und Bruder [13b] für die Regenerierung und die Reaktivierung folgendes Verfahren: Das Harz wird mit NaCl-Lösung innerhalb von 30 min regeneriert ($a = 1{,}2\,h^{-1}$). Man verbraucht dabei 0,6 Volumina der Lösung, die auf 80 °C vorgewärmt wird. Die Lösung wird bei gleicher spezifischer Belastung 20 min und dann bei $a = 6{,}0\,h^{-1}$ 40 min ausgewaschen. Der Gesamtverbrauch an Wasser für das Auswaschen beträgt 4,5 m^3/m^3 Harz. Dann wird das Harz mit kaltem Wasser abgekühlt, da die oxydative Reaktivierung nur bei Temperaturen unter 32 °C vor sich gehen darf. Man benutzt eine 0,5%ige NaOCl-Lösung mit einem pH-Wert von etwa 10,5, die mindestens 1 Std. einwirken soll. Man verbraucht 20,5 m^3 Lösung pro m^3 Harz ($a \leqq 20\,h^{-1}$). Das Hypochlorit wird dann mit kaltem Wasser ausgewaschen. Anschließend erwärmt man das Harz mit warmem Wasser und wiederholt die Behandlung mit Kochsalzlösung und das Auswaschen. Schließlich spült man das Harz sehr schnell mit 0,5%iger Ammoniaklösung, um bei der Entfärbung den pH-Wert der Rohrkläre in den Grenzen von 6,8—7,2 zu halten. Dabei muß für sehr schnellen Durchfluß gesorgt werden, damit das Harz nicht in die OH^--Form übergeht. Man verbraucht dafür bis zu 2,68 *l* 30%ige Ammoniaklösung auf 1 m^3 Harz, d. h. maximal 160 *l* verdünnte Ammoniaklösung. Zum Schluß wird noch mit heißem Wasser rückgespült.

Die *oxydative Reaktivierung* führt man jeweils nach einigen Zyklen durch. Die Häufigkeit hängt von der Farbe der Klären und vom Typ der Farbstoffe ab. Bei einem neuen Harz plant man die Reaktivierung nach jedem 10. Zyklus, später nach jedem 7. Zyklus [29]. Kunin empfiehlt, nach jedem 25. Zyklus zu reaktivieren [90]. Lefévre und Childs [91] schlagen vor, nach jeder Desorption, die mit 5%iger Natronlauge oder mit Ammoniak durchgeführt werden soll, eine 0,25%ige NaOCl-Lösung anzuwenden. Nach Angaben der Firma IMACTI [72] reaktiviert man Asmit 261 folgendermaßen: Nach der üblichen Regenerierung mit NaCl, die einschließlich der Verlustzeiten 2—3 Std. dauert, und nach dem Abkühlen mit Wasser innerhalb einer Std. fließen in 2 Std. 1—2 Volumina 10%ige Kochsalzlösung mit 1% NaOCl durch das Filter. Dann wird eine Std. mit kaltem und 1—2 Std. mit warmem Wasser gespült. Anschließend wiederholt man die Regenerierung mit 10%iger Kochsalzlösung, die mit 0,5% Ammoniak alkalisiert ist. Rückspülen für 5 min beendet die Regenerierung, die insgesamt ca. 9—10 Std. dauert und 6—8 Volumina Wasser erfordert.

Die Nützlichkeit der oxydativen Reaktivierung ist zumindest umstritten.

Manche Autoren lehnen die oxydative Regenerierung ab. Sie stellt eine riskante Operation dar, bei der das Harz durch Oxydation der funktionellen Gruppen und des Skeletts angegriffen werden kann, was zu einer Verminderung der mechanischen Festigkeit und der Kapazität führt. Tatsächlich sank die Austauschkapazität von Amberlite IRA 401 S, Diaron SA 101, Duolite A 102 und Duolite A 40 nach der oxydativen Reaktivierung [92, 94]. Aus diesen Gründen bevorzugt man die *Reaktivierung mit HCl* [65d, 93, 95]. Die Oberfläche des Harzes wird dabei, wie elektronenmikroskopische Aufnahmen zeigen [65c], weniger korrodiert, und die Verunreinigung des Harzes ist geringer. Nach 400 Zyklen nahm die Austauschkapazität eines nur mit HCl reaktivierten Harzes um 44% ab, während ein Harz, das abwechselnd mit 0,5% NaOCl und 3,3% HCl reaktiviert wurde, 51% seiner Kapazität verlor. Bei letzterer Arbeitsweise stieg der Gehalt an anorganischen Stoffen im Harz um 16,7% an, während bei der HCl-Aktivierung sogar ein Rückgang um 4,4% festgestellt wurde. Im Harz sammelten sich Verbindungen von Eisen, Blei und Zinn an. Der Gehalt an Nickel und Mangan wurde dagegen geringer.

2,5 Volumina 1 n HCl beseitigen etwa 54% des blockierenden Eisengehaltes, während Hypochloritbehandlung keine derartige Wirkung hat.

Bei der Entfärbung von Rohrklären wurde AMBERLITE IRA 401 S stärker als DUOLITE A 101 oder DUOLITE A 101 D kontaminiert [92]. Die beiden letztgenannten Harze waren besser als DUOLITE A 102 und DUOLITE A 102 D [95]. Am leichtesten ließ sich DUOLITE A 101 regenerieren.

Nach unseren Laborerfahrungen wird das Entfärbungsvermögen von DEKOLOREX A5 oder AMBERLITE IRA 401 S nicht einmal durch Reaktivierung mit 5%iger HCl völlig wiederhergestellt. Die Wirkung ist nur kurzfristig. Dies gilt in verstärktem Maße bei den Polyaminharzen, wie z. B. DEKOLOREX A4. Es ist darum zweckmäßiger, von vornherein solche Harze zu wählen, die nur wenig Ballaststoffe aufnehmen [101].

5.3.6. *Der Aufwand an Wasser, Chemikalien und Zeit*

Der Bedarf an Wasser und Chemikalien und der Zeitaufwand sind äußerst wichtige technisch-ökonomische Parameter beim Regenerier- und Absüßprozeß. Bisher haben wir die Operationen einzeln diskutiert. Wir wollen jetzt die Erkenntnisse, die zu einem minimalen Verbrauch an Chemikalien und Wasser führen, zusammenfassen.

Der Zeitfaktor ist durch das notwendige Volumen der Regeneriermittel und durch die maximal mögliche spezifische Belastung in den einzelnen Abschnitten der Regenerierung gegeben. Er läßt sich nicht wesentlich beeinflussen.

Eine erhebliche Verminderung der Kosten läßt sich erreichen, wenn man die nur teilweise verbrauchten Regeneriermittel zurückbehält und erneut einsetzt (*Rezirkulation*). Außerdem muß beachtet werden, daß die Konzentration der Lösungen nicht über ein optimales Maß hinaus erhöht werden sollte.

Folgende Beispiele erläutern dies für den technischen Betrieb mit den wichtigsten Harztypen:

1. Schwach basische und amphotere Entfärbungs-Ionenaustauscher

In der ersten Betriebsanlage in Skřivany arbeitete man mit den Harzen WOFATIT E, DEKOLOREX A2 und DEKOLOREX AK 731 ohne Rezirkulation der Eluate und bei verhältnismäßig hohen Konzentrationen der Lösungen (vgl. *Tab. 5—17*). Die Verminderung der Laugekonzentration in Čakovice auf 0,5% senkte dort den

NaOH-Bedarf auf 49 kg/m³ Harz und auf 10 kg NaOH/kg*F* Farbstoffe gegenüber 36 kg/kg*F* in Skřivany, wo man mit einer 2,1 %igen Lauge arbeitete. Eine Rezirkulation der Eluate erspart gleichzeitig Chemikalien und Wasser. Die Möglichkeit der Rezirkulation ist aus der Form der Isoplane (*Abb. 5–21, Abb. 5–24, Abb. 5–27* und *Abb. 5–35*) ersichtlich. Nach Durdík und Lochman [74] arbeitet man am zweckmäßigsten folgendermaßen (*Tab. 5–21*):

Tabelle 5–21: Regenerierung mit teilweiser Rücknahme von Regeneriermitteln (Prosenice)

Nummer der Operation	Operation	Dauer (h)	Mittel (Reagens)	Verbrauch (m^3/m^3 Harz) Lösung	Wasser	Spez. Belastung (1/h)
1.	1. Rückspülen	0,5	Eluat von Op. 3	2	–	4
2.	1. Desorption	1,7	Eluat von Op. 4 + NaOH	2	–	1,2
3.	2. Desorption	1,7	Wasser + NaOH	2	2	1,2
4.	Auswaschen	1,7	Wasser	2	2	1,2
5.	2. Rückspülen	1,7	Eluat von Op. 6	2,5	–	1,5
6.	Aktivierung	2,3	zubereitetes Eluat von Op. 7 (+ NH_4Cl)	2,5	–	1,1
7.	Auswaschen	2,6	Wasser	3	3	1,2
8.	3. Rückspülen	0,3	Wasser	0,5	0,5	1,5
–	Regenerierung	11,5	–	16,5	7,5	1,4
9.	Absüßen	3,5	Wasser	3,5	3,5	1,0
	Passive Phase	15,0	–	20,0	11,0	1,3

Man teilt das Eluat bei der Desorption in 3 Teile, von denen der erste Teil die meisten Farbstoffe enthält und für eine Rezirkulation nicht geeignet ist. Dieser Teil wird verworfen. Der zweite Teil wird für das Rückspülen eines anderen Filters und der dritte als erste Fraktion bei der Desorption im nächsten Zyklus verwendet. Der Ablauf beim Auswaschen enthält weniger als 4 g*F*/m³ und wird zur Bereitung frischer Lauge benutzt.

Bei der Aktivierung enthält das Eluat annähernd 60 % des benutzten NH_4Cl, aber mehr als 0,1 % andere Aschebestandteile. Es wird zum zweiten Rückspülen vor der nächsten Aktivierung zurückgenommen, so daß das Harz mit dem doppelten Volumen Pufferlösung aktiviert wird. Das Eluat beim Auswaschen enthält rund 40 % des benutzten NH_4Cl und weniger als 0,1 % andere Aschebestandteile. Man benutzt es zur Herstellung frischer NH_4Cl-Lösung.

Bei der Regenerierung mit 0,8 %iger Natronlauge und 0,5 %iger NH_4Cl-Lösung nach dem in *Tab. 5–21* angegebenen Schema haben wir, berechnet auf 1 m³ Harz, folgenden Verbrauch: 7,5 m³ Brüdenwasser, 25 kg NaOH, 12,5 kg NH_4Cl und 3,8 kg 30 %ige Salzsäure [78].

Alle Absüßen kommen zur Klärebereitung in die Auflösepfannen.

Die ganze passive Phase kann durch eine geringe Erhöhung der Strömungsgeschwindigkeit auf 12 Stunden verkürzt werden.

Durch diese Art der Regenerierung sank der Verbrauch an Wasser und Chemikalien auf 40%. Man mußte zwar 5 neue Tanks installieren, die Ersparnisse sind aber trotzdem erheblich. Über den Verbrauch an Regeneriermitteln bei den einzelnen Arbeitsmethoden informiert die *Tab. 5–22*:

Tabelle 5–22: Bedarf an Regeneriermitteln und an Wasser (in Prozenten auf das Gewicht der erzeugten Raffinade bezogen)

Regeneriermittel	Typ des Entfärbungs-Ionenaustauschers Wofatit E [20]	Wofatit EZ [78]	Amberlite IRA 401 S [44]	Amberlite IRA 401 S [29]	Asmit 261 [72]
NaOH	0,15	0,1–0,2	–	–	–
techn. HCl	0,20	–	–	–	–
NH_4Cl	–	0,04–0,06	–	–	–
NaCl	–	–	0,32	0,55	0,25
Wasser	100	45	10	30	12
Bemerkung (Zuckerfabrik)	Ohne Lösungsrücknahme (z. B. Halle)	Mit Lösungsrücknahme (z. B. Skřivany)	Entfärbung 60%, lange Entfärbungsperiode (z. B. Prosenice)	Entfärbung 80%, kurze Entfärbungsperiode (z. B. Shibaura)	

Bei Wofatit EZ setzt man voraus, daß die passive Phase 16 und die aktive 60–72 Std. dauert, wie es den Verhältnissen in einer Raffinerie entspricht, wo die Farbe der ersten Kläre unter 2 °St, die der zweiten Kläre bei 5–8 °St und die der dritten Kläre bei bis zu 20 °St liegt.

Die *Abwässer* der Ionenaustauscheranlagen sind alkalisch oder neutral, weil der Anteil der sauren Lösungen immer geringer ist. Man mischt sie mit anderen Abwässern. Die gesamte Abwassermenge ist kleiner als bei der Anwendung von Spodium, und die Abwässer belasten den Vorfluter weniger.

2. Stark basische Entfärbungs-Ionenaustauscher

Der Wasserbedarf und der Zeitaufwand sind bei diesen Harzen kleiner als bei allen anderen. Die ganze passive Phase erfordert bisweilen nur 3 Std., maximal 5 Std., wenn die aktive Phase sehr lange gedauert hat oder wenn sehr stark gefärbte Lösungen behandelt wurden. Der Aufwand bei der Reaktivierung ist allerdings größer. Dann dauert die passive Phase etwa 10 Std., so daß es sich empfiehlt, diese Operation mit einer Betriebsunterbrechung (z. B. dem Wochenende) zusammenfallen zu lassen oder im Arbeitsharmonogramm mit einer entsprechenden Zeitreserve zu rechnen.

5.4. Die Entfärbung der Zuckerlösungen

In der Zuckerindustrie entfärbt man mit Hilfe von Ionenaustauschern *Dünnsaft, Dicksaft und Klären.* Die Klären haben in verschiedenen Fabriken sehr abweichende Qualität. Man hat helle, mit einem kleinen Nichtzuckergehalt und einem Reinheitsquotienten von 99—100%, aber auch sehr dunkle aus teilweise affinierten Nachprodukten stammende Klären mit einem Reinheitsquotienten unter 95%.

Am meisten beschäftigt man sich mit der *Entfärbung hochwertiger Klären* in Raffinerien. Die Entfärbung von Säften verbreitete sich erst nach der Entwicklung der sehr resistenten stark basischen Harze. Eine besondere Art der Anwendung stellt die vollständige oder fast vollständige Entfärbung der reinsten Klären dar, die dann zu den sogenannten flüssigen Zuckern verarbeitet werden. Diese Produkte sollen nicht kristallisieren. Ein Gehalt an Invertzucker ist also günstig.

Natürlich weichen die technologischen Resultate, die mit Zuckerlösungen unterschiedlicher Eigenschaften erzielt werden, stark voneinander ab. Darum soll die Entfärbung der einzelnen Typen von Lösungen getrennt behandelt werden. Zuerst ist es jedoch nötig, sich mit dem Einfluß der Betriebsbedingungen auf die Entfärbung ganz allgemein vertraut zu machen.

5.4.1. Die Arbeitsbedingungen bei der Entfärbung

Die aktive Phase des Zyklus gliedert sich in zwei Abschnitte: Das *Ansüßen* des Filters und die eigentliche *Entfärbung.*

Beim *Ansüßen* verdrängt die Zuckerlösung das Wasser aus dem Filter. Handelt es sich um Kläre oder um Dicksaft, d. h. um Lösungen, deren Dichte wesentlich über der des Wassers liegt, so mischen sich die beiden Flüssigkeiten im oberen freien Raum des Filters. Es entsteht eine verdünnte Zuckerlösung, deren Trockensubstanzgehalt bei 35 °Bx liegt. In der Harzschicht findet nur eine beschränkte Vermischung statt. Läßt man vorher das Wasser aus dem freien Raum des Filters ab, so kann man das Volumen der verdünnten Zuckerlösung um etwa 70% des freien Filtervolumens vermindern. Man kann Druckluft anwenden, um diesen Vorgang zu beschleunigen. Der Verlauf der Ansüßkurven für beide Arbeitsweisen ist in der *Abb. 5–38* gezeigt [96].

Im weiteren Verlauf des Ansüßens verdrängt die Zuckerlösung das Wasser aus dem Zwischenkornvolumen und den Körnern. Es kann vorkommen, daß die Harzkörner zunächst in der Kläre schwimmen. Beispielsweise hat Asmit 259 bei 20 °C eine scheinbare Dichte von 1,121, wenn es mit Wasser gesättigt ist. Nach der Sättigung mit Kläre (Dichte 1,246) nimmt seine scheinbare Dichte den Wert von 1,338 an, der nur etwa 7% über dem Wert für die Dichte der Kläre liegt [25b].

Die verdünnten Zuckerlösungen (bis zu 50–55 °Bx) fließen in die Auflösepfannen (mindestens ein Harzvolumen), die weiteren Anteile werden dann mit der entfärbten Lösung verarbeitet. Entfärbt man Dünnsaft, so vernachlässigt man die Verdünnung und behandelt die Ansüße nicht gesondert.

Die eigentliche *Entfärbung* der Zuckerlösung verläuft bis zu dem Zeitpunkt, zu dem in der entfärbten Lösung der vorgegebene Grenzwert der Farbstoff-

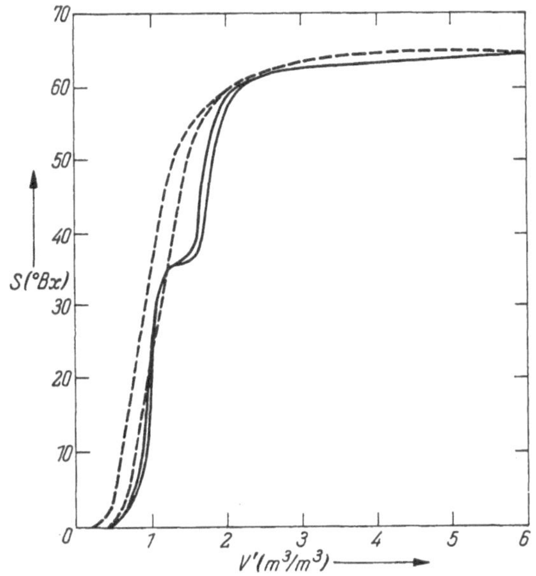

Abb. 5–38: Ansüßen der Filter [96]

V' – Klärevolumen; S' – Trockensubstanzgehalt im Auslauf; *Vollinien:* Wasser oberhalb des Harzes wurde nicht abgelassen; *gebrochen:* Wasser oberhalb des Harzes wurde abgelassen; Gebrochenes Harz, $V_H = 1{,}5\ m^3$, $L = 1{,}8\ m$, $a = 0{,}6\ h^{-1}$

konzentration auftritt. Normalerweise arbeitet man nach einem Zeitharmonogramm und schaltet das Filter nach einer gewissen Zeit ab. Weil aber dieser Zeitabschnitt (die Dauer der aktiven Phase) damit konstant ist, wird die Entfärbung im Laufe der Zeit schlechter. Dieses Problem soll später noch behandelt werden.

Wie bereits im Kap. 5.1.4. erwähnt wurde, üben zahlreiche Faktoren einen Einfluß auf die Entfärbung der Lösung aus. Im Kap. 5.2. wurden die Faktoren behandelt, die auf die Farbstoffaufnahme wirken, im Kap. 5.3. wurden die Einflüsse der Regenerierung diskutiert. In diesem Kapitel sollen die Hauptbedingungen für einen erfolgreichen Betrieb und die technologischen Folgerungen erörtert werden. Wir gehen dabei hauptsächlich vom Kap. 5.2. aus.

Die Zuckerlösungen müssen unbedingt *exakt filtriert* werden. Als Filtrationshilfsmittel haben sich vor allem Kieselgur und Aktivkohle bewährt. Es genügt, eine regenerierte Aktivkohle anzuwenden. Je vollkommener die Vorfiltration ist, desto bessere Resultate erzielt man bei der Entfärbung. Diese Tatsache kann gar nicht überbewertet werden, weil der Wirkungsgrad des Harzes und damit die gesamte Ökonomie des Verfahrens durch die Vorfiltration entscheidend beeinflußt werden (s. auch Kap. 5.2.4.). Eine Nachfiltration ist jedoch in den meisten Fällen nicht notwendig.

Man muß auf die Einhaltung einer *Temperatur* von 80—85 °C achten. Dadurch wird die Adsorptionsgeschwindigkeit erhöht und die aufgenommene Farbstoffmenge wächst. Die Viskositätserniedrigung bewirkt außerdem eine Herabsetzung des Strömungswiderstandes.

Es ist empfehlenswert, in der Anlage automatisch regulierte Vorwärmer zu installieren. Dünnsaft wird dagegen ohne Vorwärmung bei der Temperatur entfärbt, die er nach dem Auskochen und der Filtration (evtl. nach der Schwefelung) hat. Sie liegt bei etwa 90 °C.

Bei diesen Temperaturen können auch Lösungen von ungefähr 65 °Bx Trockensubstanzgehalt gut entfärbt werden. Wie aus der *Tab. 5–23* [97] hervorgeht, erhöht der Abfall der Temperatur um 10 °C die Viskosität in dem gleichen Maße, wie ein Anstieg des Trockensubstanzgehaltes um 5 °Bx. Die Farbstoffaufnahme wird dementsprechend beeinflußt (s. Kap. 5.2.3. und 5.2.6.). Als informative Regel kann gelten, daß die Viskosität 10 cP nicht übersteigen soll.

Eine wichtige Kenngröße, die nicht nur den Entfärbungsgrad der Lösungen, sondern auch die ganze Auslegung der Anlage und dadurch die Ökonomie des Betriebes beeinflußt, ist die *Strömungsgeschwindigkeit* der Lösung im Filter. Will man die gegebene Kapazität des Harzes möglichst wirtschaftlich ausnutzen, so ist es nötig, die höchste Strömungsgeschwindigkeit anzuwenden, die bei der jeweiligen Sorptionsgeschwindigkeit möglich ist. Die Sorption geht allerdings ziemlich langsam vor sich (s. Kap. 5.2.6.), so daß eine relativ lange Berührungszeit und damit ein recht langsamer Durchfluß eingehalten werden muß. Zur Charakterisierung der Durchflußgeschwindigkeit benutzt man eine der folgenden Größen:

Filtrationsgeschwindigkeit, das ist die Durchflußgeschwindigkeit durch die freie Filterfläche (w),

Durchflußgeschwindigkeit durch die Harzschicht (u),

spezifische Belastung (a),

Berührungszeit (τ_k).

Ist das Zwischenkornvolumen ε(1), die Schichthöhe L(m) und der Querschnitt des Filters F(m²), dann hängen die angegebenen Größen folgendermaßen zusammen:

$$a = \frac{V_L}{V_H \tau} = \frac{\dot{V}}{V_H} = \frac{V'}{\tau}, \ (\text{m}^3/\text{m}^3 \cdot \text{h oder } 1/\text{h}) \qquad (5\text{–}43)$$

$$w = \frac{V_L}{F \cdot \tau} = L \cdot a \quad \text{(m/h)} \tag{5-44}$$

$$u = \frac{w}{\varepsilon} \quad \text{(m/h)} \tag{5-45}$$

$$\tau_k = \frac{L}{u} = \frac{\varepsilon}{a} \quad \text{(h)}. \tag{5-46}$$

Dabei ist $V_L/\tau = \dot{V}$ das Durchflußvolumen der Lösung (m^3/h) und $V'_L = V_L/V_H$ das relative Volumen der durchgeflossenen Lösung bezogen auf die Volumeneinheit des Harzes (m^3/m^3, also dimensionslos).

Das Zwischenkornvolumen liegt je nach dem Harztyp, der Filterfüllung und anderen Bedingungen zwischen 0,30 und 0,35. Für Überschlagsberechnungen rechnet man vorteilhaft mit dem Wert 0,33.

Tabelle 5–23a: Dynamische Viskosität der Zuckerlösungen (in $cP = 10^{-3}$ kg/m · s)

Temperatur	Trockensubstanzgehalt (°Bx)			
(°C)	15	60	65	70
60	0,69	9,8	17,8	39,1
70	0,59	7,0	12,4	25,1
80	0,51	5,2	9,0	16,9
85	0,48	4,5	7,8	14,2
90	0,46	4,0	6,7	12,1

Tabelle 5–23b: Kinematische Viskosität der Zuckerlösungen (in St = $10^{-4}m^2/s$)

Temperatur	Trockensubstanzgehalt (°Bx)			
(°C)	15	60	65	70
60	0,0066	0,078	0,137	0,295
70	0,0057	0,056	0,096	0,190
80	0,0049	0,042	0,070	0,129
85	0,0047	0,036	0,061	0,108
90	0,0045	0,032	0,052	0,093

Meist benutzt man zur Charakterisierung der Strömungsgeschwindigkeit die spezifische Belastung oder die Durchflußgeschwindigkeit.

Den Rückgang des Entfärbungsgrades mit zunehmender spezifischer Belastung zeigt *Abb. 5–39* [45].

Eine eindeutige Beziehung für diesen Zusammenhang konnte bisher noch nicht abgeleitet werden. Bei der Entfärbung mit Polyaminharzen kann man in einigen Fällen bei einer Erhöhung der spezifischen Belastung um 1 h^{-1} (in den Grenzen von 3—6 h^{-1}) mit einem Abfall der relativen Entfärbung von etwa 7% rechnen

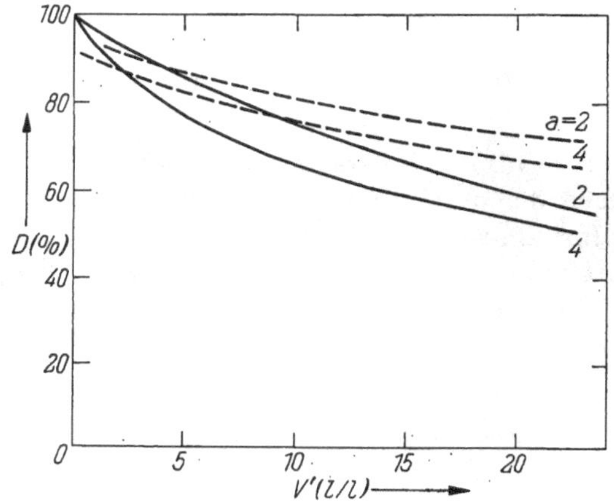

Abb. 5-39: Einfluß der spezifischen Belastung auf die relative Entfärbung der Kläre [45]
V' – Volumen der Kläre; *D* – relative Entfärbung. Bei den Kurven ist die spezifische Belastung (in h^{-1}) angegeben. *Vollinien:* Amberlite IRA 401 S, *gebrochen:* Asmit 259. Temperatur: 80 °C

[44, 70]. In *Tab. 5-24* sind Betriebswerte angegeben, die Čikin und Mitarbeiter [27] bei der Entfärbung einer Kläre von 7—7,7 °St und 62—65 °Bx mit dem Polyaminharz AV 16 G fanden.

Tabelle 5-24: Einfluß der spezifischen Belastung (a) auf die relative Entfärbung der Kläre (D) durch den Entfärbungs-Ionenaustauscher AV-16G [27] (Schichthöhe = 1 m, Harzvolumen V_H = 0,385 m^3)

a (1/h)	w (m/h)	V'_L (l)	D (%)
1,0	1,0	125	76,5
1,5	1,5	84	67,8
2,0	2,0	80	67,0

Mit steigender *Basizität des Harzes* steigt auch die höchstzulässige spezifische Belastung. Amberlite IRA 401 S konnte beispielsweise mit einer 4—4,5mal höheren spezifischen Belastung als Polykondensatharze betrieben werden, wobei der gleiche Entfärbungsgrad eingehalten wurde [22].

Die Kontaktzeit ist auch von der Farbe der Lösung, ihrer Reinheit und dem gewünschten Entfärbungsgrad abhängig.

Bei der Behandlung sehr heller Klären mit schwach basischen oder amphoteren Harzen hält man vorteilhaft eine spezifische Belastung von 0,5—1,5 h^{-1} (am günstigsten 1 h^{-1}) ein. Bei der Anwendung stark basischer Harze sind Werte von 4—6 h^{-1} möglich [28, 29], normalerweise werden aber 2—4 h^{-1} angewendet. Bei stark gefärbten Klären oder bei Dicksaft empfiehlt es sich, den Wert 3 h^{-1} nicht zu überschreiten [99], meist wird der Wert 1—1,5 h^{-1} eingehalten [26b].

Die Dünnsaftentfärbung verläuft auch bei sehr hohen spezifischen Belastungen noch gut. Bei AMBERLITE IRA 401 S werden bis zu 40 h^{-1} angewendet.

Die Erhöhung der Strömungsgeschwindigkeit hat eine Erhöhung des Druckverlustes zur Folge, die bei hohen Geschwindigkeiten größer ist, als es einer linearen Proportionalität zwischen beiden Größen entsprechen würde. Die Harzschicht ist nämlich elastisch und wird darum bei hohen Strömungsgeschwindigkeiten zusammengepreßt, wodurch sich das Zwischenkornvolumen verkleinert.

Mit der Erhöhung der Strömungsgeschwindigkeit verbreitert sich auch die arbeitende Zone und die Steigung der Sorptionsisoplane wird ungünstig beeinflußt.

Auch bei ganz niedrigen spezifischen Belastungen brechen die Farbstoffe oft sofort nach dem Ansüßen ins Eluat durch. Dies ist besonders bei schwach basischen und amphoteren Harzen der Fall. Diese Erscheinung läßt sich durch eine große *Schichthöhe* einigermaßen vermeiden. Bei zu niedrigen Schichthöhen kommt es außerdem leicht zur Kanal- oder Rinnsalbildung, wodurch der Wirkungsgrad des Harzes vermindert und die Ausnutzung der Regenerieragentien verschlechtert wird. Die Schichthöhe soll darum nicht unter 0,5 m liegen, bei stark basischen Harzen beträgt sie normalerweise 1,2—1,6 m. In der Zuckerfabrik Kawasaki arbeitet man bei stark basischem Harz sogar mit einer Schichthöhe von 3,2 m [94]. Auch bei amphoteren Harzen erzielt man bei Schichthöhen von 3—3,5 m bessere Resultate.

Für den Zusammenhang zwischen relativer Entfärbung D (%) und Schichthöhe L(m) kann man folgende Gleichung schreiben:

$$\log D = k_7 \cdot \log L + \log b_7. \qquad (5\text{–}47)$$

Sie gilt nur in einem Intervall $\Delta L \leqq 1$ m. Die Koeffizienten sind von den Versuchsbedingungen abhängig. Aus Versuchen mit dem Anionenaustauscher AV 16 G kann man z. B. die Werte $b_7 = 76$ und $k_7 = 0{,}25$ ableiten, so daß die Gleichung folgendermaßen geschrieben wird:

$$\frac{dD}{dL} = \frac{1}{4} \cdot \frac{D}{L}. \qquad (5\text{–}48)$$

Der Einfluß der Steigerung der Schichthöhe über 3 m ist unbedeutend.

Durch *Hintereinanderschalten von zwei Filtern* erreicht man eine bessere Ausnutzung des Harzes. Man braucht dann nur das erste, stärker erschöpfte Filter zu regenerieren und kann das weniger erschöpfte bei der nächsten Entfärbung vor das regenerierte schalten. Im Prinzip ist dies also nur eine Aufteilung der

Harzsäule in zwei Hälften. TANAKA [89] führte im Labor 300 Zyklen mit AMBERLITE IRA 401 S durch, wobei eine Kläre von 1,66 °St in zwei hintereinander geschalteten Filtern entfärbt wurde. Im ersten Filter wurden dabei 86% und im zweiten nur 14% der insgesamt aufgenommenen Farbstoffmenge adsorbiert. Die Gesamtentfärbung belief sich auf 91,3%. Ähnliche Ergebnisse wurden in der Zuckerfabrik Witaszyce erzielt [25b], wo das erste Filter, das mit ASMIT 259 beschickt war, bei der Entfärbung einer Kläre von 14,4 °St 78% der Farbstoffmenge aufnahm. Bei konstanter Strömungsgeschwindigkeit werden also von der ersten Hälfte der Harzschicht annähernd 80% der Gesamtmenge der Farbstoffe aufgenommen.

In diesen Fällen hat k_7 unter Laborbedingungen einen Wert von 0,61 und unter Betriebsbedingungen bei der Entfärbung erheblich dunklerer Klären den Wert 0,36.

Auch der *regelmäßige Betrieb* der Anlage und der gleichmäßige Durchfluß der Lösungen hat eine gewisse Bedeutung für einen guten Entfärbungseffekt. Besonders bei m-Phenylendiaminharzen ist auch die *Alkalität* wichtig. Der pH-Wert der zu entfärbenden Lösung soll im Interesse einer guten Entfärbung 8,5 nicht übersteigen.

Bei der Regenerierung ist besonders die *Aktivierung* wichtig (s. Kap. 5.3.4.). Die Einstellung eines amphoteren Entfärbungsharzes auf einen niedrigen pH-Wert hat zwar eine erhöhte Entfärbung zu Beginn des Zyklus zur Folge, der Effekt geht aber schnell zurück. Gleichzeitig kommt es zur Saccharoseinversion. Diese Arbeitsweise läßt sich also für hochwertige Klären nicht anwenden. Dagegen bereitet ein richtig aktiviertes Harz (Aktivierung mit NH_4Cl-Lösung, $pH_0 - pH_a < 1-2$) keine Schwierigkeiten. Der pH-Wert der Kläre sinkt dann höchstens um 0,1 pH-Einheiten. Wir haben allerdings auch pH-Senkungen der Kläre um 0,3–0,4 Einheiten beobachtet, die durch Veränderung der Aktivierungsbedingungen nicht zu beseitigen waren. Diese Erscheinung war auf die ungenügende thermische Stabilität der Nichtzuckerstoffe in der Kläre zurückzuführen, die auch ohne Kontakt mit dem Entfärbungsharz bei 80 °C langsam saurer wurde.

Ein geringer pH-Abfall in der entfärbten Lösung kann auch bei stark basischen Entfärbungs-Ionenaustauschern beobachtet werden. Durch Austauschadsorption gehen nämlich die Salze der schwachen organischen Säuren in Chloride über, die nicht hydrolysieren, also nicht alkalisch reagieren. Die Verschiebungen sind aber nur sehr klein, weil die Konzentration dieser Salze normalerweise gering ist. Regeneriert man solche Harze nur mit Natronlauge, so steigt der pH-Wert des Eluates etwas an. Diese Regenerierung setzt aber die Lebensdauer des Harzes herab und wird darum nicht benutzt.

Der Entfärbungsgrad hängt auch von der *Konzentration der Farbstoffe* ab. Er sinkt bei stärker gefärbten Klären, wobei aber die Absolutmenge der aufgenommenen Farbstoffe zunimmt. Die bereits im Kap. 5.2.1. gemachten Angaben sollen hier noch durch die in *Tab. 5–25* angegebenen Werte über die Entfärbung der ersten Kläre ergänzt werden.

Die relative Entfärbung sinkt während der Entfärbungsperiode, d. h. sie wird

Tabelle 5-25: Adsorbierte Farbstoffmenge bei verschiedener Farbe der Kläre (Wofatit E unter Betriebsbedingungen)

Farbe der unentf. Kläre	c_{F0} (°St)	1,22	2,02	2,51	3,28	4,03
Farbe der entfärbten Kläre	c_{F1} (°St)	0,34	0,65	0,88	1,30	1,52
Adsorbierte Farbstoffmenge	$\Delta B_c'$ (gF/l)	0,88	1,37	1,63	1,98	2,51
Gesamtentfärbung	D_c (%)	72	68	65	60	62

mit steigendem Volumen der entfärbten Zuckerlösung geringer (*Abb. 5-40* und *5-41*).

Diesen Zusammenhang kann man nicht verallgemeinern, es ist aber klar, daß er bei gegebenen Verhältnissen jeweils durch eine aus stetigen Abschnitten zu-

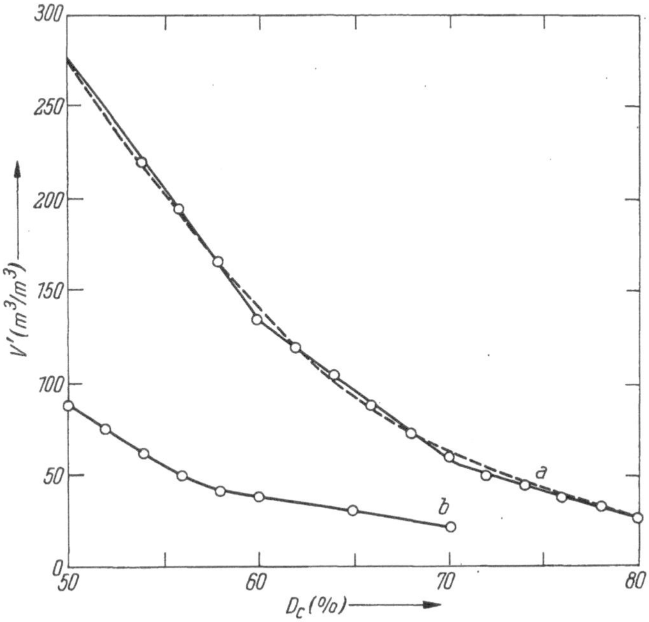

Abb. 5-40: Zusammenhang zwischen der Gesamtentfärbung D_c und dem Volumen der durchgeflossenen Kläre V' [100]

a Anlage in Čakovice, (2. Kläre), *b* Anlage in Skřivany (1. Kläre); Parameter s. *Tab. 5-32* und *Tab. 5-33*

sammengesetzte Kurve dargestellt werden kann [100]. Unter gewissen Betriebsbedingungen galten bei Wofatit E folgende Beziehungen:

a) In Skřivany (Durchschnitt des 10. bis 20. Zyklus):

$$V' = 140 - 1{,}7\,D_c \ldots 60 < D_c < 70, \qquad (5\text{-}49a)$$

$$V' = 428 - 6{,}8\,D_c \ldots 45 < D_c < 55. \qquad (5\text{-}49b)$$

b) In Čakovice (Durchschnitt des 3. bis 9. Zyklus):

$$V' = 274 - 3{,}1\,D_c \ldots 71 \leqq D_c \leqq 80, \qquad (5\text{–}49c)$$

$$V' = 591 - 7{,}6\,D_c \ldots 60 \leqq D_c \leqq 71, \qquad (5\text{–}49d)$$

$$V' = 1\,000 - 14{,}4\,D_c \ldots 50 \leqq D_c \leqq 60, \qquad (5\text{–}49e)$$

oder allgemein:

$$V' = b_8 - k_8 \cdot D_c. \qquad (5\text{–}50)$$

Dabei ist D_c die relative Entfärbung des gesamten Volumens V'. Beschränkt man sich auf das Gebiet der Volumina, in denen $D_c \leqq 60\%$ erzielt wird, dann kann zu Informationszwecken die folgende Formel angewendet werden:

$$\frac{\Delta D_c}{\Delta V'} \doteq -0{,}1. \qquad (5\text{–}51)$$

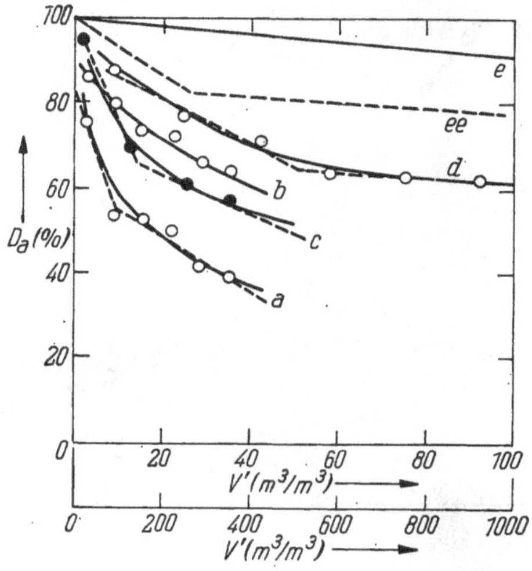

Abb. 5–41: Zusammenhang zwischen der augenblicklichen Entfärbung D_a und dem Volumen der durchgeflossenen Lösung V'

Nähere Angaben

Kurve	Entfärbungs-Ionenaustauscher	Ausgewertete Zyklen	Farbe (°St)	Spez. Belastung h^{-1}	Literatur
a	Dekolorex 2	11.–16.	4,7	0,8	[78]
b	Wofatit EZ	5.– 9.	3,7	0,7	[78]
c	Asmit 259	5.	29,8	0,9	[25b]
d	Dekolorex A 4	8.–12.	8,5	0,8	[78]
e	Amberlite IRA 401 S	1.	5,3	1,2	[77]
ee	wie Kurve *e*, es gilt aber die untere Skala $V' < 0; 1000 >$				[77]

Ein Unterschied in der Entfärbung um $\pm 1\%$ kann praktisch vernachlässigt werden, bedeutet aber eine Verlängerung bzw. Verkürzung der aktiven Phase um 10 Std., wenn man eine spezifische Belastung von 1 h^{-1} annimmt. Daraus geht hervor, daß bei einer gleichmäßigen Qualität der Kläre Schwankungen der

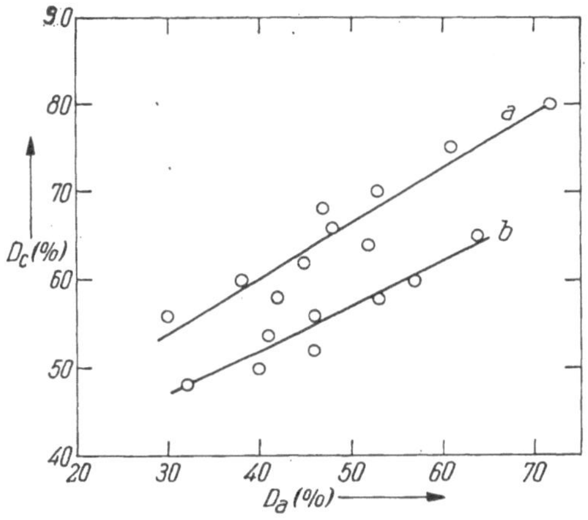

Abb. 5–42: Zusammenhang zwischen der augenblicklichen D_a und der gesamten Entfärbung D_c unter Betriebsbedingungen [100]

a Anlage in Čakovice; *b* Anlage in Skřivany I; Parameter s. *Tab. 5–31 bis 5–33*

Dauer der aktiven Phase um mehrere Stunden die erzielte durchschnittliche Entfärbung nicht wesentlich beeinflussen.

Als Anzeichen für den *Schluß der aktiven Phase* benutzt man auch den augenblicklichen Wert des Entfärbungsgrades D_a. Dieser Wert ist eigentlich ein Maß für die Ermittlung des Volumens V'. Bei c_{F0} = konst. ist natürlich immer

$$D_c \geqq D_a. \tag{5–52}$$

Dabei bezieht sich die Gleichheit auf den Zeitabschnitt am Anfang der Entfärbung. Vorübergehend kann es auch geschehen, daß D_c kleiner ist als D_a. Das ist dann der Fall, wenn die Farbe in der unbehandelten Lösung plötzlich zunimmt, weil man bei der Berechnung des Wertes der augenblicklichen Entfärbung die Aufenthaltszeit der Lösung im Filter nicht berücksichtigt. Unter konstanten Bedingungen besteht zwischen D_a und D_c folgende Beziehung:

$$D_c = k_9 \cdot D_a + b_9. \tag{5–53}$$

Dabei gilt für die Bedingungen in Čakovice: $k_9 = 0{,}6$ und $b_9 = 36$, in Skřivany $k_9 = 0{,}5$ und $b_9 = 32$ (vgl. auch *Abb. 5–42*).

Wir können also schließen, daß das Volumen der behandelten Kläre in gewissen Grenzen eine lineare Funktion der augenblicklichen Entfärbung ist. In Čakovice gilt beispielsweise:

$$V' = 322 - 4{,}7 \cdot D_a \ldots 40 \leqq D_a \leqq 55 \qquad (5\text{–}54)$$

Benutzt man als Kriterium für das Sorptionsvermögen des Entfärbungsharzes das Volumen der Lösung, das bis zum Auftreten der augenblicklichen Entfärbung D_a, z. B. 50%, verarbeitet wurde, so kann man auch den Wert

$$D_c = 50\, k_9 + b_9 \qquad (5\text{–}55)$$

oder

$$V' = b_8 - 50\, k_8 k_9 - b_9 \doteq b_8 - 50\, k_8 k_9 \qquad (5\text{–}56)$$

bestimmen ($b_9 \ll b_8$). Die drei Veränderlichen V', D_a und D_c sind einander gleichwertig.

Die relative Entfärbung in einem Zyklus sinkt bei den Harzen auf Basis vernetzten Polystyrols am langsamsten. Man kann bei der Verarbeitung von 600 bis 800 Volumina Kläre von 4—5 °St eine Entfärbung von 70% erreichen. Wofatit EZ entfärbt unter den gleichen Bedingungen nur etwa 60—70 Volumina Kläre. Polymerisationsharze haben auch die größte Sorptionskapazität, so daß man sagen kann, daß im Verhältnis zu *amphoteren Entfärbungsharzen* die *Polyaminharze* ein etwa 5—7 und die *Polymerisatharze* ein zehn- bis zwanzigmal größeres Entfärbungsvermögen besitzen.

5.4.2. Die Alterung der Entfärbungs-Ionenaustauscher

Die Entfärbungsleistung aller Adsorbentien, die in der Zuckerindustrie verwendet werden, nimmt im Laufe wiederholter Zyklen ab. Dies ist auch bei Aktiv- und Knochenkohle der Fall, wo nicht einmal die thermische Regenerierung die volle Leistungsfähigkeit wiederherstellen kann. Dadurch sinkt das Volumen der Zuckerlösung, die auf einen gewünschten Grad entfärbt wird, oder man muß sich mit einem geringeren Entfärbungsgrad zufrieden geben, wenn man das Volumen der entfärbten Lösung pro Zyklus konstant hält.

Die Abnahme des Entfärbungsvermögens wird bei den Ionenaustauschern durch verschiedene Veränderungen verursacht, die man zusammenfassend als Alterung bezeichnet. Die Ursachen der Alterung wurden bereits im Kap. 3.4. erörtert. Sie äußert sich vor allem durch die Abnahme des *Entfärbungsvermögens*, daneben aber auch durch eine Abnahme der *mechanischen Festigkeit.*

Der Alterung unterliegen alle Entfärbungs-Ionenaustauscher [25, 43, 65, 66, 82, 92, 101, 102, 103]. Die *Entfärbungsfähigkeit* sinkt vor allem bei Harzen auf Basis m-Phenylendiamin am schnellsten in den ersten Zyklen, wie aus den Werten für die von 1 l Wofatit E bei Behandlung einer ersten Kläre mit 2 gF aufgenommene Farbstoffmenge ersichtlich ist:

Zyklenzahl	1	3	5	9	10	12	15	20
$\Delta B_c'$ (gF/l Harz)	2,00	1,88	1,35	1,20	0,94	1,02	1,08	1,09

Die Kapazität stabilisiert sich also nach 5—10 Zyklen auf etwa 50—55% des ursprünglichen Wertes, wenn man fordert, daß die augenblickliche Entfärbung der Kläre (c_{F0} = 10 °St) nicht unter 50% sinkt [96, 104].

Wesentlich beständiger ist die Kapazität der stark basischen Ionenaustauscher auf Basis vernetzten Polystyrols (*Abb. 3–53*), [103], *Tab. 5–26*).

Angaben über die Alterung von Asmit 259 unter Betriebsbedingungen sind in der *Tab. 5–27*, [25b], zusammengestellt.

Durch die Alterung sinkt auch die *Adsorptionsgeschwindigkeit*. Bei Asmit 259 ging sie bei Belastung des Harzes mit 6,5 gF/l vom 2. bis zum 25. Zyklus auf 55% zurück [25b].

Der Verlust an *mechanischer Festigkeit* hat einen Zerfall der Körner zur Folge, wie aus den *Tab. 5–28* [105] und *5–29* ersichtlich ist [47, 77].

Tabelle 5–26: Veränderung der Gleichgewichtsentfärbung (D_s, %) verschiedener Entfärbungs-Ionenaustauscher nach 100 Zyklen im Labor

Entfärbungs-Ionenaustauscher	D_s (%) vor dem 1. Zyklus	D_s (%) nach 100 Zyklen	Abnahme der Entfärbung absolut (%)	Abnahme der Entfärbung relativ (%)
Asmit 259	93,6	11,8	82	87
Asmit 224	84,9	33,8	51	60
Dekolorex A4	85,1	26,5	59	69
Dekolorex A5	90,5	50,2	40	44
Amberlite IRA 401 S	91,8	17,0	75	82
Amberlite XE 168	84,6	77,4	7	8

Tabelle 5–27: Veränderung der Farbbindekapazität von Asmit 259 nach zahlreichen Betriebszyklen [25b]

c_{F0} (°St)		Zyklen 0—3	3—21	21—24	24—27	27—30	30—40
29,8	D_a (%)	95	70	56	57	69	57
	D_c (%)	95	73	71	70	70	66
		Zyklen 0—3	**3—10**	**10—12**	**12—28**		
18,9	D_a (%)	87	84	85	58		
	D_c (%)	87	85	85	68		

Tabelle 5–28: Veränderung des Gleichmäßigkeitskoeffizienten $d_{40\%}/d_{90\%}$ nach 50 Labor-Zyklen [105]

Entfärbungs-Ionenaustauscher	Zyklenanzahl 0 $d_{90\%}$	50 $d_{90\%}$	0 $d_{40\%}/d_{90\%}$	50 $d_{40\%}/d_{90\%}$
Decolorite	0,29	0,24	2,07	2,08
Wofatit E	0,47	0,27	2,04	2,15
Wofatit L 150	0,45	0,42	2,30	2,34
EDE-10 P	0,73	0,47	2,05	2,45
Dekolorex A4	0,60	0,32	1,68	2,25
Asmit 259	0,51	0,40	1,94	2,18
Amberlite IRA 401 S	0,52	0,50	1,58	1,60

Tabelle 5–29: Siebanalyse von im Betrieb benutzten Harzen [46, 47]

Entfärbungs-Ionenaustauscher	Zahl der Zyklen	Zahl der Betriebstage	Rest (%) auf dem Sieb mit Maschenweite (mm) 1,5	1,0	0,75	0,5	0,3	0,05
Wofatit E	0	0	11	42	64	84	97	100
	4	30	3	11	20	45	89	100
Wofatit L 150	0	0	17	60	78	92	97	100
	3	33	4	33	57	93	99	100
	6	61	0	3	34	70	97	100
Amberlite IRA 401 S	0	0		1		85	99	100
	1	46		0		86	99	100
	4	79		0		74	97	100

Am beständigsten sind die Harze auf Basis vernetzten Polystyrols. Als Beispiel führen wir die Ergebnisse von Iwashina [102] an:

Zyklenzahl	0	100	200	300	400
relative Widerstandsfähigkeit (%)	100	100	75	60	55

Es entstehen Bruchstücke und staubförmige Partikel, die beseitigt werden müssen, weil sonst der Durchfluß beeinträchtigt wird. Der Verlust an Harz muß ersetzt werden, wobei weniger resistente Typen natürlich größere Nachfüllmengen verlangen.

Die Frage der Lebensdauer hat eine große ökonomische Bedeutung, denn die Amortisation des Austauscherharzes stellt den größten Anteil an den Gesamtkosten der Entfärbung dar. In der ČSSR hat sich ergeben, daß Wofatit EZ ohne Reaktivierung höchstens 3 Raffineriekampagnen, das sind etwa 150 Zyklen, übersteht (*Tab. 5–30*).

Tabelle 5–30: Entfärbungsvermögen von Wofatit EZ in Skřivany (Vollbetriebsanlage II)

Kampagne	Durchschnittliche Anzahl der absolvierten Kampagnen beim Beginn der betreff. Kampagne	Farbstoffkonzentration c_{F0} (°St)	c_{F1} (°St)	Kläre Nr.	Entfärbung D_c %	Aufgenommene Farbstoffmenge im Zyklus $\Delta B'_c$ (gF/l)	Durchschnittliches Volumen der Kläre (m^3/m^3 Harz)
1961/62	0,0	1,8	0,6	1	67	0,84	68
	0,5	5,1	3,0	2	41	1,34	64
	1,0	15,5	7,5	3	52	4,97	62
1962/63	0,7	1,5	0,6	1	60	0,60	65
	1,25	7,4	5,4	2	27	1,30	65
	2,0	21,4	14,4	3	34	4,55	65
1963/64	1,7	1,7	0,8	1	53	0,67	75
	1,8*)	7,5	4,4	2	41	2,32	75
	3,0**)	18,1	10,4	3	42	5,78	75

*) 50% Harz entfärbte in den vorangegangenen Kampagnejahren die 1. Kläre, 50% Harz wurde nach 3 Kampagnen reaktiviert

**) 20% Harz wurde nach 3 Kampagnen reaktiviert

Man behandelt dann also mit einem Liter Harz etwa 8,5 t Pol.-Zucker bei der ersten Kläre und bei der dritten Kläre in 80 Zyklen 4,5 t Pol.-Zucker. Bei jährlich durchgeführter Reaktivierung kann die Lebensdauer auf mindestens 7 Jahre verlängert werden, so daß sich die Leistung von Wofatit EZ auf mindestens 20 t Pol.-Zucker/l bei der ersten Kläre und rund 12 t Pol.-Zucker/l bei der dritten Kläre erhöhen läßt. Man muß dabei aber jährlich ca. 5—10% des Harzvolumens ergänzen.

Für *stark basische Anionenaustauscher*, die zur Erzielung einer 88%igen Entfärbung eingesetzt wurden, wie es in japanischen Rohrzucker-Raffinerien der Fall ist, wurde über eine Betriebszeit von 700 Zyklen berichtet. Das entspricht 700 Arbeitstagen und ca. 25 t Rohzucker (bzw. 22 t Raffinade) pro l Harz. Frühere Abschätzungen der Lebensdauer [90, 106], bei denen 300 Zyklen und 10—20 t Kristallzucker/l Harz angenommen wurden, sind damit übertroffen.

Für Asmit 261 wird vom Hersteller eine Lebensdauer von 200—300 Zyklen und ein Durchsatz von 15 t Raffinade/l Harz angegeben. De Jong [88] rechnete für Asmit 259 mit einer Verarbeitung von 15—20 t Rohzucker/l in 400 Zyklen bei 60—80%iger Entfärbung.

Dicksaft sollte mit einem Harz mindestens in 300 Zyklen entfärbt werden [99]. Das wären etwa 200 Tage ununterbrochenen Betriebes. Auch bei der Dünnsaft-Entfärbung soll Amberlite IRA 401 S mindestens 3—4 Kampagnen überstehen, also 200—300 Tage bzw. 300—400 Zyklen [22].

Tabelle 5–31: Generelle Angaben

Raffinerie	Halle/S. I [19]	Halle/S. II [20]	Skřivany I [18, 96]
Kampagne	1956	1962	1957/58, 1958/59
Entfärbungs-Ionenaustauscher	Wofatit E	Wofatit E	Wofatit E
Anzahl der Filter	6	6	4
Anzahl der aktiven Filter	4	—	4
Durchmesser des Filters (m)	1,2	1,2	1,0
Filterhöhe (m)	1,5	1,5	2,5
Harzvolumen (m^3)	1,7	1,5	1,4
Schichthöhe (m)	1,5	1,3	1,8
Verhältnis Schichthöhe : Durchmesser	1,25	1,08	1,80
Anzahl der ausgewerteten Zyklen	—	—	50
Behandelte Zuckerlösung	1. Kläre	Melisskläre	1. Kläre
Trockensubstanzgehalt (°Bx)	—	64	64
pH_0 der Zuckerlösung	—	7,7	7,4
Temperatur (°C)	—	85—90	78
Fließgeschwindigkeit (m/h)	2,5	0,6	1,1
Spezifische Belastung (1/h)	1,5	0,5	0,6
Volumen der Zuckerlösung (m^3/m^3 *H.*)	96	13	118
Dauer des Zyklus (h)	76	38	216
Dauer der aktiven Phase (h)	64	25	197
Dauer der passiven Phase (h)	12	13	19
Farbe der unbehandelten Lösung (°St)	—	(23,3)	2,4
Farbe der entfärbten Lösung (°St)	—	(8,3)	0,9
Entfärbung (%)	—	74	63
Kapazität des Harzes (g*F*/*l*)	—	1,3	1,8
Verarbeitungskapazität der Anlage (m^3/h)	10,0	3,0	3,3
Im Zyklus behandelter Pol.-Zucker (t/m^3 *H.*)	—	11	99
NaOH-Verbrauch (kg/m^3 *H.*)	7	8	62
NH_4Cl-Verbrauch (kg/m^3 *H.*)	—	—	32
HCl-Verbrauch (kg/m^3 *H.*)^5)	3,3	3,5	—
NaCl-Verbrauch (kg/m^3 *H.*)	—	—	—
Wasserverbrauch zur Regenerierung (m^3/m^3 *H.*)	9	4	19
Bemerkungen			

^{1}) Filter: 1,6 m
^{2}) durchschnittliche Kapazität 2 g*F*/*l*
^{3}) höhere Kap. bei frischem Harz
^{4}) mit teilweiser Rücknahme der Eluate
^{5}) auf 100%iges HCl umgerechnet

über technische Entfärbungsanlagen

Skřivany II [104]	Čakovice	Prosenice [78, 104]	Witaszyce [25, 26]	Shibaura [23, 109]	anon. [28,29]
1961/62	1960/61	1961/62	1960/61	1955	1955
Wofatit EZ	Wofatit EZ	Wofatit EZ (u. Dekolorex A 2, Dekolorex A 4)	Asmit 259	Amberlite IRA 401 S	Amberlite IRA 401 S
3 + 4 + 2	4	4 + 3	2 × 2	3	5
9	3 bis 4	3 + 2	1 × 2	2	4
2,0	1,8¹)	1,6	0,95	2,0	1,2
4,2	3,9	2,8	2,5	3,0	2,4
10,0	6,8	4,0	1,0	5,0	0,52
3,2	3,0	2,0	1,4	1,6	0,46
1,60	1,70	1,25	1,40	0,8	0,43
51 + 65 + 25	27	—	56	einige Hundert	—
1., 2., 3. Kläre	2. Kläre	1., 2. Kläre	2. Kläre	Rohrkläre	Rohrkläre
64	65	67; 66	60—65	63	—
—	7,5	8,0	7,2	—	—
80	81	81	70—85	(80)	78—82
3,3	2,4	1,5	2,5	2,6	1,6
1,0	0,8	0,75	0,9	(~2)	4
68; 66; 62	185	48; 46	23,5	(47)	ca. 65
—	247	76; 78	32,5	—	19
63	227	61; 63	26	22	16
—	20	15	6,5	—	3
1,8; 5,1; 15,4	4,3	4,1; 10,0	14,4	1,4—2,0	—
0,6; 3,0; 7,4²)	1,9	1,7; 4,7	4,6	0,2—0,3	—
67; 41; 52	56	59; 53	68	85—88	88
0,8; 1,3; 5,0	4,2	1,6—2,5³)	2,3	0,7	—
90	20	9; 6	1,8 (max. 2,9)	32	8,3
55	157	43; 40	37	38	—
47	60	25 → 7,0⁴)	—	—	—
8,3	47	12 → 7,5⁴)	—	—	—
—	—	1,4	—	—	—
—	—	—	160	90	120
10 ∅ Kap. 2 gF/l	20	7,5	9,2	—	9

5.4.3. Die Entfärbung von Klären

Bei der Rübenzuckerraffination benutzt man die Adsorbentien zur Entfärbung mechanisch filtrierter Klären, während in Rohrzuckerraffinerien die Klären zuerst epuriert werden. Bei der Anwendung von Entfärbungs-Ionenaustauschern führt man dann nach der Epuration eine Vorentfärbung durch (s. *Tab. 5–1*, [23]). Auf diese Weise werden die Harze vor zu schneller Verschmutzung durch kolloidal vorliegende Stoffe geschützt. Außerdem werden sie mit geringeren Farbstoffmengen belastet. Man nützt also ihre Fähigkeit zur Erreichung sehr hoher Reinigungsleistungen aus. Durch *Kombination von Adsorbentien* erzielt man sehr gute Entfärbungseffekte bei geringeren Kosten, als bei der alleinigen Anwendung von Spodium oder Aktivkohle. Aus diesen Gründen wird in vielen Zuckerfabriken diese Kombination angewendet. Polnische Autoren [50] berichten über ausgezeichnete technologische Effekte, die man erreicht, wenn vor die Ionenaustauscher-Anlage eine Filtration durch regenerierte Aktivkohle und hinter die Anlage eine Nachfiltration mit frischer Aktivkohle geschaltet wird. Jedes dieser Adsorbentien hat eine bestimmte Selektivität gegenüber einer Gruppe von Farbstoffen, so daß sie sich ausgezeichnet ergänzen. Außerdem wird das Harz durch die Vorfiltration vor mechanischen Verunreinigungen geschützt.

Die mit den einzelnen Harztypen erzielten technologischen Effekte sind sehr abweichend. Die Angaben über einige Anlagen, die wir der Literatur entnommen haben oder über die wir anderweitig Informationen erhielten, sind in der *Tab. 5–31* zusammengefaßt.

Im Folgenden sollen Einzelheiten über die zwei Grundtypen von Entfärbungsharzen behandelt werden.

1. Schwach basische und amphotere Entfärbungs-Ionenaustauscher

Zu diesem Harztyp gehören die älteren Entfärbungs-Ionenaustauscher. Trotz aller Neuentwicklungen werden sie in den Raffinerie-Betrieben aber auch jetzt noch weitgehend verwendet. Das bekannteste Harz dieses Typs ist Wofatit EZ, dessen Leistungsfähigkeit doppelt so groß ist, wie die von Wofatit E. Es handelt sich um ein m-Phenylendiaminharz, das dem Dekolorex AK 731 ähnlich ist. Zu dieser Gruppe gehören außerdem schwach basische Anionenaustauscher wie Dekolorex A2, Decolorite und ähnliches. Die Anwendung von Wofatit EZ, Wofatit E und Dekolorex-Harzen wurde eingehend geprüft. Wir wollen darum vorwiegend diese Harze behandeln.

Die erste Anlage mit Wofatit E wurde 1956 in der Zuckerraffinerie Halle/S installiert [19]. Sie bestand aus 6 Filtern, von denen jeweils 4 in der aktiven und 2 in der passiven Phase waren. Die Anlage arbeitete täglich 16 Std., wobei die aktive Phase eines Filters 4 Tage, das sind also 64 Std., dauerte.

Eingehende Erfahrungen wurden mit diesem Typ auch in der ČSSR gewonnen. Die erste halbtechnische Anlage wurde in der Zuckerraffinerie Skřivany in der Kampagne 1957/58 in Betrieb genommen [18] (wir bezeichnen sie im Weiteren als

„Skřivany I"). Sie bestand aus 4 Filtern (*Abb. 5–43*) und entfärbte einen Teil der ersten Kläre, die für Zuckerhut-Füllmasse bestimmt war.

Sie wurde hinter die Spodiumanlage, die keine zufriedenstellende Entfärbungsleistung hatte, geschaltet. Auf Grund der günstigen Ergebnisse wurde im Jahre 1959 mit dem Bau weiterer Anlagen begonnen:

Abb. 5–43: Anlage Skřivany I

In Skřivany eine Anlage zur Entfärbung der gesamten Kläre als Ersatz für die Spodiumanlage, die im Jahre 1960 auf 9 Filter mit je 10 m^3 Harz und 2 Filter mit je 1,5 m^3 Harz erweitert wurde (im Weiteren als „Skřivany II" bezeichnet).

In der Raffinerie Čakovice eine Anlage zur Entfärbung der 2. Kläre nach der Carbo- und Knochenkohlefiltration, die 1960 in Betrieb ging.

In Prosenice 1961 eine Anlage, durch die die gesamte Spodiumanlage ersetzt wurde.

In der Kampagne 1963/64 entfielen von der Gesamtmenge an Entfärbungs-Ionenaustauschern in der ČSSR 94% auf Wofatit EZ. Die Ergebnisse der Anlagen in Skřivany und in Čakovice sind in den *Tab. 5–32* und *5–33* zusammengefaßt. In den Jahren 1964—1968 wurden in der ČSSR außerdem drei neugebaute Weißzucker-Fabriken mit Entfärbungs-Ionenaustauschern ausgerüstet.

Die Parameter der einzelnen Anlagen schwanken stark, wie auch aus *Tab. 5–31* hervorgeht. Die größte Anlage ist Skřivany II, die in einer Stunde 90 m^3 Kläre entfärbt. Die Anlage in Halle verarbeitet nur 3 m^3/h. Man benutzt Filter mit

Tabelle 5–32: Entfärbung der Klären in Skřivany

Entfärbungs-Ionenaustauscher	Wofatit E				Wofatit E ∅	Dekolorex AK 731	A 1	A 2
Endvolumen des Harzes (m^3)	1,32	1,49	1,46	1,48	1,49	1,18	1,46	1,17
Filter -Nr.	1	2	3	4		2	1	3
Schichthöhe (m)	1.81	1,90	1,86	1,89	1,81	1,50	1,86	1,86
Kampagne	2.	2.	1., 2.	1., 2.	1., 2.	1.	1., 2.	2.
Anzahl der ausgewerteten Zyklen	9	9	5 + 7	5 + 15	(50)	6	6 + 6	8
Gesamtzeit der aktiven Phase (Tage)	69,0	105,4	84,6	129,0	(388)	24,0	43,5	40,0
Dauer der aktiven Phase in einem Zyklus (h)	184	282	169	152	197	96	87	121
Gesamtmenge der behandelten Kläre (m^3/m^3 *H.*)	1050	1101	1631	2150	5932	613	809	835
Volumen der behandelten Kläre im Zyklus (m^3/m^3 *H.*)	117	122	136	108	118	102	67	104
Spezifische Belastung (1/h)	0,64	0,44	0,80	0,71	0,60	1,07	0,77	0,86
Fließgeschwindigkeit (m/h)	1,08	0,84	1,50	1,34	1,10	1,61	1,44	1,28
Trockensubstanzgehalt (°Bx)	64,0	64,0	64,3	64,1	64,1	64,8	64,3	64,0
Behandelter Pol.-Zucker im Zyklus (t/m^3 *H.*)	97	102	115	91	101	86	57	87
Temperatur der Kläre (°C)	78	78	79	79	78	81	80	78
pH der unbehandelten Kläre	7,20	7,22	7,70	7,50	7,40	8,01	7,85	7,15
pH der entfärbten Kläre	7,13	7,22	7,60	7,40	7,34	7,70	7,75	7,11
Farbe der unbehandelten Kläre (°St) min.	1,44	0,93	1,15	0,93	1,11	0,72	0,78	2,04
max.	5,35	4,12	9,21	9,21	(9,21)	13,89	13,62	5,35
Durchschn.	2,47	2,16	2,47	2,47	2,39	2,50	2,38	2,72
Farbe der entfärbten Kläre (°St) min.	0,00	0,00	0,00	0,00	(0,00)	0,00	0,00	0,00
max.	2,39	1,78	4,95	0,59	(4,95)	5,38	5,40	2,67
Durchschn.	0,97	0,82	0,85	0,96	0,90	0,92	0,89	1,16
Eingetragene Gesamtfarbstoffmenge (g*F*/*l* Harz)	25,94	23,72	24,10 + 15,61 = 39,71	18,83 + 34,25 = 53,08	(142,45)	15,31	14,93 + 4,28 = 19,21	22,76
Aufgen. Farbstoffmenge/Zyklus (g*F*/*l* Harz) min.	0,91	0,75	1,01	0,75	0,75	0,79	0,15	0,93
max.	6,06	5,52	5,06	4,34	6,06	2,35	2,17	3,29
Durchschn.	1,75	1,64	2,17	1,63	1,80	1,62	0,99	1,63
Entfärbung (%)	62	62	66	61	62,6	64	63	58

Tabelle 5–33: Entfärbung der 2. Kläre in Čakovice (Kampagne 1960/61)

Entfärbungs-Ionenaustauscher	Wofatit EZ					Dekolorex A2
Filter Nr.	1	2	3	4	∅	1
Endvolumen des Harzes (m^3)	7,5	6,9	6,8	7,2	6,25	4,3
Schichthöhe des Harzes (m)	2,95	2,75	3,30	2,85	—	1,70
Anzahl der Zyklen	4	8	8	7	(27)	8
Gesamte Entfärbungszeit (Tage)	44,1	72,6	70,9	70,9	(258,4)	22,6
Dauer d. aktiven Phase im Zyklus (h)	264	218	213	243	227	68
Gesamtmenge der entfärbten Kläre (m^3/m^3 *H.*)	837	970	1458	1479	1185	711
Volumen der entfärbten Kläre im Zyklus (m^3/m^3 *H.*)	209	122	182	211	185	89
Spezifische Belastung (1/h)	0,79	0,56	0,86	0,87	0,77	1,31
Fließgeschwindigkeit (m/h)	2,37	1,53	2,84	2,50	2,39	2,23
Trockensubstanzgehalt (°Bx)	65,0	64,8	64,8	64,6	64,8	65,1
Temperatur (°C)	81	81	80	81	81	79
pH-Wert der unentfärbten Kläre	7,79	7,44	7,33	7,39	7,48	6,88
pH-Wert der entfärbten Kläre	7,42	7,04	6,90	7,04	7,10	6,62
Farbe der unentfärbten Kläre (°St)	4,08	4,60	4,34	4,37	4,30	4,73
Farbe der entfärbten Kläre (°St)	1,85	1,96	1,85	1,95	1,89	2,24
Eingetragene Farbstoffmenge (gF/l Harz)	33,78	43,01	63,24	64,61	50,9	33,68
Aufgenommene Farbstoffmenge (gF/l Harz)	4,58	3,08	4,53	5,12	4,23	2,22
Entfärbung (%)	54,2	57,7	57,4	55,5	56,2	52,8

einer Beschickung von 1,5—10 m^3 Harz, die Schichthöhe liegt zwischen 1,3 und 2 m, das Verhältnis Schichthöhe : Durchmesser zwischen 1,25 und 1,88.

Für die *Durchflußgeschwindigkeit* hält man Werte zwischen 0,6 und 3,3 m/h, für die spezifische Belastung zwischen 0,5 und 1,5 h^{-1} (im Durchschnitt etwa 0,7 h^{-1}) ein. Die *Temperatur* beträgt überall etwa 80 °C.

Sehr unterschiedlich ist das *Volumen der pro Zyklus entfärbten Lösung.* Bei dunklen Lösungen, die sehr intensiv entfärbt werden müssen, ist es klein (z. B. 13 m^3/m^3). Die pro Zyklus behandelte Zuckermenge variiert je nach den örtlichen Bedingungen um eine Größenordnung (16—157 t Pol.-Zucker/m^3 Harz). Als durchschnittlichen Wert kann man 50—60 t/m^3 angeben, wobei die durchschnittliche Entfärbung mehr als 50% betragen soll. Für 1 t Tagesproduktion an Raffinade benötigt man etwa 0,17 m^3 WOFATIT EZ in der Anlage.

Auch die *Kapazität* des Harzes variiert sehr, wobei die Farbe der Kläre wesentlichen Einfluß hat. Bei hochwertigen Klären liegt die Kapazität bei 1—2 gF/l, bei dunklen Klären kann man auch 5 gF/l erreichen, wenn die Entfärbung nicht mehr als 50—60% ausmacht.

Diese Werte sind rein informativ, denn sie schwanken je nach den örtlichen Bedingungen und nach dem Alter des Harzes. Man kann jedoch die mit Entfärbungs-Ionenaustauschern erzielbare Entfärbung mit der vergleichen, die normalerweise in Rübenzuckerraffinerien mit 1‰ Aktivkohle oder 5% Knochenkohle (auf Raffinade bezogen) erreicht wird.

In der *Abb. 5–44* ist ein Beispiel für die Entfärbung der ersten Kläre durch Wofatit E in Skřivany I gezeigt.

Charakteristisch ist der Verlauf der Abhängigkeit der aufgenommenen Farbstoffmenge vom Farbstoffgehalt der zu entfärbenden Lösung, $\Delta B'_c\,(B'_{0c})$. Die

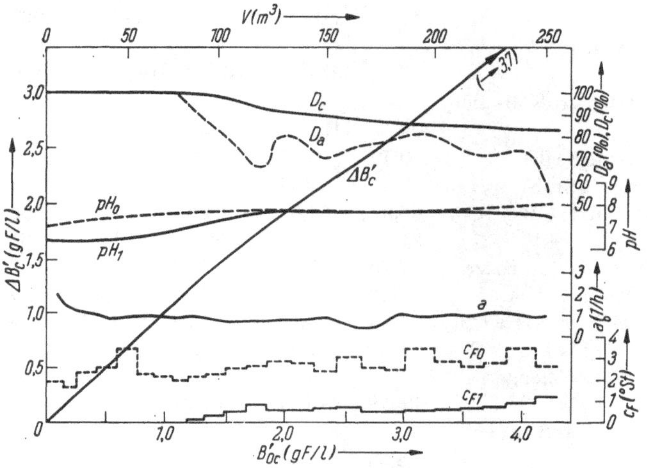

Abb. 5–44: Entfärbung der 1. Kläre durch Wofatit E (3. Zyklus),

c_{F0}, c_{F1} – Farbe der unentfärbten und entfärbten Lösung; pH_0, pH_1 – pH-Wert der unentfärbten und entfärbten Kläre, $\Delta B'_c$ – aufgenommene Farbstoffmenge; a – spezifische Belastung, D_a, D_c – augenblickliche und gesamte Entfärbung; B'_{0c} zugeführte Farbstoffmenge; V – Volumen der Kläre; Harzvolumen 1,4 m³

Steigung dieser Kurve gibt den Wert der Gesamtentfärbung an. Die *Abb. 5–45* zeigt den Einfluß einer plötzlichen Zunahme der Farbstoffkonzentration in der unbehandelten Lösung auf das Sorptionsvermögen und den Entfärbungsgrad.

Das Harz wurde bei dieser Arbeitsweise nach der 1. Kläre noch mit der 2. Kläre belastet. Diese Technologie, bei der das Harz nacheinander mit verschiedenen Lösungen steigender Farbstoffkonzentration in Berührung kommt, ist mit Rücksicht auf eine maximale Ausnutzung des Sorptionsvermögens vorteilhaft (*Tab. 5–34*). Die Regenerierung des Harzes ist dann aber unbefriedigend.

In Skřivany II wurde 1960 zuerst die 1. Kläre bis zum Absinken der momentanen Entfärbung auf 50% und dann die 2. Kläre entfärbt (*Tab. 5–35*). Dabei sank die augenblickliche Entfärbung der 1. Kläre in wiederholten Zyklen verhältnismäßig schnell, ihre Qualität verschlechterte sich also. Es gelang nicht, durch Regenerierung die Sorptionskapazität gegenüber der ersten Kläre völlig wiederherzustellen. Man gab diese Arbeitsweise darum wieder auf. Es erwies sich als vorteilhafter, die Anlage in 4 einzelne Sektionen zu teilen, in denen die einzelnen Klären getrennt verarbeitet werden: 2 kleine Filter (je 1,5 m³) entfärben Liker (eine fast farblose Kläre für das Decken von Zuckerhut- oder Würfelzucker-Füllmassen), die 10 m³-Filter sind im Verhältnis 3 : 4 : 2 in Sektionen für die 1., 2. und 3. Kläre aufgeteilt. Die Raffinerie arbeitet in einer verlängerten Schicht, so daß die Anlage täglich 12—14 Std. in Betrieb ist. Die Filter werden

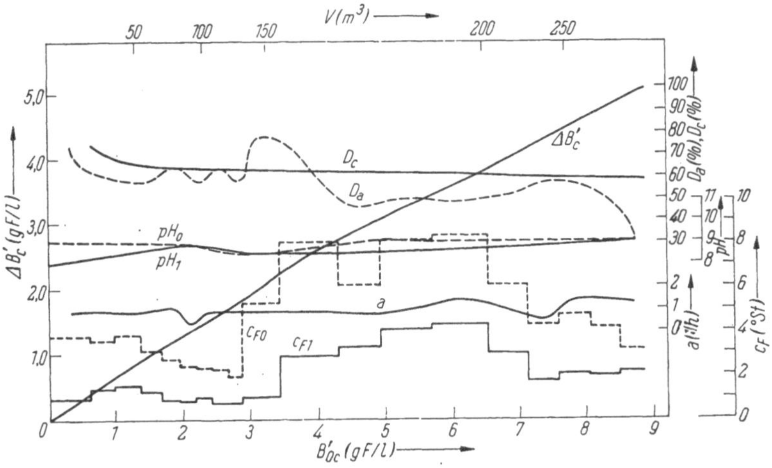

Abb. 5-45: Entfärbung der 1. und 2. Kläre durch Wofatit E (5. Zyklus), Erläuterungen s. *Abb. 5-44*

während der Betriebsunterbrechung zum Wochenende regeneriert. Es ist also Zeit genug vorhanden, auch zwei Filter aus verschiedenen Sektionen zu regenerieren, indem die Lauge von einem regenerierten Filter der Sektion für die 1. Kläre noch

Tabelle 5-34: Entfärbung von drei Klären nacheinander (kaskadenartig) mit Centranol W 291 ($V_H = 3$ m³, $S = 60$ °Bx, $pH_0 = 8-8{,}2$), [86]

Kläre Nr.	Volumen (V') (m³/m³ H.)	Farbindex $(a_{560})_0$	Farbe c_{F0} (°St)	Farbindex $(a_{560})_1$	Farbe c_{F1} (°St)	Entfärbung D_c (%)	Aufgenommene Farbstoffmenge (gF/l)
1.	86	0,15—0,20	0,55—0,73	0,018—0,024	0,06—0,09	88	0,48
2.	4	0,44—0,33	1,2 —1,6	0,142—0,203	0,52—0,74	55	0,03
3.	9	1,30—1,80	4,7 —6,5	0,518—1,410	1,9 —5,1	38	0,19

Tabelle 5–35: Entfärbung von zwei Klären nacheinander (kaskadenartig) mit Wofatit EZ (Skřivany II, 1960/1961) [104]

Anzahl der Zyklen für jedes Filter	15
In einem Zyklus verarbeitetes Volumen der 1. und 2. Kläre (m^3/m^3 *H.*)	121
Dauer der aktiven Phase (h)	124
Spez. Belastung (1/h)	0,97
Farbe der unbehandelten Kläre im Durschschnitt (°St)	4,82
Farbe der entfärbten Kläre im Durchschnitt (°St)	2,16
Relative Entfärbung (%)	55

über ein abgesüßtes Filter der Sektion für die 2. Kläre geleitet wird. Dieses Sparsystem hat sich gut bewährt.

In Prosenice werden im ununterbrochenen Betrieb zwei Klären entfärbt. Auch diese Anlage ist entsprechend dem Verkochungsschema mit zwei Klären in zwei Sektionen eingeteilt. Hier wurden verschiedene Entfärbungs-Ionenaustauscher erprobt. Beispielsweise wurde 1963/64 die 1. Kläre in zwei Filtern mit unbenutztem Wofatit EZ und in je einem Filter mit Amberlite IRA 401 S und Wofatit L 150 entfärbt, die erst nach 20 Tagen regeneriert wurden. Die 2. Kläre wurde in einem Filter mit frischem Wofatit EZ und in zwei Filtern mit 1 Jahr altem Wofatit EZ behandelt, die nach 36—48 Std. regeneriert wurden. Die Filter wurden ausgeschaltet, wenn $D_a = 50\%$ war.

In diesen Fabriken benötigt man für eine Tagesproduktion von 1 t Raffinade 0,163 m^3 Harz.

Diese Anlagen werden von je 2 Arbeitskräften in einer Schicht bedient.

2. Mittelstark und stark basische Entfärbungs-Ionenaustauscher

Als mittelstark basisch bezeichnet man die Mehrzahl der Polyamin-Anionenaustauscher. Stark basische Harze werden ausschließlich auf Basis vernetzten Polystyrols hergestellt.

Polyamin-Harze besitzen eine mindestens fünfmal höhere Sorptionskapazität als amphotere Harze und behalten diese Kapazität auch im stärker alkalischen Milieu. Beispielsweise wurden in einer Versuchsanlage mit Dekolorex A4 160 Volumina Kläre ($S = 63{,}5\,°Bx$, $c_{FO} = 4{,}75\,°St$, pH $= 7{,}9-9{,}9$, $t = 68\,°C$, $a = 0{,}9\,h^{-1}$) verarbeitet und eine Kapazität von 5,8 gF/l erreicht, während bei amphoterem Harz nicht einmal 1,0 gF/l zu erzielen war (s. auch *Abb. 5–46*).

Čikin und Mitarbeiter [27] geben an, daß der Anionenaustauscher AV 16 G eine Kapazität von 6,5 gF/l bei Entfärbung von 120 Volumina Kläre mit $c_{F_0} = 7$ bis 10 °St hat und 76% der Farbstoffe aufnimmt. Das Harz wurde dabei mit NaOH und NH_4Cl regeneriert. Ein Beispiel für die Behandlung von Kläre mit diesem Anionenaustauscher ist in der *Abb. 5–47* dargestellt.

In Prosenice bewährte sich auch Dekolorex A4 als gutes Adsorbens [77]. In der Kampagne 1961/62 wurde im Durchschnitt von 12 Zyklen bei der Entfärbung der ersten 100 m^3 Kläre/m^3 Harz im Zyklus die Kapazität von 4,4 g F/l ermittelt. Im Durchschnitt verarbeitete man pro Zyklus 214 m^3 Kläre/m^3 Harz.

Im 12. Zyklus entfärbte das Harz noch 250 Volumina Kläre ($c_{F0} = 6{,}7\,°\mathrm{St}$, pH $= 8{,}1$, $a = 2{,}2\,\mathrm{h}^{-1}$) zu 51%. Die Kapazität betrug 8,9 gF/l und war damit ca. siebenmal so hoch wie die von Wofatit EZ unter den gleichen Bedingungen, Das Harz wurde nur alkalisch regeneriert (mit 0,8—1,0%iger Natronlauge).

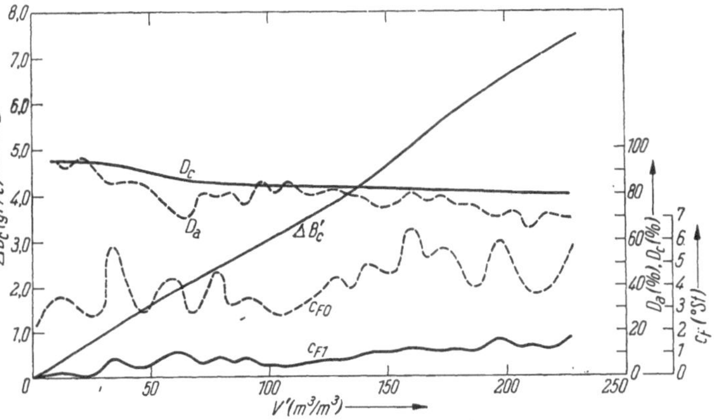

Abb. 5–46: Entfärbung der Kläre durch Dekolorex A4, Erläuterungen s. *Abb. 5–44*

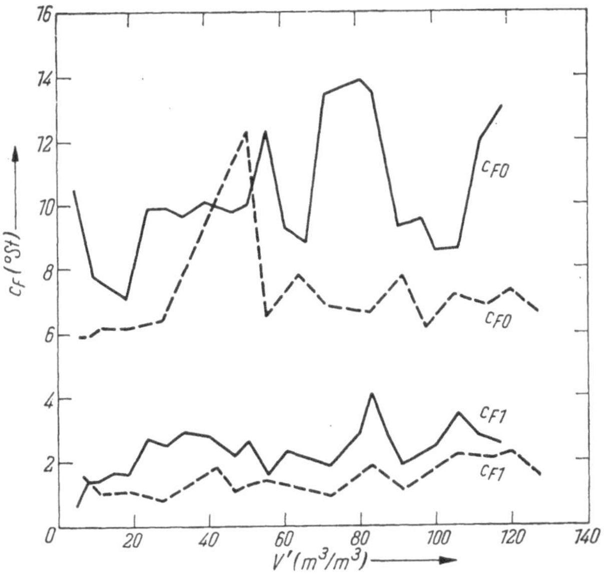

Abb. 5–47: Entfärbung der Kläre durch Anionenaustauscher AV-16G [27]

V' – Volumen der Kläre; c_F – Farbe der Kläre; *Vollinie:* c_{F0} = 7,0 °St im Durchschnitt, *gebrochen:* c_{F0} = 10,6 °St im Durchschnitt

arbeitete also im Basenzyklus. Dies führte aber zum Zerfall der Körner. Der entstandene Staub verstopfte die Harzschicht und der Strömungswiderstand nahm erheblich zu. Ähnliches wurde auch bei WOFATIT L 150 festgestellt. Über seine Wirkung informieren folgende Angaben [78]:

Zyklus	V'	c_{F0} (°St)	B_{c0} (gF/l)	$\Delta B_c'$ (gF/l)	D_c (%)
1.	532	6,3	29,7	21,3	72
2.	249	3,9	9,8	5,7	60

Nach drei Zyklen in der OH^--Form waren aber rund 25% des Harzes als Staub verloren gegangen (vgl. *Tab. 5–29*). Auch in der UdSSR ist man bei den Harzen EDE 10 P und AV 12 G zu ähnlichen Ergebnissen gekommen. Diese Anionenaustauscher, die zweifellos ein hohes Entfärbungsvermögen besitzen, kann man also nicht ohne Gefährdung der Festigkeit und der ganzen Struktur mit Natronlauge regenerieren, sondern muß NaCl-Lösung anwenden, soweit dies im Interesse einer guten Regenerierung überhaupt möglich ist. Das will sagen, die Harze müssen basisch genug sein und die Basizität muß auch erhalten bleiben.

Dies belegen die guten Ergebnisse, die mit ASMIT 259 erhalten wurden. Das Harz konnte in der Zuckerfabrik Witaszyce erfolgreich bei der Entfärbung der 3. Kläre, die eine Farbe bis zu 30 °St hatte, eingesetzt werden (*Tab. 5–31*), [25 b, 26]. Es wird bei 60—70 °C mit ca. 1,5 Volumina 10%iger Kochsalzlösung regeneriert. Da es aber bei der Entfärbung zu einer starken Ansammlung von Verunreinigungen im Harz kam, mußte man zum Rückspülen anstatt der üblichen 0,5 Volumina bis zu 8 Volumina Wasser anwenden. Zum Entsalzen des Filters waren statt 2 Volumina Wasser 10,5 notwendig.

In dieser Zuckerfabrik wird mit Hilfe des Entfärbungs-Ionenaustauschers aus einer sehr schlechten Kläre eine Lösung mit einer Farbe um 10 °St gewonnen, die schon für die Erzeugung eines normalen Kristallzuckers ausreicht. Darum sind die Zyklen verhältnismäßig kurz (s. *Abb. 5–48*).

Bei der spezifischen Belastung 1 h^{-1} wurden pro Zyklus nur 23,5 m^3/m^3 Kläre bei einer durchschnittlichen Entfärbung von 68% behandelt. Am Anfang der Kampagne dauerte die aktive Phase (τ_a) 40 Std., die passive Phase (τ_p) 6—7 Std., am Ende war das Verhältnis $\tau_a : \tau_p = 24 : 10$. Auf Grund der hohen Farbstoffkonzentration der Kläre erzielte man auch hohe Kapazitäten (*Tab. 5–36*).

Innerhalb von 7 Wochen sank die Entfärbungsfähigkeit deutlich ab. Weil aber zugleich die Farbe der Kläre abnahm, war es möglich, den Entfärbungsgrad unter Verkürzung der aktiven Phase um ca. 25% auf der ursprünglichen Höhe zu halten. Die Abnahme des Entfärbungsvermögens hing auch mit der ungenügenden Regenerierung zusammen. Es wurden nur 1,5 Volumina 10%ige Kochsalzlösung (60—70 °C) benutzt. Sehr auffällig ist die Abnahme der Adsorptionsgeschwindigkeit um 40%.

Die Anlage arbeitet mit Doppelfiltern, also mit zwei Filterpaaren, in denen jeweils zwei Filter hintereinander geschaltet sind. Beträgt die totale Entfärbung 80%, dann nimmt das erste Filter etwa $^3/_4$ der Gesamtmenge der adsorbierten

Farbstoffe auf. Diese Schaltung der Filter hätte nur dann Berechtigung, wenn man eine sukzessive Regenerierung immer nur eines Filters durchführen würde. Unter den in Witaszyce herrschenden Verhältnissen sank nämlich die Kapazität des Harzes im ersten Filter beim Ausschalten auf 41% der ursprünglichen nutz-

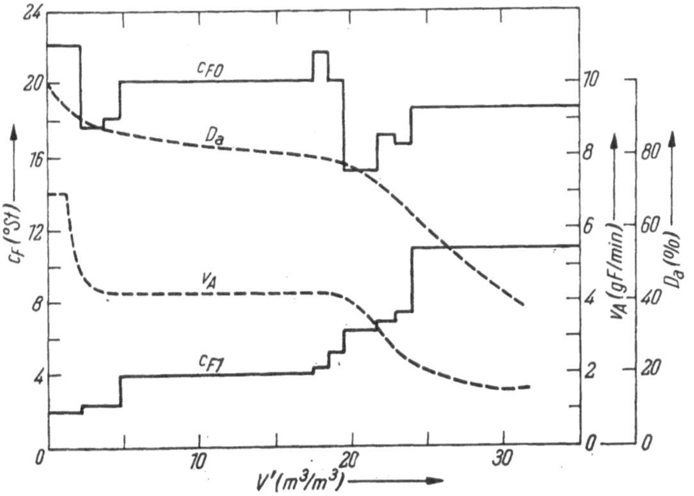

Abb. 5-48: Entfärbung der 3. Kläre durch Asmit 259 [25b]; Erläuterungen s. *Abb. 5-44*; darüber v_A — Adsorptionsgeschwindigkeit

baren Kapazität, während die des Harzes im zweiten Filter nur auf 78% zurückging (*Tab. 5-37*).

Allerdings ist in diesem Falle der Anstieg der Investitionskosten beträchtlich. Darum erscheint eine Arbeitsweise, bei der 3 Filter kombiniert sind, von denen eines regeneriert wird, während die beiden anderen nacheinander die Lösung

Tabelle 5-36: Entfärbung von Kläre mittels Asmit 259 in der Zuckerfabrik Witaszyce in fünf Zyklen (1960) [25b]

Zeitabschnitt	V' (m³/m³)	c_{F0} (°St)	c_{F1} (°St)	a (h⁻¹)	D (%)	V_A (gF/min)	$\Delta B'_c$ (gF/l)
23.–25. 10.	39	29,8	10,2	0,93	66	6,1	7,8
5.–27. 10.	42	23,2	5,6	1,17	76	6,9	7,4
28.–10. 12.	35	19,1	6,1	0,76	68	3,3	4,5
11.–12. 12.	28	18,9	6,0	1,06	68	4,6	3,6
13.–14. 12.*)	31	18,6	3,7	1,85	80	6,2	4,6

*) Nach gründlichem Rückspülen.

entfärben, bessere Aussichten zu haben. Auf diese Weise könnte nämlich die gute Sorptionskapazität des Harzes im zweiten Filter ausgenutzt werden.

Bei kurzen Zyklen wird der Reinheitsquotient der Kläre, vor allem am Anfang des Zyklus, erheblich erhöht. Wir machen auch auf die schwache aber deutliche Entkalkungsfähigkeit des Harzes aufmerksam (*Tab. 5–37*).

Tabelle 5–37: Wirkung einzelner hintereinandergeschalteter Filter

Kläre	Trocken-substanz-gehalt (°Bx)	Rein-heits-quotient (%)	pH-Wert	Asche-gehalt (kond.) (%)	Kalksalz-gehalt $\left(\frac{\text{mg CaO}}{\text{100 g Tr.}}\right)$	Aufgenommene Farbstoff-menge (gF/l)	Ent-fär-bung (%)
vor dem 1. Filter	65,3	97,83	7,30	0,590	59	(7,80)	–
nach dem 1. Filter	65,1	98,80	7,20	0,558	58	6,05	59
nach dem 2. Filter	65,0	98,12	7,18	0,541	54	3,15	80

Am Anfang der Kampagne benötigte man 0,275 m³ Wasser/t Pol.-Zucker, am Ende der Kampagne wurden auf Grund der Verkürzung der Zyklen 1,24 m³ gebraucht. Das ist keine sehr große Menge im Vergleich mit dem gesamten Wasserbedarf einer Zuckerfabrik. Sie macht nämlich nur 0,4 bzw. 1,1% auf Rübe berechnet aus. Die Abwassermenge erreichte am Ende der Kampagne 19 Volumina gegenüber 5 am Anfang. In den Vorfluter gelangten sehr dünne An- und Absüßen. Dabei entstanden Zuckerverluste von 23 kg pro Zyklus. Die Wärmeverluste beliefen sich auf etwa 1,7 Gcal/Zyklus, d. h. 5–6 kg Kohle auf 1 t Pol.-Zucker. Die Anlage entfärbte in einem Zyklus rund 40 t Pol.-Zucker/m³ Harz.

Stark basische Anionenaustauscher auf Basis vernetzten Polystyrols haben bessere mechanische Eigenschaften und eine hohe Sorptionskapazität. Die Entfärbung mit Harzen dieses Typs geht im wesentlichen als Austausch der Anionen der organischen Säuren gegen Cl^--Ionen vor sich (*Abb. 5–49*).

Die Farbstoffe werden aber nicht nur durch Austauschadsorption, sondern auch durch Allgemeinadsorption gebunden, da auch nach der Erschöpfung der Austauschkapazität des Harzes die Entfärbung noch gut vor sich geht. Es kommt so zu einer Verbesserung des Reinheitsquotienten, die allerdings nur bei den ersten Eluaten wesentlich ist. Im Durchschnitt macht die Differenz nur Bruchteile eines Prozentes aus. Angesichts der geringen Gesamtmenge an Nichtzuckerstoffen in den Klären hat aber bereits diese Verbesserung eine Bedeutung.

Die technologischen Ergebnisse weichen merklich voneinander ab, je nachdem ob sehr hohe Entfärbungsgrade erzielt werden sollen oder ob es sich um eine übliche Entfärbung, die auch mit anderen Adsorbentien erreichbar wäre, handelt.

Als Beispiel für die erste Arbeitsweise sollen die Ergebnisse der Raffinerie Shibaura Tokyo angeführt werden [108, 109], wo 3 Filter mit je 5 m³ AMBERLITE IRA 401 S seit 1955 im Einsatz sind. Zwei Filter entfärben die vorgereinigte und vorentfärbte Rohrkläre (*Tab. 5–31*), während das dritte Filter derweilen regeneriert wird. Bei einer spezifischen Belastung von 2 h^{-1} wird die Farbe von 1,4 bis 2 °St auf 0,2—0,3 °St herabgesetzt. In der aktiven Phase entfärbt ein Filter eine Kläremenge, die etwa 180 t Einwurf (Rohzucker) entspricht. In einem Zyklus werden ca. 44 m³ Kläre/m³ Harz verarbeitet. Die Kläre wird dann noch einer

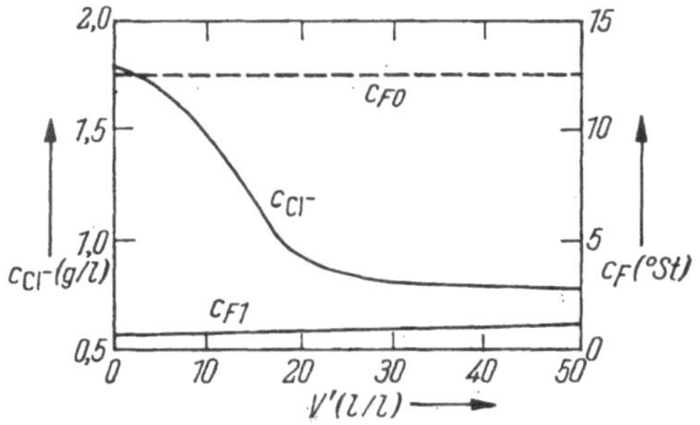

Abb. 5–49: Aufnahme der Farbstoffe und Austausch von Chlorid-Ionen bei der Entfärbung durch Dekolorex A5 [107 a]

V' – Saftvolumen; c_{F0}, c_{F1} – Farbstoffkonzentration im unentfärbten und entfärbten Saft; c_{Cl^-}-Chlorid-Konzentration im entfärbten Saft

Nachfiltration durch 2 keramische Filter mit einer Filterfläche von je 7,1 m² unterworfen.

Einen sehr niedrigen Farbgrad in der eingesetzten Kläre erzielt man durch Scheidung mit 0,5—0,8% CaO auf das Einwurfgewicht berechnet und durch Saturation, wodurch die Kläre bereits von 9 auf 4 °St entfärbt wird. Anschließend führt man eine Carbofiltration mit 0,12—0,15% Aktivkohle und 0,1% Kieselgur durch, wobei die Farbe der Kläre unter 2 °St sinkt. Erst dann leitet man die Kläre über die Entfärbungs-Ionenaustauscher. Die Gesamtentfärbung beträgt dann bis zu 97%. Die äußerst geringe Farbe der ersten Kläre ermöglicht es, alle drei Stufen der weißen Füllmassen ohne Entfärbung der Abläufe zu verkochen. Aus der 1. Kläre kocht man Standard-Kristallzucker, aus den Abläufen und der Kläre Superior A und B, aus dem Sirup nach der 2. Füllmasse Konsum-Kristallware. Das ist eine erhebliche Vereinfachung der Technologie. Es kann mit folgenden Farben der Sirupe gerechnet werden: Nach der 1. Füllmasse etwa 0,7 °St und nach der 2. noch unter 2 °St. Die Kosten für die ganze Epuration und die Entfärbung der Kläre sind nur um 10% höher als die bei der Carbofiltration. Diese geringen Mehrkosten werden aber durch die Ersparnisse an Bedienungspersonal und Investitionen mehr als ausgeglichen (s. auch Kap. 5.5).

Auf 1 t Tagesproduktion benötigt man nur etwa 0,05 m³ AMBERLITE IRA 401 S. *Abb. 5–50* zeigt eine derartige Anlage.

Bei der zweiten Arbeitsweise nutzt man die Tatsache aus, daß die Entfärbungsfähigkeit während der aktiven Phase verhältnismäßig langsam abnimmt. Dieser Abfall ist bei den Typen auf Basis vernetzten Polystyrols bedeutend geringer, als bei allen anderen Harzen. Begnügt man sich mit einer augenblicklichen Entfärbung von 50% am Ende des Zyklus und mit einer durchschnittlichen Entfärbung von etwa 70%, also Werten, die auch bei der Carbo- und Spodiumfiltration

Abb. 5–50: Entfärbungsanlage in einer Rohrzuckerraffinerie (hergestellt von der Firma Kawasaki Dockywa Co, Ltd.)

vielfach nicht überschritten werden, dann kann die 1. Kläre relativ lange Zeit (z. B. 20–30 Tage) entfärbt werden, ohne daß das Harz regeneriert werden muß. Nach dieser Technologie arbeitet man auch in Prosenice, wo die 1. Kläre, die eine Farbe von 4–4,5° St hat, an Amberlite IRA 401 S bei $a = 1{,}5\ h^{-1}$ entfärbt wird. Die aktive Phase war dabei in der 2. Kampagne etwa 10mal so lang wie bei Wofatit EZ. Pro Zyklus verarbeitete man also 400–600 Volumina Kläre, das sind 330–500 t Pol.-Zucker/m^3 Harz. Zur Regenerierung benötigte man etwa 4 Volumina 10%ige Kochsalzlösung (90 °C) und etwa 12 Volumina Auswaschwasser. Es erwies sich als unbedingt notwendig, mit dem Wasser Preßluft einzuführen, nachdem man den Wasserstand im Filter gesenkt hatte, um auf diese Weise die Harzschicht zu lockern und das Harz aufzuwirbeln. Dabei muß man darauf achten, daß die Körner nicht mit den Verunreinigungen zusammen ausgeschwemmt werden, denn etwa 15% der Harzpartikel haben einen geringeren Durchmesser als 0,5 mm.

Eine lange Entfärbungsperiode hat auf jeden Fall eine Verschlechterung der hydrodynamischen Eigenschaften der Harzschicht zur Folge. Normalerweise muß man das Harz nach einer Woche absüßen und die Verunreinigungen durch Rückspülen abtrennen, um dadurch den Filterwiderstand wieder auf vernünftige Werte zu bringen. Manchmal genügt auch ein Rückspülen mit der Kläre. Die Verhältnisse bei der Farbstoffaufnahme werden natürlich etwas verschlechtert, weil sich die mit Farbstoff unterschiedlich gesättigten Schichten vermischen.

Der Hauptvorteil dieser Arbeitsweise liegt darin, daß die Regenerierkosten sehr niedrig sind. Man verbraucht nur ca. 0,05—0,07% NaCl berechnet auf den Pol.-Zucker in der Kläre.

Es ist jedoch empfehlenswert, die aktive Phase nicht übermäßig auszudehnen, also beispielsweise nicht mehr als 200—250 Volumina Kläre in einem Zyklus über das Harz zu leiten. Es können sonst außerordentliche Schwierigkeiten auftreten, wenn die mechanische Vorfiltration nicht einwandfrei ist.

Im Prinzip kann man die zwei beschriebenen Arbeitsweisen folgendermaßen vergleichen: Vom Standpunkt des größeren Wirkungsgrades und der längeren Lebensdauer des Harzes aus sind kürzere Zyklen vorzuziehen. Dabei steigt aber der Wasserverbrauch und die Abwassermenge. Dies geht auch aus folgenden Resultaten von Laborversuchen, die TLUČHOŘ [77] mit AMBERLITE IRA 401 S durchführte, hervor:

Anzahl der Zyklen	3	5	9
Volumen der in einem Zyklus entfärbten Kläre (*l*/*l* Harz)	144	86	48
Durchschnittliche Entfärbung (%)	54	68	69
Gesamtverbrauch an 8%iger Salzlösung (*l*/*l* Harz)	45	75	135
Gesamtverbrauch an Kochsalz (kg/*l* Harz)	3,6	6,0	10,8
Menge des desorbierten Farbstoffes (%)	40	43	48
Spezifischer Verbrauch an Kochsalz (kg/kg*F*)	128	157	248

Bei der Beurteilung der optimalen Dauer eines Zyklus spielt also nicht nur der erforderliche Entfärbungsgrad eine Rolle, sondern auch die Entwertung des Harzes, sowie die Kosten für Wasser und Kochsalz. Außerdem muß man die Abwassersituation berücksichtigen.

3. Erzeugung von flüssigen Zuckern

Unter „Flüssigem Zucker" versteht man eine fast gesättigte wäßrige Zuckerlösung, die als Handelsware dient.

Als Zucker kommen Saccharose, Invertzucker oder Gemische beider in Frage. Man unterscheidet zwei Hauptgruppen: Flüssige Saccharose und flüssigen Invertzucker, der mehr Glukose und Fruktose als Saccharose enthält. Einzelne Erzeugnisse weichen im Verhältnis der Zucker, im Aschegehalt und in der Farbe voneinander ab.

Flüssige Zucker werden aus hochwertigen Klären erzeugt, indem man diese mittels klassischer Adsorbentien oder mit Entfärbungsharzen, z. B. DUOLITE S 30 [37], mehrmals entfärbt. Die besten Sorten werden durch Entfärbung mit *Aktivkohle* und einem nachgeschalteten *Mischbett* hergestellt. Soll flüssige Saccharose gewonnen werden, so wird das Mischbett aus einem schwach sauren Kationenaustauscher (z. B. AMBERLITE IRC 50) in der H^+-Form und einem stark basischen porösen Anionenaustauscher in der OH^--Form (z. B. AMBERLITE IRA 401 S) im Verhältnis 1 : 2 hergestellt. Für flüssigen Invertzucker wählt man statt des schwach sauren einen stark sauren Kationenaustauscher mit Sulfonsäuregruppen, welcher 10—20% der Saccharose invertiert. Die invertierte Zuckermenge hängt von der Kontaktzeit, der Temperatur und dem Aschegehalt der Kläre ab.

Als Beispiel soll eine Anlage beschrieben werden, die aus zwei Filtern mit 1,8 m Durchmesser und 4,3 m Höhe besteht, von denen jedes mit 4,6 m^3 Mischbett gefüllt ist. Die Schichthöhe beträgt 1,8 m. Die einwandfrei filtrierte Kläre mit einem Trockensubstanzgehalt von 60 °Bx wird bei 45 °C (bei höheren Temperaturen ist die Stabilität des Anionenaustauschers gefährdet) und bei einer spezifischen Belastung von 1,2 h^{-1} über das Filter gegeben. Der Druckverlust beträgt dabei etwa 0,7 kp/cm^2. Die abfließende Lösung ist völlig farblos oder hat die Farbe gelösten Kristallzuckers. Sie enthält nur noch einige Tausendstel % Asche. Die spezifische elektrische Leitfähigkeit der flüssigen Saccharose beträgt etwa $1 - 2 \cdot 10^{-6}$ S/cm, die des flüssigen Invertzuckers $0,5 \cdot 10^{-6}$ S/cm. In einem Zyklus kann man etwa 15 t Saccharose oder 12,5 t Invertzucker/m^3 Harz herstellen. Dabei werden etwa 8 kg Asche/m^3 Harz aufgenommen.

Der mit Hilfe von Ionenaustauschern erzeugte flüssige Zucker ist sehr beständig, behält seine Farbe und trübt sich nicht. Das ist ein wesentlicher Vorteil gegenüber dem mit klassischen Adsorbentien hergestellten Produkt. Weil die Farbstoffbildung durch Eisenionen katalysiert wird, müssen alle Teile der Anlage, die mit der Zuckerlösung in Berührung kommen, gummiert oder aus säurebeständigem Material angefertigt werden.

Die so behandelten Zuckerlösungen werden im Vakuum bis auf 67 °Bx eingedickt und nach Abkühlung auf 32 °C abgefüllt.

Der Anionenaustauscher wird mit 4%iger Natronlauge und der Kationenaustauscher mit 3%iger Schwefelsäure regeneriert.

Nach WILLER [110] kann man auch aus dem Grünablauf durch Entfärbung und Entsalzung mit WOFATITEN flüssigen Zucker erzeugen.

Der Vorteil der Erzeugung flüssigen Zuckers liegt in der Vereinfachung der Technologie. Das Verkochen der Füllmassen, das Schleudern usw. entfällt. Das Material kann mit Pumpen gefördert werden.

5.4.4. Die Entfärbung von Dünnsaft und Dicksaft

In Zuckerfabriken, wo der Dicksaft direkt zum Weißzucker verkocht wird, muß der Saft zuerst entfärbt werden. Eine Entfärbung des Dicksaftes ist aber nicht vorteilhaft, weil dieser eine sehr konzentrierte Lösung bildet, die sich bei der Entfärbung ungünstig verhält. Darum ist es weitaus vorteilhafter, den Dünnsaft mit Hilfe ***stark basischer Anionenaustauscher*** zu entfärben. Schwach basische Anionenaustauscher sind den mechanischen und osmotischen Belastungen bei den rasch wechselnden Operationen nicht gewachsen und zerfallen schnell.

Gute Erfolge bei der *Dünnsaftentfärbung* sind beispielsweise in der Zuckerfabrik Montagnana (Italien) erzielt worden [22]. Die Anlage besteht aus 2 Filtern mit einer Beschickung von je 2,7 m^3 AMBERLITE IRA 401 S. Die Filter haben einen Durchmesser von 1,7 m, eine Höhe von 3,0 m und eine Schichthöhe von 1,2 m. Es werden insgesamt für 1 t Rüben tägliche Verarbeitungskapazität 3 l Harz benötigt. In der Kampagne 1958/59 wurden in 188 Zyklen (67 Tagen) folgende Ergebnisse erzielt: Der Dünnsaft von 14 °Bx, der nach dem Auskochen zunächst sorgfältig filtriert und mit 0,125 kg SO_2/t Rübe geschwefelt ist, wird bei 80 °C ohne Vorwärmung entfärbt. Ein Filter verarbeitet pro Stunde 102,3 t, das sind 99,3 m^3 Saft bei einer spezifischen Belastung von 37 h^{-1}. In einem Zyklus werden 157 m^3 Dünnsaft pro m^3 Harz entfärbt, das sind 26 t Pol.-Zucker/m^3. Die Anlage muß täglich 344 t Trockensubstanz, bzw. 320 t Pol.-Zucker behandeln, wobei immer nur ein Filter in der aktiven Phase ist. Die aktive Phase dauert 4,25 Std., die passive 2,8 Std.; 1,45 Std. sind als Zeitreserve gedacht. Die Absüßen trennt man nicht ab, sondern läßt sie direkt in den Dünnsaft fließen. Auch beim Ansüßen findet keine Trennung statt, weil die Verdünnung des Saftes nur sehr gering ist (ca. 3 m^3/m^3) und der Trockensubstanzgehalt im Durchschnitt nur um etwa 0,2 °Bx sinkt.

Die durchschnittliche Farbe des Saftes war 2,5 °St, der Farbstoffquotient 17 °St/100 °Bx. Am Anfang der Kampagne erzielte man eine Entfärbung von maximal 85%, am Ende sank sie auf 65—70%. Der Saft von alterierter Rübe wurde wegen des großen Gehaltes an Farbstoffen und farblosen Nichtzuckerstoffen nur auf 50% entfärbt. Bei der Verdampfung veränderte sich der Farbstoffquotient kaum. Er stieg nur um etwa 0,2 °St/100 °Bx auf 5,6 °St/100 °Bx an. Schwefelt man den Dünnsaft nicht, so beträgt die Zunahme 1 °St/100 °Bx.

Die Sorptionskapazität beträgt unter diesen Bedingungen 2,9 gF/l Harz. Die Lebensdauer des Harzes schätzt man auf 3—4 Jahre. Der Gesamtverbrauch an Wasser beträgt pro Zyklus 24 m^3/m^3 Harz, wovon 3 Volumina zur Herstellung der Salzsole und 0,5 Volumina zu Absüßen gebraucht werden. Die Hauptmenge des Wassers wird also zum Rückspülen benötigt.

Die Anlage wird von einer Person bedient.

Der erzeugte Weißzucker glich in der Farbe einer Raffinade, hatte aber natürlich einen etwas höheren Aschegehalt. Der Gewinn durch den höheren Verkaufspreis des Zuckers war bereits in einer Kampagne doppelt so groß wie der Aufwand für die Installation der ganzen Anlage (32.000 $). Die Ökonomie hängt zwar sehr von den lokalen Bedingungen, vor allem von den preislichen Unterschieden für Zucker verschiedener Qualität, ab, die Vorteile dieses Verfahrens liegen aber auf der Hand. Sehr wichtig ist der Schutz der Austauscherharze vor Verschmutzung durch Kolloide, da sonst der Anionenaustauscher schon nach 50 Zyklen völlig entwertet sein kann [111].

Es wurde auch ein Verfahren zur Entfärbung von Saturationssaft mit Hilfe *schwach basischer Anionenaustauscher* entwickelt [112]. Dabei wird beispielsweise AMBERLITE IR 45 im OH^-- oder Cl^--Zyklus bei einer Temperatur von 80 bis 90 °C und bei einem pH-Wert von 8—10 angewendet. Dieser pH-Wert ist wegen des geringen Aschegehaltes des Weißzuckers optimal. Der Anionenaustauscher in der OH^--Form bewirkt keine Veränderung des pH-Wertes des Saftes, während er in der Salzform den pH-Wert senken kann.

Großen Nutzen verspricht die gleichzeitige *Enthärtung* des Dünnsaftes mit einem Kationenaustauscher in der Na^+-Form und *Entfärbung* mit einem Anionenaustauscher in der Cl^--Form. Zur Regenerierung des Kationenaustauschers benötigt man 1—2 kg NaCl/t Rüben, das ist vergleichbar mit dem Salzverbrauch für die Regenerierung des Entfärbungsharzes. Bei diesem Verfahren wurden 0,18% NaCl (auf Rübe berechnet) angewendet. Man braucht für die Regenerierung beider Harze nur eine Lösung. Die Ausgestaltung der Anlage als Mischbett, z. B. als Kombination von drei Filtern, von denen jedes mit 2,5 m^3 AMBERLITE IR 124 und 3 m^3 AMBERLITE IRA 401 S beschickt ist, wäre eine gute Lösung.

Ein analoges Verfahren, bei dem aber mit getrennten Filtern für Kationen- und Anionenaustauscher (MINOX XE 223) gearbeitet wird, wurde in der Kampagne 1962/63 in Lizy-sur-Ourcq (Frankreich) angewendet, wobei die 2. Kläre entfärbt und der Dünnsaft enthärtet wurde [113].

Die Erfahrungen bei der *Dicksaftentfärbung* stammen teilweise aus Japan. In der Zuckerfabrik SHIBAURA [99] wurde 1962/63 AMBERLITE IRA 401 S benutzt, das vorher schon in 200 Zyklen zur Kläreentfärbung in einer Rohrzuckerraffinerie eingesetzt worden war. Die Anlage besteht aus 3 Filtern mit je 5 m^3 Harz, von denen zwei parallel geschaltet entfärben, während sich das dritte in der passiven Phase befindet. Pro Tag behandelt man in ca. 20 Arbeitsstunden etwa 300 m^3 Dicksaft bei einer spezifischen Belastung von 1,5—3 h^{-1}. Die aktive Phase dauert 10—20 Std., in einem Zyklus werden 15—30 m^3 Dicksaft, das sind 11—22 t Pol.-Zucker, von einem m^3 Harz entfärbt. Die Farbe des Dicksaftes beträgt 9—9,9 °St (Durchschnitt von 2 Kampagnen) und wird auf 50% vermindert. Es wurde eine Sorptionskapazität von 1,1 gF/l Harz erreicht.

Mit der 3. Kläre zusammen gibt der Dicksaft eine Lösung von 8 °St (Reinheitsquotient 94,8%), die zur Erzeugung von Standardkristall (Konsumkristall) verwendet wird. Für das Harz rechnet man mit einer Lebensdauer von etwa 300 Zyklen.

Der Dicksaft wird in diesem Falle vor dem Verkochen nur unter Kieselgurzugabe mechanisch filtriert.

Aus der *Tab. 5–38* ist aber erkennbar, daß die Dünnsaftentfärbung vorteilhafter ist.

Tabelle 5–38: Vergleich der Entfärbung des Dünn- und Dicksaftes

Größe	Entfärbung des Dünnsaftes	Entfärbung des Dicksaftes
Farbe des unentfärbten Saftes (°St)	2,5	9,0–9,9
Farbstoffquotient (°St/100 °Bx)	17	9,5
Volumen der Lösung (m^3/m^3 *H.*) im Zyklus	157	15–30
Pol.-Zucker im Zyklus (t/m^3 Harz)	26	17,5
Aufgenommene Farbstoffmenge (g*E*/*l* Harz)	2,9	1,1
Relative Entfärbung (%)	70	50
Dauer der aktiven Phase (h)	4,25	10–20
Spezifische Belastung (1/h)	36	1,5
Harzbedarf (*l*/t Rübe)	3	12

5.4.5. Die Entfärbung stark gefärbter Zuckerlösungen

Normalerweise benutzt man die Entfärbungsharze nur zur Behandlung von relativ schwach gefärbten Kläron und entfernt die meisten Farbstoffe durch Affination. Die in der Zuckerfabrik Szolnok (Ungarn) gesammelten Erfahrungen zeigen aber, daß durch eine geeignete Modifikation des Verfahrens auch dunkle Kläron wirtschaftlich entfärbt werden können [24]. Das Prinzip besteht darin, daß man Wofatit EZ intensiv mit Säure aktiviert und die Inversion der Saccharose während der Entfärbung durch Abkühlen vermindert. Außerdem ist die dunkle Kläre, eine Lösung des Nachproduktzuckers, relativ gut gepuffert. Die Lösung darf natürlich nicht so konzentriert sein, wie es sonst üblich ist, damit eine genügend hohe Strömungsgeschwindigkeit eingehalten werden kann. Man arbeitet bei einem Trockensubstanzgehalt von etwa 45 °Bx.

Die Anlage besteht aus 2 Abteilungen mit je 3 Filtern spezieller Konstruktion [114]. Die ersten 3 Filter sind mit je 1,7 m^3 Wofatit EZ, die letzten 3 mit je 0,3 m^3 Wofatit L 150 beschickt. Die Zuckerlösung wird nach der Entfärbung über den Anionenaustauscher in der OH^--Form filtriert, wobei ihr pH-Wert korrigiert wird. Das Entfärbungsharz wird mit 3,5 Volumina rezirkulierter Lauge und 2,5 Volumina frischer 0,25 n NaOH regeneriert (s. *Abb. 5–26*). Nach dem teilweisen Auswaschen aktiviert man Wofatit EZ mit 0,33 n HCl. Zur Regenerierung des Wofatit L 150 benutzt man 0,25 n NaOH (*Tab. 5–39*).

Das Zeitharmonogramm ist so ausgebildet, daß die aktive Phase 8 Std. und die passive Phase 5 Std. dauert. Innerhalb von 3 Std. entfärben also 3 Filter, innerhalb von 5 Std. nur zwei. In der *Tab. 5–40* sind die Daten für einen Arbeitstag wiedergegeben, wobei die Lösung zu 85% entfärbt wurde.

Abb. 5–51 veranschaulicht den Verlauf der Farbe innerhalb einer 30tägigen Arbeitsperiode.

Auf diese Weise ersetzt man die Affination des Nachproduktzuckers oder das Umkochen der Abläufe durch ein Entfärbungsverfahren mittels Ionenaustauschern. In einem Zyklus werden 40–60 m^3 Lösung entfärbt.

Tabelle 5–39: Regenerierung von Wofatit EZ und Wofatit L 150 bei Entfärbung stark gefärbter Zuckerlösungen (Verbrauch an Material bezogen auf 1 m^3 Harz)

Operation	Wofatit EZ Wasser (m^3/m^3)	NaOH (kg/m^3)	HCl (kg/m^3)	Wofatit L 150 Wasser (m^3/m^3)	NaOH (kg/m^3)
Rückspülen (mit rückgenommener Natronlauge)	3,5	—	—	6,7	—
Desorption mit frischer Natronlauge	2,0	14,7	—	2,0	40,0
Auswaschen	2,7	—	—	3,3	—
Aktivierung	0,9	—	24,5	—	—
Auswaschen	0,9	—	—	—	—
Insgesamt	10,0	14,7	24,5	12,0	40,0

Tabelle 5–40: Eigenschaften der Zuckerlösungen in Szolnok

Eigenschaft	Unentfärbte Lösung	Entfärbte Lösung
Trockensubstanzgehalt (°Bx)	45,8 ± 3,5	43,8 ± 3,7
pH-Wert	7,8	7,3
Farbstoffquotient (°St/100 °Bx)	56,1 ± 15,2	8,3 ± 1,9
Farbe (°St)	31	4,4
Invertzuckergehalt (g/100 °Bx)	0,174	0,176

Tabelle 5–41: Eigenschaften der Meliß-Klären in Halle/S.

Kläre	Trockensubstanzgehalt (°Bx)	Invertzucker (%)	Aschegehalt (%)	pH-Wert	Farbindex a_{560}	Farbstoffquotient (°St/100 °Bx)
unentfärbte	64	0,07	0,38	7,7	0,597	28
entfärbte	—	0,11	0,37	7,1	0,215	10

Die Kosten dieses Verfahrens sind nur halb so groß wie die bei der Entfärbung durch Norit bester Qualität. Die Anlage erfordert 2 Arbeitskräfte.

Ein weiteres Beispiel der Entfärbung einer ziemlich stark gefärbten Kläre, also einer Meliß-Kläre, stammt aus der Zuckerfabrik „Vorwärts" in Halle/S. [20]. Wofatit E wurde auch hier mit HCl aktiviert, aber nicht so intensiv, wie in dem oben genannten Betrieb, so daß man die Kläre nicht zu neutralisieren brauchte (vgl. *Tab. 5–16* [20]). Die Meliß-Kläre vom Farbindex 0,597 wird bei 85—90 °C entfärbt. Die aktive Phase dauert 25 Std., wobei aus 13 Volumina Kläre 74% der Farbstoffe entfernt werden (*Abb. 5–52*).

Die hohe Entfärbung ist auf das geringe Volumen der entfärbten Kläre und die kleine spezifische Belastung von nur 0,46 h^{-1} zurückzuführen. Zum Absüßen braucht man 3,25 m^3 Wasser/m^3 Harz. 2 Volumina der verdünnten Ab- und Ansüße bringt man in die Auflösepfannen, 1,5 Volumina sehr verdünnter Lösungen werden verworfen. Man verkocht also nur 11,2 m^3 entfärbte Kläre. Die Wirkung des Wofatit E ist aus der *Tab. 5–41* ersichtlich.

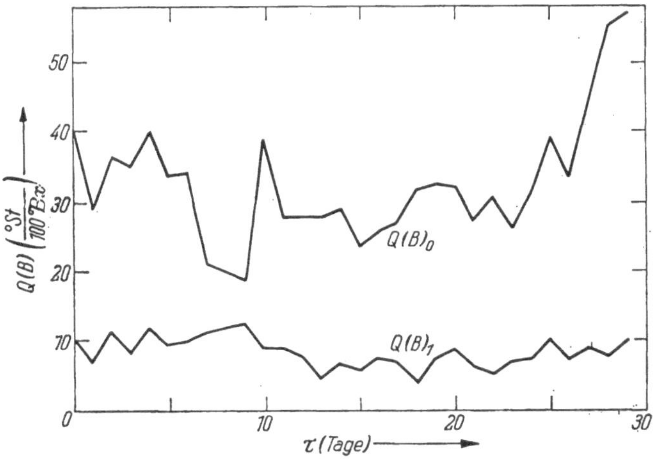

Abb. 5–51: Entfärbung von sehr dunklen Klären durch Wofatit EZ und Wofatit L 150 [24]
τ – Betriebszeit der Anlage; $Q(B)_0$ resp. $Q(B)_1$ – Farbstoffquotient der unentfärbten und entfärbten Lösung

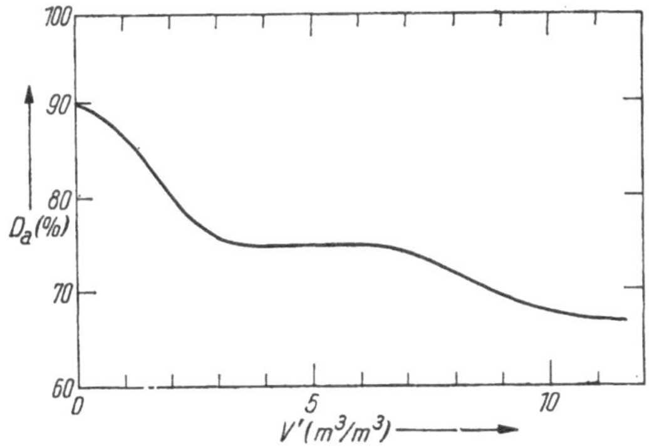

Abb. 5–52: Augenblickliche Entfärbung D_a der Meliß-Kläre [20]
V' – Klärevolumen; Farbstoffquotient ungefähr 28 °St/100 °Bx

Der pH-Wert der Kläre sinkt vorübergehend bis auf pH 6, obwohl weder bei der Aktivierung noch beim Auswaschen ein Wert unter 8,3 vorkommt. Es kommt also in den oberen Schichten des Harzes zu einer gewissen Inversion.

Die geringe Farbstoffkonzentration der behandelten Kläre ermöglicht es, aus dieser einen erstklassigen Kristall der Klasse S zu kochen, während aus unbehandelter Meliß-Kläre ein Kristall mit einem Aschegehalt von 13 mg% vom Farbtyp 6,4 hergestellt wird. Der aus der entfärbten Kläre erzeugte Zucker hat einen Aschegehalt von 10 mg% und den Farbtyp 7,4. Das Verfahren bringt wesentliche ökonomische Vorteile.

5.4.6. Die Qualität der entfärbten Lösungen und der erzeugten Zucker

Durch Entfärbungs-Ionenaustauscher werden nicht nur Farbstoffe, sondern auch andere Nichtzuckerstoffe aus den Lösungen entfernt. Je nach deren Beschaffenheit geschieht dies entweder durch Allgemein- oder Austauschadsorption.

Alle Typen von Entfärbungsharzen nehmen aus den Lösungen *Calcium-Ionen* auf. *Amphotere Harze* entfernen nach der Aktivierung mit HCl 26%, nach der Aktivierung mit NH_4Cl 35%, schwach basische Anionenaustauscher 20% und das Polyaminharz DEKOLOREX A4 23% des Calciums [64]. Dicksaft wurde weniger gut entkalkt, unter Betriebsbedingungen nur um 10%. ASMIT 259 entfernte aus der 3. Kläre ebenfalls 10% des Calciums [25b].

Die Calciumaufnahme durch amphotere Ionenaustauscher erhöht sich durch die Aktivierung mit NH_4Cl-Lösung und durch die Alterung des Harzes. Auch für WOFATIT E wurde nach 4 Zyklen (40 Betriebstagen) eine Erhöhung der Ca^{2+}-Kapazität auf das 10fache (2—4 g CaO/*l*) beobachtet [64]. Diese Erscheinung kann man durch Umwandlung von NH_2-Gruppen erklären.

Bei den *stark basischen Anionenaustauschern* findet ebenfalls ein Austausch anorganischer Ionen statt. In den Rohrzuckerraffinerien ist der Austausch von *Sulfat-Ionen* gegen Chlorid-Ionen sehr erwünscht, weil auf diese Weise die Gefahr von Sulfat-Inkrustationen an den Heizflächen der Kochapparate vermindert wird. Dieser Austausch kann aber von einer unerwünschten Senkung des pH-Wertes begleitet sein. Bei Klären, die eine größere Menge von Bicarbonaten enthalten, was z. B. bei einigen Zuckern aus Kuba und Australien vorkommt, kann der pH-Wert nach der Behandlung mit Anionenaustauschern in der Cl^--Form bis unter 6 sinken. Bei Zuckern mit einem kleinen Sulfatgehalt (z. B. aus Peru und Taiwan) besteht diese Gefahr nicht [115]. Spült man nach der Sole-Regenerierung den Anionenaustauscher mit einem Volumen 0,1%iger Na_2CO_3-Lösung durch, so findet keine pH-Senkung bei der Entfärbung statt [115].

In der ČSSR entfärbte man mit vollem Erfolg mit Hilfe von WOFATIT EZ Klären, die aus Kuba-Zucker durch Saturation, Behandlung mit Knochenkohle und Aktivkohlefiltration erzeugt worden waren. Dabei war keine außergewöhnliche Senkung des pH-Wertes zu beobachten.

Ein zu *hoher Aschegehalt* kann sich bei der Entfärbung mit stark basischen Anionenaustauschern dadurch nachteilig auswirken, daß die entfärbte Kläre zu viel Chloride enthält, von denen $CaCl_2$ und KCl einen bitteren Nachgeschmack und eine höhere Hygroskopizität der Raffinade bewirken [116]. Diese Gefahr, die durch Kläreenthärtung vermieden werden kann [116], stellt aber eine nur selten auftretende Komplikation dar. Die Kläre wird darum auch nirgends enthärtet.

Von den *stickstoffhaltigen Nichtzuckerstoffen* nimmt WOFATIT EZ etwas Betain, von den Aminosäuren vorwiegend die neutralen und basischen auf. Dadurch sinkt der Stickstoffgehalt der Melasse.

In den Regenerierabläufen von WOFATIT EZ wurde relativ viel Saponin gefunden. Das ist für die Qualität des Weißzuckers, der direkt aus dem Dicksaft erzeugt wird, von Bedeutung.

Entfärbungsharze nehmen auch Kolloide auf und wirken namentlich in den ersten Zyklen desodorierend auf die Kläre.

PAVLAS und FRAŇKOVÁ [117] fanden bei Laborversuchen mit WOFATIT EZ, der nur mit Natronlauge regeneriert wurde, daß das Harz aus Dicksaft (Reinheitsquotient 93,62%) 49,5% der Calcium-Ionen, 6,8% des Gesamtstickstoffes und andere Nichtzuckerstoffe in solcher Menge aufnahm, daß sich die Reinheit des Saftes um 0,86% steigerte. Bei diesen Versuchen wurden allerdings nur 7,5 Volumina Dicksaft bei 85 °C in einem Zyklus entfärbt. Dabei wurde der Saft mit einem Farbstoffquotienten von 18,15 °St/100 °Bx zu 64,5% entfärbt. Obwohl das Saftvolumen für praktische Anwendungen zu klein ist, zeigt sich doch, daß die Saftqualität durch Entfärbungsharze erheblich verbessert werden kann.

Die Verbesserung der Saftqualität durch die Behandlung mit Entfärbungs-Ionenaustauschern kann sich namentlich bei relativ unreinen Lösungen, also bei Säften und minderwertigen Klären, durch eine deutliche *Erhöhung des Reinheitsquotienten* äußern. Dies ist besonders in den ersten Phasen des Zyklus oder bei sehr kurzen Zyklen der Fall. Bei sehr hochwertigen Klären liegt die Verbesserung des Reinheitsquotienten innerhalb der Fehlergrenze. Nach der Entfärbung von 50 Volumina erhöht sich beispielsweise der Reinheitsquotient einer solchen Kläre maximal um 0,1%, während der des Dicksaftes um ein Vielfaches zunimmt.

Das mittlere Äquivalentgewicht der Anionen in den Nichtzuckerstoffen macht etwa 120 aus. Durch Austausch gegen Chlorid-Ionen nimmt es um 85 ab, so daß man aus Dicksaft, der z. B. 25 kval Anionen pro 100 kg enthält, bei der Behandlung von 50 kg Trockensubstanz etwa 1 kg Nichtzuckerstoffe entfernen kann. Dadurch wird der Reinheitsquotient um fast 1% erhöht. Die Molarität der Salze im Saft bleibt natürlich unverändert.

Die gesamte physikalisch-chemische Wirkung der Entfärbungsharze auf die Säfte und Klären wirkt sich also günstig auf die Qualität des Zuckers aus. Bei der Entfärbung von Rohrklären mit AMBERLITE IRA 401 S wurde z. B. bei Verarbeitung von etwa 50 t Pol.-Zucker pro m^3 Harz (Entfärbung um 85—90%) ein Austausch von 65% der anorganischen Anionen gegen Chlorid-Ionen beobachtet, wodurch der Aschegehalt der Raffinade von 22 mg% auf 9 mg% sank [29]. Der Kalkgehalt der Raffinade nahm im Durchschnitt von 21 auf 1 mg% CaO ab. Damit wird auch die Tendenz zur Bildung von Trübungen in den Zuckerlösungen vermindert, was besonders für die Getränkeindustrie von großer Bedeutung ist. Kleinere Asche- und Farbstoffgehalte in den Zuckern ermöglichen die

Einsparung von 30% Deckwasser, was etwa 2 kg Dampf pro 100 kg Kristallzukker entspricht. Die Zuckerlösungen verfärben sich nachträglich nicht mehr als bei der Entfärbung mit Knochenkohle. Man kann sogar noch den Sirup von der 4. Füllmasse mit den Abläufen der 2. oder 3. Füllmasse zu Weißware-Füllmasse verkochen, ohne eine andere Entfärbung als die der 1. Kläre vorzunehmen. So ergibt sich eine wesentliche Vereinfachung der Entfärbungsanlage.

Die entfärbte Kläre verkocht sich schneller und hinterläßt außerdem geringere Inkrustierungen an den Heizflächen. Man braucht in der Rohrzuckerraffinerie die Kochapparate jährlich nur noch einmal zu reinigen, während man sie bei der herkömmlichen Technologie monatlich von den Inkrustierungen befreien mußte.

Bei der Entfärbung der 1. Kläre mit Wofatit E erhält man Raffinadekristall mit 5–7 mg% Aschegehalt und Zuckerhüte mit 3–4 mg% Aschegehalt (konduktometrisch bestimmt). Die Farbe liegt immer unter 0,1 °St. Die Behandlung mit Entfärbungsharzen hatte in diesem Falle keinen nachweisbaren Einfluß auf den Aschegehalt der Raffinade und auf ihre Lagerfähigkeit [118, 119]. Die Hygroskopizität war sogar niedriger als bei Zuckern, die aus mit Knochenkohle oder Aktivkohle entfärbten Klären hergestellt worden waren. Dies ist wahrscheinlich auf die Veränderung der Zusammensetzung der Nichtzuckerstoffe zurückzuführen. Mit Hilfe von Sephadex durchgeführte Versuche ergaben, daß die Entfärbungsharze vor allem Komponenten aufnehmen, die ein größeres Molekulargewicht als Saccharose haben [118].

Die Erfahrungen, die in den Anlagen in Skřivany, Čakovice und Prosenice gesammelt wurden, beweisen, daß aus den Klären, die mit Entfärbungs-Ionenaustauschern behandelt wurden, in der normalen Weise eine Raffinade bester Qualität hergestellt werden kann. Sie hat mindestens die gleiche Qualität, wie die unter Benutzung klassischer Adsorbentien erzeugte Ware. Es war sogar möglich, Zuckerhüte für Exportzwecke herzustellen, ohne sie vor dem Decken zu fräsen.

In Prosenice wurde aus den mit Wofatit EZ, Wofatit L 150 und Amberlite IRA 401 S behandelten Klären auch zum Schluß der Kampagne 1963/64 noch Zucker hergestellt, der die Typenbewertung für Inlandsware übertraf. Es wurde also ausgezeichnete Exportware erzeugt, die folgende Aschegehalte hatte: Crystals und Granulated 6–9 mg%, Fine und Extra Fine Granulated 4 mg% und Würfelzucker 8 mg%. In der Kampagne 1961/62, als man die Entfärbung nur mit Wofatit EZ und Dekolorex A2 vornahm, war die Typenbewertung Crystals und Granulated 1,5–2,0 (immer noch Superior-Zucker), Fine Granulated rund 1,5 und Extra Fine Granulated rund 1,0 [78]. Der Aschegehalt lag bei 5 mg%.

Durch eingehende Laboruntersuchungen über das Verhalten von Klären bei langdauernder Erwärmung auf die im Betrieb üblichen Temperaturen wurde von Bretschneider und Mitarbeitern [120] der Beweis erbracht, daß sich Klären, die mit Entfärbungsharzen behandelt wurden, nicht stärker verfärben als mit Knochenkohle oder Aktivkohle behandelte.

Die Säfte und Klären, die mit Entfärbungs-Ionenaustauschern behandelt worden sind, besitzen also die gleiche technologische Qualität wie die mit klassischen Adsorbentien entfärbten Zuckerlösungen oder übertreffen diese sogar [120].

Vom *gesundheitlichen Standpunkt* ist ebenfalls nichts gegen die Verwendung von Entfärbungs-Ionenaustauschern in der Zuckerindustrie einzuwenden. Es liegen keine Informationen darüber vor, daß normal hergestellte und richtig angewendete Harze irgendwelche schädlichen Einflüsse auf die Zuckerlösungen ausüben könnten, indem sie z. B. Substanzen an dieselben abgeben.

Vor der ersten Benutzung muß das Harz natürlich regeneriert und gründlich ausgewaschen werden, um eventuell noch vorhandene niedermolekulare Anteile zu entfernen. Dann ist die Löslichkeit der Entfärbungs-Ionenaustauscher, vor allem der Typen auf Basis Styrol-Divinylbenzol, praktisch gleich Null [90].

Das Verfahren der Entfärbung mit Ionenaustauscherharzen hat sich in bisher achtjähriger Praxis in der ČSSR als nicht anfällig gegen Schwankungen in der Rübenqualität erwiesen. Eine richtig geführte Vorreinigung der Säfte kann alle daher rührenden Qualitätsunterschiede ausgleichen, so daß der Betrieb der Entfärbungsanlage von derartigen Faktoren praktisch unabhängig ist.

Schließlich hat sich auch erwiesen, daß mit Hilfe von Austauscherharzen behandelte Zucker im Vergleich mit denen, die nach anderen Verfahren entfärbt wurden, geringere Werte beim Flock-Test ergaben. Dies ist besonders dann bedeutungsvoll, wenn der Zucker in der Getränkeindustrie eingesetzt werden soll.

5.5. Ökonomische Aspekte beim Einsatz von Entfärbungs-Ionenaustauschern

Im folgenden soll versucht werden, die ökonomischen und technologischen Gegebenheiten der verschiedenen Verfahren zur Entfärbung von Zuckerlösungen gegeneinander abzuwägen und die spezifischen Verhältnisse beim Einsatz von Austauscherharzen zu diesem Zweck unter derartigen Aspekten zu untersuchen.

Wir haben grundsätzlich drei Technologien zu unterscheiden: Die Entfärbung mit *Knochenkohle* (Spodium), die Anwendung von *Aktivkohlen* und den Einsatz von *Ionenaustauschern.*

Spodium hat die Eigenschaft, neben färbenden Verunreinigungen auch farblose Nichtzuckerstoffe zu entfernen. Man erhält also mehr Raffinade und weniger Melasse. Dieser Vorteil wird aber nur bei der Rohrzuckerverarbeitung, wo sehr große Mengen Adsorbens installiert sind, genügend wirksam. Man hat dann aber eine sehr umfangreiche Anlage, eine komplizierte und aufwendige Technologie und einen hohen Bedarf an Wasser und an Arbeitskräften in Kauf zu nehmen. In der Anlage befindet sich ständig eine große Zuckermenge, die Aufenthaltszeit ist lang. Die Folge ist eine erhöhte Gefahr von Zuckerverlusten durch Zersetzung, der man durch eine stärkere Kalkung begegnen muß. Damit werden aber bereits wieder zusätzliche Nichtzuckerstoffe eingebracht, so daß der positive Effekt abgeschwächt wird. Die Automatisierung des Verfahrens ist schwierig. Ein gewisser Fortschritt läßt sich jedoch vom CAP-Verfahren erwarten.

Bei der Herstellung von Zucker aus Rüben, setzt man geringere relative Mengen an Spodium ein und erreicht für die erste Kläre eine Entfärbung von 50—60%, für die zweite und dritte Kläre nur 20—30%. Dabei müssen täglich 5% (bezogen auf Raffinade) Spodium regeneriert werden.

Mit *Aktivkohleanlagen* erreicht man etwa den gleichen Entfärbungseffekt. Die Anlage ist, besonders wenn man moderne Druck- oder Anschwemmfilter verwendet, erheblich kleiner und die Technologie ist einfacher. Der Bedarf an Aktivkohle beträgt etwa 0,1% (bezogen auf Raffinade).

Der Wasserbedarf der Aktivkohleanlagen ist gering, die Aufenthaltsdauer der Zuckerlösungen ist kurz.

Die Technologie wird dadurch, daß man meist auf eine Regenerierung der Aktivkohle verzichtet, erheblich vereinfacht.

Die mit *Austauscherharzen* ausgerüsteten Anlagen haben den wesentlichen Vorteil, daß sie geringe Investitionen erfordern, leicht automatisierbar sind, infolgedessen vom Bedienungspersonal nur leichte und saubere Arbeit erfordern und eine Regenerierung des Adsorbens ohne Ausbau aus den Filtern erlauben. Außerdem sind die Wärmeverluste geringer als bei allen anderen Verfahren. Der Bedarf an Arbeitskräften ist minimal. Selbst große Anlagen können von einem gelernten Arbeiter und einer Hilfskraft betrieben werden.

Die Aufenthaltsdauer des Zuckers in der Anlage ist geringer als beim Einsatz von Spodium, aber höher als bei Aktivkohleanlagen. Der Wasserbedarf ist bei Verwendung von Kondensationsharzen etwas geringer als bei Spodiumanlagen. Durch Einsatz von Harztypen auf Polymerisat-Basis kann man ihn aber erheblich senken.

Die Entfärbungseffekte sind mit denen, die durch andere Technologien erreichbar sind, vergleichbar oder sogar besser.

Tab. 5–42 gibt einen Vergleich zwischen den drei eben besprochenen Verfahren [121].

Ein ökonomisches Risiko beim Betrieb von Entfärbungsanlagen mit Austauscherharzen ist die *Lebensdauer* des relativ teuren Harzes. Die Anschaffungskosten des Harzes sind nun einmal der am stärksten belastende Faktor und in vielen Fällen sind die Amortisationssummen, die man ansetzen muß, bei der ökonomischen Kalkulation entscheidend. Dieser Faktor ist aber durchaus zu beeinflussen. Die richtige Wahl des für den jeweiligen Zweck günstigsten Harzes und vor allem seine sachgemäße Behandlung können die Standzeit der Ionenaustauscher so weit verlängern, daß die Abschreibungen recht gering werden. Auf Maßnahmen zur Schonung der Austauscherharze wurde schon näher eingegangen. An dieser Stelle möchten wir nochmals betonen, daß wir eine sehr sorgfältige Vorreinigung und Filtration der Säfte für äußerst bedeutungsvoll halten.

Wenn man für das Harz eine Lebensdauer von 8 Jahren annimmt, die für die Verhältnisse in der ČSSR als gesichert betrachtet werden kann, reduzieren sich die Kosten auf 10,5 Kčs/t Raffinade. Das gilt für Polykondensationsharze. *Polymerisatharze* sind zwar teurer, der höhere Entfärbungseffekt und die längere

Tabelle 5-42: Vergleich einiger Parameter tschechoslowakischer Entfärbungsanlagen (annähernde Werte), [3]

Parameter	In der Anlage benutztes Adsorbens			
	Entfärbungs-harz Wofatit EZ	Aktivkohle ohne Regenerierung (Carboraffin)	Aktivkohle mit Regenerierung (Carboraffin)	Spodium
Raumummauerung (m^3/t Raffinade/Tag)	10	–	–	60
Bedienungspersonal (24 Stunden)	6	11	34	20
Gesamtgewicht der Vorrichtung (im Vergleich mit Spodium) (%)	10	10	13	100
Arbeitsproduktivität der Anlage im Vergleich mit Spodium (%)	250–320	87	110	100
Produktivitätserhöhung der Zuckerfabrik (%)	+2,5	–	–	±0
Gesamtkosten im Vergleich mit Spodium (%)	70	77	73	100
Adsorbensmenge (m^3/100 t Tagesproduktion)	17	$<$0,14	0,07	ca. 70

Tab. 5-43 und *5–44* geben einen Überblick über die aufzuwendenden Amortisationssummen und über die Kosten der Entfärbung in der ČSSR:

Tabelle 5-43: Aufgliederung der Kosten (in %) auf die Entfärbung in den tschechoslowakischen Raffinerien (ohne Generalregie), [6,7]

Kostenaufwand	Arbeitsweise				
	Spodiumfiltration		Karbofiltration		Entfärbungs-anlage mit Wofatit EZ bei Rezirkulation der Regenérationsmittel
	in allen Fabriken	in Fabriken mit Ionen-austauscher-anlagen	ohne Regene-rierung	mit Regene-rierung	
Insgesamt	100	100	100	100	100
Adsorbentien	10	21	27	29	39
Filtrationsmaterial	–	–	16	11	–
Brennstoff	11	1	–	2	–
Wasser, Dampf	10	nicht inbegriffen	10	2	nicht inbegriffen
Reparaturmaterial	1	2	1	1	2
Regeneriermittel	1	1	–	–	24
Betriebslöhne	34	23	26	11	14
Reparaturlöhne	6	7	8	32	5
Amortisation	27	39	12	11	16

Tabelle 5–44: Kosten für die Entfärbung in der ČSSR [*47, 121*]

Kosten in Einheiten	Arbeitsweise Spodium-filtration	Karbofiltration ohne Re-generierung	Karbofiltration mit Re-generierung	Entfärbungs-anlage mit Wofatit EZ*)
Kčs/t Raf. Tagesproduktion	17,4	12,8	13,4	14,0
Kčs/t Trockensubstanz der Kläre	8,3	7,2	7,9	6,1
Kčs/g*F* aufgenommene Farbstoffe	0,42	0,63	0,27	0,19

*) Einkaufspreis: 6,51 Kčs/*l* Harz = 9,86 Kčs/kg Harz

Lebensdauer dürften ihren Betrieb aber noch erheblich ökonomischer gestalten.

Nach DE JONG [88] kostet eine zweistufige Entfärbung mit ASMIT 259 bei Entfernung von 98% der Farbstoffe 300 frs/t Einwurf. Der Chemikalienbedarf beträgt dabei 4 kg NaCl/t Raffinade. Für die Verhältnisse in Holland rechnet er mit 2 Hfl/t Einwurf [123]. LABOUCHÈRE [86] vergleicht die drei Entfärbungsverfahren an konkreten Beispielen und kommt zu dem Ergebnis, daß man bei Einsatz von Spodium 6,0 Fl, bei Verwendung von Aktivkohle 6,7—10,8 und bei Anwendung des Ionenaustauscherharzes CENTRANOL W 291 nur 2,01 Fl/t Einwurf aufwenden muß.

Zu ähnlich günstigen Ergebnissen kam man bei technischen Versuchen in der Zuckerraffinerie in Halle/S., wo die Kosten bei Verwendung von Wofatit EZ auch dann nur 50% der Aufwendungen beim Betrieb einer Aktivkohleanlage ausmachten, wenn man für das Harz nur eine zweijährige Lebensdauer annahm [19]. Bei kombinierter Verwendung von WOFATIT EZ und WOFATIT ES zur Entfärbung dunkler Klären erzielte man in der gleichen Raffinerie in einer Kampagne Gewinne in Höhe von 85000 Mark [20, 124].

Bei Versuchen in Japan [23, 108, 125] wurde gefunden, daß auch die ökonomisch aufwendigste Variante der Entfärbung mit Austauscherharzen mit den herkömmlichen Verfahren noch gut vergleichbar ist. Dabei sind obendrein die Investitionen und der Bedarf an Arbeitskräften erheblich niedriger. *Tab. 5–45* zeigt diese Verhältnisse.

Bei dieser Verfahrensweise erhöhte sich die Ausbeute an Zucker von 82% auf 90% und die Kosten sanken um 3,61 $/t [125].

In den USA ergaben sich ebenfalls erhebliche ökonomische Vorteile bei Verwendung von AMBERLITE IRA 401 S und DUOLITE A-102 [28, 29, 126].

In Polen fand man, daß der Gewinn beim Ersatz von Aktivkohle durch ASMIT 259 so groß war, daß die entstandenen Kosten schon in einer Kampagne abgedeckt wurden..

Tabelle 5–45: Kosten der Klärentfärbung in japanischen Raffinerien (in $/100 lbs Einwurf; bei der Kapazität 100 t Einwurf/Tag) [23]

Arbeitsmethode	Amortisation der neu installierten Vorrichtung (Ersatz der Scheidung und Karbofiltration)	Regenerierungsmaterial	Gesamtkosten
Scheidung und Karbofiltration	0,000	0,165	0,165
Scheidung und Knochenkohlefiltration	0,032	0,065	0,097
Scheidung, Saturation und Knochenkohlefiltration	0,033	0,042	0,075
Scheidung, Saturation, Karbofiltration und Ionenaustauscher-Anlage mit Amberlite IRA 401 S	0,012	0,071	0,083

Auch in Ungarn ergaben sich beim Ersatz einer hochwertigen Aktivkohle (Norit) durch Wofatit EZ und Wofatit L 150 Kostensenkungen von etwa 50% [24].

In der UdSSR machte man ebenfalls beim Ersatz von Spodium durch Austauscherharze gute Erfahrungen. Es wurden 0,6 Rbl./t Raffinade eingespart. Die vestitionskosten sanken auf 40%, das Volumen der Anlage auf 20% und der Bedarf an Arbeitskräften auf 25% [127, 128].

Es hat sich also in zahlreichen praktisch durchgeführten Vergleichen ergeben, daß der Einsatz von Entfärbungsharzen ganz erhebliche ökonomische Vorteile zur Folge hat. Wenn heute auch noch Diskussionen möglich sind, ob das Aktivkohleverfahren oder die Entfärbung mit Austauscherharzen billiger ist, so dürfte doch das Knochenkohleverfahren für europäische Verhältnisse als endgültig überholt gelten. Wenn sich die Polymerisatharze mit ihrer hohen Leistungsfähigkeit und Lebensdauer allgemein einführen, dürfte auch die Aktivkohle als Entfärbungsmittel unter praktisch allen Bedingungen unökonomisch werden. Man kann allerdings damit rechnen, daß in vielen Fällen eine Kombination von Aktivkohle und Austauscherharz die technologisch und ökonomisch beste Lösung werden kann.

Die verschiedenen technischen Vorteile, besonders die gute Automatisierbarkeit der Anlagen mit Entfärbungsharzen, werden deren Anwendung sicher in der Zukunft weiter durchsetzen. Eine der wichtigsten Voraussetzungen ist aber eine Lebensdauer des Harzes von mehr als fünf Jahren.

Man kann also wohl den Schluß ziehen, daß die Entfärbung mit Ionenaustauschern eine ganze Reihe wichtiger technischer und ökonomischer Vorteile bietet.

Eine wichtige Frage bleibt aber immer die Wahl des richtigen Harztyps. Man muß von Fall zu Fall genau abwägen, ob es vorteilhafter ist, ein schwach basisches oder amphoteres Harz ohne ausgesprochenen Ionenaustauschercharakter (wie

z. B. WOFATIT EZ), einen stark basischen Anionenaustauscher (wie AMBERLITE IRA 401 S oder WOFATIT ES) oder ein makroporöses Harz zu wählen. Diese Entscheidung kann für den technischen Erfolg und die Ökonomie des Verfahrens ausschlaggebend sein und beeinflußt darüber hinaus die Entwicklung in Verbrauch und Produktion der einzelnen Typen.

Nach unseren Erfahrungen sind für Spitzenleistungen die *stark basischen Anionenaustauscher* die geeignetsten. Ihre Entfärbungsfähigkeit ist hoch und die Kontaktzeit der Lösungen kann kurz sein. Die Anlage kann also relativ klein ausgelegt werden. Die Alkalität der Zuckerlösungen beeinträchtigt die Entfärbungsleistung nicht, solange man in den in der Zuckertechnologie üblichen Grenzen bleibt. Zur Regenerierung benötigt man lediglich Kochsalz. Zu empfehlen sind diese Typen vor allem für die Entfärbung von nicht zu stark gefärbten und tadellos filtrierten Lösungen.

Harze auf Polykondensat-Basis (z. B. WOFATIT EZ) bieten nicht die gleichen technologischen Vorteile wie die stark basischen Typen auf Polymerisat-Basis. Sie sind aber in der Anschaffung erheblich billiger. Zur Regenerierung benötigt man nur sehr verdünnte Lösungen, von denen sich ein erheblicher Teil durch Rezirkulation einsparen läßt. Sie vertragen auch relativ ungünstige Arbeitsbedingungen und können vor allem leichter und besser von Verunreinigungen befreit werden, als die Polymerisat-Typen. Es ist gelungen, ihre Lebensdauer durch periodisch durchgeführte Reaktivierungen so weit zu erhöhen, daß sie mit der der stark basischen Typen vergleichbar ist. Ihre Anwendung, zum Beispiel zur Entfärbung sehr dunkler Zuckerlösungen oder aller drei Klären u. ä., ist also durchaus noch berechtigt. Sie können heute trotz aller prinzipiellen technologischen Vorteile der moderneren Typen in vielen Fällen mit Erfolg eingesetzt werden.

Eine schwerwiegende Einschränkung für die Anwendung der stark basischen Harze kann die Belastung des Vorfluters mit dem Kochsalz der Regenerierlösungen sein. Bei geringer Wasserführung des Vorfluters und strengen gesetzlichen Bestimmungen kann es eintreten, daß eine Technologie mit kurzen Zyklen und Verwendung recht konzentrierter Salzlösungen zur Regenerierung gar nicht in Frage kommt.

Ein weiterer wichtiger Faktor beim Vergleich der einzelnen Harztypen sind die Kosten für das verbrauchte Wasser, für die Abwasserreinigung, für Verunreinigungen des Wassers und für die verbrauchten Chemikalien.

Aus diesen und anderen Gründen hat bisher die ursprünglich erwartete restlose Ablösung der älteren Typen durch die Polymerisat-Harze nicht stattgefunden. Die diesbezüglichen Tendenzen sind auch in verschiedenen Ländern recht unterschiedlich.

Man kann erwarten, daß bis auf weiteres ältere und neuere Typen nebeneinander angewendet werden, wobei die Verschiebung des Schwergewichtes nicht nur von ökonomischen sondern auch von gesellschaftlichen Faktoren beeinflußt wird.

Für die Verhältnisse in der ČSSR haben sich die bei der Einführung der Technologie der Zuckerentfärbung mit Ionenaustauschern eingeschlagenen Wege in der Zwischenzeit als richtig erwiesen. Die Erfahrungen der Kampagnen 1959 bis 1967 beweisen, daß Ionenaustauscherharze auch bei langer Standzeit laufend gute Entfärbungseffekte zeigen, und daß sich die gewählten Harztypen gut bewährt haben. In der Kampagne 1967 waren in den vier großen Entfärbungsanlagen der ČSSR folgende Harztypen im Einsatz: Im größten Maßstabe WOFATIT EZ, daneben erhebliche Mengen WOFATIT ES und geringe Mengen AMBERLITE IRA 401 S.

Selbst die schon in acht Kampagnen benutzten Harze waren in dieser Zeit nicht unbrauchbar geworden. Es waren lediglich Verluste durch Abschwemmung von zersprungenen Körnern und Abrieb im laufenden Betrieb sowie durch Abgang von geschädigtem Material bei der Behandlung mit Salzsäure eingetreten. Der daraus entstandene Nachfüllbedarf hatte nach der ersten Kampagne bei ungefähr 10%, in jeder weiteren bei etwa 5% der ursprünglich installierten Menge gelegen. Man hat also in acht Jahren etwa 50% des Harzes erneuern müssen.

Nach den Erfahrungen des praktischen Einsatzes unter den Bedingungen der Zuckerindustrie hat sich also ergeben, daß bei normaler Behandlung des Harzes eine einmal eingebaute Charge ihre Entfärbungsfähigkeit für mindestens acht Jahre behält, wenn sie regelmäßig gereinigt wird und die Verluste ersetzt werden. Es besteht zur Zeit noch kein Grund zu der Annahme, daß die gewählten Typen — sowohl Polykondensat- wie auch Polymerisatharze — den an sie gestellten Anforderungen nicht ausreichend entsprechen, zumindest sind zur Zeit noch keine Typen mit entscheidend verbesserten Eigenschaften so weit erprobt, daß sie die bisher bewährten ohne Risiko ersetzen könnten.

Es ist natürlich wünschenswert, daß neue gut wirksame Harzadsorbentien mit möglichst universeller Anwendbarkeit entwickelt werden, die eine dem Anschaffungspreis entsprechende Lebensdauer haben und ohne Komplikationen regeneriert werden können. Verschiedene Vorteile kann man sich gerade unter dem Aspekt der einfachen und vollständigen Regenerierung von der Synthese geeigneter makroporöser Harze versprechen. Trotz aller Arbeiten, die bisher auf dem Gebiet der Synthese und der Anwendung von Entfärbungsharzen geleistet wurden, dürfte die Entwicklung heute noch nicht abgeschlossen sein und man kann erwarten, daß die Zusammenarbeit von Synthetikern und Anwendern zu einer weiteren Vervollkommnung des Prozesses der Entfärbung mit Ionenaustauschern führen wird.

Literatur

[1] KAUSCH, O.: „*Die aktive Kohle, ihre Herstellung und Verwendung*", Verlag W. Knapp, Halle/Saale, 1928 und 1932

[2] KRCZIL, F.: „*Untersuchung und Bewertung technischer Adsorptionsstoffe*", Akademische Verlagsgesellschaft, Leipzig, 1931

[3] OSTREJKO, R.: DR Pat. 136792 (1901); Ö.-U. Pat. 14918 (1901)

[4] ZELNICEK, J.: Ö.-U. Pat. 68169 (1913)

[5] WOHRYZEK, O.: „*Die aktivierten Entfärbungskohlen*", Verlag F. Enke, Stuttgart, 1937

[6] COURTY, C.: Charbons aktivés. Paris, 1952

[7] SMÍŠEK, M., und S. ČERNÝ: Aktivní uhlí. SNTL, Praha u. SVTL, Bratislava, 1964

[8] SMIT, P.: Tijdschr. Beetw. **31**, 91 (1936)
[9a] ANON.: Chem. Engng. News. **25**, 1265 (1947)
[9b] BARRETT, E. P., R. S. BOWMAN und M. MALANCHUK: Sugar Ind. Techn. Inc. Mimeo, Separate May (1956)
[9c] BARRETT, E. P., und M. MALANCHUK: Proc. 14th Session Bone Char 217, 237 (1955 bis 1957)
[10] ČÍŽ, K., J. ŠTAMBERG und V. VALTER: Listy cukr. **73**, 182 (1957)
[11a] INDUSTRIELLE MAATSCHAPPIJ ACTIVIT N. V.: Ned. Pat. 95588 (1939); Ned. Pat. 96707 (1940); Fr. Pat. 879221 (1942)
[11b] O. J. MEIJERS DEXTRINENFABRIEKEN N. V.: Belg. Pat. 101116 (1941); It. Pat. 396347 (1942); Ned. Pat. 620521 (1945) u. a.
[11c] SMIT, P.: US-Pat. 2671059 (1954)
[11d] N. V. CENTRALE SUIKER MAATSCHAPPIJ: Brit. Pat. 668377 (1952)
[11e] N. V. OCTROOIEN MAATSCHAPPIJ „ACTIVIT“: Ned. Pat. 86272 (1954)
[11f] ŠTAMBERG, J., V. VALTER und Z. MENCL: ČS. Pat. 92447 (1959)
[12] PAYNE, J. H.: "*Rpts. Hawaiian Sugar Tech. 12th Meet.*", S. 51 (1953); Zucker **8**, 58 (1953)
[13a] N. V. OCTROOIEN MAATSCHAPPIJ "ACTIVIT": Belg. Pat. 735081 (1955)
[13b] HARDING, F. H., und F. BRUDER: US-Pat. 2785998 (1953); Fr. Pat. 1113717 (1954); Canad. Pat. 567125 (1954); It. Pat. 551702 (1954)
[14] IWASHINA, S., T. MIYAO und T. ASAMI: Proc. Res. Soc. Jap. Sugar Ref. Technol. **4**, 34 (1955)
[15] KUNIN, R., und R. J. MYERS: Disc. Far. Soc. **7**, 114 (1949)
[16] SMIT, P.: 18. Kongr. Int. d. Ind. Agric., Brusel, B. I. 257 (1950); ibid Sucr. belge **70**, 97 (1950)
[17a] GROSVENOR, W. M.: US-Pat. 2954305 (1959)
[17b] MARCY, W.: Int. Sug. J. **63**, 340, 368 (1962)
[18] MENCL, Z., V. VALTER und F. VÁVRA: Listy cukr. **76**, 84 (1960)
[19] SCHULZE, E.: Privat-Mitteilung (1956)
[20] PLATO, W., und M. SCHOPF: Zuckererz. **7**, 36 (1963)
[21] ANON.: Int. Sugar J. **59**, 343 (1957)
[22] LO CICERO, J.: Privat-Mitteilung (1962)
[23] YAMANE, T.: Sugar **51**, No. 3, S. 42, 60 (1956); Sugar J., **25**, No. 10, S. 24 (1963)
[24] GRYLLUS, V.: Cukoripari Kutatóimtézet Közleményli **5**, 34 (1960); Cukoripar **15**, 23 (1962); GRYLLUS, V., und T. ZÁGON: Ung. Pat. 148588 (1960)
[25a] RABEK, T. J., und D. ŻUCHOWSKA: Bull. Acad. Polon. Sci., Ser. Chim., **10** 57 (1962)
[25b] GAWRYCH, S., und I. OGŁAZA: Prace Instytutów i Laboratoriów Badawczych Przemyslu Spożywczego, **12**, No. 3, 1 (1962)
[26a] WALERIANCZYK, E., K. KOPERA und A. JARZĘCKI: Gaz. cukrown. **61**, 271 (1959)
[26b] KOPERA, K., und A. JARZĘCKI: Gaz. cukrown. **63**, 146 (1961)
[27] ČIKIN, G. A., V. P. MELEŠKO, M. B. KLEJMAN und F. M. POLIŠČUK: Sach. prom. **38**, 105 (1964)
[28] DICKINSON, B. M.: Int. Sug. J. **59**, 126 (1957)
[29] WEAWER, H. E., und A. G. WINGER: Sugar y Azucar **53**, 27 (1958)
[30] VALTER, V., K. ČÍŽ und J. ŠTAMBERG: Listy cukr. **75**, 121 (1959)
[31] GRIESSBACH, R.: „*Austauschadsorption in Theorie und Praxis*“, *I.*, Akademie-Verlag, Berlin, 1957
[32] DUBININ, M. M.: Ž. prikl. chim. **34**, 291 (1961)

[33] Barrett, E. P., J. M. Brown und S. M. Oleck: Ind. Engng. Chem. **43**, 639 (1951)
[34] Benin, G. S., E. E. Šnajder, A. J. Aleksenko und S. L. Gutina: 15. Mitteilung im Buch: „*Teorija i praktika primeněnija ionoobměnnych materialov*“, Izv. Ak. Nauk SSSR, Moskva, 1955
[35] Meleško, V. P., I. M. Vojtovič und G. A. Čikin: Sach. prom. **35**, 30 (1961)
[36] Benin, G. S., und E. E. Šnajder: Sach. prom. **25**, 7, 11 (1951)
[37] Dickinson, B. M.: Sugar **45**, 28 (1950)
[38] Payne, J. H., und H. P. Kortschak: Ind. Engng. Chem. **44**, 1411 (1952)
[39] FARBENFABRIK BAYER A. G.: Austr. Pat. 243026 (1963), prior. DBR (1959)
[40] Durdík, F., und J. Buriánek,: Listy cukr. **76**, 2 (1960)
[41] Gropengiesser, K. H.: Zucker **8**, 472 (1955)
[42] Valter, V., und K. Číž: Listy cukr. **75**, 37 (1959)
[43] Mencl, Z., V. Valter und A. Dusbabová: Listy cukr. **74**, 193 (1958)
[44] Číž, K.: Privat-Mitteilung (1964)
[45] Fumasoni, S., E. Mariani und G. C. Maura: Ind. Saccar. ital. **52**, 7 (1959)
[46] Štamberg, J., und O. Filip: Listy cukr. **73**, 243 (1957)
[47] Tlučhoř, K.: Privat-Mitteilung (1963)
[48] Čermák, J.: Listy cukr. **51**, 177 (1932/33)
[49] Hálová, M.: Dissertation Praha 1961
[50] Zaorska, H.: Compt. Rend. de la 12e Ass. Gen. de CITS, Paris (1963); Int. Sug. J. **66**, 260 (1964)
[51] Abrams, J. M., und B. M. Dickinson: Ind. Engng. Chem. **41**, 2521 (1949)
[52] Antonioli, A. G.: IX. Congr. Int. Ind. Agraric. (1952)
[53] Ahari, D., und J. Genotelle: Ind. aliment. et agric. **78**, 742, 744 (1961)
[54] Devillers, P. L.: Sucr. franç. **105**, 101 (1964)
[55] Sapronov, A. R., G. A. Čikin, V. P. Meleško und T. A. Klochkova: Sach. prom. **36**, No. 11, 15 (1962)
[56] Nakamura, M., Y. Yoshihiro und H. Higurashi: J. Chem. Soc. Japan, Ind. Chem. Sect., **61**, 1150 (1958)
[57a] Honig, P.: Kolloidchem. Z. **22**, 345 (1926)
[57b] Vašátko, J.: Listy cukr. **48**, 137 (1929/30)
[57c] Sázavský, V.: Listy cukr. **45**, 251 (1926/27)
[58] Štamberg, J., V. Valter und Z. Mencl: Chemische Technik **12**, 1, 32 (1960)
[59] Dušek, K., und J. Štamberg: Chem. prům. **9/34**, 489 (1959)
[60] Vašátko, J.: Listy cukr. **48**, 89 (1929/30)
[61] Schiweck, H.: Zucker **16**, 555 (1963)
[62] Iwashina, S.: J. Agric. Chem. Soc. Japan, **31**, 293 (1957)
[63] Shimizu, H., und Y. Sato: Jap. Pat. 249527 (1955)
[64] Aniščenková, E., K. Číž und V. Valter: Listy cukr. **76**, 202 (1960)
[65a] Iwashina, S.: J. Agric. Chem. Soc. Japan **32**, 876 (1958)
[65b] Iwashina, S.: J. Agric. Chem. Soc. Japan **32**, 882 (1958)
[65c] Iwashina, S.: J. Agric. Chem. Soc. Japan **33**, 437 (1954)
[65d] Iwashina, S.: J. Agric. Chem. Soc. Japan **33**, 163 (1959)
[66] Suzuki, K.: Proc. Res. Soc. Japan Sugar Ref. Techn. **8**, 22 (1959)
[67] Carruthers, A., und J. F. T. Oldfield: Z. Zuckerind. **11**, 23 (1961)
[68] Aniščenková, E., V. Valter und K. Číž: Listy cukr. **77**, 131 (1961)
[69] Příhoda, J., und A. Svoboda: Listy cukr., **79**, 161 (1963)
[70] Fumasoni, S., E. Mariani und G. C. Maura: Ind. Saccar. ital. **52**, 349 (1959)

[71] VALTER, V., Z. MENCL, K. Číž und J. ŠTAMBERG: Listy cukr. **76**, 241 (1960)
[72] IMACTI, INDUSTRIELLE MAATSCHAPPIJ „ACTIVIT“ N. V.: Firmenschriften 1956–1964
[73] CHEMICAL PROCESS: Firmenschriften (1960)
[74] DURDÍK, F., und V. LOCHMAN: ČS. Pat. 103094 (1960)
[75] ANIŠČENKOVÁ, E., und V. VALTER: Listy cukr. **77**, 39 (1961)
[76] IWASHINA, S.: J. Agric. Chem. Soc. Japan **31**, 827 (1957)
[77] TLUČHOŘ, K.: Privat-Mitteilung (1963)
[78] DURDÍK, F.: Privat-Mitteilung (1960)
[79] VEB FARBENFABRIK WOLFEN: Firmenschriften (1963)
[80] INFILCO INC.: Firmenschriften
[81] N. V. CHEMURGISCHE PRODUCTEN: Firmenschriften (1956)
[82] KANTEBEEN, L. J.: Fr. Pat. 1087790 (1955)
[83] VALTER, V., K. Číž und J. ŠTAMBERG: Listy cukr. **75**, 155 (1959)
[84] N. V. OCTROOIEN MAATSCHAPPIJ "ACTIVIT": Fr. Pat. 1085983 (1955)
[85] CAROLAN, R. J.: Zucker **10**, 521 (1957)
[86] LABOUCHÈRE, A.: Sucr. belge **74**, 135 (1954/55)
[87] CHROMEČEK, R., und J. JANSA: ČS Pat. 107501 (1963); ČS Pat. 107502 (1963)
[88] de JONG, G. J.: Sucr. franç. **97**, 351 (1956)
[89] TANAKA, T.: Proc. Res. Soc. Japan Sugar Ref. Techn. **9**, 71 (1960)
[90] KUNIN, R.: "*Ion Exchange Resins*", Chappmann and Hall, London, 1958
[91] LEFÈVRE, L. J., und W. I. CHILDS: US-Pat. 2970071 (1959)
[92] IWASHINA, S.: J. Agric. Chem. Soc. Japan **33**, 42 (1959)
[93] TANAKA, T.: Proc. Res. Soc. Japan Sugar Ref. Techn. **8**, 30 (1959)
[94] IWASHINA, S.: Proc. Res. Soc. Japan Sugar Ref. Techn. **8**, 34 (1959)
[95] IWASHINA, S., T. MIYAO und T. ASAMI: Proc. Res. Soc. Japan Sugar Ref. Techn. **6**, 23 (1957)
[96] VALTER, V., Z. MENCL, K. Číž und J. ŠTAMBERG: Listy cukr. **76**, 265 (1960)
[97] HONIG, P.: "*Principles of Sugar Technology*", Elsevier Publishing Co., Amsterdam-London-New York-Princetow (1953)
[98] WEAWER, H. E.: Sugar **51**, 7, 26, 45 (1956)
[99] YAMANE, T.: Privat-Mitteilung (1964)
[100] VALTER, V.: Listy cukr. **77**, 271 (1961)
[101] ŠTAMBERG, J., und F. KRŠKA: Listy cukr. **76**, 129 (1960)
[102] IWASHINA, S.: Proc. Res. Soc. Japan Sugar Ref. Techn. **7**, 74 (1958)
[103] ŠTAMBERG, J., und Z. VAŠÍČEK: Listy cukr. **79**, 33 (1963)
[104] TLUČHOŘ, K.: Privat-Mitteilung (1963)
[105] SVODOBA, A., und J. PŘÍHODA: Listy cukr. **78**, 88 (1962)
[106] GRIESSBACH, R.: Z. Zuckerind. **9**, 181 (1959)
[107a] TOMIČ, U.: Listy cukr. **77**, 31 (1961)
[107b] SCHNEIDER, F.: Zucker **17**, 149 (1964)
[108] AKIMOTO, S.: Proc. Res. Soc. Japan Sugar Ref. Techn. **5**, Nr. 12, 14 (1956/57)
[109] OBARA, J.: Proc. Res. Soc. Japan. Ref. Techn. **4**, 22 (1955); ref. Sugar **51**, Nr. 8, 44 (1956)
[110] WILLER, R.: Lebensmittelindustrie **2**, 219 (1955)
[111] CARRUTHERS, A., und J. F. T. OLDFIELD: "*Ion exchange in the sugar industry*", Bramcote, Nottingham, 1960
[112] SHIMIZU, H., Y. SATO und S. MIYAHARA: Jap. Pat. 251224 (1956)

[113] Lespagnol, J.: Sucr. franç. **104**, 62 (1963)
[114] Zsigmond, A., und V. Gryllus: Cukoripar **16**, 282, 305 (1963)
[115] Suzuki, K.: Proc. Res. Soc. Japan Sugar Ref. Techn. **9**, 73 (1960)
[116] Shimizu, H., und S. Miyahara: Jap. Pat. 251658 (1955)
[117] Pavlas, P., und M. Fraňková: Listy cukr. **80**, 27 (1964)
[118] Číž, K.: Listy cukr. **80**, 316 (1964)
[119] Číž, K., Z. Mencl und V. Valter: Listy cukr. **77**, 55 (1961)
[120] Bretschneider, R., K. Číž, O. Kopáčová, J. Příhoda und A. Svoboda: Listy cukr. **80**, 58 (1964)
[121] Honsejk, Z.: Dissertation, Praha 1958
[122] Valter, V.: Dissertation, Praha 1958
[123] de Jong, G. J.: Chem. Weekbl. **53**, 485 (1957)
[124] Kaufmann, H. J.: Lebensmittel-Ind. **11**, 123 (1964)
[125] Furukava, N., und T. Iizuka: Proc. Res. Soc. Japan Sug. Ref. Techn. **11**, 63 (1962)
[126] Conklin, C. D., und A. D. Congelosi: Proc. 6th Techn. Session Bone Char., 31 (1961)
[127] Gročuchin, V. A.: Sach. prom. **36**, Nr. 3, 53 (1962)
[128] Kostenjuk, N. N. und A. N. Maximova; Trudy CINS **8**, 174 (1960)

6. ENTFÄRBUNGSANLAGEN

Als Entfärbungsanlage bezeichnet man einen Komplex von Vorrichtungen, mit dessen Hilfe die Behandlung von Lösungen mit Entfärbungs-Ionenaustauschern durchgeführt wird. Obwohl sich die einzelnen Anlagen manchmal stark voneinander unterscheiden, sind die grundsätzlichen Elemente immer sehr ähnlich.

Das Kernstück jeder Anlage ist die *Ionenaustauscherkolonne*, das heißt ein oder mehrere Filter, die mit dem Harz beschickt sind. Ihre Anzahl und Größe wird durch verschiedene Faktoren bestimmt, die im weiteren besprochen werden sollen. Betriebsfilter enthalten normalerweise 1—10 m^3 Harz. In den Filtern verlaufen alle Operationen des Arbeitszyklus: Rückspülen, Regenerierung, Auswaschen des Regeneriermittels, Entfärbung und Absüßen.

Den zweiten Teil der Anlage bilden die Hilfsvorrichtungen. Es handelt sich um Behälter für die zu behandelnden Lösungen, für die Regenerierlösungen sowie für Wasser, um Vorwärmer, Pumpen, Kompressoren, Rohrleitungen und Armaturen. Dazu gehören auch die Meß-, Signal- und Regelungseinrichtungen.

Zur Entfärbungsanlage rechnen wir nicht die Vorrichtungen zur mechanischen Filtration der zu behandelnden Lösungen, obwohl sie für den erfolgreichen Einsatz der Ionenaustauscher unentbehrlich sind.

Bei den Entfärbungsanlagen unterscheiden wir *Versuchseinrichtungen* zur Untersuchung von technologischen Operationen und deren Effekten und direkt als *Betriebsvorrichtung* arbeitende Anlagen. Die Versuchsanlagen sind immer nur für einen Teil der gesamten Verarbeitungskapazität der Fabrik ausgelegt und werden als halbtechnische Anlagen bezeichnet. Sie sind eine wichtige Zwischenstufe bei der Untersuchung von Entfärbungs-Ionenaustauschern auf ihre Anwendungseigenschaften und sollen darum auch eingehend behandelt werden.

6.1. Versuchsanlagen zur Prüfung von Entfärbungs-Ionenaustauschern

Im Kap. 5.1.4. wurde bereits erwähnt, wie viele Einflüsse bei der Anwendung von Entfärbungsharzen zu beachten sind. Ihre gemeinsame Wirkung ist sehr kompliziert, so daß es nicht leicht ist, die mit Modellsystemen erzielten Ergebnisse zu verallgemeinern. Laboruntersuchungen sind zwar für die orientierende Bewertung eines Harzes wichtig, haben aber oft nur den Charakter von Auslesemethoden. Sie erlauben eine relative Bewertung und Beurteilung der Qualität verschiedener Harzmuster und vermitteln eine vorläufige Information. Sie müssen aber unbedingt durch Anwendungsversuche unter Betriebsbedingungen gesichert werden. Hierzu sind die halbtechnischen Anlagen bestimmt. In solchen Anlagen untersucht man auch Modifikationen des technologischen Verfahrens, Regelungs-

Abb. 6–1: Versuchsanlage in Přelouč [1]; Beschickung des Filters: 15 *l* Harz. (Links im Vordergrund: Signalisierungsschema.)

prinzipien, geeignete Konstruktionsmaterialien, schult das Bedienungspersonal, bestimmt die technologischen Hauptparameter usw.

Die Hauptbedeutung der Versuche in diesen Anlagen liegt darin, daß die Versuchsbedingungen weitgehend denen des Vollbetriebes entsprechen und daß eine maximale Zahl von Parametern mit sehr hoher Sicherheit zu ermitteln ist. Man muß darum vor allem die Einhaltung der (minimalen) Höhe der Harzsäule, der Strömungsgeschwindigkeit und der Temperaturen sowie die exakte Messung der Lösungsvolumina und der Druckverluste beachten. Außerdem muß die Konstruktion einen einfachen Ein- und Ausbau des Harzes erlauben.

Abb. 6–1 zeigt eine Versuchsanlage für den Einsatz von 15 *l* Harz [1].

Sie besteht aus 4 Filtern (*Abb. 6–2*), 3 Behältern für Regenerierlösungen ($NaOH$, NH_4Cl und HCl) und je einem Behälter für unentfärbte Lösung, für entfärbte Lösung, für Absüße und für anfallende Eluate.

Filter und Druckbehälter sind gummiert. Auch die Rohrleitungen sollen gegen Korrosion geschützt sein.

Das Filter hat folgende Maße: Innendurchmesser 150 mm, Höhe des zylindrischen Teiles 1300 mm, Schichthöhe 900 mm. Die Schichthöhe soll nicht weniger als 500 mm betragen. Bei stark basischen Harzen pflegt sie nicht über 1200 bis

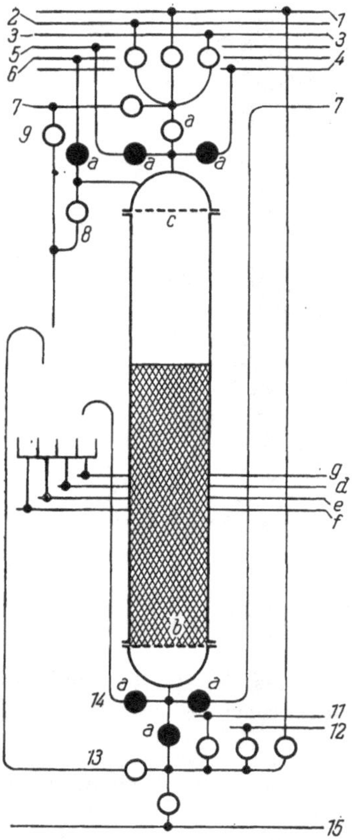

Abb. 6–2: Schema eines halbtechnischen Filters

1 – Wasserzuleitung (von oben); *2* – Zuleitung der ersten unentfärbten Lösung; *3* – Zuleitung der zweiten unentfärbten Lösung; *4* – Zuleitung der Aktivierungslösung; *5* – Zuleitung der Lösung zur Desorption; *6* – Leitung zum Kompressor; *7* – Uebersteiger (Verbindung mit dem Nebenfilter); *8* – Entlüftung und Überlauf des Wassers beim Rückspülen; *9* – Probenahme zwischen den Filtern; *10* – Zuleitung des Wassers (von unten), *11* – Zuleitung der zweiten unentfärbten Lösung (von unten); *12* – Zuleitung der ersten unentfärbten Lösung (von unten); *13* – Ausfluß der entfärbten Lösungen und der Absüße; *14* – Ausfluß der Regeneriereluate und des Auswascheluates; *15* – Ablaß des Filters; *a* – Absperrventile, *b* – Düsenboden; *c* – dünnes Gewebe aus Kunstfasern; *d* bis *g* – Sammelrohrleitungen (*d* – entfärbte erste Lösung, *e* – entfärbte zweite Lösung, *f* – Absüße, *g* – Eluate bei der Regenerierung, Auswaschen und Rückspülen)

1500 mm zu liegen. Den Blindboden bildet bei dem beschriebenen Filter eine Platte mit 3 Polyamiddüsen (*Abb. 6–3*).

Zwischen den oberen Flanschen läßt sich ein dünnes Gewebe aus Kunstfasern befestigen, dessen Maschenweite so bemessen ist, daß Harzverluste beim Rückspülen vermieden werden. Die Lösungen fließen aus dem Filter über einen Siphon ab, der das Absinken des Lösungsniveaus im Filter in die Harzsäule verhindert. Die Ventile können aus korrosionsbeständigem oder aus gummiertem Material angefertigt sein. Vor allem müssen die in *Abb. 6–2* schwarz gezeichneten Ventile aus resistentem Material betehen. Die Rohrleitungen haben einen Innendurchmesser von 15 mm. Die aus 18 Ventilen bestehende Armatur ermöglicht es, die Filter parallel oder serienweise zu verbinden und die Lösungen sowie das Wasser von oben und auch von unten in die Filter zu leiten. Die Armatur kann auch durch Leitungen zur Zuführung der Regenerierlösungen (vor allem der zurückgenommenen Eluate) und zum Einblasen von Druckluft unter den Blindboden erweitert werden.

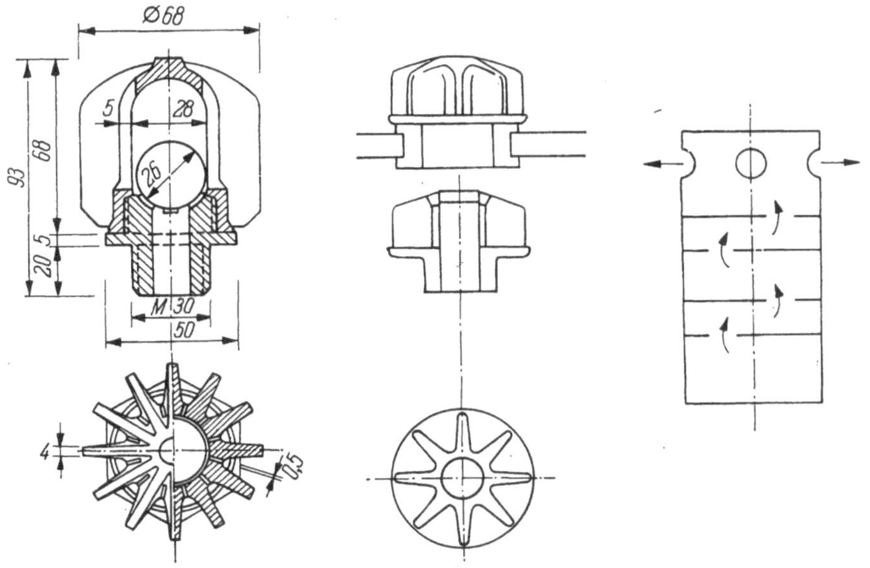

Abb. 6–3: Düsen für Ionenaustauscherfilter
a – nach ČSN 07 7620; *b* – nach ČSN 07 7622; *c* – [2]

Zur Verbesserung der Übersichtlichkeit ist es vorteilhaft, die Anlage mit einer Schalttafel, auf der in einem Schema des Filters die Stellung der einzelnen Absperrorgane angezeigt wird, zu versehen. Diese Tafel ist auf alle Filter der Anlage umschaltbar (s. *Abb. 6–1*, links). Das Versuchsfilter ist reichhaltiger mit Armaturen ausgestattet als ein Betriebsfilter, damit die Möglichkeit der Prüfung verschiedener Betriebsvarianten gegeben ist.

Als Konstruktionsmaterial für Versuchsanlagen bewährte sich auch chemisch und thermisch resistentes Glas, z. B. SIAL oder SIMAX. Eine solche Vorrichtung wurde in der Raffinerie SKŘIVANY installiert [1], (*Abb. 6–4* und *6–5*).

Die Filter dieser Anlage sind aus Glasrohren und Kuppeln mit einem Innendurchmesser von 250 mm zusammengesetzt. Der zylindrische Teil ist 1800 mm lang und ist mit Füll- und Abfüllöffnungen ausgestattet (*Abb. 6–6*).

Bei einer Schichthöhe von 1200 mm kann ein Filter mit ca. 60 *l* Harz beschickt werden.

Zwischen den Filtern befinden sich Sammeltrichter für die abfließenden Lösungen, die dann in kubische Sammelbehälter, die als Meßgefäße dienen, laufen. Es hat sich bewährt, die Volumina konduktometrisch zu bestimmen (Spannung

Abb. 6–4: Versuchsanlage aus Glas (SIMAX) in Skřivany [1], Beschickung: 65 *l* Harz; pneumatische Ventile, Schema s. *Abb. 6–5*

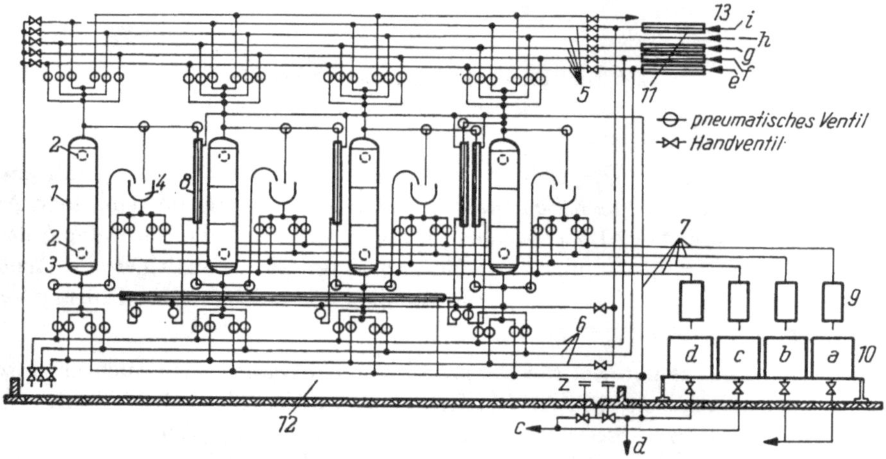

Abb. 6–5: Schema der Versuchsanlage in Skřivany [1], geeignet für alle Harztypen

1 — Filter; *2* — Ein- und Abfüllöffnungen; *3* — Düsenboden; *4* — Ausflußtrichter; *5* — obere Zuleitungen (*e* — zweite unentfärbte Lösung, *f* — erste unentfärbte Lösung, *g* — Desorptionsmittel, *h* — Aktivierungsmittel, *i* — Wasser); *6* — untere Zuleitungen; *7* — Ableitung der Lösungen; *8* — Wasserduplikator; *9* — pneumatischer Durchflußmesser (Danaide); *10* — Meßgefäße: (*a* — erste entfärbte Lösung, *b* — zweite entfärbte Lösung, *c* — Absüße, *d* — Regeneriereluate und Abwässer) *11* — Dampfduplikator; *12* — Betonrinne; *13* — zum Kompressor

12 Volt). Zur Messung der Strömungsgeschwindigkeit eignet sich am besten die Danaide, weil die Geschwindigkeiten relativ klein sind. Bei Rotametern wird die Messung durch die sehr unterschiedliche Dichte der einzelnen Flüssigkeiten kompliziert (z. B. Kläre, Wasser).

Man setzt die Filter auf einen Rost über das Niveau des Vollgeschosses, muß dann aber Zutritt zur Bedienungsbühne haben, oder man läßt sie ins Vollgeschoß

Abb. 6–6: Detail der Versuchsfilter in Skřivany [1]

ein, wodurch die Bedienung der Ventile sehr einfach wird. Ist die Anlage mit pneumatischen Ventilen versehen, so wird die Bedienung durch Installation einer Steuertafel erleichtert. Man kann dann auch mühelos eine Fernmessung des Flüssigkeitsstandes in Behältern, Danaiden usw. vornehmen. Die Bauart der pneumatischen Ventile, die in Skřivany benutzt wurden, ist aus *Abb. 6–7* ersichtlich.

Zur Einhaltung konstanter Temperaturen der Lösungen sind automatisch geregelte Vorwärmer zu empfehlen. Sind die Durchflußmengen klein, so ist es manchmal vorteilhaft, die Rohrleitung mit einem Wasserduplikator zu versehen. Man muß stets die ganze Leitung, alle Filter und auch die Ventile gut isolieren. Auch die Erwärmung der Filter, z. B. durch elektrisch geheizte Einbauten in der Isolierung oder mittels eines Wassermantels, ist möglich. Ist der Temperaturabfall zu groß, so hat das manchmal zur Folge, daß die Ergebnisse der halbtechnischen Versuche weitaus schlechter ausfallen, als die Ergebnisse mit Be-

Abb. 6–7: Pneumatisches Ventil für Versuchskolonnen (Skřivany), Bild oben: zerlegt in Einzelteile

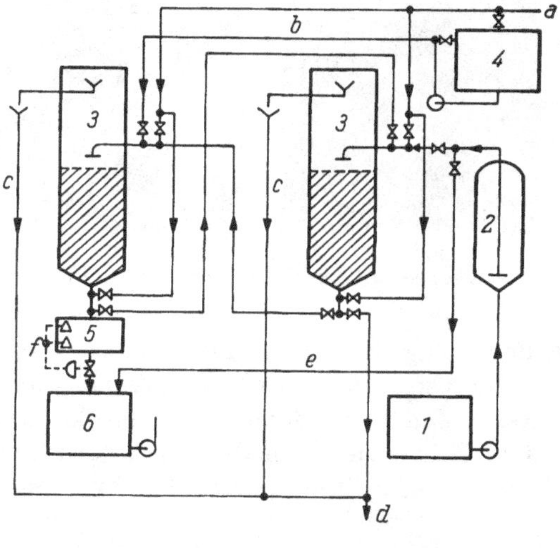

Abb. 6–8: Schema der Versuchsanlage nach SCHIWECK [3] für stark basische Anionenaustauscher. Die Filter sind gepaart

1 — Behälter für trübe Kläre; *2* — Anschwemmfilter; *3* — Ionenaustauscherfilter; *4* — Behälter für Salzsole; *5* — Behälter für entfärbte Kläre; *6* — Sammelbehälter; *a* — Zuleitung des Kondensats; *b* — Zuleitung der Regenerierlösung; *c* — Ablauf beim Rückspülen; *d* — Ableitung in den Kanal; *e* — Ableitung der trüben Kläre; *f* — Regelung des Durchflusses

triebsfiltern, die eine gute thermische Isolierung und eine kleinere spezifische Oberfläche haben.

Die Druckbehälter bringt man ca. 6 Meter über dem Harzniveau an. Sind die Schichthöhen niedriger als 1 m und die spezifische Belastung kleiner als 1 h^{-1}, genügen ca. 3 m. Die Druckhöhe muß aber in jedem Falle mit Rücksicht auf die Druckverluste im Filter berechnet werden.

Die Behälter für Eluate sollen in ihrer Aufnahmefähigkeit dem Harzvolumen im Filter angepaßt sein und etwa die stündliche Lösungsmenge aufnehmen können. Statt der Meßgefäße kann man auch hydrometrische Flügel verwenden, die natürlich für die Messung der betreffenden Flüssigkeit bei der gegebenen Temperatur geeicht sein müssen.

Eine Versuchsanlage für die Entfärbung mit stark basischen Anionenaustauschern kann einfacher aufgebaut sein. Normalerweise genügt ein einziger Druckbehälter für die Kochsalzlösung. Man kann die Lösungen auch in die Filter pumpen. Das Schema einer Anlage mit 2 gepaarten Filtern für 50—500 *l* Harz pro Filter ist in der *Abb. 6–8* angegeben.

Die Anlagen mit 0,5—1 m^3 Harz stellen dann schon einen Übergang zu den Betriebsanlagen dar und werden in einigen Fällen, z. B. in der Zuckerfabrik Witaszyce [4] (1 m^3) sowie in der Zuckerfabrik Szolnok [2] und der Raffinerie Halle/S. [5] (ca. 1,5 m^3) als solche benutzt.

6.2. Berechnung der Entfärbungsanlage

Der Entwurf einer Entfärbungsanlage stützt sich auf eine technologische Vorschrift für die Entfärbung mit Harzen des gegebenen Typs und auf die Menge der Lösung, die zu entfärben ist. Die Grundgrößen, die man für die Berechnung braucht, sind folgende:

$\dot{V}$ — Durchflußmenge der zu entfärbenden Lösung (m^3/h)
a — Spezifische Belastung (h^{-1})
τ_a — Dauer der aktiven Phase, Entfärbungsdauer (h)
τ_p — Dauer der passiven Phase (Auswaschen der entfärbten Lösung, Rückspülen, Regenerierung, Auswaschen der Regeneriermittel, Verlustzeit) (h)
V' — Relatives Volumen der entfärbten Lösung bezogen auf das Harzvolumen während der aktiven Phase (m^3/m^3 also dimensionslos) oder
D_c — erwünschte durchschnittliche Entfärbung der Lösung (%) oder
D_a — erwünschte Entfärbung der Lösung am Ende der aktiven Phase, momentane Entfärbung (%)
D_c, D_a und V' sind im Sinne der *Gleichungen* (*5–50*), (*5–53*) und (*5–54*) austauschbar

Die Anlage soll aus möglichst wenigen Filtern bestehen, um die Bedienung zu erleichtern und das Ausmaß der Apparaturen, damit also auch ihren Preis, niedrig zu halten. Ebenso soll das Gesamtvolumen des installierten Harzes möglichst klein sein. Das Harz soll auf so viele Filter verteilt werden, daß es ohne Verlustzeiten und ununterbrochen in den Operationen der passiven oder aktiven Phase arbeitet.

Unter diesen Bedingungen benötigt man, wie wir später noch darlegen werden, die kleinste Menge an Harz. Allerdings kann man diese Forderungen nicht immer mit den Betriebsbedingungen in Einklang bringen.

Für die Entfärbung von V(m³) Lösung in der Zeit τ_a(h) braucht man M_a(m³) Harz, welches auf f_a aktive Filter verteilt wird. Jedes Filter enthält die selbe Harzmenge V_H(m³), so daß die Gleichung

$$M_a = f_a \cdot V_H \qquad (6\text{–}1)$$

gilt. Wenn die Lösung durch alle Filter mit der gleichen Strömungsgeschwindigkeit fließt, ist die spezifische Belastung folgendermaßen definiert:

$$a = \frac{V}{M_a \cdot \tau_a} \qquad (6\text{–}2a)$$

oder

$$a = \frac{V'}{\tau_a}. \qquad (6\text{–}2b)$$

Da nach der Definition gilt

$$\frac{V}{\tau_a} = \dot{V}, \qquad (6\text{–}3)$$

ist also

$$M_a = \frac{\dot{V}}{a} \qquad (6\text{–}4)$$

oder mit Rücksicht auf die *Gleichung* (6–1)

$$V_H = \frac{\dot{V}}{a \cdot f_a}. \qquad (6\text{–}5)$$

Ein weiterer Teil des Harzes M_p(m³) wird gleichzeitig regeneriert. Er bildet die Beschickung von f_p Filtern, also der Filter, die sich in der passiven Phase befinden. Weil alle Filter gleiche Harzvolumina enthalten, gilt die Gleichung

$$M_p = f_p \cdot V_H. \qquad (6\text{–}6)$$

Die Gesamtmenge des Harzes, welches zur Entfärbung einer bestimmten Lösung installiert wurde, macht

$$M = M_a + M_p \qquad (6\text{–}7)$$

aus. Aus den *Gleichungen* (6–3), (6–5) und (6–6) erhält man

$$M = \frac{\dot{V}}{a} \cdot \frac{f_a + f_p}{f_a}. \qquad (6\text{–}8)$$

BURIÁNEK und DURDÍK [6] formulieren die notwendige Bedingung für einen stetigen Gang der Anlage folgendermaßen:

$$\frac{M_a}{\tau_a} \leqq \frac{M_p}{\tau_p}. \tag{6–9}$$

Mit Rücksicht auf die *Gleichungen* (*6–1*) und (*6–6*) gilt also:

$$f_a : f_p \leqq \tau_a : \tau_p. \tag{6–10}$$

Die Dauer der passiven Phase wird im allgemeinen durch folgende Summe angegeben:

$$\tau_p = \tau_r + \tau_e + \tau_z, \tag{6–11}$$

Hierin bedeutet: τ_r die Regenerierzeit, τ_e die Auslaugezeit, τ_z die Verlustzeit. Wenn $\tau_z = 0$ ist, gilt in der *Formel* (*6–9*) das Gleichheitszeichen, sobald $\tau_z > 0$ ist, gilt die Ungleichheit. Verbinden wir (*6–10*) mit (*6–2b*), so bekommen wir die Relation

$$\frac{f_a}{f_p} \leqq \frac{V'}{\tau_p \cdot a}. \tag{6–12}$$

Auf diese Weise bestimmt man die Anzahl der Filter für eine Lösung. Entfärbt man n Lösungen, das heißt, die Anlage ist in n Sektionen geteilt, so ist die Gesamtmenge des Harzes logischerweise durch folgende Summe anzugeben:

$$M = \sum_{i=1}^{n} M_i \tag{6–13}$$

Dabei ist M_i die Harzmenge, die für die Entfärbung der i-ten Lösung angewendet wird. Durch eine Umstellung bekommen wir:

$$M = \sum_{i=1}^{n} \frac{\dot{V}_i \, (f_{ai} + f_{pi})}{a_i \cdot f_{pi}}, \tag{6–14}$$

wobei der Index i den Parameter für die i-te Lösung darstellt.

Wenn die Harzvolumina in allen Sektionen gleich sein sollen, beispielsweise bei der Entfärbung von 3 Klären in Zuckerraffinerien, muß folgende Bedingung erfüllt werden:

$$\frac{\dot{V}_1}{a_1 \cdot f_{a1}} = \frac{\dot{V}_2}{a_2 \cdot f_{a2}} = \cdots \frac{\dot{V}_n}{a_n \cdot f_{an}}. \tag{6–15}$$

Das Berechnungsverfahren ist also einfach. Schwierigkeiten bereitet die zuverlässige Bestimmung oder Schätzung der Größe V'. Im Kap. 5.4.1. wurde darauf hingewiesen, wie sehr dieser Wert schwanken kann. Man muß die Grenzen entweder auf Grund eines halbtechnischen Versuches bestimmen oder aus den Betriebsbedingungen von Anlagen ableiten, die ähnliche Arbeitsmethoden verwenden. In der ČSSR nimmt man im Falle der Entfärbung von Klären in Raffinerien mit WOFATIT EZ für V' den Wert 70—60 an.

Eine Aufteilung des Harzes auf die Filter nach der *Gleichung* (*6–12*) unter der Voraussetzung, daß keine Verlustzeiten auftreten dürfen, würde bei einigen Kombinationen der Grundgrößen zu einer sehr großen Anzahl von Filtern führen, was nicht günstig ist. In einem solchen Falle ist man bestrebt, bei relativ kleiner Veränderung eines der bestimmenden Parameter der aktiven oder passiven Phase den Entwurf so zu variieren, daß die gewählte Variante die Anforderungen bezüglich der minimalen Gesamtkosten für den Betrieb der Anlage möglichst weitgehend erfüllt. Dabei ist die Frage der minimalen Harzmenge sehr wichtig.

Unter diesen Bedingungen ist es zweckmäßig, den Begriff der *spezifischen Leistung* der Anlage und des *spezifischen Harzbedarfes* zu definieren [7].

Als spezifische Leistung W bezeichnet man das Volumen der Lösung, das während des ganzen Zyklus durch das Harz entfärbt wird.

Es beträgt

$$W = \frac{V}{M_a(\tau_a + \tau_p)}, \qquad (6\text{–}13a)$$

oder

$$W = \frac{V'}{\tau_a + \tau_p}. \qquad (6\text{–}13b)$$

Dabei hat die spezifische Leistung die Dimension h^{-1}. Nach Einsetzen der *Gleichung* (*6–2b*) bekommen wir

$$W = \frac{\tau_a}{\tau_a + \tau_p} \cdot a \qquad (6\text{–}14)$$

und endlich

$$W = \frac{V'}{V' + \tau_p \cdot a} \cdot a. \qquad (6\text{–}15)$$

Bezeichnen wir für den Fall $\tau_z = 0$ die Passivzeit als τ_p', dann ist die theoretische spezifische Leistung, also die höchstmögliche spezifische Leistung, gleich dem Wert

$$W_t = \frac{\tau_a}{\tau_a + \tau_p'} \cdot a. \qquad (6\text{–}16)$$

Treten aber Verlustzeiten auf, so ist die wirkliche spezifische Leistung niedriger als die theoretische und hat den Wert

$$W_w = \frac{f_a}{f_a + f_p} \cdot a. \qquad (6\text{–}17)$$

Das Verhältnis

$$\eta_A = 100 \cdot \frac{W_w}{W_t} \tag{6-18}$$

drückt den *Nutzeffekt* der berechneten Anlage im Vergleich zu einer vom Standpunkt der Ausnutzung des Harzes her optimalen Anlage aus.

Den Kehrwert der spezifischen Leistung bezeichnen wir als den spezifischen Harzbedarf Q_H:

$$Q_H = \frac{1}{W} \tag{6-19}$$

$$Q_H = \frac{1}{a} + \frac{\tau_p}{V'}. \tag{6-20}$$

Er gibt das Harzvolumen an, das installiert werden muß, wenn 1 Vol. der Lösung in 1 h entfärbt werden soll. Mit Hilfe dieser Gleichungen oder der abgeleiteten Zusammenhänge kann man den Einfluß der Veränderungen der Hauptparameter des Zyklus auf den Harzbedarf berechnen und die optimale Variante des Anlagenentwurfes bestimmen.

Bei der Anwendung von Harzen, die bei der spezifischen Belastung $a \leqq 1\ \mathrm{h}^{-1}$ entfärben, steigt die spezifische Leistung um ca. 1%, wenn die passive Phase um 1 h verkürzt wird. Dies gelingt durch eine Erhöhung der spezifischen Belastung, durch Verminderung des Volumens der Regeneriermittel, durch Benutzung höher konzentrierter Lösungen und durch Vermeidung von Verlustzeiten. Unter Bedingungen, die bei der Entfärbung sehr heller Klären mittels stark basischer Anionenaustauscher in Rohrraffinerien oder sehr verfärbter Klären mit anderen Typen von Entfärbungsharzen in Rübenzuckerraffinerien auftreten, wenn also $\tau_a < 24$ h ist, kommt der Einfluß der Passivzeit stärker zum Ausdruck. Die spezifische Leistung wächst dann um ca. 10%, wenn die Dauer der passiven Phase um 1 h verkürzt wird.

Eine weitaus größere Bedeutung haben die Parameter der *aktiven Phase*, vor allem die spezifische Belastung. Aus der Gleichung

$$W = \frac{a}{1 + \frac{\tau_p}{V'} \cdot a} \tag{6-21}$$

läßt sich leicht ableiten, daß in Fällen, wo $1 \gg a\tau_p/V'$ ist,

$$W \doteq \text{konst.} \cdot a \tag{6-22}$$

gilt. Das ist bei der Anwendung von Entfärbungsharzen mit einer langen Dauer der aktiven Phase bei mäßiger spezifischer Belastung der Fall. Für Harze vom Typ des Wofatit EZ hat τ_p/V' etwa den Wert von 0,3—0,1 h. Es genügt also, für orientierende Berechnungen folgende Gleichung zu benutzen:

$$W \doteq 0{,}67\, a. \qquad (6\text{–}23)$$

Aus der Gleichung

$$-\frac{\mathrm{d}Q_H}{\mathrm{d}a} = a^{-2} \qquad (6\text{–}24)$$

ist ersichtlich, daß die Erhöhung der spezifischen Belastung um so wirksamer den spezifischen Harzbedarf erniedrigt, je kleiner der a-Wert ist (*Abb. 6–9*).

Den Wert des Differentialquotienten bestimmt man am günstigsten aus der Gleichung

$$\frac{dW}{da} = \left(\frac{\tau_a}{\tau_a + \tau_p}\right)^2. \qquad (6\text{–}25)$$

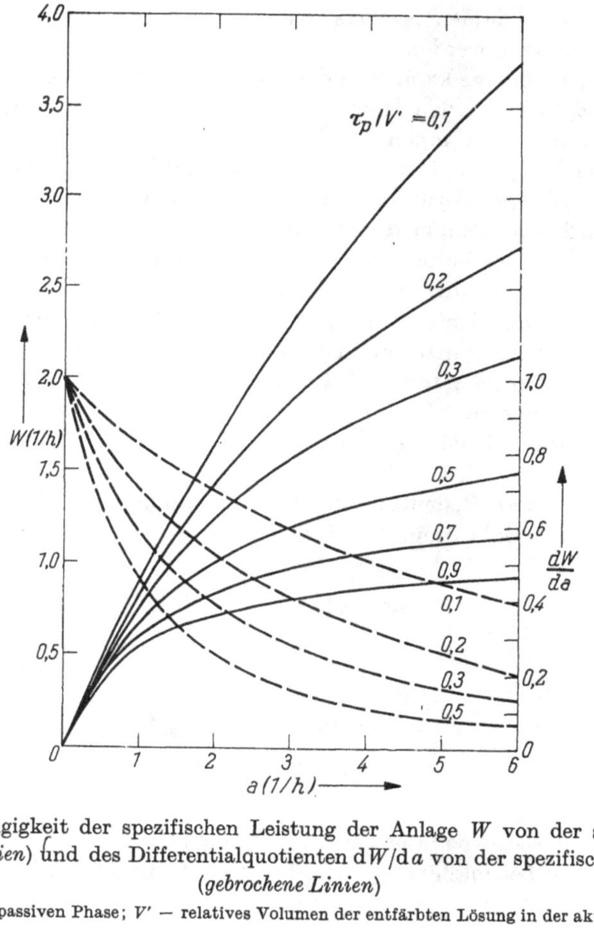

Abb. 6–9: Abhängigkeit der spezifischen Leistung der Anlage W von der spezifischen Belastung a (*Vollinien*) und des Differentialquotienten $\mathrm{d}W/\mathrm{d}a$ von der spezifischen Belastung a (*gebrochene Linien*)

τ_p – Dauer der passiven Phase; V' – relatives Volumen der entfärbten Lösung in der aktiven Phase [7]

Den Wert dieses Quotienten für das Verhältnis $\tau_a : \tau_p = 4$, wie es z. B. bei der Kläre-Entfärbung in Japan und in der ČSSR eingehalten wird, können wir etwa mit der Zahl 0,64 angeben. Die Veränderung der spezifischen Belastung um $\pm 0{,}1\ h^{-1}$ ändert die spezifische Leistung um etwa $\pm 10\%$. Eine technologisch unbedeutende Erhöhung der spezifischen Belastung hat also eine erhebliche Einsparung an Harz und damit einen großen ökonomischen Nutzen zur Folge.

Die Veränderung der relativen Gesamtentfärbung der Lösung D_c um ± 1 Einheit bewirkt eine Veränderung der spezifischen Leistung um ca. $5 \cdot 10^{-3}\ h^{-1}$. Der Einfluß ist also unbedeutend.

Es ist ersichtlich, daß beispielsweise eine Verlustzeit von 1 oder 2 h zulässig ist oder daß sich das relative Volumen der entfärbten Lösung um einige Einheiten verändern läßt, ohne die spezifische Leistung erheblich zu beeinflussen. Es ist aber nötig, mit der *höchsten spezifischen Belastung*, die der gegebene Typ des Entfärbungsharzes und die Dichte (bzw. die Viskosität) der Lösung gestatten, zu arbeiten.

Der Zusammenhang der wichtigsten Größen, die man bei der Ermittlung der optimalen Variante einer Anlage in Betracht ziehen muß, ist in der *Abb. 6–10* dargestellt.

Beim Entwurf einer Anlage bemüht man sich, jeweils nur ein Filter in der passiven Phase zu haben, wodurch der Betrieb vereinfacht wird.

Diese Erwägungen gelten für Anlagen, in denen nur eine Lösungsart entfärbt wird. Sollen mehrere Lösungen aufbereitet werden, so berechnet man jede Sektion einzeln mit Hilfe derselben Kriterien, wobei normalerweise für alle Filter dieselbe Harzbeschickung angenommen wird.

Der Entwurf einer Anlage läßt sich auch vom Standpunkt der *minimalen Gesamtkosten*, d. h. der Investitions- und der Betriebskosten, durchführen. Eine Studie von Patočka [8] führt dabei zu folgenden Schlußfolgerungen:

Die niedrigsten Gesamtkosten erzielt man bei Anwendung beliebiger Harztypen nur dann, wenn 4 ± 2 aktive Filter zur Verfügung stehen. Durch Verminderung des Wertes von $f_p : f_a$ werden die Kosten geringer. Dieser Zusammenhang kommt aber nur für die oberhalb 0,2 liegenden Werte deutlich zum Ausdruck. Es ist also zwecklos, Anlagen mit einer großen Anzahl von Filtern zu bauen. Man kann die Einhaltung des Verhältnisses $f_a : f_p \leqq 5$ empfehlen. Eine optimale Schaltung der Entfärbungsfilter für eine Lösung sollte also folgender Bedingung entsprechen: $f_a : f_p = 4$ bis 2 und $f_a + f_p = 3$ bis 5. Die Erhöhung der spezifischen Belastung und des Volumens der entfärbten Lösung hat immer einen deutlichen positiven Einfluß auf die Verminderung der Gesamtkosten.

Bei Benutzung von Wofatit EZ in Zuckerfabriken rechnet man bei $a = 0{,}75$ bis $1{,}0\ h^{-1}$ mit einem spezifischen Harzbedarf von 1,58 bis 1,25 m^3/m^3 Kläre · h. Wenn sich z. B. für 1 t Raffinade 2 m^3 Kläre im Umlauf befinden, macht der spezifische Harzbedarf $2 \cdot 1{,}58 : 24 = 0{,}132$ bis $2 \cdot 1{,}25 : 24 = 0{,}104\ m^3$ für 1 t Raffinade/Tag aus, vorausgesetzt, daß Verlustzeiten vermieden werden.

In Skřivany und Prosenice arbeitet man mit 0,163 m^3 Harz/t Raffinade pro Tag. Bei stark basischen Harzen ist der spezifische Bedarf wesentlich geringer,

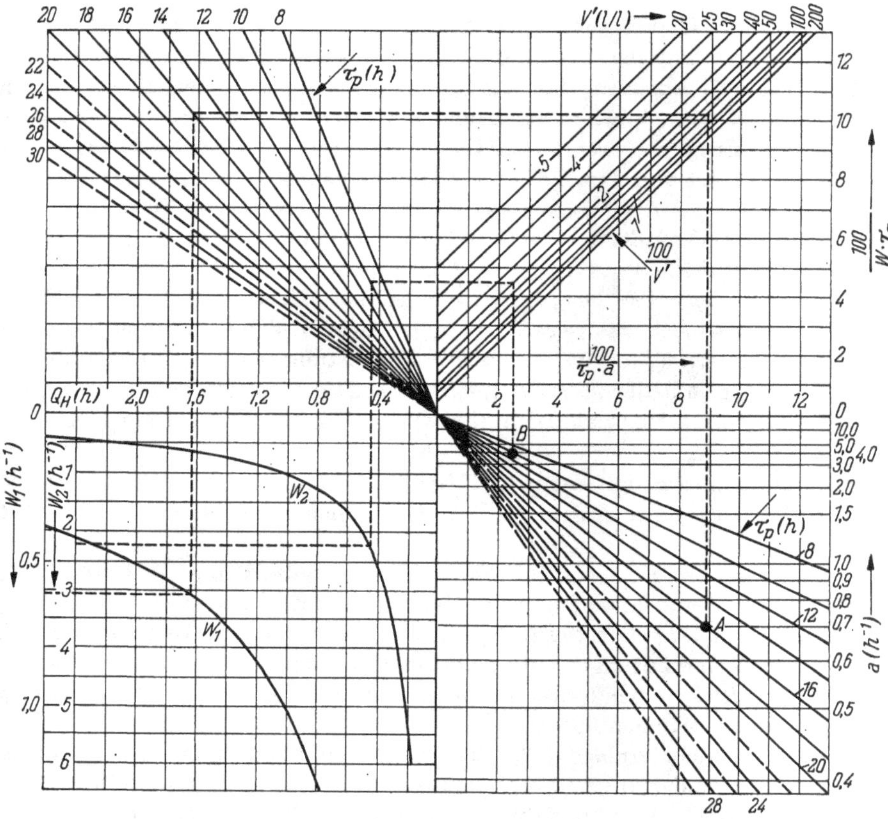

Abb. 6-10: Nomogramm des Zusammenhanges zwischen der spezifischen Leistung der Anlage W, dem spezifischen Harzbedarf Q_H, der spezifischen Belastung in der aktiven Phase a, dem relativen Volumen der entfärbten Lösung V' und der Dauer der passiven Phase τ_p

Die Übersetzungslinie W_1 gilt für die Skala $0{,}0-1{,}3\ h^{-1}$, W_2 für $0{,}0-6{,}5\ h^{-1}$. Es werden folgende Fälle mit Resultaten angeführt: W_A: $0{,}61\ h^{-1}$, W_B: $2{,}22\ h^{-1}$

wenn man sich mit der gleichen Entfärbung von rund 60% begnügt. Man braucht dann weniger als 0,05 m³ Harz/t Raffinade pro Tag.

Schließlich soll noch ein *Beispiel* angeführt werden: Die Anlage in Witaszyce [4] arbeitet mit 2 gepaarten Filtern, von denen jedes mit 1 m³ Harz beschickt ist. Man erzielte folgende Werte:

$$
\begin{aligned}
c_{F0} &= 14{,}45\,°St \\
a &= 0{,}91\ h^{-1} \\
\tau_a &= 26\ h \\
\tau_e &= 85\ min \\
\tau_r &= 260\ min \\
V' &= 23{,}7
\end{aligned}
$$

Will man hier die optimale Variante ermitteln, geht man folgendermaßen vor:

$$W_w = 1 \cdot 0{,}91 : (1 + 1) = 0{,}455\ \mathrm{h}^{-1}$$
$$\tau_e + \tau_r = 345\ \mathrm{min} = 5{,}75\ \mathrm{h}$$
$$W_t = 26{,}0 \cdot 0{,}91 : (26{,}0 + 5{,}75) = 0{,}745\ \mathrm{h}^{-1}$$
$$\eta_A = 100 \cdot 0{,}455 : 0{,}745 = 61\%$$
$$\tau_z = 26{,}0 - 5{,}75 = 20{,}25\ \mathrm{h}$$

Die Verlustzeit ist also zu hoch. Die theoretische Zusammenstellung:

$$f_a : f_p = 26 : 5{,}75 = 4{,}5$$
$$f_a = 9$$
$$f_p = 2$$

ergibt eine zu große Anzahl von Filtern. Wählen wir:

$$f_a : f_p = 4$$

Dann ist

$$\tau_a = 24$$
$$a = 23{,}7 : 24 = 0{,}99\ \mathrm{h}^{-1}$$
$$\tau_p = 24 : 4 = 6\ \mathrm{h}$$
$$\tau_z = 6 - 5{,}75 = 0{,}25\ \mathrm{h}$$
$$W_w = 24 \cdot 0{,}99 : (24 + 6) = 0{,}792\ \mathrm{h}^{-1}$$

Es genügt also, ein zusätzliches Filter zu bauen. Man müßte dann bei einer stufenweisen Regenerierung immer nur ein Filter regenerieren. Parallelschaltung der Filter ermöglicht das Schema $f_a = 3$; $f_p = 1$, womit die spezifische Leistung auf $W_w = 0{,}91 \cdot 3 : 4 = 0{,}683\ \mathrm{h}^{-1}$, d. h. um die Hälfte, steigt. Die Verlustzeit wäre dabei mit $\tau_z = 16 : 3 - 5{,}75 = 2{,}9\ \mathrm{h}$ groß genug, um bei Schwankungen in der Dauer der aktiven Phase eine gewisse Reserve zu haben. Die Entfärbung wäre aber bei dieser Variante um etwa $^1/_4$ niedriger. Wir halten darum den bereits eingeführten Entwurf für günstiger.

6.3. Einzelne Elemente der Entfärbungsanlage

Das Kernstück der Anlage ist eine Batterie von *Filtern*, in deren Nähe auch das *Steuerpult* angebracht sein sollte. Die *Druck- und Sammelbehälter* werden je nach den örtlichen Bedingungen oder je nach Bedarf untergebracht. Es ist aber zweckmäßig, sie in der Nähe der Filter aufzustellen, damit die Rohrleitungen nicht zu lang werden.

Die Filter werden vorteilhaft auf dem erhöhten Vollgeschoß oder auf einer Etage angebracht. Die Pumpen und die Sammelbehälter sollen unter dem Niveau des Bedienungsstandes liegen.

Das vereinfachte Schema einer Anlage für die Entfärbung einer Lösung bei zweistufiger Regenerierung wird in *Abb. 6–11*, [8], gezeigt.

Abb. 6–12 stellt die gleiche Anlage mit Vorrichtungen zur Rücknahme der Regeneriereluate dar.

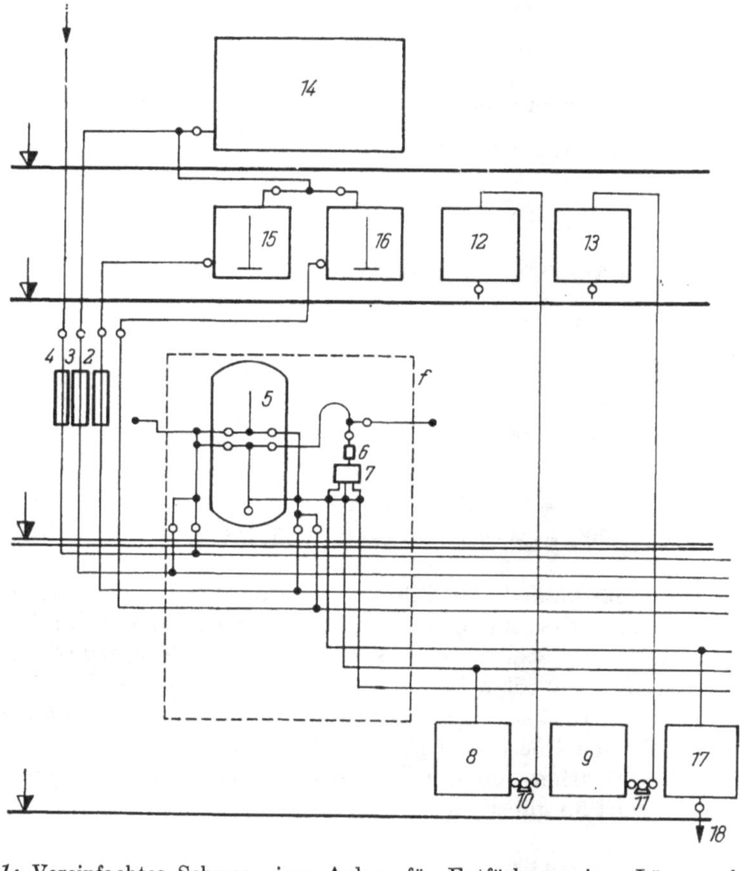

Abb. 6–11: Vereinfachtes Schema einer Anlage für Entfärbung einer Lösung ohne Rücknahme der Regenerierabläufe

1 – Zuleitung der unentfärbten Lösung; *2* bis *4* Vorwärmer; *5* – Entfärbungsfilter; *6* – Durchflußmesser; *7* – Verteiler für Lösungen; *8* – Zwischensammelbehälter für Absüße; *10, 11* – Pumpen; *12* – Vorratsbehälter für entfärbte Lösung; *13* – Vorratsbehälter für Absüße; *14* – Wasserbehälter; *15* – Behälter zur Zubereitung der Desorptionslösung; *16* – Behälter zur Zubereitung der Aktivierungslösung (beide mit Rührwerk); *17* – Behälter für Eluate; *18* – Ableitung in den Kanal; *f* – Filterelement

Entfärbt man *n* Lösungen, so vermehrt man die Anzahl der Behälter und der Vorwärmer für die Lösungen sowie die Anzahl der Zuleitungen *n*-mal. Die notwendige Anzahl der Filter ist in diesem Falle durch die im Kap. 6.2. durchgeführte Berechnung gegeben.

Die Schemata einiger Betriebsanlagen sind in den *Abb. 6–13*, [9], *6–14*, [10], *6–15*, [2], und *6–16*, [4], dargestellt.

Die Anlagen setzen sich also praktisch immer aus den gleichen Elementen zusammen, die im folgenden näher beschrieben werden sollen.

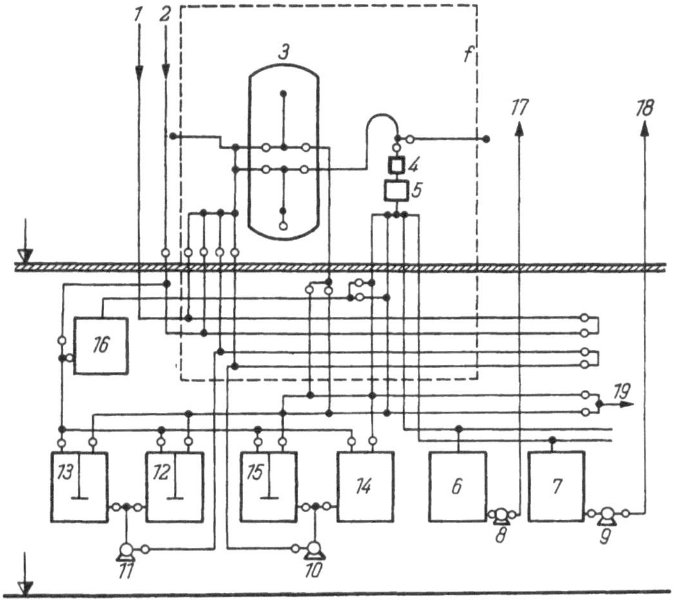

Abb. 6–12: Vereinfachtes Schema einer Anlage für Entfärbung einer Lösung mit Rücknahme der Regenerierabläufe

1 — Zuleitung der unentfärbten Lösung; *2* — Zuleitung des Brüdenwassers; *3* — Entfärbungsfilter; *4* — Durchflußmesser; *5* — Verteiler für Lösungen; *6* — Zwischensammelbehälter für entfärbte Lösung; *7* — Zwischensammelbehälter für Absüße; *8, 9* — Pumpen für entfärbte Lösung und Absüße; *10, 11* — Pumpen für Regenerierlösungen; *12—15* — Behälter für Zubereitung der Desorptions- und Aktivierungslösungen; *16* — Zwischensammelbehälter für Brüdenwasser und Eluaten; *17* — Ableitung der entfärbten Lösung; *18* — Ableitung für Absüße; *19* — Ableitung der Eluate in den Kanal; *f* — Filterelemente

6.3.1. Filter

Die Filter für Entfärbungs-Ionenaustauscher unterscheiden sich von den Filtern, die zu anderen Ionenaustausch-Prozessen angewendet werden, nicht wesentlich (*Abb. 6–17*, [9], *6–18*, [4], *6–19*, [10]).

Es handelt sich um zylindrische Gefäße aus 6—8 mm starkem Stahlblech mit bombierten Böden. Im Filter ist ein Zwischenboden eingebaut, der *Blindboden*, der als Träger der Harzsäule dient. Er ist entweder aus perforiertem Blech hergestellt oder mit *Spaltdüsen* versehen (*Abb. 6–3*). Die Zahl und die Größe der Düsen soll der Strömungsgeschwindigkeit der Flüssigkeit angepaßt werden (*Tab. 6–1*).

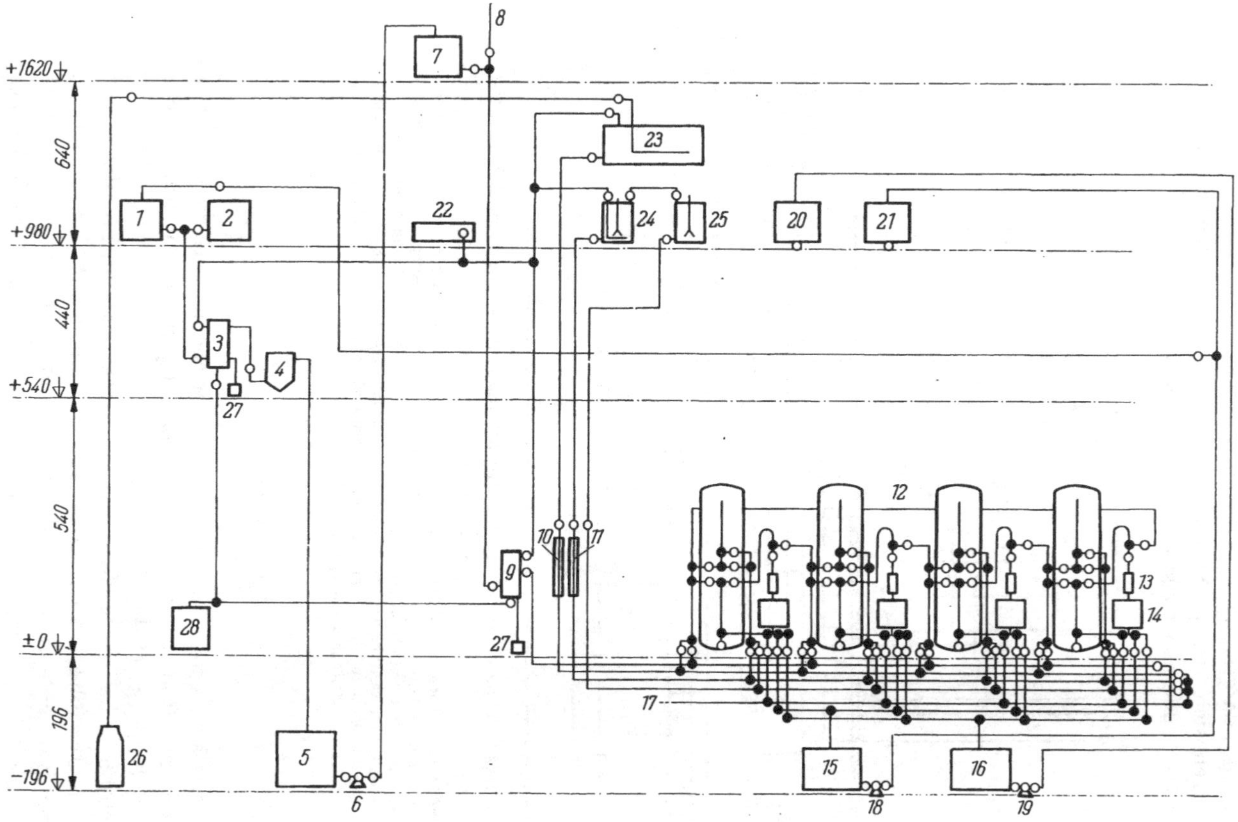

Abb. 6–13: Schema der Betriebsanlage Skřivany I [9], Entfärbung der ersten und evtl. der zweiten Kläre

1 – Behälter für die trübe 1. Kläre; *2* – Behälter für die trübe 2. Kläre; *3* – Klärevorwärmer; *4* – Beutelfilter; *5* – Zwischensammelbehälter für Kläre; *6* – Pumpe; *7* – Behälter für unentfärbte Kläre; *8* – Zuleitung der ersten oder zweiten Kläre ohne Vorentfärbung mit Knochenkohle; *9* – Klärevorwärmer; *10* – Wasservorwärmer; *11* – Laugevorwärmer; *12* – Ionenaustauscherfilter; *13* – Danaide; *14* – Meßgefäß mit Verteiler; *15* – Behälter für entfärbte Kläre; *16* – Behälter für die Absüße; *18, 19* – Pumpen; *20* – Sammelbehälter für Absüße; *21* – Sammelbehälter für entfärbte Kläre (im Sudsaal); *22* – Dampfverteiler; *23* – Behälter für Brüdenwasser (mit Schnatter); *24* – Gefäß zur Zubereitung der Lauge (mit Schnatter); *25* – Gefäß zur Zubereitung der Aktivierungslösung; *26* – Wasserheber Schiff-Stern; *27* – Kondensatkasten; *28* – Auflösepfannen.

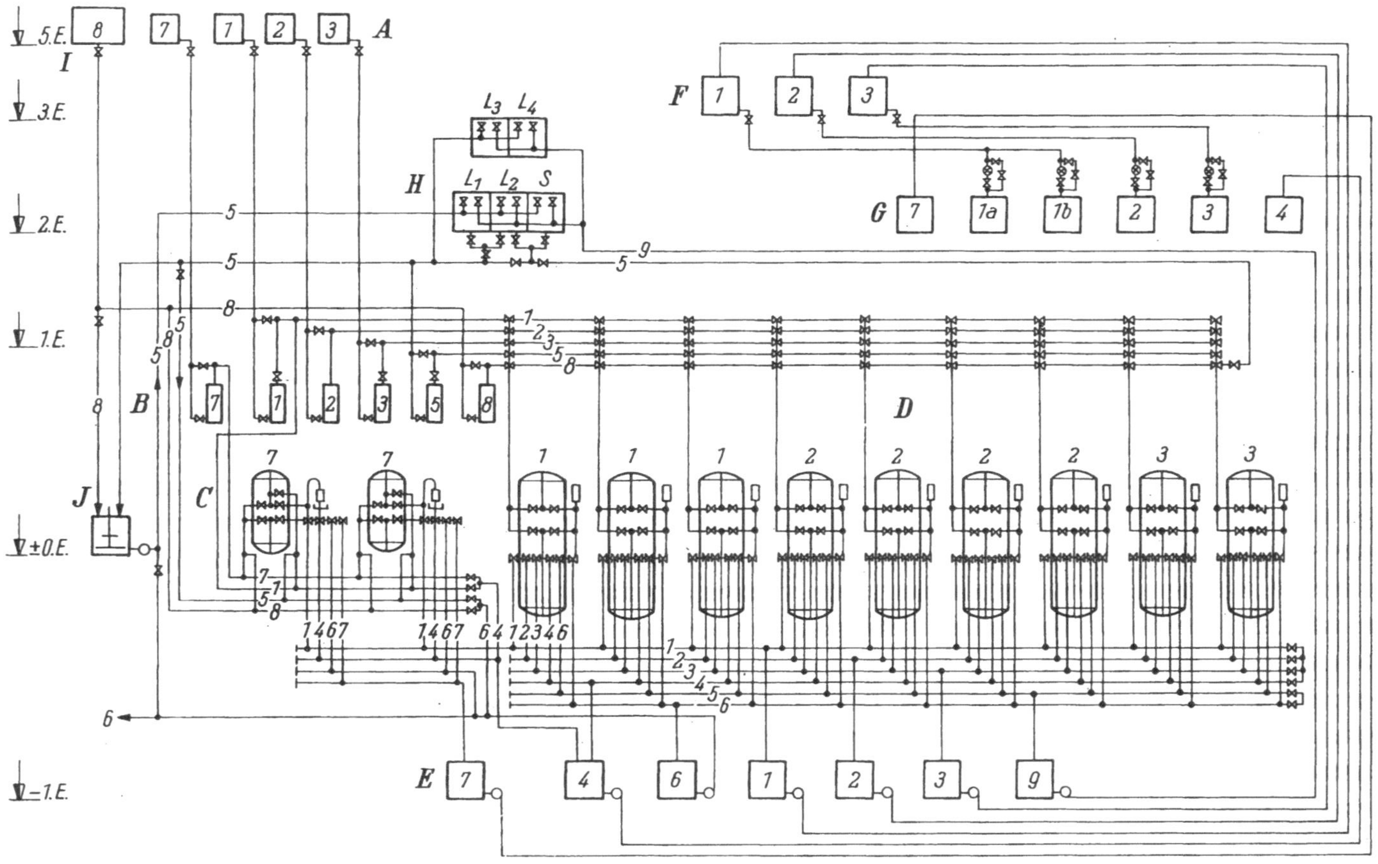

Abb. 6–14: Schema der Entfärbungsanlage Skřivany II [10]

A – Behälter für unentfärbte Lösungen; *B* – Wärmer; *C* – Ionenaustauscherfilter (je < 2 m³ Harz); *D* – Ionenaustauscherfilter (je 10 m³ Harz); *E* – Zwischensammelbehälter mit Pumpen; *F* – Vorratsbehälter; *G* – Behälter im Sudsaal; *H* – Behälter für Regeneriermittel; *J* – Lösepfanne für Regeneriermittel; $L_1 - L_4$ – Behälter für frische und rückgenommene Lauge; *S* – Behälter für NH_4Cl-Lösung; *1* – erste Kläre; *2* – zweite Kläre; *3* – dritte Kläre; *4* – Absüße; *5* – Regenerierlösungen; *6* – Abfluß in den Kanal; *8* – Wasser; *9* – rückgenommene Regenerierlösungen; ▷◁ von Hand betätigte Ventile; ⊗ – Servoventile

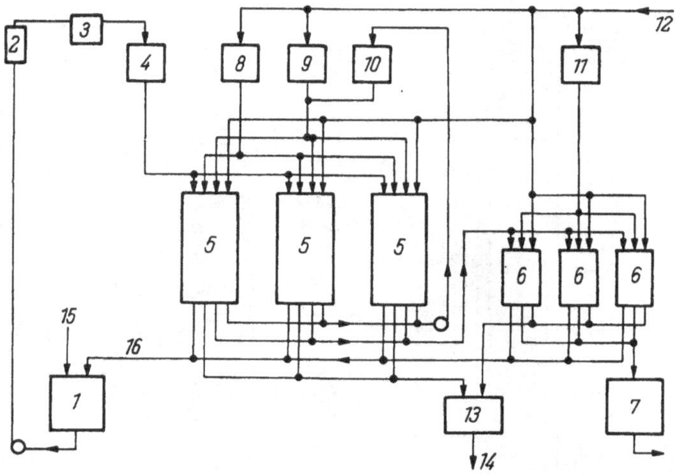

Abb. 6–15: Schema einer Anlage zur Entfärbung sehr dunkler Klären mit Wofatit EZ und Wofatit L 150 [2]

1 – Auflösepfanne; *2* – Vorwärmer; *3* – Filter; *4* – Behälter für unentfärbte Kläre; *5* – Filter mit Wofatit EZ; *6* – Filter mit Wofatit L 150; *7* – Behälter für entfärbte neutrale Kläre; *8* – Behälter für 0,33 n HCl; *9* – Behälter für frische 0,25 n NaOH; *10* – Behälter für rückgenommene Lauge; *11* – Behälter für 0,5 n NaOH; *12* – Zuleitung für Wasser; *13* – Behälter für Regeneriereluate; *14* – Ableitung in den Kanal; *15* – Wasser; *16* – Absüße

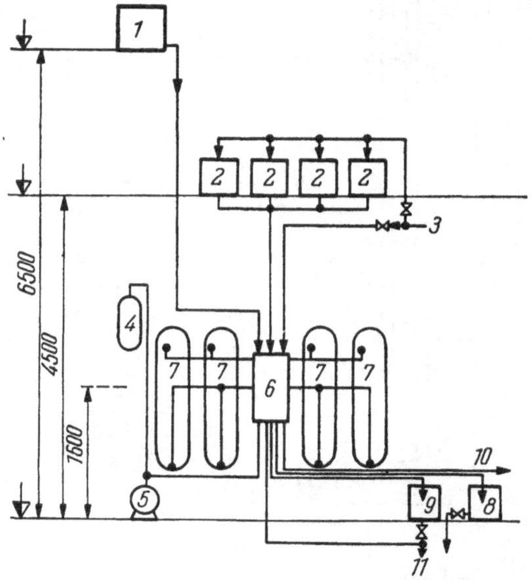

Abb. 6–16: Schema der Anlage in der Zuckerfabrik Witaszyce (IMACTI, [4]), Entfärbung einer Kläre mit Asmit 259; gepaarte Filter (Detail s. *Abb. 6–18*)

1 – Behälter für Kläre; *2* – Behälter für Salzsole (frische und auch rückgenommene); *3* – Wasserzuleitung; *4* – Druckluftsammler; *5* – Elmo-Kompressor; *6* – Steuertisch; *7* – Ionenaustauscherfilter; *8* – Sammelbehälter für Absüße; *9* – Sammelbehälter für Regeneriereluate; *10* – Ableitung der entfärbten Kläre; *11* Ableitung der Abwässer in den Kanal

Abb. 6–17: Ionenaustauscherfilter ČKD-Dukla in der Modifikation für Kläreentfärbung [9]; Harzbeschickung 1,5 m³

a) Schema des Filters: *1* – oberes Mannloch; *2* – oberer Düsenboden; *3* – oberer Flansch; *4* – Standzeiger; *5* – Druckmesser; *6* – Zuleitung des Wassers und der Kläre in das Filter von oben; *7* – Probehähne; *8* – Entlüftung; *9* – Zuleitung des Wassers und der Kläre in das Filter von unten; *10* – unterer Düsenboden; *11* – Verbindung der Armatur mit dem Unterteil des Filters; *12* – Ablaß des Filters; *13* – Ableitungen von den Probeentnahmen und der Entlüftung; *14* – Zuleitung der Kläre (verdeckt hier die Wasserzuleitung); *15* – Sammelleitung für entfärbte Kläre (verdeckt hier die Ableitungen für Absüße und Abwässer); *16* – Verbindung der Armatur mit dem Oberteil des Filters; *17* – Ausfluß aus dem Filter; *18* – Zuleitung der Regenerierlösungen; *19* – Verbindung zum Nebenfilter; *20* – Ventil, das die Hintereinanderschaltung der Filter ermöglicht; *21* – Ausfluß aus dem Filter beim Durchfluß der Lösungen von unten nach oben; *22* – Danaide; *23* – Ausfluß aus dem Filter beim Durchfluß von oben nach unten; *24* – zwei Meßbehälter; *25* – Ventilverteiler; *26* – Zuleitung der Lauge; *27* – Zuleitung der Aktivierungslösung;
b) Montage der Filter-Batterie

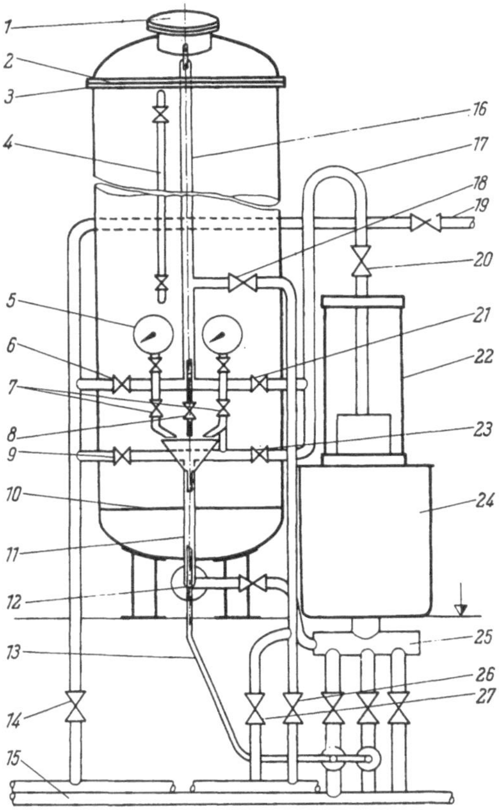

a)

b)

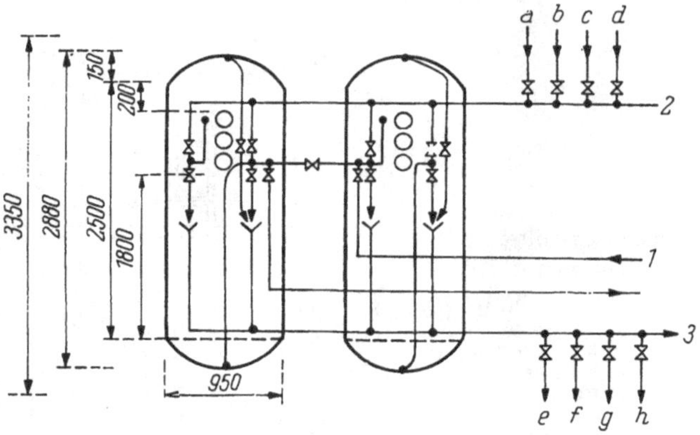

Abb. 6–18: Schema des Ionenaustauscherfilters IMACTI [4]; Beschickung 1 m^3, gepaarte Filter

1 – Zuleitung der Lösung; *2* – Zuleitung der Hilfsflüssigkeiten (*a* – Preßluft, *b* – Salzsole, *c* – rückgenommene, einmal gebrauchte Salzsole, *d* – Wasser); *3* – Ableitung der Flüssigkeiten (*e* – Ableitung in den Kanal, *f* – rückgenommene Salzsole, *g* – entfärbte Kläre, *h* – Absüße)

Tabelle 6–1: Ausstattung der Filter mit Düsen (einige Beispiele)

Zuckerfabrik	Halle/S. [11]	Witaszyce [4]	Skřivany [9]
Filterdurchmesser (m)	1,2	0,95	1,0
Filterquerschnitt (m^2)	1,13	0,71	0,78
Zahl der Düsen	64	27	70
Fläche des Filterquerschnittes pro Düse (cm^2)	177	263	111
Durchflußleistung einer Düse (*l* Kläre pro h)	25	66	15–20
Benutztes Harz	Wofatit EZ	Asmit 259	Wofatit E, Dekolorex A 2
Material der Düsen	–	Porzellan	Polyamid

Der Widerstand der Düsen ist durch den Druckverlust gemäß der Gleichung nach Borda-Carnot für den Durchfluß von Flüssigkeiten durch erheblich veränderte Querschnitte gegeben:

$$h_e = \xi \cdot \frac{(w_1 - w_2)^2}{2g} \quad [m \cdot \mathrm{kg/kg}] \qquad (6\text{–}26)$$

In dieser Gleichung bedeuten: ξ den Verlustfaktor (für die Düse nach *Abb. 6–3c* ist $\xi = 1{,}0-1{,}3$), w_1 bzw. w_2 Strömungsgeschwindigkeiten in zwei verschiedenen Querschnitten, g die Erdbeschleunigung. Die Düse nach *Abb. 6–3b* hat folgenden Widerstand beim Wasserdurchfluß (V ist in m^3/h angegeben):

Durchfluß von oben:

$$\Delta P_d = 0{,}19 \cdot \dot{V}^2 \quad [\mathrm{kp/cm^2}] \tag{6–27a}$$

Durchfluß von unten:

$$\Delta P_d = 0{,}09 \cdot \dot{V}^{1,8} \quad [\mathrm{kp/cm^2}] \tag{6–27b}$$

Der Vorteil des Düsenbodens liegt in seinem kleinen Strömungswiderstand. Der hydrodynamische Widerstand des leeren Filters ist nämlich praktisch nur durch den Widerstand des Blindbodens gegeben. Auch der Widerstand des mit Harz beschickten Bodens ist dem Widerstand des leeren Filters, also des Blindbodens, proportional.

Ist das Filter nicht mit Düsen versehen, so beschickt man den perforierten Zwischenboden mit etwa 5 cm Kiesschotter und etwa 5 cm Kiessand (Körnung um 5 mm). Erst auf diese Schicht bringt man das Harz.

Für Filter mit einem Durchmesser von mehr als 1200 mm benutzt man Siebböden von etwa 15 mm Stärke. Der Boden ist gestützt und verstrebt, um eine Durchbiegung zu vermeiden. Außer der Masse des Harzes wird der Blindboden noch durch den Druckunterschied bei der Filtration belastet.

Die *Höhe* des zylindrischen Teils richtet sich nach der Beschickung des Filters und nach dem gewünschten Verhältnis zwischen Höhe und Durchmesser der Harzsäule. Dieses Verhältnis liegt bei den Harzen auf Basis m-Phenylendiamin zwischen 1,25 und 1,70 (im Durchschnitt bei 1,5). Bei den stark basischen Harzen kann es auch unter 1,0 liegen. Man wählt als Schichthöhe bei den Entfärbungsharzen, die mit fast neutraler Pufferlösung aktiviert werden, 2—3 m, bei Aktivierung mit Salzsäure ca. 1,5 m. Bei stark basischen Entfärbungsharzen liegt die Schichthöhe normalerweise nicht über ca. 1,5 m. Diese niedrigere Schichthöhe genügt, denn die Sorption geht sehr schnell vor sich. Sie ist auch wegen der Druckverluste vorteilhaft. Geringere Schichthöhen als 0,5 m sind aber auf jeden Fall zu vermeiden.

Der *Druckverlust* in der Harzschicht läßt sich durch folgende Gleichungen ermitteln [12]:

$$\Delta P_H = \frac{\beta}{g} \frac{L \cdot w \cdot \eta}{d_k^2} \cdot \frac{(1-\varepsilon)^2}{\varepsilon^3 \cdot \varphi^2} \cdot 10^{-7}\ [\mathrm{kp/cm^2}] \tag{6–28a}$$

oder

$$\Delta P_H = \frac{\beta}{9\pi g} \cdot \frac{L \cdot \dot{V} \cdot \eta}{(D \cdot d_k)^2} \cdot \frac{(1-\varepsilon)^2}{\varepsilon^3 \cdot \varphi^2} \cdot 10^{-3}\ [\mathrm{kp/cm^2}]. \tag{6–28b}$$

Dabei bedeuten: L die Höhe der Austauscherschicht (m), w die Filtrationsgeschwindigkeit (m/s), $\dot{V}$ die Durchflußmenge einer Flüssigkeit (m^3/h), η die dynamische Viskosität (cP), D den Filterdurchmesser (m), d_k den mittleren Durchmesser des Harzkornes, der aus der Siebanalyse ermittelt wird (mm), g die Erd-

Abb. 6–19 a Ionenaustauscherfilter für die Anlage Skřivany II [10]

b) Ansicht des Filters: 1,2 m des zylindrischen Teils befinden sich unterhalb der Etage

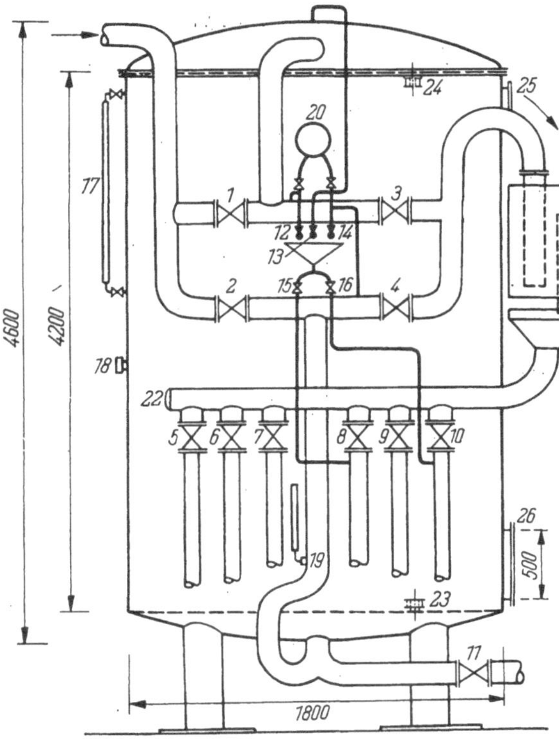

Abb. 6–19b Ionenaustauscherfilter für die Anlage Skřivany II [10]

a) Schema: *1* – Zuleitung der Flüssigkeiten in das Filter von oben; *2* – Zuleitung der Flüssigkeiten in das Filter von unten; *3* – Ableitung der Flüssigkeiten beim Durchfluß von unten; *4* – Ableitung der Flüssigkeiten beim Durchfluß von oben, *5–10* – Absperrventile an den Leitungen für die Eluate (entfärbte Lösungen, erschöpfte Natronlauge, Natronlauge zur Rücknahme, NH_4Cl-Lösung, NH_4Cl-Lösung zur Rücknahme, Absüße); *11* – Ablaß des Filters; *12* und *14* – Probehähne; *13* – Entlüftung; *15* und *16* – Ableitung der Lösungen aus den Probehähnen; *17* – Standzeiger; *18* – Probenahme vom Harz; *19* – Thermometer; *20* – Druckmesser; *21* – Danaide; *22* – Verteiler für die Flüssigkeiten; *23* – Düsen des unteren Bodens; *24* – Düsen des oberen Bodens; *25* – Füllöffnung; *26* – Auslaßöffnung

beschleunigung (9,806 ... m/s²), ε das Kornzwischenraumvolumen (1), φ die Sphärizität (sie entspricht dem ε-Wert, z. B. $\varepsilon = 0{,}36$ $\varphi = 0{,}9$), β ist der Formfaktor (für zerkleinertes Material ist $\beta = 200$, so daß $\frac{\beta}{9\pi g} = 0{,}72$ ausmacht).

Für orientierende Berechnungen genügt die Gleichung

$$\Delta P_H = 0{,}01 \cdot \frac{L \cdot \dot{V} \cdot \eta}{(D \cdot d_k)^2} \text{ [kp/cm}^2\text{]} \qquad (6\text{–}29a)$$

oder

$$\Delta P_H \doteq 0{,}007 \cdot \left(\frac{L}{d_k}\right)^2 \cdot a \cdot \eta \text{ [kp/cm}^2\text{]}. \qquad (6\text{–}29b)$$

Hierbei wird gleichzeitig die Erhöhung des hydrodynamischen Widerstandes infolge Verschmutzung der Harzschicht in Betracht gezogen, indem eine etwa 30%ige Druckreserve berücksichtigt wird.

Der Druckverlust erhöht sich mit der Verminderung des Korndurchmessers, mit sinkendem Gleichmäßigkeitskoeffizienten und linear mit der Filtrationsgeschwindigkeit. Bei sehr hohen Geschwindigkeiten nimmt der Druckverlust aber stärker zu, weil, vor allem bei sehr weichen Harzen, dann durch die Elastizität der Schicht das Zwischenkornvolumen abnimmt.

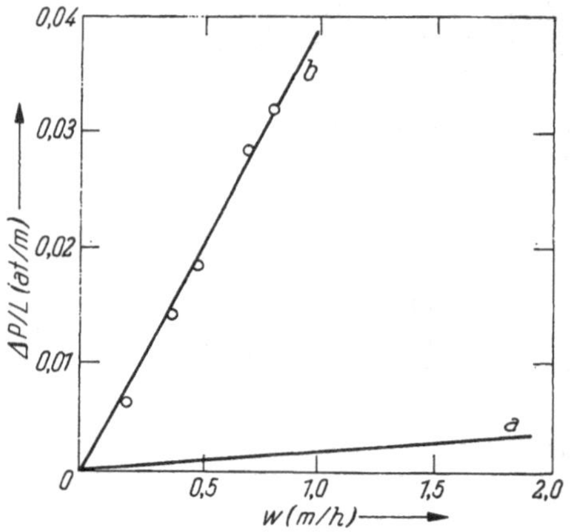

Abb. 6–20

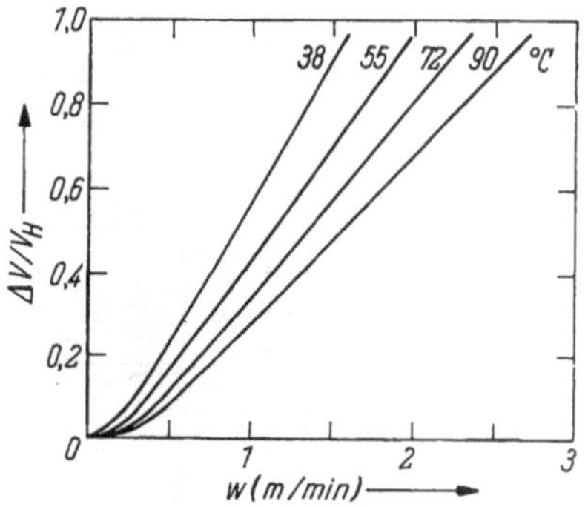

Abb. 6–21

Abb. 6–20: Spezifischer Druckverlust $\Delta P/L$ bei der Filterung von Wasser (25 °C) und Kläre (80 °C) durch Wofatit E in Abhängigkeit von der Filterungsgeschwindigkeit w, Laborversuche, a – Wasser; b – Kläre

Abb. 6–21: Abhängigkeit der Expansion der Schicht eines stark basischen porösen Entfärbungsharzes $\Delta V/V_H$ von der Durchflußgeschwindigkeit des Wassers beim Rückspülen w. Bei den Kurven ist die Temperatur (in °C) angegeben

Abb. 6–20 zeigt den spezifischen Druckverlust bei Filtration von Kläre oder von Wasser über Wofatit E.

Der zylindrische Teil des Filters muß genügend hoch sein, um eine ausreichende Ausdehnung der Harzschicht beim Rückspülen zu ermöglichen (*Abb. 6–21*).

Das *Verhältnis zwischen der Höhe des zylindrischen Teils des Filters und der Höhe der Harzschicht* beträgt normalerweise 1,5—2,0. Höhere Werte sind vor allem bei den kugelförmigen Polymerisatharzen zu empfehlen, die sonst beim Rückspülen leicht in das Abwasser geraten könnten.

Ein zu ausgedehnter Expansionsraum ist aber für die übrigen Arbeitsoperationen schädlich, besonders, wenn Lösungen von temperaturempfindlichen Verbindungen entfärbt werden, oder wenn eine relativ dichte Flüssigkeit (z. B. Kläre) eingesetzt wird.

Erstens würde nämlich die Aufenthaltszeit im Filter verlängert, wodurch Farbstoffbildung infolge Zersetzung eintreten kann, zweitens entständen beim Ansüßen größere Mengen verdünnter Zuckerlösungen. Man führt darum auch die Lösungen durch einen speziellen *Verteiler* ganz dicht über dem Niveau des Harzes zu (*Abb. 6–22*).

Der Abstand des Verteilers zum Harzniveau beträgt nicht mehr als 0,5 m. Auch wenn die Funktion des Verteilers nicht ganz einwandfrei ist, erzielt man so einen regelmäßigen Durchfluß.

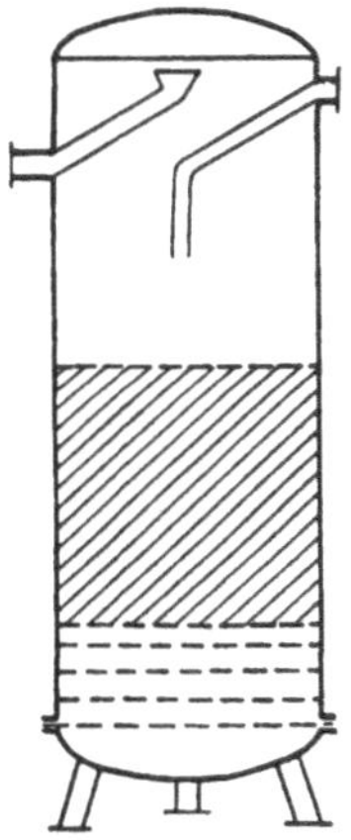

Abb. 6–22: Ionenaustauscherfilter mit Zuleitung der Lösung direkt zur Harzschicht (LURGI)

Beim *Rückspülen* werden durch das Rohr am höchsten Punkt des oberen Bodens die Verunreinigungen abgeschwemmt. Dabei muß man darauf achten, daß kein Harz mitgerissen wird. Zu diesem Zweck versieht man die Filter oft mit Schaugläsern, z. B. im Bereich des Harzniveaus, in der Mitte und im oberen Teil des Expansionsraumes. Im durchfallenden Licht kann man dann das Verhalten des Harzbettes beobachten (*Abb. 6–23*). Man kann auch einen Teil des Abfallrohrs aus Glas herstellen, wodurch die Beobachtung des ablaufenden Wassers möglich ist. Die Durchflußgeschwindigkeit wird dann so geregelt, daß keine Harzkörner verlorengehen. Außerdem kann man in der Abflußleitung, die für alle Filter gemeinsam ist, einen Harzkornfänger installieren. Man benutzt normalerweise ein Gefäß mit einigen Scheidewänden, in dem sich das Harz beim Absinken der Strömungsgeschwindigkeit absetzt.

Die in der ČSSR üblichen Filter besitzen statt des Verteilers einen *oberen Düsenboden*, um Harzverluste zu vermeiden (*Abb. 6–17* und *6–19*). Diese Vorrichtung bewährte sich bei WOFATIT EZ und ähnlichen grobkörnigen Entfärbungsharzen, bei sehr feinkörnigen kugelförmigen Anionenaustauschern ist ihr Nutzen aber fraglich, da feine Körner die Düsen passieren können. Es ist darum ratsam, die maximale Durchflußgeschwindigkeit für die noch erlaubte Expansion des Harzes zu bestimmen, diese streng einzuhalten und zusätzlich das Niveau der fluiden Harzschicht im Filter zu beobachten. Ist das Filter nicht mit Schaugläsern ausgerüstet, so soll wenigstens ein Standanzeiger vorhanden sein.

Bei normalen Filtern befindet sich der *Ein- und Austritt* der Flüssigkeiten in den Scheitelpunkten der beiden Böden. Verbesserte Typen haben im oberen Boden nur eine Entlüftung und ein Abfallrohr für Abwasser vom Rückspülen. Die Lösungen werden durch eine Rohrleitung in der Filterwand zum Verteiler gebracht.

Abb. 6–23: Entfärbungsanlage in einer japanischen Rohrzuckerraffinerie nach dem Entwurf der Firma ORGANO

Die *Armaturen* der Filter müssen allen Arbeitsoperationen angepaßt sein (*Abb. 6–2, 6–5, 6–17, 6–18* und *6–19*). Als Absperrorgane werden meistens von Hand betätigte Schieber oder Ventile verwendet. Eine automatische Steuerung lohnt sich nicht immer. Sie hat ihre Berechtigung nur, wenn die Absperrorgane schlecht zugänglich sind oder wenn die Zyklen kurz und genau programmierbar sind. In solchen Fällen werden manchmal speziell konstruierte Ventile verwendet, bei denen beispielsweise durch Drehen des Steuerorgans um einen gewissen Winkel eine Phase des Zyklus beendet wird und die nächste gleich beginnt.

Die Filter müssen gut isoliert sein.

Jedes Filter ist mit einer *Füll- und einer Entleerungsöffnung* für das Harz versehen. Bei der Aufstellung der Filter muß man darauf achten, daß die Beschickung und die Entleerung gut möglich sind. Man füllt das Harz in das etwa zur Hälfte mit Wasser gefüllte Filter, um die Bildung von Luftblasen in der Harzschicht, die die Entfärbungsleistung herabsetzen und den Strömungswiderstand erhöhen würden, zu vermeiden.

Ungarische Autoren [2] beschreiben eine eigentümliche Filterkonstruktion (*Abb. 6–24*).

Dieses Filter ist mit Rücksicht auf hydrodynamische Gesetzmäßigkeiten gebaut. Es besteht aus zwei konzentrischen Zylindern, die einen gemeinsamen konischen Boden haben. Dieser untere Boden trennt die beiden Zylinder dicht voneinander, der Deckel ist nur am äußeren Zylinder dicht befestigt. Im oberen Teil ist also

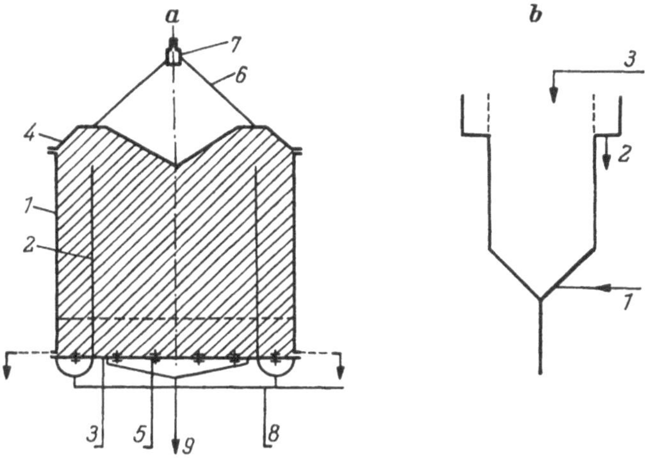

Abb. 6–24: Ionenaustauscherfilter nach Zsigmond und Gryllus [2]

a) Filter: *1* – äußerer Mantel; *2* – innere konzentrische Zwischenwand; *3* – Kegelboden; *4* – Deckel; *5* – Düsen; *6* – Entlüftungsleitung; *7* – automatischer Schwimmerluftabscheider; *8* – Zuleitung der Flüssigkeiten; *9* – Ableitung der Flüssigkeiten

b) Zusatzeinrichtung zum Rückspülen des Harzes: *1* – Wasserzuleitung für Rückspülen; *2* – Ableitung des verschmutzten Wassers; *3* – Wasserzuleitung zum Abspülen des Harzes in das Filter

der äußere mit dem inneren Zylinder verbunden. Die Durchmesser beider Zylinder stehen im Verhältnis $D_2 : D_1 = \sqrt{2}$, damit das Volumen beider Räume gleich ist. In den Böden sind spezielle Düsen zentrisch angebracht (*Abb. 6–3c*). Am Scheitelpunkt des Deckels befinden sich die Anschlüsse für einen automatisch arbeitenden Schwimmerluftabscheider.

Das ganze Filter wird mit gequollenem Harz beschickt. Die Zuckerlösung tritt von unten in den mittleren Teil des Filters ein und fließt durch die Düsen des ringförmigen äußeren Teils ab. Beim Absüßen fließt das Wasser durch beide Räume des Filters zugleich von oben nach unten. Auf diese Weise setzt man die unerwünschte Vermischung der Lösungen, die vor allem beim Ansüßen durch die stark abweichenden Dichten verursacht wird, herab. Die Regenerierung verläuft in entgegengesetzter Richtung zur Entfärbung. Das Wasser und die Regenerierlösungen treten von unten in den äußeren Filterraum ein und verlassen das Filter durch die Düsen des inneren Raumes. Diese Fahrweise, bei der Sorption und Desorption im Gegenstrom durchgeführt werden, hat eine bessere Ausnutzung der

Regenerierlösungen und der Harzkapazität zur Folge. Nachteilig ist, daß in diesem Filter nicht rückgespült werden kann. Durch Anreicherung von Fremdstoffen und durch das beim Zerfall von Harzteilchen entstehende Material steigt darum der hydrodynamische Widerstand des Filters allmählich an. Das Zwischenkornvolumen wird geringer, wodurch die Filtrationsgeschwindigkeit, die Dauer der aktiven Phase im Verhältnis zur Dauer der passiven Phase und die Beschaffenheit der Harzpartikel nachteilig beeinflußt werden. Da sich aber durch das Umkehren der Durchflußrichtung beim Übergang von der Entfärbung zur Desorption die Harzschicht auflockert, wird dieser Effekt herabgesetzt. Trotzdem muß von Zeit zu Zeit rückgespült werden. Zu diesem Zweck ersetzt man den Luftabscheider durch ein geeignetes Expansionsgefäß, in das ein Teil der Beschickung eintreten kann. Die Funktion dieser Einrichtung ist aus der *Abb. 6–24b* ersichtlich. Das gereinigte Entfärbungsharz wird in das Filter zurückgespült und eventuelle Verluste durch Zugabe von frischem Harz ausgeglichen. Für Entfärbungsharze geringer mechanischer Widerstandsfähigkeit genügt es, wenn das Rückspülen einmal in 3—4 Monaten durchgeführt wird. Erfahrungen bei der Entfärbung ziemlich stark gefärbter Zuckerlösungen unter den Bedingungen $\tau_a : \tau_p = 8$ h : 5 h und $V' = 30$ bestätigen dies.

Bei Anwendung dieses Filters, das als Gegenstromkolonne bezeichnet wird, ist die Beanspruchung des Harzes gering, die Regenerierlösungen werden gut ausgenutzt und der schädliche Raum entfällt.

Die Filter sollen innen *gummiert* sein. Arbeitet man mit nicht geschützten Filtern, wie es z. B. in der ČSSR vorkommt, kann man mit einer schnelleren Entwertung des Harzes durch Einwirkung von aus dem korrodiertem Behältermaterial stammendem Eisen rechnen.

Über mehrere Monate durchgeführte Versuche von TLUČHOŘ zeigten aber, daß der Entfärbungseffekt eines stark basischen Anionenaustauschers, der mit 116 g/*l* Eisenspänen vermischt war, sich nicht von dem des reinen Harzes unterschied. In 8 Zyklen wurden 384 *l* Kläre einmal zu 71,4%, zum anderen zu 71,1% entfärbt.

6.3.2. Behälter für Flüssigkeiten

Zur Entfärbungsanlage gehören Behälter für *unentfärbte Lösungen*, für *Regenerierlösungen*, für *Wasser*, für *Eluate* und evtl. für *Absüße*. Verfügt die Fabrik über genügende Mengen geeigneten Wassers (z. B. Kondensate), so daß eine stetige Versorgung der Entfärbungsanlage gesichert ist, kann auf einen Vorratsbehälter für Wasser verzichtet werden. Meist ist dies jedoch nicht der Fall, so daß, um einen stetigen, gleichmäßigen und möglichst sparsamen Wasserzufluß in jedem Teil der passiven Phase zu sichern, ein Wasserreservoir vorhanden sein muß.

Die *Anzahl der Behälter* wird vor allem durch die gewählte Art der Regenerierung bestimmt (vgl. *Abb. 6–11* und *6–12*). Für die Regenerierlösungen benötigt man folgende Anzahl von Behältern: Bei Regenerierung mittels Kochsalzlösung ohne Rezirkulation einen Behälter, mit Rezirkulation 2 Behälter. Bei Regenerierung mittels NaOH und NH_4Cl (oder HCl) ohne Rezirkulation zwei Behälter, mit Rezirkulation (Durchführung s. Kap. 5.3.6.) fünf Behälter.

Die Behälter montiert man meist über der Kolonne, beim Arbeiten mit Rücknahme der Regeneriereluate ist es jedoch günstiger, die Behälter unter der Kolonne zu stationieren und die Flüssigkeiten in die Filter zu pumpen. Man spart dann die Behälter für die umgepumpten Lösungen (Zwischensammelbehälter).

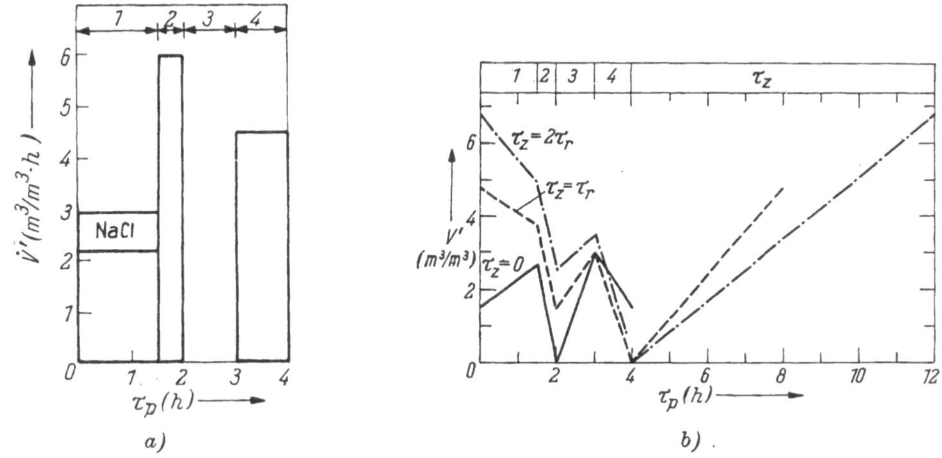

Abb. 6–25: Wasserbedarf bei Regenerierung mittels Salzsole

a) Durchschnittlicher Zulauf des Wassers V' in die Anlage bei der Regenerierung ohne Verlustzeiten: τ_p – Dauer der passiven Phase; *1* – Absüßen; *2* – Rückspülen; *3* – Desorption mit Salzsole; *4* – Auswaschen der Salzsole; NaCl – Wasser für Zubereitung der Salzsole

b) Zeitverlauf der Füllung des Vorratsbehälters mit Wasser: V' – Volumen des Wassers im Behälter; τ_r – Dauer der Regenerierung; τ_z – Verlustzeit (h)

Sollen die Regeneriereluate die Fabrik nicht stoßweise verlassen, so ist ein *Pufferbecken* mit genügendem Volumen notwendig.

Das *Volumen der Behälter* für die Regenerierlösungen bestimmt man je nach der notwendigen Menge. Man benötigt beispielsweise für Salzsole ein Volumen von 1–2 V_H, für Lauge 4–8 V_H. Bei Regenerierung mit Rücknahme können alle Behälter die gleiche Größe haben. Ihr Fassungsvermögen soll etwa 2 V_H betragen.

Für die Berechnung der Kapazität muß man ein *Harmonogramm der Wasserentnahme* für die einzelnen Arbeitsoperationen unter der Voraussetzung eines stabilen Wasserzuflusses aufstellen. Dauert die passive Phase τ_p (h) und wird zur Regenerierung ein Wasservolumen von V' (m^3/m^3 Harz) benötigt, dann beträgt der durchschnittliche Wasserzufluß

$$\dot{V}' = V'/\tau_p \; [m^3/h]. \tag{6–30}$$

In der *Abb. 6–25* ist ein Beispiel für ein Harmonogramm des zeitlichen Wasserbedarfs angeführt, für den Fall, daß $\tau_a = 24\,\text{h}$, $\tau_p = 12\,\text{h}$, $\tau_z = 0$ oder $\tau_z = \tau_r + \tau_e$ oder $\tau_z = 2 \cdot (\tau_r + \tau_e)$ ist.

Dieser Fall kann bei Anwendung von stark basischen Anionenaustauschern eintreten. Wir setzen einen Gesamtverbrauch an Wasser von $\dot{V}' = 11{,}6$ voraus.

Wenn bei der Regenerierung keine Verlustzeiten auftreten, muß man einen genügenden Wasservorrat während der Desorption der Farbstoffe sammeln. Der Wasserbehälter hat dann das Volumen

$$V_B = \frac{\tau_{des}}{\tau_p} \cdot \dot{V}' \cdot V_H \,[\text{m}^3]. \qquad (6\text{–}31)$$

Dabei bedeutet τ_{des} die Dauer der Desorption.

Der Behälter für die Vorbereitung der Salzsole wird während des Absüßens mit Wasser gefüllt.

Entstehen Verlustzeiten, so berechnet man den Rauminhalt des Wasserbehälters nach der Formel

$$V_B = \left(\frac{\tau_z}{\tau_p} \cdot \dot{V}' - V_r'\right) \cdot V_H \,[\text{m}^3]. \qquad (6\text{–}32)$$

Dabei ist V_r' das Volumen der Regenerierlösung. Der Behälter für Salzsole wird dann während der Verlustzeit mit Wasser gefüllt. Hieraus ist die notwendige Vergrößerung des Behältervolumens erkennbar, wobei gleichzeitig die durchschnittliche Durchflußmenge des Wassers während der passiven Phase (also auch während der Regenerierzeit) abnimmt. Folgende Angaben geben hierüber Aufschluß:

τ_z =	0	τ_p	$2\tau_p$	(h)
$\dot{V}'$	3	1,5	1	($\text{m}^3/\text{m}^3 \cdot \text{h}$)
V_B/V_H	3	5	7	(m^3/m^3)

Ein Teil der Verlustzeiten stellt die Reserve für eine periodische *Reaktivierung* dar. Man muß beim Entwurf der Anlage mit dem entsprechenden Bedarf an Behältern, Pumpen und Wasser rechnen.

Die *zweistufige Regenerierung* der Harze auf Basis m-Phenylendiamin stellt einen komplizierteren Fall dar: Wir betrachten zunächst die Arbeitsweise ohne Eluatrücknahme und setzen $\tau_p = 16\,\text{h}$, $\dot{V}' = 24$ (s. *Tab. 5–16*) voraus. Wenn man die Aktivierungslösung während der Desorption und die Natronlauge während des Auswaschens und der Aktivierung vorbereitet, verläuft die Füllung des Wasserbehälters, wie es die gestrichelte Linie in *Abb. 6–26* zeigt.

In diesem Fall braucht man einen Wasserbehälter von ca. $6\,V_H$ (m^3). Bei Rücknahme der Eluate genügt ein Volumen des Wasserbehälters von $3\,V_H$ (m^3). Die Füllung des Behälters wird durch die ausgezogene Linie in *Abb. 6–26* veranschaulicht.

Installiert man keinen Wasserbehälter, dann muß der Wasserzufluß in jedem Moment sowohl für die Arbeitsoperationen am Filter, wie auch für die Herstellung der Lösungen genügen, da diese parallel mit einer Filteroperation verläuft. Die

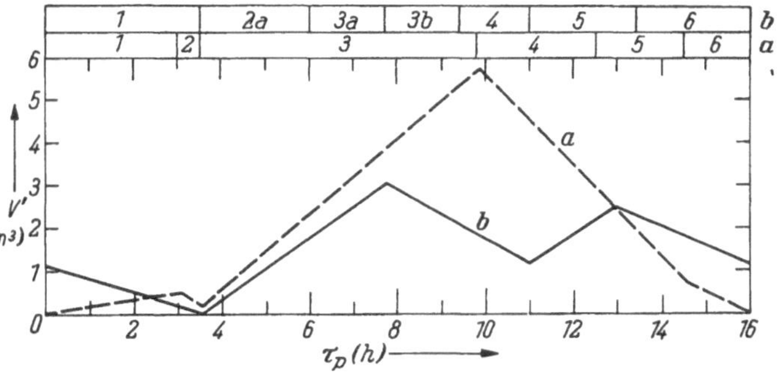

Abb. 6–26: Zeitverlauf der Füllung des Vorratsbehälters mit Wasser bei zweistufiger Regenerierung

a) ohne Rücknahme der Eluate, *b)* mit Rücknahme der Eluate: V' – relatives Volumen des Wassers im Behälter, τ_p – Dauer der passiven Phase; *1* – Absüßen; *2* – Rückspülen (*2a* – mittels des ersten Teiles der rezirkulierten Lauge); *3* – Desorption (*3a* – mittels des zweiten Teiles der rezirkulierten Lauge, *3b* – mittels frischer Lauge); *4* – Auswaschen der Lauge; *5* – Aktivierung mit NH_4Cl-Lösung; *6* – Auswaschen

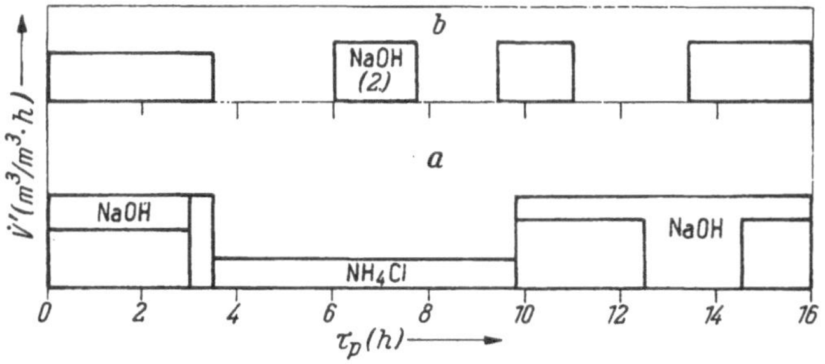

Abb. 6–27: Notwendiger durchschnittlicher Wasserzulauf V' in die Anlage bei zweistufiger Regenerierung

a) ohne Rücknahme der Eluate, *b)* mit Rücknahme der Eluate; NaOH – Wasser für Zubereitung der Natronlauge, NH_4Cl – Wasser für Zubereitung der Aktivierungslösung

Regenerierlösung wird nur in Ausnahmefällen schon während der aktiven Phase vorbereitet. Dies veranschaulicht *Abb. 6–25b* und *6–27*.

Ein Gesamtharmonogramm für eine Anlage mit zwei aktiven Filtern und einem passiven Filter (z. B. eine Anlage zur Entfärbung mit stark basischen Harzen) zeigt die *Abb. 6–28*.

Wenn sich die Filterbatterie aus zwei oder mehr *Sektionen* zusammensetzt, die die Lösungen parallel entfärben, kann auch die Regenerierung mehrerer Filter simultan verlaufen. In diesem Falle muß man das Harmonogramm für alle Filter so ausbilden, daß eine Kollision der Arbeitsoperationen vermieden wird. Der Wasserbedarf ist dann die Summe des Einzelbedarfs aller Filter zum gegebenen

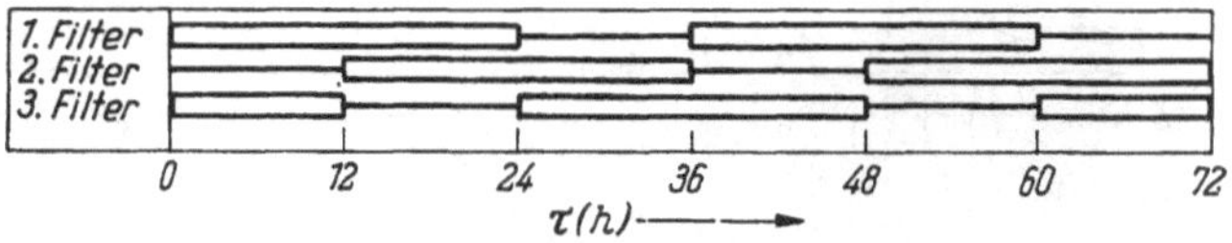

Abb. 6–28: Harmonogramm der Arbeitsoperationen einer Anlage mit zwei aktiven und einem passiven Filter

▭ aktive Phase; – passive Phase

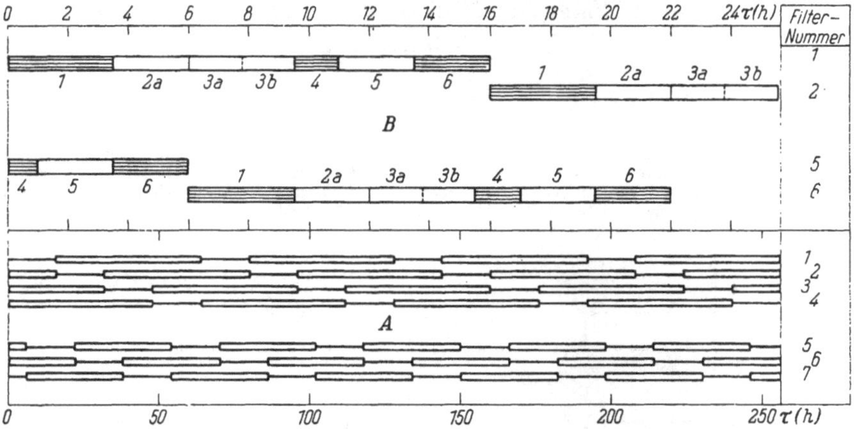

Abb. 6–29: Harmonogramm der Arbeitsoperationen einer Anlage mit zwei Sektionen

A – Harmonogramm der ganzen Anlage; ▭ aktive Phase; – passive Phase; *B* – Harmonogramm der passiven Phase; *1* – Absüßen, *2a* – Rückspülen mit rezirkulierter Natronlauge; *3a* – Desorption mit rezirkulierter Natronlauge; *3b* – Desorption mit frischer Natronlauge; *4* – Auswaschen der Lauge; *5* – Aktivierung; *6* – Auswaschen; *schraffiert:* Operationen mit Wasserbedarf

Zeitpunkt. In *Abb. 6–29* ist ein Beispiel für eine Anlage mit zwei Sektionen (die eine hat vier, die andere drei Filter) dargestellt.

Für die erste Sektion (beispielsweise Entfärbung der ersten Kläre) wurde $\tau_a = 48$ h und $\tau_p = 16$ h gewählt, für die zweite $\tau_a = 32$ h und $\tau_p = 16$ h. Durch die Verschiebung des Beginns der Regenerierung in der ersten und in der zweiten Sektion um 6 Std. erzielt man eine ausgeglichene Wasserabnahme.

Die Regenerierlösungen bereitet man in zylindrischen Gefäßen mit Rührwerk. Gewöhnlich verwendet man Rührer mit zwei vertikalen Schaufeln. Man berechnet den Leistungsbedarf für das Rührwerk nach der Milonschen Gleichung [13], die folgendermaßen aufgestellt werden kann:

$$N = 0{,}329 \cdot D_M^{2,72} \cdot U^{2,86} \cdot \varrho^{0,86} \cdot \eta^{0,14} \cdot D^{1,1} \cdot h^{0,6} \cdot h_M^{0,3} \text{ [kW]} \qquad (6\text{–}33)$$

Dabei bedeutet: D_M den maximalen Durchmesser des Rührwerks (m), U die Drehzahl des Rührwerks (s^{-1}), ϱ die Dichte (g/cm^3), η die dynamische Viskosität (cP), D den Durchmesser des Gefäßes (m), h die Höhe der Flüssigkeit im Gefäß (m) und h_M die Höhe der Schaufel des Rührers (m).

Für verdünnte Regenerierlösungen (NaOH, HCl, NH_4Cl mit Konzentrationen von maximal 1%) und für Wasser können wir die Formel vereinfachen, indem wir $\varrho = \eta = 1$ einsetzen und die Exponenten abrunden. Die vereinfachte Gleichung lautet dann

$$N \doteq \frac{1}{3} (D_M \cdot U)^3 \cdot D \cdot \sqrt[3]{h^2 \cdot h_M} \text{ [kW]}. \qquad (6\text{–}34)$$

In dieser Formel ist die 300%ige Reserve für die Anlaufleistung enthalten.

6.3.3. Förderung und Filtration der Flüssigkeiten

Die einzelnen Elemente der Anlage sind untereinander durch gewöhnliche *Stahlrohrleitungen* verbunden. Glas benutzt man trotz seiner chemischen Resistenz nur selten.

Die Rohrweiten berechnet man mit Rücksicht auf die Durchflußvolumina nach den üblichen Prinzipien. Informatorische Grundregeln sind:

Für Wasser, Regenerierlösungen und verdünnte wäßrige Lösungen wählt man Strömungsgeschwindigkeiten von 1—2 m/s, für konzentrierte Zuckerlösungen (Klären, Dicksaft) weniger als 1 m/s, normalerweise 0,5 m/s.

Die Druckverluste bestimmt man dann aus der durchschnittlichen Strömungsgeschwindigkeit in der Leitung und dem gegebenen Durchmesser unter Berücksichtigung der Abhängigkeit des Reibungskoeffizienten λ vom Wert der REYNOLDS-Zahl, die man entweder einer graphischen Darstellung entnimmt [14] oder ausrechnet.

Die REYNOLDS-Zahl ist folgendermaßen definiert:

$$Re = \frac{D \cdot w \cdot \varrho}{\eta}. \qquad (6\text{–}35)$$

Dabei bedeutet: D die Rohrweite (cm), w die Strömungsgeschwindigkeit (cm/s), ϱ die Dichte (g/cm^3), η die dynamische Viskosität (P). Dann gilt bei laminarem Fluß

$$\lambda = 64/Re. \qquad (6\text{–}34)$$

Bei turbulentem Fluß für REYNOLDS-Zahlen zwischen $3 \cdot 10^3$ und $1 \cdot 10^5$, die am häufigsten auftreten, gilt

$$\lambda = 0{,}3164\, Re^{-\frac{1}{4}}. \qquad (6\text{–}35)$$

Für REYNOLDS-Zahlen zwischen $3 \cdot 10^3$ und 10^8 gilt

$$\lambda = (1{,}8 \log Re - 1{,}5)^{-2}. \qquad (6\text{–}36)$$

Für den Druckverlust in der Rohrleitung gilt dann die Gleichung

$$\Delta P = \lambda \cdot \frac{L'}{D} \cdot \frac{w^2}{2g} \cdot \varrho \cdot 10^{-4}\ [\mathrm{kp/cm^2}]. \qquad (6\text{–}37)$$

Dabei bedeutet: L' die äquivalente Länge der Rohrleitung (m), D die Rohrweite (m), w die lineare Strömungsgeschwindigkeit (m/s), ϱ die Dichte (kg/m³) und g die Erdbeschleunigung (9,81 m/s²).

Die *äquivalente Länge* ist gleich der Länge der Rohrleitung, korrigiert nach Anzahl und Form der vorkommenden Krümmungen, Ventile, Schieber und Fittings (*Tab. 6–2*) [15].

Tabelle 6–2: Äquivalente Rohrleitungslängen (im Verhältnis zur Rohrweite, L'/D)

Ursache des Druckverlustes	L'/D
Kniestück 45° (3/8″ bis 2,5″)	15—20
Kniestück 90° (3/8″ bis 2,5″)	30
Kniestück 90° (3″ bis 6″)	40
Mittlerer Kniebogen	15—20
Kreuzstück, benutzt als Kniestück	50
T-Stück (1″ bis 4″), Einlauf durch den längeren Teil	60
T-Stück (1″ bis 4″), Einlauf durch den Arm	90
Durchgangsventil geöffnet	10
Schieber, 100% geöffnet	7
Schieber, 75% geöffnet	40
Schieber, 50% geöffnet	200
Schieber, 25% geöffnet	300
Eckventil 1″ bis 4″, geöffnet	170
Rückschlagklappe	80

Es ist auch möglich, von der Summe der Reibungswiderstandskoeffizienten auszugehen, die folgendermaßen definiert sind:

$$\zeta = \varphi\,(Re) \cdot L/D. \qquad (6\text{–}38)$$

In diesem Falle gilt die Gleichung

$$\Delta P = \frac{w^2 \cdot \varrho}{2g} \cdot \Sigma\zeta. \qquad (6\text{–}39)$$

Den *Druckverlust* drückt man auch durch die Höhe der Säule der durchfließenden Flüssigkeit aus (sogenannte Verlusthöhe):

$$h_F = \lambda \frac{L'}{D} \cdot \frac{w^2}{2g} \text{ [m]}. \qquad (6\text{–}40)$$

Über praktisch vorkommende Druckverluste informieren folgende Angaben: In der Zuckerfabrik Witaszyce [4] beträgt die Druckhöhe für die Kläre 5,5 ± 0,6 m, es steht also ein hydrostatischer Druck von 0,65 ± 0,08 atü zur Verfügung. Für die Salzsole beträgt die Druckhöhe maximal 2,9 m. Das genügt, um bei einer Harzschichthöhe von 2 · 1,8 m (gepaarte Filter) eine Filtriergeschwindigkeit von 2,3 m/h zu gewährleisten. In der Raffinerie „Vorwärts" in Halle/S. [5] genügte der Druck von 0,35 atü bei einer Harzschichthöhe von 1,5 m (Wofatit EZ) für eine Filtriergeschwindigkeit von 0,6 m/h. In der Raffinerie Kawasaki macht der Druckverlust im Filter mit Amberlite IRA 401 S bei 3,2 m Harzschichthöhe ca. 1,2 at aus [16].

Für eine ungefähre Orientierung kann man annehmen, daß das Verhältnis $\Delta P/L \cdot w$ einen Wert von etwa 0,1 besitzt, wenn ΔP in at, L in m und w in m/h angegeben werden.

Die Lösungen fließen entweder durch eigenes Gefälle in die Filter, oder sie werden hineingepumpt. Im ersten Falle benutzt man zur Berechnung der notwendigen Druckhöhe, die die Druckverluste überwinden muß, Gleichungen für Druckverluste in der Rohrleitung (*6–37*), im Wärmer (*6–37*) und (*6–48*), in der Harzschicht (*6–28*) oder (*6–29*) und im Düsenboden (*6–26*). Entscheidend ist der Druckverlust in der Harzschicht.

Die *Förderleistung der Pumpen* bestimmt man je nach dem Durchflußvolumen der betreffenden Flüssigkeit zuzüglich einer 50%igen Reserve. Den Leistungsbedarf einer Pumpe berechnet man nach der Formel

$$N = \frac{\dot{V} \cdot h_s \cdot \varrho}{3{,}6 \cdot 102 \cdot \eta} \text{ [kW]}. \qquad (6\text{–}41)$$

Dabei bedeutet: $\dot{V}$ das Durchflußvolumen (m³/h), h_s die tatsächliche Arbeitshöhe der Pumpe (m), ϱ die Dichte (g/cm³) und η den Gesamtwirkungsgrad der Pumpe.

Für Zentrifugalpumpen ist $\eta = 0{,}6 - 0{,}8$. Für $\eta = 0{,}6$ bekommt man also

$$N \doteq 4{,}5 \cdot 10^{-3} \cdot \dot{V} \cdot h_s \cdot \varrho \text{ [kW]}. \qquad (6\text{–}42)$$

Für Kolbenpumpen rechnen wir mit $\eta = 0{,}8$.

Über die *mechanische Filtration* der Flüssigkeiten seien nur einige Bemerkungen gemacht:

Sehr wichtig ist die Filtration der Regenerierlösungen und des Wassers. Die Filtration der Regenerierlösungen ist dem bloßen Dekantieren vorzuziehen, obwohl auch dieses angewendet wird [4]. Man benutzt mit Erfolg einfache Sandfilter.

Filter mit einem Durchmesser von 0,75 m und einer Schichthöhe von ca. 1 m braucht man nur einmal wöchentlich zu reinigen, wenn sie mit etwa 20 m³ Lauge pro Tag belastet werden. Für die Filtration saurer Lösungen ist Kiessand vorteilhaft, für Laugen bewährt sich besser zerkleinerter Marmor oder reiner Kalkstein. Den Zwischenboden des Filters beschickt man zuerst mit einem gröberen Material. Man arbeitet mit einem Druck, der unter 2 atü liegt.

Die zu entfärbenden Lösungen werden mit größter Sorgfalt filtriert, wozu man je nach der üblichen Technologie verschiedene Filter verwendet. In der Zuckerindustrie arbeitet man beispielsweise mit *Beutelfiltern* oder besser mit *Anschwemmfiltern*. Beutelfilter nach ČSN-ÚN 523-548 haben eine Filterfläche von 45 m² und einen Betriebsdruck von 4 kp/cm². Die Maximalleistung beträgt 3,5 m³/h · m². Das sind ca. 160 m³/h. Bei Anschwemmfiltern rechnet man mit einer Durchschnittsleistung von 5 m³ Kläre pro Stunde und m² Filterfläche. In der Raffinerie Halle/S. haben sich neben Seitz-Filtern Anschwemmfilter A 50/5 mit 50 m² Filterfläche sehr gut bewährt [17].

6.3.4. Temperierung der Flüssigkeiten

Zum Anwärmen der Flüssigkeiten benutzt man entweder *Wärmer* oder (beispielsweise für die Regeneriermittel) *Schnatter*.

Die erforderliche *Heizfläche* berechnet man nach der Formel

$$F = \frac{q}{K \cdot \Delta \bar{t}}\ [\mathrm{m}^2]. \tag{6–43}$$

Dabei bedeutet: q die notwendige Wärmemenge (kcal/kg), K die Wärmedurchgangszahl (kcal/m² · h · deg), $\Delta \bar{t}$ das mittlere Temperaturgefälle (°C).

Die einzelnen Größen bestimmt man aus den *Gleichungen* (*6–44*), (*6–45*) und (*6–46*) wie folgt:

$$q = \dot{V} \cdot \varrho \cdot c_p (t_{F1} - t_{F0}), \tag{6–44}$$

$$K = 0{,}35 \cdot (50 + \alpha_8 \cdot w), \tag{6–45}$$

$$\Delta \bar{t} = \frac{(t_{F1} - t_{F0}) - (t_{D0} - t_{D1})}{2{,}3 \cdot \log \dfrac{t_{D1} - t_{F0}}{t_{D0} - t_{F1}}} = \frac{t_{F1} - t_{F0}}{2{,}3 \cdot \log \dfrac{t_{D1} - t_{F0}}{t_{D0} - t_{F1}}}. \tag{6–46}$$

Dabei bedeutet: $\dot{V}$ das Durchflußvolumen (m³/h), ϱ die Dichte (kg/m³), c_p die spezifische Wärme (kcal/kg · deg), t_{F1} die Temperatur der aus dem Wärmer austretenden Flüssigkeit (°C), α_8 einen Koeffizienten, der für Zuckerlösungen den Wert 1000 hat [18], w die Strömungsgeschwindigkeit der Flüssigkeit in den Rohren des Wärmers (m/s), wobei man für Klären w ungefähr 1,0 wählt [18], t_{D1} und t_{D0} die Temperatur des austretenden und des eintretenden Dampfes (°C).

Unter der Annahme, daß die Temperaturen des eintretenden und austretenden Dampfes gleich sind, vereinfacht sich die *Gleichung* (*6–46*).

Werte für die Dichte und die spezifische Wärme sind in der *Tab. 6–3* angeführt.

Tabelle 6–3: Dichte und spezifische Wärme reiner Zuckerlösungen

Temperatur	Dichte (kg/m³) beim Trockensubstanzgehalt (°Bx)					
(°C)	0	15	50	55	60	65	70
60	983	1043	1210	1237	1266	1296	1327
70	978	1038	1204	1231	1260	1290	1320
80	972	1033	1198	1225	1254	1284	1314
90	965	1026	1191	1219	1247	1277	1308
	Spezifische Wärme (kcal/kg · deg)						
60	1,001	0,927	0,754	0,730	0,705	0,680	0,656
70	1,002	0,929	0,763	0,740	0,716	0,692	0,668
80	1,004	0,932	0,772	0,749	0,726	0,704	0,681
90	1,007	0,934	0,781	0,759	0,737	0,715	0,693

Erwärmt man den Wärmer mit Dampf von ca. 120 °C, dann kann man für die Berechnung der Heizfläche eines Klärevorwärmers eine annähernd geltende Gleichung anwenden:

$$F \doteq 0{,}5 \cdot \dot{V}\,(t_{F1} - t_{F0})\ [\mathrm{m}^2]. \qquad (6\text{–}47)$$

Den *Druckverlust* im Wärmer berechnet man nach der *Gleichung* (*6–37*), wobei die äquivalente Länge durch folgende Gleichung gegeben wird:

$$L' = n(L_r + 2{,}5). \qquad (6\text{–}48)$$

Dabei bedeutet L_r die Rohrlänge (m) und n die Anzahl der Umlenkungen, die notwendig sind, damit bei gegebenem w die gewünschte Heizfläche erreicht wird. Die Rohrweite beträgt normalerweise 32 mm.

Die selben Formeln gelten für die Berechnung der Wärmer für Wasser oder Regenerierlösungen. Die Wärmedurchgangszahl beim Anwärmen des Wassers mittels Dampf hat den Wert 1250—3750 kcal/m² · h · deg. Bei Wärmeaustauschern, die mit Wasser erwärmt werden, hat sie den Wert von etwa 1000 kcal/m² · h · deg. Eventuell kann man folgende Formel benutzen:

$$K = 600 + 3{,}6 \cdot t_m. \qquad (6\text{–}49)$$

Dabei bedeutet t_m den arithmetischen Durchschnitt der Temperaturen der ein- und austretenden Lösungen [19].

6.3.5. Messung, Regelung und Automatisierung

Messung und Regelung der Hauptparameter sind für einen reibungslosen Betrieb und zur Erzielung guter Ergebnisse unentbehrlich.

Die Arbeit der Entfärbungsanlage kontrolliert teils das Bedienungspersonal, teils das Betriebslabor. Im *Labor* verfolgt man beispielsweise die Alkalität der unentfärbten und der entfärbten Zuckerlösung, ihren Trockensubstanzgehalt und ihre Farbstoffkonzentration. Außerdem wird die Konzentration des letzten Anteils der Absüßen gemessen. Die *Betriebskontrolle* überwacht je nach den Gegebenheiten ausgewählte chemische und physikalisch-chemische Parameter. An chemischen Parametern ermittelt das Bedienungspersonal die Konzentration und eventuell den pH-Wert der Regenerierlösungen sowie die Qualität der Eluate während des Auswaschens (z. B. den Trockensubstanzgehalt der Absüße und die Normalität der Eluate).

Betriebstechnische Parameter, denen man Aufmerksamkeit widmen muß, sind die Durchflußgeschwindigkeit, die Temperatur, der Druckverlust im Filter und die Niveaustände in den Vorratsbehältern. Die *Durchflußgeschwindigkeit* mißt man meist mit einem Rotameter oder einer Danaide. Letztere eignet sich sehr gut zur Messung bei kleinen REYNOLDS-Zahlen. Ist das Auslauforgan, die Düse, normgerecht hergestellt, so kann man die Danaide ohne Eichung benutzen, wenn man folgende Bedingung einhält [21]: Durch eine Düse soll nicht mehr als 1 *l* Flüssigkeit in einer Sekunde fließen. Der freie Querschnitt der Düsen soll nicht mehr als 2% des Gefäßquerschnittes betragen. Die Mittelpunkte der Düsen sollen voneinander mindestens den 5fachen und von der Gefäßwand mindestens den 2,5fachen Düsendurchmesser als Abstand haben. Dann besteht zwischen dem Durchflußvolumen $\dot{V}$ und der Höhe der Flüssigkeit in der Danaide folgender einfacher Zusammenhang:

$$\dot{V}^2 = konst \cdot h. \tag{6–50}$$

Das Niveau der Flüssigkeit kann direkt abgelesen oder durch einen Standanzeiger angezeigt werden.

Bei Verwendung von Rotametern benutzt man zweckmäßig zwei Geräte mit unterschiedlicher Charakteristik, wenn Flüssigkeiten sehr abweichender Dichte oder unterschiedlicher Zusammensetzung gemessen werden.

Die Durchflußmenge regelt man normalerweise von Hand, da eine automatische Regelung beim jetzigen Stand der Technik kaum lohnend ist. Im Gegensatz dazu ist die automatische Regelung der Vorwärmer nach der Temperatur der Lösungen beim Eintritt in die Filter sehr vorteilhaft. Es genügt ein Fallbügelregler und als Temperaturfühler ein Widerstandsthermometer.

Den *Druckverlust* im Filter mißt man mit einem Differentialmanometer, das gleichzeitig den Druck über der Harzschicht anzeigt. Die Angaben sind bei der Auffindung und Beseitigung von Betriebsstörungen bedeutungsvoll. Man kann auf diese Weise die verschiedenen Ursachen eines Abfalls der Durchflußgeschwindigkeit ziemlich sicher voneinander unterscheiden.

Die *Niveaustände* in den einzelnen Behältern werden mit Hilfe von mechanischen, elektrischen oder pneumatischen Standanzeigern auf bequeme Weise gemessen und gegebenenfalls weitergemeldet.

Die einzelnen Elemente einer Anlage sind manchmal schwer zugänglich. Es ist darum zweckmäßig, ein zentrales *Schaltpult* zu installieren, wo sich die wichtigsten Anzeigegeräte, die Steuerungsorgane und ein übersichtliches Schema der Anlage befinden. Neben den Angaben über den Niveaustand in den Behältern und die Temperaturen werden in dem Schema der Öffnungszustand der Absperrorgane und der Arbeitszustand der Motoren (Betrieb, Stillstand, Defekt) optisch angezeigt. Die Fernbetätigung beschränkt sich meist auf das Öffnen und Schließen mancher Ventile, wobei es vorteilhafter sein kann, alle Ventile nur von Hand zu bedienen, und gegebenenfalls auf das Schalten der Pumpen. Vielfach werden die Pumpen auch automatisch gesteuert.

Es ist zweckmäßig, die Transportwege mit einer *automatischen Blockierung* zu versehen, durch die die einzelnen Abschnitte der Anlage der Abnahme an ent-

Abb. 6–30: Steuerpult der Anlage Skřivany I

Von links nach rechts: Signalisierung der Öffnung der Ventile; Signalisierung und Fernbetätigung der Pumpen, Wärmer und Schnellverschlüsse; Standzeiger und Durchflußmesser, Regelung und Registrierung der Temperaturen

färbter Lösung angepaßt werden. Ist der Behälter für entfärbte Lösung angefüllt, so werden die Pumpen zum Stillstand gebracht, der Eintritt des Dampfes

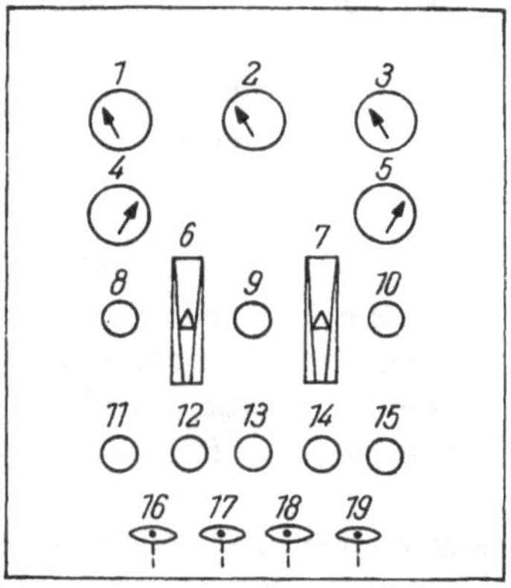

Abb. 6–31: Schema des Steuerpultes der Firma IMACTI [4]

Druckmessung im Filter: *1* – Salzsole oder Wasser; *2* – Preßluft; *3* – Kläre. Temperaturmessung vor dem Filter: *4* – Salzsole oder Wasser; *5* – Kläre. Durchflußmessung mit Rotameter: *6* – Wasser; *7* – Kläre. Absperrorgane: *8* – Preßluft vom Sammler; *9* – Zuleitung der Salzsole in die Filter; *10* – Luft zum Manometer; *11* – Luft in die Filter; *12* – Wasser in die Filter; *13* – frei; *14* – Kläre in die Filter; *15* – Verschluß zwischen den Filtern und dem Luftsammler; *16* – Ablaß in den Kanal; *17* – Ablaß in den Behälter; *18* – frei; *19* – Ablaß der Absüße

in den Vorwärmer gesperrt usw. Gleichzeitig macht ein akustisches Signal das Bedienungspersonal aufmerksam.

Der Umfang der *Automatisierung* hängt wesentlich von der Größe der ganzen Entfärbungsanlage ab. Kleine Einheiten mit zwei bis vier aktiven Filtern, die nur eine Lösung entfärben, können mit nur wenigen Meß- und Regelkreisen versorgt werden. Man muß immer darauf achten, daß die Automatisierung auch ökonomisch gerechtfertigt ist, daß also die Bedienung der ganzen Anlage in einem solchen Falle nur eine Person (evtl. eine Hilfskraft) erfordert.

Die *Abb. 6–23, 6–30* und *6–31* zeigen Beispiele von Bedienungstafeln und Steuerpulten.

Literatur

[1] Číž, K., I. Filipczak, Z. Mencl und V. Valter: Listy cukr. **73**, 209 (1957)

[2] Zsigmond, A., und V. Gryllus: Cukoripar **16**, 282, 305 (1963)

[3] Schiweck, H.: Zucker **16**, 555 (1963)

[4] Gawrych, S., und I. Oglaza: Prace Instytutów i Laboratoriów Badawczych Przemyslu Spożywczego, **12**, Nr. 3, 1 (1962)

[5] Plato, W., und M. Schopf: Zuckererz. **7**, 36 (1963)

[6] Buriánek, J., und F. Durdík: Listy cukr. **76**, 126 (1960)

[7] Valter, V.: Listy cukr. **77**, 253 (1961)

[8] Patočka, M.: Dissertation, Praha 1964

[9] Mencl, Z., V. Valter und F. Vávra: Listy cukr. **76**, 84 (1960)

[10] Mencl, Z.: Privat-Mitteilung (1964)

[11] Schulze, E.: Privat-Mitteilung (1956)

[12a] Cziborowski, J.: „*Inzynieria chemiczna*". PWT, Warszava, 1952
[12b] Pilař, A., M. Ryba, Z. Volák, V. Pechoč und J. Koropecký: „*Příklady chemicko-inženýrských výpočtů*", I. — 1. SNTL, Praha 1959
[13] Milon, B.: Chimie et Industrie **69**, 258 (1953)
[14] Kasatkin, A. G.: „*Osnovnyje processy i aparaty chimičeskoj technologii*", Goschimidat, Moskva, Leningrad 1959
[15] Pilař, A.: „*Chemické inženýrství*", *I.*, SNTL, Praha, 1959
[16] Tanaka, T.: Proc. Res. Soc. Jap. Sugar Ref. Techn. **8**, 30 (1959)
[17] Kaufmann, H. J.: Lebensmittel-Ind. **11**, 123 (1964)
[18] Číž, K., V. Sázavský und K. Šandera: „*Základy cukrovarnictví, III.*", SNTL, Praha, 1961
[19] Kollektiv: „*Technologie des Zuckers*", M. & H. Schoper, Hannover 1955
[20] Teyssler, V.: „*Výkonnost a množství*", Praha, 1935

Schlußbetrachtungen

Angesicht des hier zusammengetragenen Materials darf wohl als erwiesen gelten, daß die Entfärbung mit Hilfe von Kunstharz-Ionenaustauschern unter den Verhältnissen unserer Zuckerindustrie eine Arbeitsweise mit entscheidenden Vorzügen darstellt. Sie hat zur Zeit bereits weitgehend die älteren Verfahren abgelöst und erscheint noch sehr entwicklungsfähig. Während die Anwendung von Knochenkohle in Mitteleuropa schon darum eingestellt werden muß, weil einfach nicht genügend von diesem Adsorbens zur Verfügung steht, können die auf Aktivkohle basierenden Verfahren sehr erfolgreich mit Ionenaustauscher-Verfahren kombiniert werden.

Nicht allein ihre ökonomische Überlegenheit allen anderen Entfärbungsverfahren gegenüber macht die Anwendung von Kunstharz-Entfärbern für die Zuckerindustrie so interessant. Diese Technologie stellt auch im Hinblick auf die allgemeine Modernisierung der Anlagen einen erheblichen Fortschritt dar. Die materielle und moralische Notwendigkeit, die menschliche Arbeitskraft rationell einzusetzen und dem arbeitenden Menschen bei minimaler physischer Belastung einen sauberen und gesunden Arbeitsplatz zu bieten, sind vielleicht ebenso wichtige Argumente für den Einsatz der Entfärbungsharze. Eine mit Ionenaustauschern ausgerüstete Entfärbungsstation kann so ausgelegt werden, daß sie eine saubere, sichere und kultivierte Arbeitsumgebung bietet. Sie erlaubt darüber hinaus den weitgehenden Einsatz von Elementen der Meß-, Steuer- und Regeltechnik, so daß für die Bedienungskräfte nicht nur alle physische Arbeit wegfällt, sondern auch Routineoperationen der Überwachung und Steuerung zum großen Teil von entsprechenden Hilfsapparaten übernommen werden können. Die Vollautomatisierung aller zur Entfärbung gehörenden Vorgänge ist heute bereits ohne weiteres möglich, wenn man zu diesem Zweck nur ganz übliche Kontroll- und Steuerelemente für Stoffflüsse in der chemischen Industrie heranzieht. Vergleicht man diese Aufgabe mit den bereits gelösten Problemen der Steuerung chemischer Prozesse, so erscheint sie bescheiden und leicht lösbar.

Weiterhin verlangt eine solche Entfärbungsanlage nur ein geringes Bau- und Investitionsvolumen. Bezüglich des Bedarfs an umbautem Raum stellt sie die billigste zur Zeit bekannte Möglichkeit dar. Die benötigten Apparate und Armaturen können praktisch restlos vorgefertigt bezogen werden, so daß man aufwendige Spezialanfertigungen vermeidet und sowohl eine schnelle Austauschbarkeit der Aggregate wie auch eine Erweiterung nach dem Baukastenprinzip gewährleistet ist.

Darüber hinaus wird die Ökonomie der gesamten Fabrik durch dieses moderne Prinzip der Entfärbung günstig beeinflußt. Es gewährleistet, wie die bereits bestehenden Anlagen bewiesen haben, eine ausgezeichnete Entfärbung bei minimalem Flock-Test des Zuckers. Man hat also die Gewähr, ständig hochwertige Ware zu erzeugen, die zum maximalen Preis abgesetzt werden kann. Dies ist zusammen mit den, anderen Technologien gegenüber, verringerten Zuckerverlusten und dem verminderten Brennstoffbedarf ein sehr erheblicher wirtschaftlicher Vorteil.

Es ist also zu erwarten, daß der eingeschlagene Weg fortgesetzt wird und daß in Zukunft die Weißzucker herstellenden Fabriken und Raffinerien diese unkomplizierte, billige und effektive Entfärbung anwenden werden.

Für die noch rationellere Gestaltung der Entfärbung mit Kunstharz-Ionenaustauscher existieren zur Zeit zwei wichtige Entwicklungsrichtungen: Die guten Anfangserfolge beim Einsatz makroporöser Harztypen lassen für die Zukunft eine sehr vorteilhafte Entwicklung absehen. Diese Austauscherharze, die sich durch eine erhöhte chemische, thermische und osmotische Resistenz auszeichnen, werden sich sehr wahrscheinlich in der Zuckerindustrie einführen. Ihre relative Unempfindlichkeit gegen schädigende Einflüsse und die leichte Desorbierbarkeit der Farbstoffe verspricht zumindest eine höhere Lebensdauer. Es dürfte eine lohnende Aufgabe sein, die optimalen Harztypen und adäquate Anwendungstechnologien zu entwickeln.

Von der verfahrenstechnischen Seite her dürfte die bisher noch nicht erprobte Einführung kontinuierlicher Ionenaustauscher-Anlagen geeignet sein, die Entfärbungstechnologie weiter zu rationalisieren. Die recht eindrucksvollen Erfolge derartiger Verfahren in der Wasserchemie, die sich vor allem in der Verkleinerung der Anlagen und erheblichen Einsparungen an Regenerierchemikalien geäußert haben, dürften sich relativ leicht auf die Zuckerindustrie übertragen lassen. Hier muß also auch lediglich eine schon laufende Entwicklung sinnvoll ausgenutzt werden.

Wir haben es bewußt vermieden, Aussagen über eine endgültige optimale Entfärbungsanlage machen zu wollen. Der Zweck dieses Buches war es vielmehr, allen Interessenten die von uns gemachten Erfahrungen und das gesammelte Material zugänglich zu machen, um ihnen die sachkundige Auswahl des in ihrem speziellen Fall besten Verfahrens zu erleichtern.

Das gleiche gilt auch für Arbeitsgebiete außerhalb der Zuckerindustrie, die sich ebenfalls mit der Qualitätsverbesserung von Nahrungs- und Genußmitteln durch Entfärbungsoperationen beschäftigen. Derartige Probleme, die bei der Aufbereitung von Stärkehydrolysaten, Pektinen und vielen anderen ähnlichen

Produkten ergeben, können sicher auch durch sinnvolle Abwandlungen der hier beschriebenen Verfahren gelöst werden.

Andererseits wollten wir darlegen, daß Spezialharze zur Entfärbung technischer Zuckerlösungen ein für den Synthetiker dankbares und entwicklungsfähiges Feld darstellen und daß die Schaffung neuer leistungsfähigerer Typen ebenso wie die Vervollkommnung der eingeführten Harze ein echtes volkswirtschaftliches Bedürfnis befriedigt.

ANHANG 1

Symbole und Maßeinheiten

A_s	Absorbancy	(1)
B	Farbstoffmenge	(gF)
ΔB	die vom Harz aufgenommene Farbstoffmenge	(gF)
B'	auf die Harzmenge bezogene Farbstoffmenge	(gF/l)
$\Delta B'_{0c}$	von Versuchsbeginn an zugeführte Farbstoffmenge	(gF/l)
B'_c	gesamte auf die Harzschicht bezogene Farbstoffmenge	(gF/l)
C	Sorptionskapazität	
C_{GG}	gesamte, auf die Trockensubstanz bezogene Kapazität	(mval/g)
C_{GV}	gesamte, auf Schichtvolumen bezogene Kapazität	(mval/cm^3)
C_{RG}	relative, auf die Trockensubstanz bezogene Kapazität	(mval/g)
C_{RV}	relative, auf Schichtvolumen bezogene Kapazität	(mval/cm^3)
C_{FG}	Gewichtskapazität gegenüber Farbstoffen	(mg$F$/g)
C_{FV}	Volumenkapazität gegenüber Farbstoffen	(mg$F$/cm^3)
D	relative Entfärbung	(%)
D_S	unter Standardbedingungen bestimmte relative Entfärbung	
D_G	bei konstanter Menge an Trockensubstanz festgestellte relative Entfärbung	
D_V	bei konstantem Schichtvolumen des gequollenen Harzes bestimmte relative Entfärbung	
D_L	auf die Einheitshöhe der Harzschicht bezogene relative Entfärbung	
D_λ	bei der Wellenlänge λ bestimmte relative Entfärbung	
D	Durchmesser (Rohrweite)	(m)
E	Extinktion	(1)
E_0	Extinktion der unbehandelten Lösung	
E'_A, E'_C	Gesamtextinktion bei Beleuchtung mittels Normallicht A oder C	
E_a	Aktivierungsenergie	(cal)
F	Querschnitt (Fläche)	(m^2)
G	Gewichtsmenge	(g)
G_T	Gewichtsmenge der Trockensubstanz	
I	Strahlungsenergie	(nt)
K	Wärmedurchgangszahl	(kcal/$m^2 \cdot h \cdot deg$)

L	Höhe der Austauscherschicht	(m)
L'	äquivalente Länge (von Rohrleitungen)	(m)
M	Menge des Harzes (Schüttvolumen)	(m^3)
P	Druck	(at)
P	Polarisation (Zuckergehalt)	(Gew. %)
ΔP_H	Druckverlust in der Austauscherschicht	(at)
$\Delta P/L$	spezifischer Druckverlust in der Austauscherschicht	(at/m)
Q	Reinheitsquotient (einer Zuckerlösung)	(Gew.-%)
$Q(B)$	Farbstoffquotient (einer Zuckerlösung)	(°St/100°Bx)
Q_H	Spezifischer Bedarf des Austauschers	($m^3 \cdot h/m^3$)
R	Universelle Gaskonstante	(cal/mol · deg)
S	Trockensubstanzgehalt einer Zuckerlösung	(Gew.-%), (°Bx)
T	absolute Temperatur	(°K)
T	Transmissionsgrad	(1)
T_r	Trockensubstanzgehalt	(Gew.-%)
U	Umdrehungszahl	(s^{-1})
V	Volumen	(cm^3; m^3)
V_H	Volumen der gequollenen Harzschicht	
V_{H0}	ursprüngliches Volumen der gequollenen Harzschicht	
V_{HF}	Volumen der Festphase eines Austauscherharzes	
V_{HS}	Volumen eines gequollenen Harzes, das einem bestimmten Siebrückstand entspricht	
V_0	ursprüngliches Volumen	
V_1	Volumen nach einer Behandlung	
ΔV_H	Expansion der Harzschicht	
V_L	Volumen einer Lösung	
V'	auf das Einheitsvolumen der Harzschicht bezogenes Flüssigkeitsvolumen	(m^3/m^3)
$\dot{V}$	Durchflußvolumen einer Flüssigkeit	(m^3/h)
W	spezifische Leistung einer Entfärbungsanlage	($m^3/m^3 \cdot h$)
W^0	Gewichtsquellung — Gewicht der Quellflüssigkeit im zentrifugierten Harz bezogen auf Trockensubstanz	(g/g)
W_R	Verdünnung eines Polykondensationsgemisches, molares Verhältnis des Wassers zur Hauptkomponente	(mol/mol)
Z	Ausflußzeit bei einer Viskositätsbestimmung	(s)
a	spezifische Belastung des Austauscherharzes	($m^3/m^3 \cdot h$)
a_{560}	Farbindex bei 560 nm	(1)
a_c	Schwächungskoeffizient	(1)
c	Konzentration einer Lösung	
c_0	Konzentration der ursprünglichen Lösung	
c_1	Konzentration der behandelten Lösung	

c_F	Farbstoffkonzentration	(°St)
c_{F0}	ursprüngliche Farbstoffkonzentration	(°St)
c_{F1}	Farbstoffkonzentration in behandelter Lösung	(°St)
c_{FR}	Gleichgewichts-Farbstoffkonzentration	(°St)
$c_{F\tau}$	Farbstoffkonzentration in behandelter Lösung nach der Zeit τ	(°St)
c_m	Molarität	(mol/l)
c_n	Normalität	(val/l)
c_p	spezifische Wärme (bei konstantem Druck)	(kcal/kg · deg)
d	Maschenweite (Korngröße)	(mm)
$d_{x\%}$	einen bestimmten Siebrückstand, x %, entsprechende Maschenweite (Korngröße)	
f	Zahl der Filter	
g_E	Erdbeschleunigung	(m/s²)
g	Beschleunigung beim Zentrifugieren	
h	Höhe (einer Flüssigkeitssäule)	(m)
h_F	Verlusthöhe	
h_s	tatsächliche Arbeitshöhe einer Pumpe	
k	Koeffizient der Freundlichschen Adsorptionsgleichung	
k_v	Geschwindigkeit der Farbstoffadsorption	(s^{-1})
$m_{E,560}$	Extinktionsmodul bei 560 nm	(cm^{-1})
n^{-1}	Exponent der Freundlichschen Adsorptionsgleichung	
pH_a	pH-Wert der Aktivierungslösung	
q	Wärmemenge	(kcal)
q	Quellung	
q_{GG}	Gewichtsquellung (Gewicht des zentrifugierten Harzes, bezogen auf Trockensubstanz)	(g/g)
q_{VG}	Volumenquellung — Schichtvolumen des gequollenen Harzes, bezogen auf Trockensubstanz	(cm^3/g)
q_{VV}	Volumenquellung (Verhältnis der Schichtvolumina einer Harzprobe im gequollenen und trockenen Zustand)	(cm^3/cm^3)
r	Radius	(m)
t	Temperatur	(deg, °C)
Δt	mittleres Temperaturgefälle	
t_m	durchschnittliches Temperaturgefälle	
u	Strömungsgeschwindigkeit einer Flüssigkeit im freien Raum einer Harzschicht (im Kornzwischenraumvolumen)	(m/s)
$\bar{v}$	Schüttvolumen einer trockenen Harzschicht	(cm^3/g)
$\bar{v}_q$	Schüttvolumen einer gequollenen Harzschicht	(cm^3/g)
w	Querschnittsbelastung, Filtrationsgeschwindigkeit	(m^3/m^2 · h)

ε	Kornzwischenraumvolumen	(m^3/m^3)
ε_λ	Extinktionskoeffizient	(1)
ζ	Reibungswiderstandskoeffizient	(1)
η	Viskosität	(cP)
η_A	Wirkungsgrad	(%)
λ	Wellenlänge	(nm)
$\lambda_{max.}$	Wellenlänge der maximalen Lichtabsorption eines optischen Filters	
λ	Reibungskoeffizient	(1)
ξ	Verlustfaktor	(1)
ϱ	spezifisches Gewicht	(g/cm^3)
ϱ_q	spezifisches Gewicht eines gequollenen Harzes	
$\bar{\varrho}$	Schüttgewicht	(g/cm^3)
$\bar{\varrho}_q$	Schüttgewicht eines gequollenen Harzes	
τ	Zeit	(s)
τ_g	Gelierungszeit	(s)
φ	Sphärizität	(1)
φ	Funktion	

ANHANG 2

Zur besseren Übersicht soll hier versucht werden, eine Übersicht über die wichtigsten der in diesem Buch erwähnten Harztypen zu geben.

Dies soll im Interesse eines schnellen Überblickes zunächst in Form einer Tabelle geschehen, in der die Grundeigenschaften der einzelnen Harze zusammengefaßt sind. Die darauf folgenden Einzelbeschreibungen enthalten im wesentlichen Prospektwerte und sonstige Angaben des Herstellers und vermitteln genauere Informationen über Kennwerte, Einsatzmöglichkeiten und Arbeitsbedingungen.

Tabelle A 1: Harztypen

	WOFATIT EZ	WOFATIT ES	ASMIT 173
Typ	Polykondensat	Polymerisat homogen	Polykondensat
Charakter	schwach basisch	stark basisch	schwach basisch
Wassergehalt	75–85%	65–75%	–
Gesamtvolumen-kapazität	–	min.: 0,5 mval/ml	–
Körnung	0,3–1,5 mm	0,5–2,0 mm	0,3–1,2 mm
Schüttgewicht	500–600 g/l	700–800 g/l	–
Arbeitstemperatur	max. 90 °C	max. 90 °C	max. 100 °C
pH-Bereich	pH 1–9	pH 2–10	pH 1–7

	ASMIT 261	AMBERLITE IRA 401	AMBERLITE IRA 401 S
Typ	Polymerisat homogen	Polymerisat homogen	Polymerisat homogen
Charakter	stark basisch	stark basisch	stark basisch
Wassergehalt	–	54–59%	59–65%
Gesamtvolumen-kapazität	–	1,0 mval/ml	0,8 mval/ml
Körnung	0,4–0,8 mm od. 0,8–1,2 mm	0,4–0,5 mm*)	0,4–0,5 mm*)
Schüttgewicht	–	690 g/l	690 g/l
Arbeitstemperatur	max. 100 °C (b. pH < 8: 50 °C)	OH^-: max. 60 °C Salzform: max. 80 °C	OH^-: max. 60 °C Salzform: max. 80 °C
pH-Bereich	pH 3–9	–	–

* effektive Korngröße

Tabelle A 1: Harztypen

	Asmit 173 N	Asmit 173 NP	Asmit 224
Typ	Polykondensat	Polykondensat	Polyalkylen-polyamin-Poly-kondensat
Charakter	schwach basisch	schwach basisch	mittelstark basisch
Wassergehalt	—	—	—
Gesamtvolumen-kapazität	—	—	—
Körnung	0,3—1,2 mm	0,3—1,2 mm	0,3—1,8 mm
Schüttgewicht	—	—	—
Arbeitstemperatur	max. 100 °C	max. 100 °C	max. 100 °C (b. pH $<$ 5 : 30 °C)
pH-Bereich	pH 1—7	pH 1—7	pH 1—10

	Duolite S 30	Duolite A 2	Duolite A 6
Typ	Polykondensat makroporös	Polykondensat makroporös	Polykondensat makroporös
Charakter	sehr schwach sauer	schwach basisch	schwach basisch
Wassergehalt	—	—	—
Gesamtvolumen-kapazität	—	2,2 mval/m*l*	2,2 mval/m*l*
Körnung	0,3—2,0 mm	0,3—2,0 mm	0,3—2,0 mm
Schüttgewicht	—	—	650—700 g/*l*
Arbeitstemperatur	max. 80 °C	max. 40 °C	max. 60 °C
pH-Bereich	pH 2—5	—	—

Tabelle A1: Harztypen

	DUOLITE A7	DUOLITE ES 33 D	DUOLITE A41
Typ	Polykondensat makroporös	Polykondensat makroporös	Polyalkylen-Polyamin-Harz
Charakter	schwach basisch	schwach basisch	mittelstark basisch
Wassergehalt	–	67%	–
Gesamtvolumen-kapazität	2,5–3,1 mval/m*l*	0,6 mval/m*l*	2,2 mval/m*l*
Körnung	0,3–2,0 mm	0,3–1,25 mm	–
Schüttgewicht	430–650 g/*l*	609 g/*l*	–
Arbeitstemperatur	max. 40 °C	OH^-: max. 40 °C Salzform: max. 70 °C	–
pH-Bereich	–	–	–

WOFATIT EZ:

Adsorptionsharz mit homogener Gelstruktur; Formaldehyd-Polykondensat aus aromat. Aminen

Farbe:
Schwarz

Korngröße:
0,3–1,5 mm; < 0,5 mm höchstens 18%; < 0,315 mm höchstens 4%

Wassergehalt:
75–85%

Schüttgewicht (gequollen):
500–600 g/*l*

Druckverlust:
Bei 10 m/h (Wasser, 12 °C) höchstens 1,5 m WS.

Arbeitstemperatur:
höchstens 90 °C

pH-Arbeitsbereich: 1–9; pH-Beständigkeit: unbeschränkt

Anwendung:
Entfärbung von Rohr- und Rübenzuckersäften und -klären aller Art, Glycerin-, Sorbit- und Dextroselösungen, Stärke- und Eiweißhydrolysaten, Gelatine und

Tabelle A 1: Harztypen

	DUOLITE A 101	DUOLITE A 102	DUOLITE ES 111
Typ	Polymerisat makroporös	Polymerisat makroporös	Polymerisat
Charakter	stark basisch	stark basisch Typ II	stark basisch
Wassergehalt	55%	50–55%	65%
Gesamtvolumen-kapazität	0,9 mval/m*l*	1,05 mval/m*l*	1,0 mval/m*l*
Körnung	0,3–1,2 mm	0,3–1,2 mm	0,3–1,2 mm
Schüttgewicht	640 g/*l*	673 g/*l*	721 g/*l*
Arbeitstemperatur	OH^-: max. 50 °C Cl^-: max. 120 °C	OH^-: max. 40 °C	OH^-: max. 38 °C Salzform: max. 100 °C
pH-Bereich	—	—	—

anderen gefärbten Lösungen, besonders für Restentfärbung von klar filtrierten farbstoffarmen Klären

Arbeitsbedingungen:

Ansüßmenge: 2–4 Volumina; Ansüßzeit: 60–120 min; Fließgeschwindigkeit bei der Entfärbung 0,5–3,0 m/h; Absüßmenge: 2–4 Volumina; Absüßzeit: 60–120 min; Rückspülwassermenge: mindest. 2 Volumina; Rückspülgeschwindigkeit: 2–5 m/h

Regenerierung:

8–20 g NaOH/*l* Harz; 0,3–1,0% NaOH; 60–120 min; Zwischenwaschen: 1–3 Volumina Wasser; 4–10 g HCl/*l* Harz; 0,3–1,0% HCl; 60 min; Waschwassermenge: 2–6 Volumina Wasser

Entfärbungsleistung (Spezialprüfung):

mindestens 20 Volumina

Hersteller:

VEB Farbenfabrik Wolfen, Krs. Bitterfeld, DDR
seit 1969 VEB Chemiekombinat Bitterfeld

WOFATIT ES:

Stark basischer Anionenaustauscher mit homogener Gelstruktur, Styrol-Divinylbenzol-Harz mit quaternären Trimethylammoniumgruppen

Beladungsform:
Cl^-

Farbe:
Gelb

Form:
Kugeln

Korngröße:
0,5–2,0 mm; Grundbereichsgrenze d_{95}: 0,6–0,8 mm; d_5: 1,2–2,0 mm; < 0,5 mm: höchstens 2%

Wassergehalt:
65–75%

Schüttgewicht (gequollen):
700–800 g/l

Atmungsdifferenz:
$Cl^- \rightarrow OH^-$: höchstens 35%, 0→10% NaCl: höchstens 35%

Druckverlust:
Bei 25 m/h (12 °C) höchstens 3 m WS

Gesamtgewichtskapazität:
Mindestens 3,5 mval/g

Gesamtvolumenkapazität:
Mindestens 0,5 mval/ml

Arbeitstemperatur:
Höchstens 90 °C (in Salzform)

pH-Arbeitsbereich: 2–10; pH-Beständigkeit: unbeschränkt

Anwendung:
Entfärbung von Rohr- und Rübenzuckerlösungen, Dicksaft, Kandis-Raffinade und Nachproduktklären, Sorbit-, Dextrose- und Milchzuckerlösungen, Stärke- und Eiweißhydrolysaten; besonders zur Entfärbung von blank klar filtrierten, salzarmen Klären mit einem pH-Wert um 8

Arbeitsbedingungen:
Ansüßmenge: 2–4 Volumina; Ansüßzeit: 60–90 min; Fließgeschwindigkeit bei der Entfärbung 2–5 m/h; Schichthöhe: 0,6–1,5 m; Absüßmenge 2–4 Volumina; Absüßzeit: 60–90 min; Rückspülgeschwindigkeit: 6–10 m/h; Rückspülwassermenge: mindestens 2 Volumina; Bettstreckung: 100%; Regenerierung: 200–400 g NaCl/l Harz (davon können bis zu 50% zum Vorregenerieren wiederverwendet werden)

Hersteller:
VEB Farbenfabrik Wolfen
seit 1969 VEB Chemiekombinat Bitterfeld

ASMIT 173:

Schwach basischer Anionenaustauscher mit latenter Porosität. Polykondensat eines aromatischen Amins mit Formaldehyd (aromatisch gebundene primäre und sekundäre Aminogruppen)

Beladungsform:
Cl^-

Farbe:
Dunkelbraun

Form:
Granulat

Korngröße:
0,3—1,2 mm

Arbeitstemperatur:
Höchstens 100 °C

pH-Arbeitsbereich:
Aktiv im pH-Bereich 1—7, optimale Leistung: pH 3—5

Anwendung
Entfärbung von Glukosesäften, Glutaminsäurelösungen und Weinen, Entfärbung in Anwesenheit hoher Salzkonzentrationen

Arbeitsbedingungen:
Regenerierung: 3% NaOH; 1 Volumen; höchstens 100 °C; Auswaschen mit Wasser, Pufferung mit Säure auf den erwünschten pH-Wert

Hersteller:
Imacti, Industrielle Matschapij Activit N. V., Nieuwendammerkade, 1—7, Amsterdam-N, Holland

ASMIT 173 N:

Schwach basischer Anionenaustauscher mit latenter Porosität, Polykondensat eines aromatischen Amins mit Formaldehyd (aromatisch gebundene primäre und sekundäre Aminogruppen)

Beladungsform:
OH^-

Farbe:
Dunkelbraun

Form:
Granulat

Korngröße: 0,3—1,2 mm

Arbeitstemperatur:
maximal 100 °C

pH-Arbeitsbereich:
Aktiv: pH 1—7, optimale Leistung: pH 3—5

Anwendung:
wie Asmit 173

Arbeitsbedingungen:
wie Asmit 173

Hersteller:
Imacti

ASMIT 173 NP:

Schwach basischer Anionenaustauscher mit hoher latenter Porosität; Polykondensat eines aromatischen Amins mit Formaldehyd (aromatisch gebundene primäre und sekundäre Aminogruppen)

Beladungsform:
OH^-

Farbe:
Dunkelbraun

Form:
Granulat

Korngröße: 0,3—1,2 mm

Arbeitstemperatur:
maximal 100 °C

pH-Arbeitsbereich:
Aktiv: pH 1—7, optimale Leistung: pH 3—5

Anwendung:
wie Asmit 173

Arbeitsbedingungen:
wie Asmit 173

Hersteller:
Imacti

ASMIT 224:

Mittelstark basischer Anionenaustauscher mit latenter Porosität, Polykondensat aus Polyalkylenpolyamin und Epichlorhydrin; aktive Gruppen: aliphatisch gebundene Aminogruppen

Beladungsform:
OH^-

Farbe:
Hellbraun

Form:
Granulat oder Kugeln

Korngröße:
0,3—1,8 mm

Arbeitstemperatur:
Bei pH > 7 höchstens 100 °C, bei pH < 5 höchstens 30 °C

pH-Arbeitsbereich:
Aktiv im pH-Bereich 1—10, optimale Leistung bei pH 6—9

Anwendung:
Entfärbung von Zuckersäften und Klären mit hohem Salz- und Farbstoffgehalt

Arbeitsbedingungen:
Regenerierung: 3% NaOH; 1 Volumen; höchstens 80 °C; Auswaschen mit Wasser; Pufferung mit einem Volumen 1—2% NH_4Cl auf den erwünschten pH-Wert

Hersteller:
Imacti

ASMIT 261:

Stark basischer Anionenaustauscher, Styrol-Divinylbenzol-Copolymerisat mit quaternären Ammoniumgruppen

Beladungsform:
Cl^-

Form:
Kugeln

Korngröße:
Wahlweise 0,4—0,8 mm oder 0,8—1,2 mm

Gesamtgewichtskapazität:
4 mval/g

Arbeitstemperatur:
Bei pH > 8 höchstens 100 °C, bei pH < 8 höchstens 50 °C

pH-Arbeitsbereich:
Aktiv im pH-Bereich 3—9

Anwendung:
Entfärbung von Zuckerklären

Arbeitsbedingungen:
Spezifische Belastung bei der Entfärbung (60—70 °Bx) 2—12 $m^3/m^3 \cdot h$; Höhe der Austauscherschicht: minimal 0,5 m, optimal 0,7—1,2 m; Regenerierung: 5—10% NaCl; 1—2 Volumina; Kontaktzeit 10—30 min; 80 °C; Auswaschen mit warmem Wasser während 10—20 min; 2,5 Volumina; Reaktivierung periodisch mit kalter NaClO-Lösung (1—2% in 10%igem NaCl) 1—2 Volumina; Kontaktzeit 2 h; vor und nach dieser Behandlung gewöhnliche Regenerierung

Entfärbungsleistung:
1 l Harz entfärbt insgesamt 15 t Zucker; Lebensdauer 200—300 Zyklen

Hersteller:
Imacti

AMBERLITE IRA 401:

Stark basischer Anionenaustauscher mit latenter Porosität, Styrol-Divinylbenzol-Copolymerisat mit $-CH_2N(CH_3)_3Cl$-Gruppen

Beladungsform:
Cl^-

Form:
Kugeln

Effektive Korngröße:
0,4—0,5 mm

Wassergehalt:
54—59%

Schüttgewicht (gequollen):
690 g/l

Druckverlust:
Bei 60 °Bx höchstens 1,4—1,75 at/m

Gesamtgewichtskapazität:
3,5 mval/g

Gesamtvolumenkapazität:
1,0 mval/ml

Arbeitstemperatur:
In OH^--Form höchstens 60 °C; in Salzform höchstens 77—82 °C

Arbeitsbedingungen:
Spezifische Belastung bei der Entfärbung (60 °Bx) 4,3—5,3 $m^3/m^3 \cdot h$; Höhe der Austauscherschicht: mindestens 0,61 m, höchstens 1,52—1,83 m; Regenerierung: 10% NaCl; 160 g NaCl/l Harz; 77—80 °C; spezifische Belastung 1,2 $m^3/m^3 \cdot h$; Auswaschen mit Wasser, 10 l H_2O/l Harz, anfangs 4 dann 12 $m^3/m^3 \cdot h$; Pufferung mit NH_3 (0,5%ig) 1,34 ml 28,2% NH_3/l Harz; nach jedem 20.—30. Zyklus nach gewöhnlicher Regenerierung mit NaCl: 0,5% NaClO (2 Volumina) bei Zimmertemperatur bis höchstens 32 °C, Kontaktzeit mindestens 60 min, Auswaschen mit Wasser, dann NaCl-Regenerierung mit 80 g NaCl/l Harz

Entfärbungsleistung:
32—64 kg raffinierter Zucker (Trockensubstanz)/l Harz im Zyklus, Lebensdauer 250—400 Zyklen

Hersteller:
Rohm & Haas Co., Philadelphia 5, USA

AMBERLITE IRA 401 S:

Stark basischer Anionenaustauscher mit latenter Porosität, Styrol-Divinylbenzol-Copolymerisat mit $-CH_2-N(CH_3)_3Cl$-Gruppen

Beladungsform:
Cl^-

Form:
Kugeln

Effektive Korngröße:
0,4—0,5 mm

Wassergehalt:
59—65%

Schüttgewicht (gequollen):
690 g/*l*

Druckverlust:
durchschnittlich 0,5 at/m

Gesamtgewichtskapazität:
3,4 mval/g

Gesamtvolumenkapazität:
0,8 mval/m*l*

Arbeitstemperatur:
In OH^--Form höchstens 60 °C; in Cl^--Form 77 °C; Optimum: 70—80 °C

Anwendung:
Entfärbung von Zuckerlösungen, besonders von Dünnsaft

Arbeitsbedingungen:
Spezifische Belastung bei der Entfärbung: Dünnsaft 38 $m^3/m^3 \cdot h$, konzentrierte Lösungen 3—4 $m^3/m^3 \cdot h$, verdünnte Lösungen 15—20 $m^3/m^3 \cdot h$; Höhe der Austauscherschicht mindestens 0,5 m; Regenerierung bei der Entfärbung von Dünnsaft: 10% NaCl; 292,6 g NaCl/*l* Harz; Kontaktzeit: 45—60 min; 75—80 °C; Spezifische Belastung: 2,5 $m^3/m^3 \cdot h$

Entfärbungsleistung:
Bei der Entfärbung von Dünnsaft (17 °St/100 °Bx): 65—70%ige Entfärbung, Entfärbte Menge 161,5 m^3/m^3 Harz; bei verdünnten Zuckerlösungen werden durchschnittlich 100—120 Volumina, bei konzentrierter Zuckerlösung 20—24 Volumina pro Zyklus entfärbt

Hersteller:
Rohm & Haas Co., Philadelphia, 5 USA

DUOLITE S 30:

Schwach saurer Kationenaustauscher (Adsorptionsharz) mit echter Porosität (200 bis 300 m^2/g); modifiziertes Phenolformaldehyd-Polykondensat mit hydrophilen Gruppen (phenolischen OH- und $-CH_2OH$-Gruppen)

Form:
Granulat

Korngröße:
0,3—2,0 mm

Schüttgewicht:
340 g/l (im Trockenzustand)

Arbeitstemperatur:
Bei Abwesenheit von Oxydationsmitteln und pH < 7 höchstens 80 °C; in schwach basischem Medium höchstens 40—45 °C

pH-Arbeitsbereich:
Optimaler pH-Wert 2—5, in einigen Fällen auch neutr. und schwach basisch. Medium

Anwendung:
Entfärbung von Rübensaft, Adsorption von org. Stoffen (Mol.-Gew. 100—5000)

Arbeitsbedingungen:
Spezifische Belastung bei niedrig viskosen Lösungen 5—25 $m^3/m^3 \cdot h$ (z. B. $<$ 20 °Bx: 16 $m^3/m^3 \cdot h$); Höhe der Austauscherschicht mindestens 0,76 m; Regenerierung: 1—5% NaOH, 16—32 g NaOH/l Harz, Kontaktzeit: 20—40 min, Spezifische Belastung: 12 $m^3/m^3 \cdot h$, dann 1—2% H_2SO_4; 8 g H_2SO_4/l Harz, spezifische Belastung: 16 $m^3/m^3 \cdot h$

Hersteller:
Diamond Alkali Company, Spring Street, Redwood City, California USA

DUOLITE A 2:

Schwach basischer Anionenaustauscher mit echter Porosität, Phenolharz

Beladungsform:
SO_4^{--}

Form:
Granulat

Korngröße:
0,3—2,0 mm

Atmungsdifferenz:
$OH^- \rightarrow Cl^-$: +14%

Gesamtgewichtskapazität:
8,4 mval/g

Gesamtvolumenkapazität:
2,2 mval/ml

Arbeitstemperatur:
höchstens 40 °C

Anwendung:
Entsäuerung und Entfärbung von Rübensaft
Hersteller:
Diamond Alkali Comp., California, USA

DUOLITE A 6:

Schwach basischer Anionenaustauscher mit echter Porosität, Phenolharz mit $-N(R)_2$-Gruppen

Beladungsform:
Cl^-
Form:
Granulat
Korngröße:
0,3—0,2 mm
Schüttgewicht (gequollen):
650—700 g/*l*
Atmungsdifferenz:
$OH^- \rightarrow Cl^- + 12\%$
Gesamtgewichtskapazität:
7 mval/g
Gesamtvolumenkapazität:
2,2 mval/*l*
Arbeitstemperatur:
höchstens 60 °C
Anwendung:
Entsäuerung und Entfärbung von Stärkehydrolysaten
Arbeitsbedingungen:
Spezifische Belastung bei < 20 °Bx: 16 $m^3/m^3 \cdot h$; Regenerierung: 4—10% NaOH, 48—56 g NaOH/*l* Harz, spezifische Belastung 8 $m^3/m^3 \cdot h$; oder 3—6% NH_3, 24—32 g NH_3/*l* Harz, spezifische Belastung: 8 $m^3/m^3 \cdot h$
Hersteller:
Diamond Alkali Comp. California, USA

DUOLITE A 7:

Schwach basischer Anionenaustauscher mit echter Porosität, Phenolharz mit —NHR-Gruppen

Beladungsform:
SO_4^{--}
Form:
Granulat

Korngröße:
0,3–2,0 mm

Schüttgewicht (gequollen):
430–650 g/l

Atmungsdifferenz:
$OH^- \rightarrow Cl^-$: +18%

Gesamtgewichtskapazität:
9,1 mval/g

Gesamtvolumenkapazität:
2,5–3,1 mval/ml

Arbeitstemperatur:
Bei Abwesenheit von Oxydationsmitteln höchstens 40 °C

Anwendung:
Entsäuerung und Entfärbung von Melasse

Arbeitsbedingungen:
Spezifische Belastung bei 20 °Bx: 20 $m^3/m^3 \cdot h$; Regenerierung: 4–10% NaOH, 48–56 g NaOH/l Harz, Spezifische Belastung: 12 $m^3/m^3 \cdot h$ oder 3–6% NH_3, 24–32 g NH_3/l Harz, Spezifische Belastung: 12 $m^3/m^3 \cdot h$; oder 4–10% Na_2CO_3, 80–96 g Na_2CO_3/l Harz, spez. Belastung: 12 $m^3/m^3 \cdot h$

Hersteller:
Diamond Alkali Comp., California, USA

DUOLITE ES 33 D:

Schwach basischer Anionenaustauscher mit echter Porosität, Phenolharz

Farbe:
Braun

Form:
Granulat

Korngröße:
> 1,19 mm: 12,7%; < 0,3 mm: 0,3%; 0,3–0,42 mm: 6,7%; 0,42–0,59 mm: 19,3%; 0,59–0,84 mm: 30,7%; 0,84–1,19 mm: 30,3%

Wassergehalt:
67%

Schüttdichte (gequollen):
OH^--Form: 609 g/l

Gesamtvolumenkapazität:
0,6 mval/ml

Arbeitstemperatur:
In Salzform höchstens 70 °C, in OH^--Form höchstens 40 °C

Arbeitsbedingungen:
Spezifische Belastung 1,6—20 $m^3/m^3 \cdot h$; Höhe der Austauscherschicht mindestens 0,9 m; Regenerierung: 2—8% NaOH, 16—48 g NaOH/*l* Harz, evtl. unter Zugabe von 10% NaCl
Hersteller:
Diamond Alkali Comp., California, USA

DUOLITE A 41:

Mittelstark basischer Anionenaustauscher, Epichlorhydrin-Polyamin-Harz

Gesamtgewichtskapazität:
8,0 mval/g; Neutralsalzspaltung 2,5 mval/g (bezogen auf Cl^--Form)
Gesamtvolumenkapazität:
2,2 mval/m*l*; Neutralsalzspaltung 0,8 mval/m*l* (bezogen auf OH^--Form)
Anwendung:
Entsäuerung und Entfärbung von Rohrzuckerklären
Hersteller:
Diamond Alkali Comp., California, USA

DUOLITE A 101:

Stark basischer Anionenaustauscher (I. Typ) mit echter Porosität; Styrol-Divinylbenzol-Harz mit $-N(R)_3Cl$-Gruppen

Beladungsform:
Cl^-
Form:
Kugeln
Korngröße:
0,3—1,2 mm
Wassergehalt:
54,5% (Cl^--Form); 58,2% (SO_4^{--}-Form)
Schüttgewicht (gequollen):
640 g/*l*
Atmungsdifferenz:
$OH^- \rightarrow Cl^-$: —9%
Gesamtgewichtskapazität:
4,0 mval/g (Neutralsalzspaltung)
Gesamtvolumenkapazität:
0,9 mval/m*l* (gegen HCl) und 1,2 mval/m*l* (gegen H_2SO_4); Neutralsalzspaltung: 0,8—1,3 mval/m*l*
Arbeitstemperatur:
In OH^--Form höchstens 50 °C, in Cl^--Form 100—120 °C, optim. 80—88 °C

Anwendung:
Entfärbung von geklärten rohen Rohrsäften

Arbeitsbedingungen:
Spezifische Belastung: (bei 40 °Bx) 8 $m^3/m^3 \cdot h$; Regenerierung: 10% NaCl, 160 g NaCl/l Harz, spezifische Belastung 4 $m^3/m^3 \cdot h$, Auswaschen mit Wasser, Pufferung mit verdünntem NH_3, 32 g NH_3/l Harz; Reaktivierung: 0,2—0,5% NaClO, 2—5 Volumina, 15—25 °C

Entfärbungsleistung:
Durchbruch nach Behandlung von 10—50 Volumina; Lebensdauer 300—500 Zyklen

Hersteller:
Diamond Alkali Comp., California, USA

DUOLITE A 102:

Stark basischer Anionenaustauscher (II. Typ) mit echter Porosität, Styrol-Divinylbenzol-Harz

Beladungsform:
Cl^-

Korn:
Kugeln

Korngröße:
0,3—1,2 mm

Wassergehalt: 50—55%

Schüttgewicht (gequollen):
673 g/l

Gesamtgewichtskapazität:
4,0 mval/g (Neutralsalzspaltung)

Gesamtvolumenkapazität:
1,05 mval/ml (gegen HCl), 1,35 mval/ml (gegen H_2SO_4); Neutralsalzspaltung: 0,9—1,3 mval/ml

Arbeitstemperatur:
in OH^--Form höchstens 40 °C

Anwendung:
Entfärbung von geklärten rohen Rohrsäften

Arbeitsbedingungen:
Spezifische Belastung bei der Entfärbung und Regenerierung wie bei DUOLITE A 101

Hersteller:
Diamond Alkali Comp., California, USA

DUOLITE ES 111:

Stark basischer Anionenaustauscher, Styrol-Divinylbenzol-Harz

Farbe:
weiß

Form:
Kugeln

Korngröße:
< 0,3 mm: 0,2%; 0,3—0,42 mm: 4,4%; 0,42—0,59 mm: 23,3%; 0,59—0,84 mm: 49,6%; 0,84—1,19 mm: 18,6%; > 1,19 mm: 3,9%:

Wassergehalt:
65%

Schüttgewicht (gequollen):
In Cl^--Form 721 g/*l*

Gesamtvolumenkapazität:
1,0 mval/m*l*

Arbeitstemperatur:
In OH^--Form höchstens 38 °C, in Salzform höchstens 100 °C

Anwendung:
Entfärbung von verdünnten und konzentrierten Zuckerlösungen

Arbeitsbedingungen:
Spezifische Belastung: 4—40 $m^3/m^3 \cdot h$; Höhe der Austauscherschicht: mindestens 0,76 m; Regenerierung: NaCl (evtl. mit Zugabe von Alkalilauge), 80 bis 240 g NaCl/*l* Harz, spezifische Belastung: 7,3 $m^3/m^3 \cdot h$

Hersteller:
Diamond Alkali Comp., California, USA

AUTORENVERZEICHNIS

(Seitenziffern in Fettdruck beziehen sich auf Literaturübersichten)

SACHVERZEICHNIS

E. = Entfärbung(s-); I. = Ionenaustauscher;
E. I. = Entfärbungs-Ionenaustauscher

FSC
www.fsc.org
MIX
Papier | Fördert gute Waldnutzung
FSC® C083411

Kolibri 360 GmbH
Ferdinand-Jühlke-Straße 7
99095 Erfurt, Deutschland
produktsicherheit@kolibri360.de